新闻与传播学译丛·国外经典教材系列

视频基础

(第六版)

Video Basics

(Sixth Edition)

[美] 赫伯特·泽特尔 (Herbert Zettl) 著

雷蔚真 主译

贾明锐 校译

中国人民大学出版社

·北京·

“新闻与传播学译丛·国外经典教材系列”
出版说明

“新闻与传播学译丛·国外经典教材系列”丛书，精选了欧美著名的新闻传播学院长期使用的经典教材，其中大部分教材都经过多次修订、再版，不断更新，滋养了几代学人，影响极大。因此，本套丛书最大限度地体现了现代新闻与传播学教育的权威性、全面性、时代性以及前沿性。

在我们生活于其中的这个“地球村”，信息传播技术飞速发展，日新月异，传媒在人们的社会生活中已经并将继续占据极其重要的地位。中国新闻与传播业在技术层面上用极短的时间走完了西方几近成熟的新闻传播界上百年走过的路程。然而，中国的新闻与传播学教育和研究仍然存在诸多盲点。要建立世界一流的大学，不仅在硬件上与国际接轨，而且在软件、教育上与国际接轨，已成为我们迫切的时代任务。

有鉴于此，本套丛书书目与我国新闻传播学专业所开设的必修课、选修课相配套，特别适合新闻与传播学专业教学使用。如传播学引进了《大众传播效果研究的里程碑》，新闻采访学引进了《创造性的采访》、《全能记者必备》，编辑学引进了《编辑的艺术》等等。

本套丛书最大的特点就是具有极强的可操作性，不仅具备逻辑严密、深入浅出的理论表述、论证，还列举了大量案例、图片、图表，对理论的学习和实践的指导非常详尽、具体、可行。其中多数教材还在章后附有关键词、思考题、练习题、相关参考资料等，便于读者的巩固和提高。因此，本丛书也适用于新闻从业人员的培训和进修。

需要说明的是，丛书在翻译的过程中提及的原版图书中的教学光盘、教学网站等辅助资料由于版权等原因，在翻译版中无法向读者提供，敬请读者谅解。

为了满足广大新闻与传播学师生阅读原汁原味的国外经典教材的迫切愿望，中国人民大学出版社还选取了丛书中最重要和最常用的几种做双语教材，收入“高等院校双语教材·新闻传播学系列”中，读者可以相互对照阅读，相信收获会更多。

中国人民大学出版社

前 言

Preface

每当看到书名中有“基础”二字的时候，在翻阅内容之前，我就会感觉自己被小看了。我感觉“基础”把我自动归为了新手，或至少是非专业人士。而当我对某个领域有所了解的时候，这种感觉就更为强烈。但现在我理解了，“基础”并非对读者做出的评价，而是描述人们在掌握一门专业或一种活动，比如视频制作中所需的必要的知识和技能。事实上，我现在已经厌倦学习一门专业的基础了，但我发现许多基本步骤被遗漏了。

《视频基础》旨在帮助你从基础开始学习视频制作，然后通过最快、最有效的途径，使你从业余走向专业。同时，扎实的视频基础知识还能使你信心十足——在必要的时候，为使信息传达更为精准和有力，可以突破传统、打破限制。

对于教师来说，本书内容安排有序，信息量为一学期。

《视频基础（第六版）》重点内容：定义

上一版《视频基础》论述的是模拟技术向数字技术的过渡，与其相比，本版承认了数字视频已经正式确立，模拟技巧只用来帮助解释数字过程，或是用在某些尚未被淘汰的模拟设备中。

为了避免一些流行术语的干扰，下列定义解释了这些术语在本书中的含义。读者还可从每章的“关键术语”中查找所有术语的具体定义。

视频

与以前五版相同，视频在本书中是比电视一词范围更广的术语。视频包括当今所有的电子动态图像，比如我们常说的“电视”、企业宣传视频、传媒产品、纪录片、个人或团体的数字电影、网络多媒体资料、网络视频等。

美学

美学这个术语指的不是艺术理论，也不是美丽的人或物，而是媒体美学，即对于灯光、颜色、空间、时间、动作和声音的操控。少量的对于一些基本美学概念的描述，并不是要分散读者学习技术设备的注意力，而是为了使制片效果达到最好。传统的媒体美学元素，比如图像组成、照明和镜头顺序，相对独立于技术进步，因而成为所有成功视频制作的基石。若想制作效果更好的镜头、选择正确的音乐或是建构成功的镜头顺序，必须要学会操作更为先进的视频设备。

数字

数字描述的是电子信号的本质，它已经成为一个流行术语，应用于视频设备、质量水平甚至制片过程之中。为了明晰易混的数字电视术语和各种扫描系统，本版将探讨数字电视、高清视频和高清电视的扫描、取样和压缩标准，并分析个中差别。无论是小型的便携式摄像机还是高新高清电视，在许多情况下，你会发现实际操作和制片程序的学习过程其实是相同的。

《视频基础（第六版）》 重点内容：专题

为了充分利用这本教材，你应该清楚其中的特别专题，它们将帮助你在学习复杂主题时，找到一种简单而易于接受的途径。

章节组

本书分为六部分，以涵盖所有视频制作过程。

- 制作：过程与人
- 创造影像：数字视频和数字摄像机
- 图像创造：声音、光线、图案和效果
- 图像控制：切换、记录、编辑
- 制作环境：演播室、现场拍摄、后期制作与人造环境
- 制作控制：演播人员和导演

如你所见，本书所要描述的是将原始想法搬上屏幕的过程，而不管你是在做婚礼视频、纪录片还是在做巨幕电影。本书将探讨制片环节所涉及的人、视频制作所用的主要工具，以及如何使用这些工具高效及时地完成任务。

关键术语

关键术语会出现在每章开头和文中，旨在让你熟悉每章的术语，并便于在需要时查询。

在真正开始阅读文章之前，你应该先熟悉一下关键术语，但并不需要立刻记

住，只是希望当你在文中遇到它们的时候，能想起刚才看到过。

重点提示

页边的“重点提示”强调了每章重要的观点和内容，并可辅助记忆。看过“重点提示”后，在学习相关信息的时候，就会感觉相对容易。

主要知识点

这些小结重申了一章中最为重要的内容和核心概念。它们并非对一章内容精确而清晰的缩写，而是为了再次强调核心要点。但不要认为只读小结就够了，它们不能代替文章中更具深度的内容。

《视频基础（第六版）》的新内容

本版所有章节均做了更新，并对部分内容做了必要的结构调整和内容解析。因为现在数字视频技术已正式形成，所以除非论及模拟设备或为了阐释重要的数字程序，否则不再提及模拟技术。全书讨论了在设备、美学和摄像机应用中的单机拍摄和多机拍摄。

下列更新信息主要为已经熟悉本书其他版本的教师提供：

- 标准电视、高清视频和高清电视的主要不同会在文章中进行讨论；
- 数字化过程，包括采样、压缩、下载和流媒体，会通过更容易理解的比喻来做解释（第 3 章）；
- 模拟信号、数字信号以及采样过程会通过新图示加以说明（第 3 章）；
- 强调了针对不同分辨率的视频需求，比如大屏幕电视和手机屏幕（第 6 章）；
- 解释和展示了声音波形（第 7 章）；
- 因为数字摄像机日益敏感，所以介绍了最新的照明工具，比如 LED 灯（第 8 章）；
- 在论述线性编辑的过程中，强调了非线性录制和后期制作的程序（第 11 章和第 12 章）。

辅助材料

《视频基础（第六版）》为学生和老师提供了大量的辅助材料。这些纸质和电子补充材料是经过课堂试用的，并得到了高度赞扬，它们将帮助你最大限度地体会学习和教学的意义、乐趣，并获得成功。

对于学生

作为学生，你可以通过使用三种辅助内容加深对本书的理解。《视频基础练习册 6》、泽特尔视频实验 3.0（Zettl Videolab 3.0）（DVD-ROM），这两种都是为了强化《视频基础（第六版）》中的知识，但是作为辅助学习的工具，它们也可以独立于教材使用。

《视频基础练习册 6》 你可以使用该书来检测自己所学的知识，同时也可以作为实际操作的指导教材。在做练习册上的习题时，尽量先不要查《视频基础（第六版）》上的答案，做完后再去对照。这样，你就可以更清楚地知道自己是否已经领悟了有关某一设备或制作程序的知识，并能应用到不同环境中。

配套网站 这个网站根据第六版已经做了更新，对于学生来说是极好的学习辅助工具。网站上面列有每章的关键术语、简单动画视频，还有每章内容的字谜。这个网站还可以迅速查到泽特尔视频实验 3.0 的练习以及小测试。这个网站对所有学生免费开放，网址为 www.cengage.com/rtf/zettl/videobasics6e。

泽特尔视频实验 3.0 此光盘将给你一次个人的、独特的、放松的学习经历。与《视频基础（第六版）》配套，它已经成为有力的演练辅导。你可以运用在真实的演播室里操作制片设备，并应用在课本上学到的各种技能。例如，你可以混音、摄像、调焦制作你自己的光效，并有大量机会剪辑。而你仅需要一台电脑。

对于教师

对于教师，我们准备了如下的课程准备、课堂活动和评估材料。

泽特尔视频实验 即便是在演播室内讲解或开展实验活动，你也会发现更加方便的做法是，先播放泽特尔视频实验的 DVD，向学生们展示制作技巧。这样就可以辅助现实的设备操作。

《视频基础练习册 6》 该练习册保留了第五册的诸多优点，可以用来检测学生对知识的理解和掌握程度，还可以作为真实演播和外景活动的入门指导。在向高级阶段的学生授课时，我也使用过这本书，并取得了不错的效果。在一开学就让学生们做这本书，可以迅速反映出他们的制片知识和制片技能，既可以看到优点，也可以看到缺点。有些学生上课之前感觉自己什么都会，但最后却会吃惊地发现，还有很多重要的东西要学。

《教师手册》 与《视频基础（第六版）》配套的《教师手册》每章都有备注，包括了教学建议、教学活动、多选题、论述题、讨论题、附加教学资源。该手册还有练习册上习题的答案。要注意的是，多选题的正确答案使用符号“＞”标出，还注明了文中首次讨论该问题的地方。

教师网站 这是需要密码的网站，包括了在线教师资源手册。为了进入网站，需要在首页索要密码。网站地址为 www.cengage.com/rtf/zettl/videobasics6e。

Powerlecture with ExamView 计算机测试系统 这个测试系统通过在线题库，可以帮助你出测试题（打印出来或是在线）。ExamView 通过 Quick Test Wizard 和在线 Test Wizard 引导你一步步地制作出试卷。“你看到的就是你所做的”界面可以让你看到所制作的试卷打印出来后的样子。

如果你有出题资格，那么你可以通过当地的 Wadsworth 或圣智代理索要这些资源，或是联系 Wadsworth/圣智学术资源中心，电话 1-800-423-0563。如果要获取更多信息，请登录 www.cengage.com/wadsworth。

致谢

虽然我的出版公司发生了点小变动，但我却得到了团队的支持与帮助，对此我深表感谢，他们是：迈克尔·罗森伯格（Michael Rosenberg），出版商；凯伦·贾德（Karen Judd），高级编辑；还有艾德·多德（Ed Dodd），拓展编辑。我还要特别感谢助理编辑梅根·嘉伟（Megan Garvey），以及编者助理丽贝卡·马修斯（Rebekah Matthews），他在凯伦·贾德离开公司后，接替了她的位置。他们两个不仅完成了贾德女士所负责的工作，还成功地帮助我克服了许多困难。

我还要再次感谢盖理·帕尔马提（Gary Palmatier）以及他超级专业的小组，他们把我的想法写成了书，这个过程的复杂性，不亚于制作一场电视节目。在审稿方面，伊丽莎白（Elizabeth Von Radics）可以再得一枚徽章了。能借助她的语言能力和媒体能力，我感到很幸运。在之前的几版中，摄影大师艾德·艾奥纳（Ed Aiona）不仅让书更具吸引力，还在很大程度上有利于读者理解设备及制作技巧。感谢“火眼金睛”的校对麦克·莫里特（Mike Mollett）。还要感谢克里斯汀·斯莱登（Kristin Sladen）和凯瑟琳·施努尔（Catherine Schnurr），他们为了获取最佳制片镜头，走访了无数公司。还要感谢鲍勃·考斯（Bob Kauser），我有好多次都得益于他的帮助。

这本书得到了以下专家的帮助，他们阅读了前面几版，并提供了有益的建议：彼特·R·格森（Peter R. Gershon），霍夫斯特拉大学；艾尔·葛拉鲁（Al Greule），奥斯丁州立大学；道格拉斯·帕斯特尔（Douglas Pastel），邦克山社区学院；卡拉·斯克伦伯格（Cara Schollenberger），雄鹿县社区学院；以及格雷戈里·斯蒂尔（Gregory Steel），印第安纳大学科柯莫分校。

我十分感谢犹他大学的保罗·罗斯（Paul Rose）。他审阅了我的手稿，帮助撰写练习册，还与我合著了《教师手册》。正如前面几版一样，本版也在很大程度上得益于他精深的专业能力和丰富的实践经验。

当我需要信息或建议的时候，我总能依靠旧金山州立大学广播与电子传播艺术系的同事们。我真诚地感谢马蒂·冈萨雷斯（Marty Gonzales）、哈米德·可哈尼（Hamid Khani）、史蒂夫·拉希（Steve Lahey）、维纳·斯瑞瓦斯塔（Vinay Shrivastava）和温斯顿·萨普（Winston Tharp）。我还要感谢以下来自不同电视领域的人：鲁道夫·本斯勒（Rudolf Benzler）、T. E. A. M. 卢森（T. E. M. M. Lucerne），瑞典；约翰·贝里茨霍夫（John Beritzhoff）；艾德·考斯茨（Ed Cosci）和吉姆·哈曼（Jim Haman），旧金山；索尼·克雷文（Sonny Craven），弗吉尼亚军事学院；埃兰·弗兰克（Elan Frank）和列德·梅登伯格（Reed Maidenberg），伊兰制作；尼科斯·迈特利诺斯（Nikos Metallinos）教授，康卡迪亚大学；曼弗雷德·马肯霍普特（Manfred Muckenhaupt）教授，图宾根大学；以及菲尔·西格蒙德（Phil Sigmund），BeyondPix 传播公司，旧金山。

最后我还要感谢本书照片中的人：所考罗·阿吉拉尔-乌里亚特（Socoro Aguilar-Uriarte）、凯伦·奥斯汀（Karen Austin）、肯·贝尔德（Ken Baird）、霍达·贝多乌恩（Hoda Baydoun）、克拉拉·本杰明（Clara Benjamin）、鲁道夫·本斯勒（Rudolf Benzler）、蒂奥默·比姆勒（Tiemo Biemuller）、加布里埃拉·博尔顿（Gabriella Bolton）、迈克尔·凯奇（Michael Cage）、威廉·卡朋特（William Carpenter）、尼尔拉·查克拉瓦土拉（NeeLa Chakravartula）、安德

鲁·蔡尔德（Andrew Child）、劳拉·蔡尔德（Laura Child）、蕾妮·蔡尔德（Renee Child）、克里斯汀·科尼什（Christine Cornish）、艾德·考斯茨（Ed Cosci）、大卫·加尔维斯（David Galvez）、艾瑞克·德斯坦（Eric Goldstein）、洪普棱（Poleng Hong）、迈克尔·休斯顿（Michael Huston）、劳伦·琼斯（Lauren Jones）、奥利维娅·吉乌斯（Olivia Jungius）、亚纪子·梶原（Akiko Kajiwara）、哈米德·可哈尼（Hamid Khani）、菲利普·卡皮尔（Philip Kipper）、克里斯蒂娜·鲁州（Christine Lojo）、鲁弗恩（Fawn Luu）、奥库恩·马尔考克拉（Orcun Malkoclar）、约翰尼·莫雷诺（Johnny Moreno）、安妮塔·摩根（Anita Morgan）、中山智子（Tomoko Nakayama）、埃纳特·那芙（Einat Nov）、塔玛拉·珀金斯（Tamara Perkins）、理查德·皮斯特拉（Richard Piscitello）、伊尔迪科·博洛尼（Ildiko Polony）、罗巴伊尔·里姆（Robaire Ream）、克斯廷·利迪杰尔（Kerstin Riediger）、杰奎因·罗斯（Joaquin Ross）、玛雅·罗斯（Maya Ross）、阿尔吉·萨姆-法特罕（Algie Salmon-Fattahian）、希瑟·席夫曼（Heather Schiffman）、阿莉莎·撒奥尼安（Alisa Shahonian）、普赖尔·施（Pria Shih）、珍尼弗·斯塔诺尼斯（Jennifer Stanonis）、马赛厄斯·斯特灵（Mathias Stering）、希瑟·铃木（Heather Suzuki）、朱莉·特普（Julie Tepper）、上原多香子（Takako Thorstadt）、麦克·维斯塔（Mike Vista）、安德鲁·赖特（Andrew Wright）以及阿瑟·伊（Arthur Yee）。

我十分感谢我的妻子埃丽卡（Erika），她帮助我完成了又一版《视频基础》。

——赫伯特·泽特尔

目 录

第一部分　制作：过程与人

第二部分　创造影像：数字视频和数字摄像机

第三部分 图像创造：声音、光线、图案和效果

第四部分 图像控制：切换、记录、编辑

第五部分 制作环境：演播室、现场拍摄、后期制作与人造环境

第六部分 制作控制：演播人员和导演

第一部分

制作：过程与人

SHI PIN JI CHU

便携式数字摄像机和数字编辑软件正在变得越来越普及，那有了它们，是不是就可以保证你能创造震撼世界的画面，或是让你一夜之间名利双收？不得不承认，这样的好运气并非完全不存在。但是如果你想成为视频影像领域的专业人员，那你必须坚持不懈，在一些基本制作原则的基础上创作出高水平的作品。要达到这一目标，你必须要明白，决定性的因素并非只有设备的专业程度，更重要的是如何迅速有效地将创意转化为视觉影像——这就是制作过程。同时你还要学习如何与一组老练的制作专家合作，与他们共同创作有价值的作品，并且将成品带到观众面前。这本书就将帮助你实现这一目标。

本书的第一部分将与你一起探索影像的制作过程，讲述如何系统地将迸发的创意转化为最后的成果，避免无用劳动。同时这一章还会讲述在技术和非技术层面上对于制作团队的要求标准。

关键术语

角度（angle）：接近故事的特别方法——中心主题。

现场拍摄（field production）：在演播室外的拍摄活动。

装备要求（medium requirements）：拍摄所需的所有工作人员、设备以及工具，还包括预算、日程安排以及不同的制作阶段。

多机拍摄（multicamera production）：同时使用两架或两架以上的摄像机在不同的角度捕捉画面。每架摄像机输出的内容都可以单独记录（感光度调节）或者输入编辑器进行快速编辑。

后期制作（postproduction）：所有拍摄之后的制作活动，通常指视频编辑和音频优化。

预制作（preproduction）：拍摄前的所有细节准备工作。

过程信息（process message）：观众在观看节目的过程中最终接收到的信息。

制作（production）：对某一事件进行的记录或放映活动。

制作模式（production model）：从创意到节目目标、最终记录到特定的媒介上，以达到预期的节目目标的整个过程。

节目目标（program objective）：希望得到的节目的最终效果。

单机拍摄（single-camera production）：所有用于剪辑的视频素材都由一台摄像机录制，类似于传统的电影拍摄手法，也称电影风格。

演播室拍摄（studio production）：在演播室内进行拍摄的过程。

第1章

制作流程

你已经准备动手了！你感到脑中充满了创意，而且你坚信，其中的任何一个都要比平日在电视上看到的画面精彩一万倍。但你怎样才能准确无误地将你的创意从头脑里传送到屏幕上？对，你需要了解制作流程，这是制作精彩节目的核心环节。这项工作可不能凭着直觉完成，必须下工夫学习。不过别灰心，在这一章里，我们将指导你将创意转化为图像，而且是能让你得奖的图像。同时我们还会介绍制作视频的每一个阶段，并带领你梳理这些阶段。最后，我们还将帮助你提出必要的构思，同时带领你聚焦视频和数字电影的制作。无论是多机拍摄还是单机拍摄，也不管是在演播室还是在现场，我们都会倾力指导。

▶ **制作模式**

讲解从最初的创意到最终成品的所有细节

▶ **制作阶段**

从预制作、拍摄到后期制作

▶ **预制作的重要意义**

从创意到剧本，再从剧本到拍摄细节

▶ **预制作：生产创意**

头脑风暴或者纸上发散

▶ **预制作：从创意到剧本**

节目目标、角度、评估以及剧本

- **预制作：从剧本到拍摄**
  装备要求以及预算
- **媒介聚焦**
  数字电影以及视频、演播室拍摄以及现场拍摄中的单机/多机拍摄

制作模式

别气馁。制作模式不是死规矩，严格地讲，它只是一种启发，启迪你完成一项有些困难的任务。在我们看来，模式的作用仅仅是帮助你理清从创意到成品这一过程中的所有细节。模式绝不会万无一失，它更像是一张地图，指导你在制作视频的过程中少走弯路。

你需要知道的是，模式的出发点在于：真正决定成果好坏的不是你开始时的创意，而是最后观众是否喜欢。这个过程有那么一点像烹饪：你手艺的好坏最终是由你的食客（观众）说了算，而不是看你用了什么配料（类似于你的创意）。与其一开始就关注配料的好坏，不如先考虑最后这道菜应当具有怎样的色香味，再根据需要选择相应的食材。

模式也遵循这一原则。灵光乍现之后，你首先要做的就是直接考虑你想让观众知道些什么，感受到什么，甚至是做什么。我们的模式不建议你从创意考虑到制作过程，而是把眼光放远一点，直接考虑节目目标——也就是希望得到的节目的最终效果。然后你再返回来考虑需要用到什么设备来达到这样的传播目的。还是那句话，真正决定成果好坏的不是你开始时的创意，而是最后观众是否喜欢。效果的达到是一个过程，这个过程从你在屏幕上提供信息开始，到观众真正接收到某些信息结束。而这些被接收到的信息——这才是最重要的——被称作过程信息（见图 1—1）。

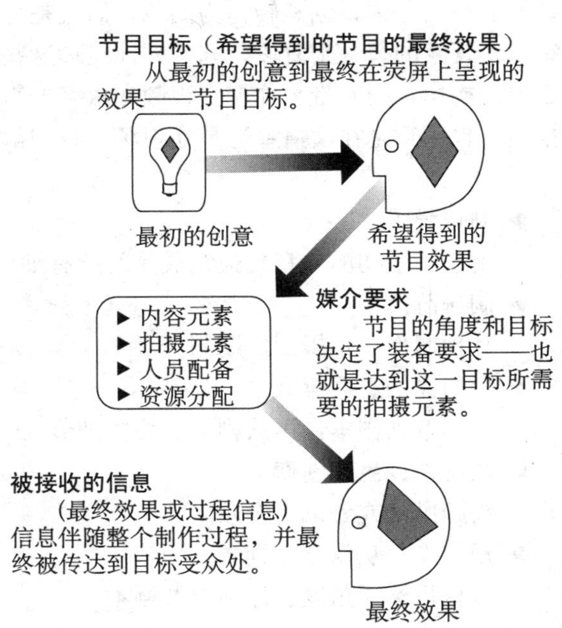

图 1—1　制作模式

这里介绍了怎样才能最有效地将创意转化为最终的节目成品。

正如你所看到的，这一模式清晰地展示了四个过程：(1) 从最初的创意到节目目标（希望得到的效果或者过程信息）以及拍摄的角度；(2) 确定需要的设备；(3) 生成节目目标；(4) 将成品传播给受众。

制作阶段

经过多年的实践，将整个制作分阶段已经是可行的了，这一步骤能够有效地将制作团队的复杂工作化繁为简。这一部分介绍了在拍摄前、拍摄中和拍摄后的诸多任务。在专业术语中，它们分别叫做：预制作阶段、拍摄阶段以及后期制作阶段。

预制作阶段是指拍摄前所做的所有计划和分工细节。

拍摄阶段开始于你打开演播室的大门，并将所有的设备打开的瞬间；或者开始于你将所有的设备搬到车上去进行现场拍摄时。在这一阶段，你将完成真正的拍摄，或者将节目目标转化成一系列的视频片段。这一阶段还涉及装备要求，包括分工合作、技术性工作人员的安排以及制作设备的操作。

在**后期制作阶段**，你在拍摄的素材中选择最有价值的片段，改进音视频的质量，修正一些小的拍摄错误，并将所有的场景和镜头剪接在一起，形成一档条理连贯的节目。由于复杂的节目需要很多的编辑工作，因此这一过程可能会跟前两个过程一样费时，甚至会更费时。

这一章着重讲述预制作阶段。拍摄阶段和后期制作阶段的更多细节将在本书的其余部分中出现。

预制作的重要意义

在预制作的过程中，你将进一步考虑最初的创意，确定节目目标，并且选择必要的人员和设备，来完成将你的创意转化为音视频成品的浩大工程。

精细的预制作对于最大化节目影响和优化节目效果绝对是一个关键性的因素。即使整个拍摄过程非常简单，你也必须牢记：预制作越充分，拍摄和后期制作过程就会越轻松。当你觉得已经厌倦了琐碎的前期细节，急切地想要奔赴外景地开拍时，这句话将变得尤为重要。

一般来说，预制作工作需要分两步走：从创意到剧本，再从剧本到拍摄细节。

预制作：生产创意

所有的好作品都从好点子开始，这一点显而易见。你可能会惊讶地发现基础良好的优秀创意会带来更专业也更困难的拍摄要求。但一般情况下，紧张的进度表不会容忍你花大把的时间等待神赐一般的创意出现。你必须动用一些手段来激发大脑。最常见的两种手段就是头脑风暴以及纸上发散。

头脑风暴

一般情况下，你会不自觉地认为你的所言所行必须与当前状况相符，或者是符合他人的期盼，而头脑风暴要求你把你的头脑从这种固有的思维束缚中解放出来。它更像是一种“概念大爆发”，可以忽略甚至打破传统思维给创意造成的障碍。

现在，假设你的身份是一家广告公司的观察员，你正在旁观公司创意人员的“头脑风暴”会议，会议主题是为某洗发水广告提供创意。七个人围坐在一起，桌子中间是一个小录音机。其中一人（以下以P代替）首先发话：

P—1：有人吗？

P—2：谁啊？

P—3：你的发型师。

P—4：有什么新鲜货没有？

P—3：泡泡。

P—5：弄成法国香槟味儿。

P—6：彩虹一样的颜色。

P—7：像雨水一样柔软。

P—1：水彩画。

P—2：爱因斯坦。

P—3：湿了。

P—4：最烂的——历史上最烂的。

P—5：巴黎。

如此继续。（如果有兴趣，你还可以把这个头脑风暴继续下去。）

这个会议后来发展成为令人捧腹的对话。待到所有的对话都记录下来之后，整个团队将记录回顾了几遍，寻找其中与洗发水广告有关的创意。很快，这样的一幅场景就呈现在了众人面前：一位发型师在某人的头发上造出了柔软的、像彩虹一样斑斓的泡沫，就像小雨打在头上一样温和；一位头发湿漉漉的女性站在巴黎的天际线前。如果说“水彩”这个词可能还与整个广告的色彩基调有关，那“爱因斯坦”和“最烂的——历史上最烂的”这两个词有什么用么？这两个词是不是与洗发水广告的主题离得太远了？绝对不是，在头脑风暴中，任何想法都一样珍贵。它们与主题的关联会在下一轮回顾中被发掘出来。事实上，正是“爱因斯坦”这个词为整支广告确定了视角：这种洗发水甚至能驯服爱因斯坦的头发，即使是在他心烦意乱的日子（原文为 bad hair day，字面意思为“头发蓬乱的日子”）里也不成问题。

总的来说，成功的头脑风暴取决于以下几个因素：

■ 最好是几个人一起完成。

■ 从最基础的创意或者是相关画面开始（例如洗发水广告），然后让所有的人说出他们头脑中蹦出的所有东西。

■ 重要的是所有的思维都能够达到“漫游”的状态，即使一个点子看上去极为“不靠谱”，也不要对其进行评价。

■ 记录下所有的创意，不管是用录音机还是手写。

■ 在回顾阶段，将记录从头到尾整理几遍，寻找其中的新奇的联系。

如果迫不得已，你也可以一个人展开头脑风暴，不过你依旧需要记录。另一种普遍的个人头脑风暴的手段是纸上发散。

纸上发散

找一张纸，在纸的最中间写一个与基本创意或者节目目标最相关的词作为中心词，画一个圈把它圈起来。然后再写一个与这个中心词有所关联的词，圈起来，并把这两个圈用一条线连起来。重复写词、画圈，并将画好的圈与上一个圈相连。

很快，你就会写出一大簇的词——或者说创意。不要考虑逻辑，最好的方法就是尽可能地快写，这样你就没有时间去考虑其中的逻辑关系。让你的思维自由地流淌起来。当你觉得你的脑细胞用尽的时候就停下来，不要再强迫自己写出更多的词。纸上发散似乎是有上限阈值的，人能够意识到何时分支已经够多，是时候停下了。如果一个词让你特别有灵感，但是没有足够的空白让你写下所有的想法，再拿一张纸吧。不过这个词还是让它待在原来那张纸上。在整个工作完成后，总览一下你的草稿，归纳一下你的图案。这些连线将帮助你发现一些原来未曾发现的联系，同时这个草图还能够作为出发点，帮助你确定节目目标（过程信息）和装备要求（见图 1—2）。

> **重点提示**
>
> 成功的头脑风暴和纸上发散依赖于自由的、出于直觉的流动的想法，而且千万不要多想。

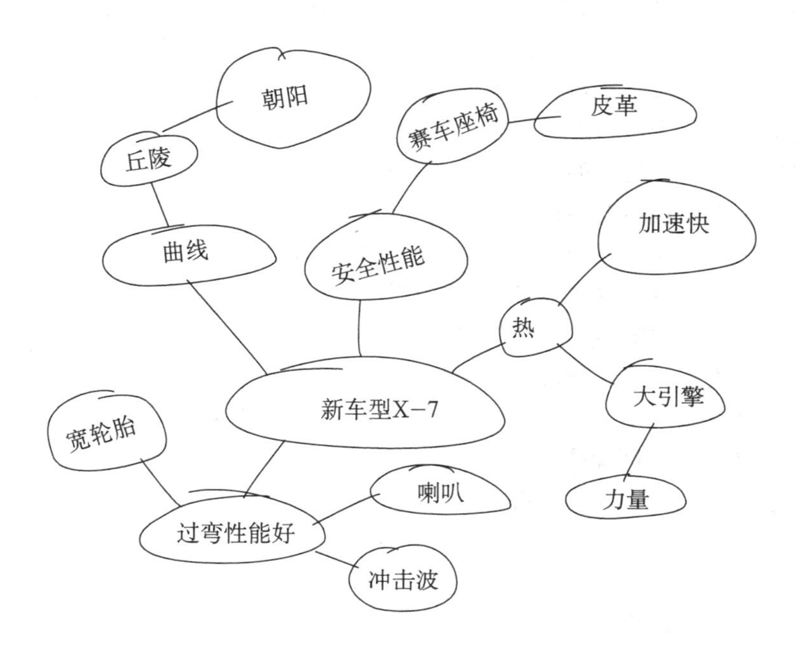

图 1—2　纸上发散

请注意，纸上发散一定要从中心概念开始，发散到各个方向。整个过程要快，不要多想。纸上发散很像是笔头的头脑风暴。

正如你所看到的，纸上发散与头脑风暴非常相似，只是在纸上发散过程中你可以迅速地创建一个视觉上的逻辑图形，帮助你理清繁多的创意之间的关系。但相应的，纸上发散的束缚要比头脑风暴大得多。

预制作：从创意到剧本

在点燃炉灶之前，你的头脑中一定对这餐饭做些什么有了计划。视频制作也应如此。在想明白你要呈现给观众什么内容之前，千万不要扛起摄像机，因为这样做的结果就是浪费生命，而且这还是最好的结果。制作过程的效率取决于你是否清楚到底要传播什么内容。经验告诉我们，大部分的创意在开始的阶段都是模糊的，甚至是缺乏理性意识的，不足以形成良好的传播效果——也就是我们一再强调的节目目标。事实上，你应当在数个相似的创意之间进行权衡，最终确定使用哪一个。在明确节目目标前，千万不要进行具体制作的步骤。

举个例子，假设你刚刚来到一个“大城市”，你在每天上下班的过程中都会遇到一些开车粗野的“疯狂司机”，于是你开始考虑“要针对‘疯狂司机’们拍点什么”。但到此为止，你还没有开始将创意转化成画面的过程。把“要针对‘疯狂司机’们拍点什么”变成“拍一部关于‘疯狂司机’的纪录片”称不上创意的深化。你需要进一步地考虑你的观众到底应该看到些什么，从而让他们改掉粗野驾驶的恶习。你越清楚你想要的效果——就是节目目标——你就越容易决定需要拍摄的画面和必要的程序。

节目目标

你能准确地说出你想让观众知道些什么、感受到什么，甚至是做些什么吗？“要针对‘疯狂司机’们拍点什么”这样的想法仅仅停留在“拍点什么”的层面，并没有设计做什么和怎么做。你需要建构一个实际可行的节目目标。

与其呈现“疯狂司机”们的所有恶习，你还不如挑出一个最让人头疼或者你最关注的不良行为进行展示。在大部分学习型或者说服型任务中，引用具体的说明对象通常都会比泛泛的空谈效果要好；而且相较于大面上的叙述，从小角度入手更容易掌控，也更容易被观众接受。你可能在很短的时间内发现，在司机中间存在着很严重的误用转向灯和不用转向灯的现象，从而对道路安全造成了很大的威胁。好了，与其选择揭露该“大城市”里驾驶员的所有恶习，你不如确定这样一个节目目标：向该城市的驾驶员论证这样一个观点——正确使用转向灯可以有效帮助其他驾驶员确定你的转向行动，从而保证道路安全。

> **重点提示**
>
> 节目目标描述了要在观众处取得的传播效果。

一旦你有了清晰的节目目标，你就可以开始设想要用到的拍摄手段了。作为一个具有创造力的摄像师，你可能会想出很多拍摄角度。但是你应当选择哪一个呢？接下来要做的，就是选择一个合适的拍摄角度。

> **重点提示**
>
> 角度决定了接近故事的特别方法。

角度

在设计节目的过程中，角度是讲故事的一个特殊构成，也就是报道事件的观点。在面对同一个事件时，一个好节目通常会看到一个其他节目看不到，但与读者更贴近的角度。虽然说“角度新颖”这个词已经被试图“新瓶装旧酒”的新闻工作者们用烂了，但对于解释和深化事件来说，这个词仍然具有很重要的指导意义。

在我们的案例库中有这样一个故事：某驾驶员在变道时没有打信号灯，结果导致了一场严重的交通事故。在做这个选题时，你可以从一个骑车上学的大学生的角度出发，叙述他是如何尽可能地躲避鲁莽的驾驶员的。当然，你也可能发现这个司机并不是鲁莽，而是在开车的时候心不在焉。

这难道不是叙述错误使用转向灯这一问题的一个新角度么？当然是。告诫驾驶员珍惜自己和其他交通参与者的生命安全，这个角度的效果要比简单地告诉驾驶员乱用转向灯是违法行为要好得多。帮助那些“不那么完美”的驾驶员提高警惕，这样的态度也比指责和攻击他们要好得多。这个角度或许也适用于帮助纠正其他的不良驾驶行为。与其用威胁的手段要求驾驶员正确使用转向灯，不如诉诸驾驶员的自我意识和自我尊严。

在很多情况下你会发现好的角度通常会带来好的剧本。大多数剧本作者都很乐意接受一个新的角度，即使他们随后又有了更好的角度。

评估

不管你选择了什么角度，记住，问自己两个问题：打算要做的这个节目值不值得做？能不能做？虽然说你有动力、有激情把你的构想做得像好莱坞大片那样精彩，但如果没有好莱坞大片一样的预算支持以及充足的拍摄时间，你的动力和激情统统没用。时间和金钱对于制作节目来说，就像摄像机和麦克风一样重要。

你会发现你的客户——可能是学校董事会、一家大公司，或者是一家地方有线电视台——变得越来越难以伺候。他们希望你能在短得不可思议的时间内用少得不可思议的预算做出好得不可思议的作品。你会放弃吗？当然不会！不过你需要从你的“大片梦”里稍稍清醒一下，尽快想一些实际的、你和你的团队能够实现的、能在预算和时间的限制下完成客户要求的点子来。

别为你做不到的事情打包票。明智的做法是在金钱和时间允许的情况下完成你的创作灵感。在只有 500 美元的时候势必不能做出耗资百万的大制作。如果你只有 4 周的时间完成工作，那就不要妄想制作那种全球多地取景，而且需要花两个月做后期的作品。

剧本

现在，你已经为撰写剧本做好了充分准备，或者你需要雇一个剧本作者。即使所有人都说“我们不需要剧本”，你也必须有剧本。剧本是技术性工作人员和非技术性工作人员都不可或缺的交流工具。我们将在第 17 章中介绍不同格式的剧本（见图 1—3）。

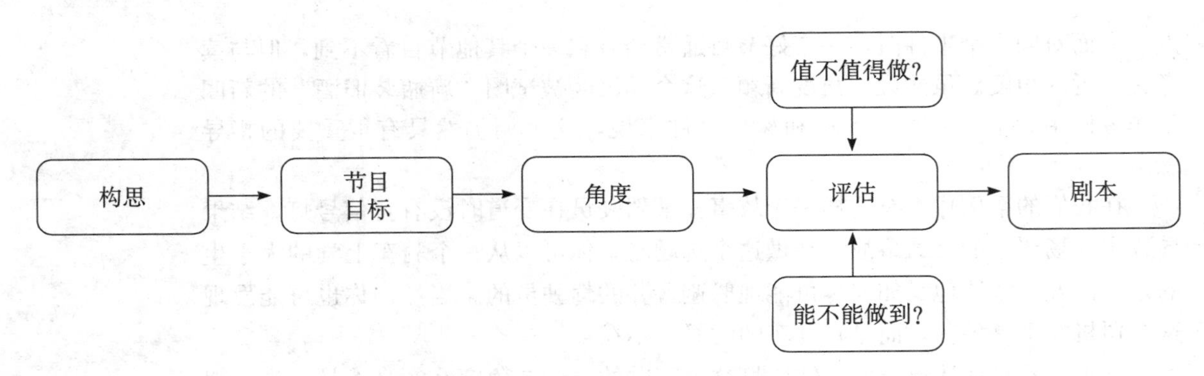

图1—3 预制作：从创意到剧本

这一制作过程包括了从创意到剧本写作的主要步骤。

预制作：从剧本到拍摄

在预制作中，剧本成为整个准备过程中的核心要素。你必须知道如何将剧本转化成必需的配置要求——包括人员上的和设备上的。

装备要求

通常情况下，装备要求被解释为选择演播人员、挑选技术性和非技术性工作人员以及准备演播室或现场设备的过程（见图1—4）。

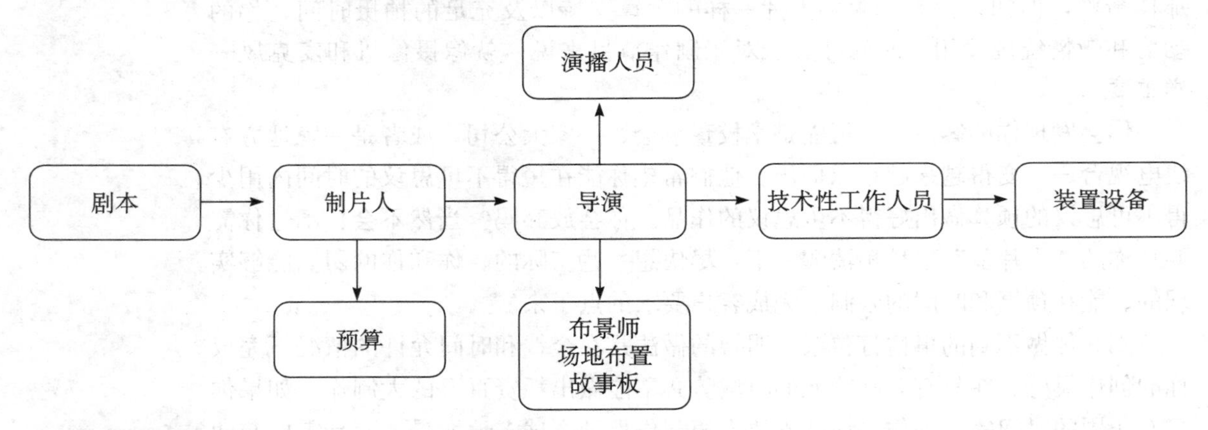

图1—4 预制作：从剧本到拍摄

这个阶段包括从剧本到实际拍摄过程中的主要步骤。

正如你在图1—4中看到的，剧本在接下来的整个技术和非技术配置要求中扮演着决定性的角色。制片人主要与导演沟通。在制片人的监督下，导演选择演播人员，委任布景师创造布景，并与技术监督协商确定必要的工作人员、装备（音频设备、地点以及后期制作需要的设备），以及拍摄工具（摄像机、灯光、音频和视频采集设备）。

> **重点提示**
>
> 一个好的制片人会再三检查所有的事项。

请注意，在预制作过程中，谁担任什么工作并不像图中显示得这样明确。举例来说，你可能会发现有些时候制片人会代替导演选择演播人员或者指导布景师布景。这要求制片人要经常与摄制组内的技术性工作人员或非技术性工作人员进行沟通，保证他们都能够在规定时间内按时完成各自的工作任务。一个好的制片人会再三检查所有的事项。

预算

在确定装备要求的同时，你还要准备预算。这是一个典型的“先有鸡还是先有蛋”类型的悖论：你只有在最终确定了必备的人员、设备、器材的基础上才能做出准确的预算，但是你只有在知道你手里有多少钱可以支配的前提下才能真正地雇用人员或者租购设备（见表 1—1）。

表 1—1　　预算示例

制作预算

客户：
项目名称：
预算日期：
详述：

注：该估价是为制片人回顾最终拍摄剧本而准备的。

支出清单	预估花费	实际花费
预制作阶段	______	______
人员	______	______
装置设备	______	______
剧本	______	______
拍摄阶段	______	______
人员	______	______
装置设备	______	______
演播人员	______	______
美工（布景、绘画）	______	______
化妆	______	______
音乐	______	______
杂项（交通、服务费）	______	______
后期制作阶段	______	______
人员	______	______
装置	______	______
记录介质	______	______
保险及杂项	______	______
突发事件（20%）	______	______
税	______	______
合计	______	______

重点提示

这一预算示例包含了基本的支出总结，列出了预制作、拍摄和后期制作的分类。通常一个预算表中的分类要比该示例中的复杂。

尽管预算非常重要，但你并不太需要刻意地关注财政问题，还是把精力放在考虑如何最有效率地完成拍摄上比较重要。

媒介聚焦

当前，数字设备可以完成多种多样的工作，媒介聚焦不过是这一趋势的一种时髦的说法。我们可以用手机拍照，甚至可以用手机看电视。在我们这本书中，媒介聚焦通常指数字电影、视频制作，以及演播室拍摄和现场拍摄中的重合部分。

数字电影以及视频

当今时代，电影制作已经离不开大规模的后期音视频制作过程了。现在所有的胶片片段，无论是电影还是商业短片，都会被立刻转换成数字格式以方便后期制作。一旦完成数字化存储，电影或者电视数字化编辑以及混音设备就可以大显身手。为了最后在电影院内能够放映，一些剪辑过的电影会被重新拷贝在胶片上，主要原因是很多电影院还没有完成数字化的转轨工作。在整个拍摄过程中仍然保留的部分就只剩下胶片摄像机中的胶片了。现在已经有了超高分辨率的电视摄像机，即使是电影也受到了数字摄像机的严峻挑战。在第 4 章中我们将会对此做进一步的讲解。

演播室拍摄以及现场拍摄

到目前为止，为了方便起见，我们把拍摄过程分为演播室拍摄和现场拍摄两种类型。简单地说，**演播室拍摄**就是指在演播室内的拍摄，而**现场拍摄**则是走出演播室，在故事发生的现场进行的拍摄——当然，两种类型我们都会学习。但今天，越来越多的现场拍摄方式或技巧被运用到演播室拍摄领域——例如用单个的手持摄像机、灵活的拾音设备，以及用于普通非戏剧场景下的低功率灯光。

同时，现场拍摄也借鉴了很多演播室拍摄的技巧，例如在转播体育节目时使用的复杂的多机拍摄以及多设备拾音，还有在婚礼或慈善演出中使用的相对简单的双机位或三机位配置（每个机位拍摄的内容都被单独记录，以方便后期编辑）。

正如你所看到的，确定需要使用的设备不仅要求你考虑是在演播室内拍摄还是在事件现场拍摄，还要求你考虑是使用单机还是多机完成拍摄。**单机拍摄**是指用一架摄像机拍摄所有用于后期制作的素材。**多机拍摄**是指用几台独立的摄像机同时在不同的角度对事件进行拍摄；或者用多台摄像机对某一事件进行现场直播，此时所有的摄像机均通过独立的视频通道与切换器相连，现场导演可以选择播出任意一个通道传来的信号（见图 1—5～图 1—7）。

可能以后你会越来越偏重于这两种拍摄方式中的某一种，但前提是你要把两种拍摄方式都学会。在学习的过程中你可能会发现，不管是演播室拍摄还是现场拍摄，从多机拍摄开始学起会让单机拍摄更容易上手，因为同时操作多个摄像机会让你看到不同机位带来的拍摄角度的不同，也会促使你学会如何将不同的镜头剪接成一段。而在单机拍摄中，你只能看见一个拍摄角度，而且直到后期制作阶段才能确定这些镜头到底有没有流畅地接合在一起。

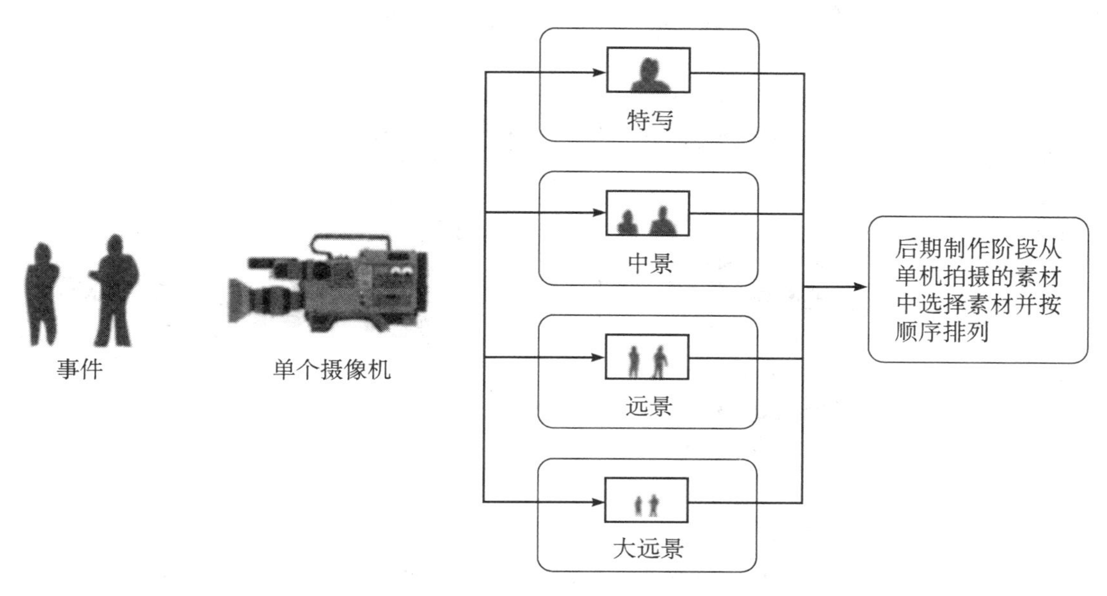

图 1—5　单机拍摄方式（电影风格）

这种拍摄方式只使用一台摄像机拍摄所有的素材用于后期制作。

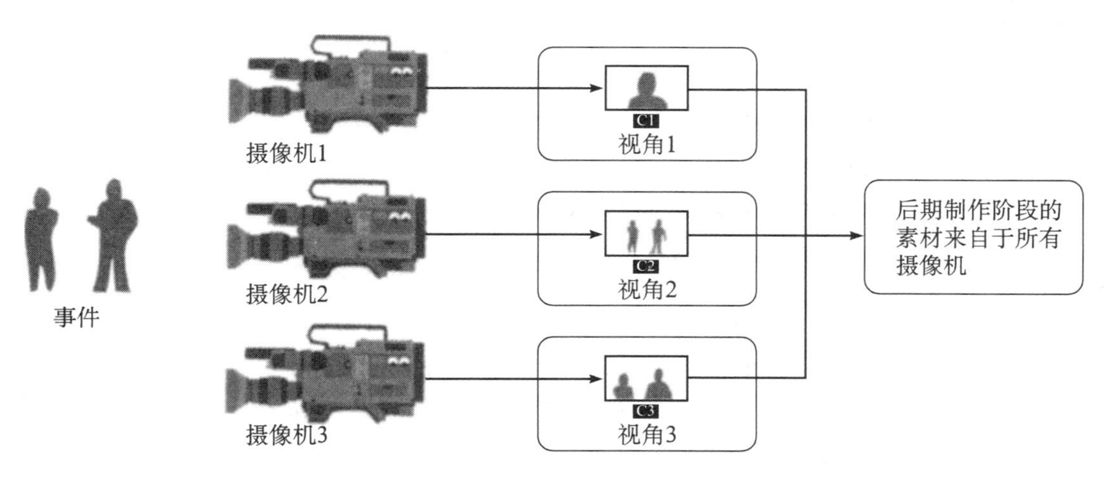

图 1—6　多机拍摄方式

这种拍摄方式使用多台摄像机拍摄同一事件，所有的拍摄素材均可用于后期制作。

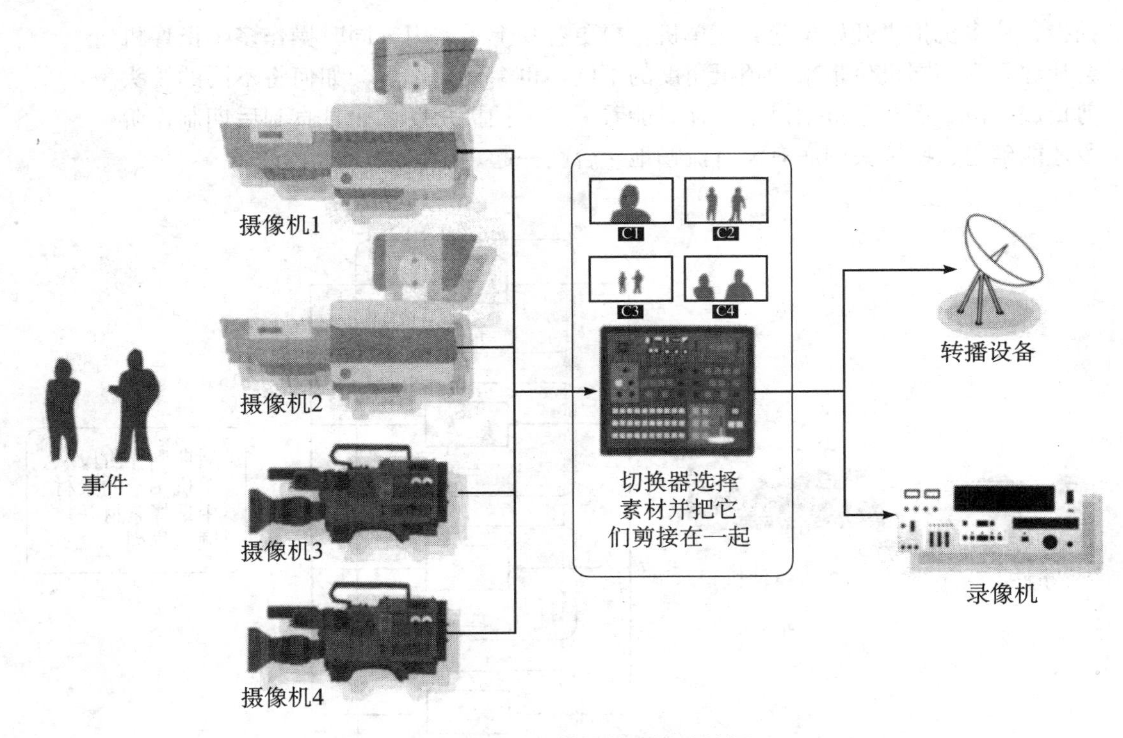

图 1—7 用于切换器直接剪接的多镜头拍摄

这种拍摄方式使用多镜头拍摄，所有的摄像机均通过独立的视频通道与切换器相连。操控切换器的工作人员可以选择合适的镜头并把它们排序。

主要知识点

▶ **制作模式**

制作模式清晰地展示了四个过程：（1）从最初的创意到节目目标（希望得到的效果或者过程信息）以及拍摄角度；（2）确定需要的设备；（3）生成节目目标；（4）将成品传播给受众。

▶ **制作阶段**

制作阶段包括预制作阶段（拍摄前所做的所有计划和分工细节）、拍摄阶段（对拍摄对象进行拍摄，形成一系列视频素材片段），以及后期制作阶段（选择最有价值的素材片段，将这些片段排序剪接，形成条理清楚的视频节目）。

▶ **预制作的重要意义**

预制作的重要意义在于，它是最大化节目影响和优化节目效果的关键性因素。

▶ **预制作：生产创意**

在视频制作过程中，创意意味着在坚实的基础上，在预算和时间的限制之内提出好的点子。可采用头脑风暴或者纸上发散的方式。

▶ **预制作：从创意到剧本**

这一步骤包括确定节目目标、角度、评估整个设想以及撰写剧本。

▶ **预制作：从剧本到拍摄**

这个制作过程需要考虑所有的装备要求以及预算。这一过程需要确定非技术性以及技术性工作人员，同时需要确定整个制作过程需要哪些设备。

▶ **装备要求**

这个过程包括了内容元素（拍摄对象、角度以及观众分析）、拍摄，以及后期制作的元素（设备、装置以及日程安排），还包括人员安排（演播人员、非技术性以及技术性工作人员）。

▶ **媒介聚焦**

媒介聚焦通常指数字电影、视频制作，以及演播室拍摄和现场拍摄中的重合部分。多机拍摄的素材，在某些情况下被快速剪辑，在某些情况下被存储为独立的素材用于后期制作。通常情况下，单机拍摄在拍摄方式以及后期制作方式方面类似于电影拍摄。

关键术语

EFP团队（EFP team）：通常是由三人组成的团队，包括一位演播人员，一位摄像师，一位控制灯光、音频/视频收录的工作人员——如有需要，这位工作人员还要负责通过微波将信号传回演播室。

非技术性工作人员（nontechnical production personnel）：指在从基本创意到最终图像的过程中，负责非技术性制作工作的小组成员。非技术性工作人员包括：制片人，导演以及演播人员。非技术性工作人员也称作线上工作人员。

后期制作团队（post production team）：通常包括导演和视频编辑。有些复杂的后期制作还需要一位负责音轨混音的音频工程师。

预制作团队（preproduction team）：由设计拍摄步骤的所有工作人员组成。通常包括制片人、编剧、导演、美工以及技术导演。大型的拍摄工作可能还需要一位音乐制作人和一位编舞。在小组中，制片人占据领导地位。

制作时间表（production schedule）：用于确定预制作时间、拍摄时间以及后期制作时间的时间表。同时也规定了谁应当在什么时间、什么地点完成什么工作。

制作团队（production team）：指拍摄过程中所有的工作人员，例如制片人以及分工不同的助手（助理制片人以及制片助理），导演、助理导演等演播人员，以及制作团队。在该小组中，导演占据领导地位。

技术性工作人员（technical production personnel）：指操作拍摄器材的人员，包括摄像师、地勤工作人员、音视频工程师。技术性工作人员也称作线下工作人员。

时间线（time line）：指将时间块在制片当天根据不同活动分解成不同部分，例如召集工作人员、准备、镜头前排练等。

第2章

制作团队：谁，在什么时间，干什么

如果你是个画家，那你可以一个人干完所有事情：从最初的创意，到买画材、支起画布、考虑构图和色彩，直到最终在大作上署上时间和姓名，你甚至可以不借助其他人就能把作品卖出去。整个创作过程完全由你一个人控制。

但视频制作绝对不是这样，除非你只是简单地用摄像机记录一下你的假期旅行，或者还有一种情况：你是一家新闻单位的视频记者，你不仅需要确定叙述事件的最好方式，还要亲自完成视频拍摄的工作，包括后期的剪辑以及配画外音。虽然这在技术上是可行的，但经验告诉我们，这样的工作方式很难做出高质量的节目。

大多数专业的视频制作过程需要一群人共同完成——也就是制作团队，其中每个人都按照明确的分工完成自己要做的那一部分工作。

- ▶ **制作团队**
  包括预制作团队、制作团队，以及后期制作团队
- ▶ **推卸责任的情况**
  有时团队成员会互相推诿，此时会出现什么情况？

▶ **责任的承担和分担**

当团队成员明确了自己的职责并为团队工作时会出现什么情况？

▶ **制作时间表以及时间线**

如何制定制作时间表，以及如何确定准确的时间线？

分工时，最好把团队分成预制作团队、制作团队以及后期制作团队，这会帮助你明确每个人的责任。预制作团队成员的工作基本上是做出整个制作过程的计划；制作团队的成员则是那些负责将创意转化成音频和视频片段的工作人员；后期制作团队则负责挑选效果最好的音视频片段，把挑选出来的片段剪接在一起，并对成品进行最后的修饰。

有些团队成员只负责一个阶段的工作，另外可能有一些人会在三个阶段都有工作。但正像你看见的，没有人单独控制从头到尾的整个制作过程。与画家不同，你必须学会如何以团队成员的身份完成工作，也就是说你要准确地了解分配给你的岗位的具体职责，同时还要清楚其他人需要做什么。一旦你知道了大家在什么时间、什么地点要做些什么，你就可以与其他成员建立有效的沟通机制，并且让每个人知道他们的具体职责。制作时间表和时间线在协调不同的制作过程和督促成员工作方面具有不可替代的作用。

不管你是预制作团队成员，还是制作团队成员，或者是后期制作团队成员，你总会发现有些团队成员会在工作中比其他人更尽心，也对工作更感兴趣。但即使是最尽责的员工也会有不顺利的时候。这是整个工作链条中最脆弱的一环，因此也需要更多地去关注这个环节。与其抱怨某些团队成员做得太少，还不如尽心尽力地帮助他们改进工作方法，改善他们的工作表现。你必须明白，在视频制作这样复杂和高强度的工作中，偶然的错误是不可避免的。责备的对象不应当是团队成员，而应当是事件本身，这样才能避免以后再次出现这样的错误。

在任何团队中，所有的成员之间互相尊重并为共同目标而努力是团队工作的基石。曾经有人问一位著名的足球教练兼电视足球评论员："如何才能在球队士气低迷时激励他们呢?"他得到的回答是"取得胜利!"在视频制作过程中取得胜利意味着让所有的团队成员发挥最大潜能，在坚实的团队基础上制作出预想中的精彩节目。

制作团队

制作团队的大小和人员构成由要制作的节目的规模决定。借助电子新闻采集（ENG）手段报道简单的新闻事件可能仅仅需要一个工作人员，此时他同时兼任记者、摄像师以及后期制作人员。虽然这对控制成本非常有效，但这种单人拍摄方式通常会非常困难。一般来说，即使是相对简单的电子现场拍摄（EFP）工作也需要由三个成员共同完成。**EFP 团队**包括一位演播人员、一位摄像师以及一位控制灯光、音频/视频收录的工作人员——如有需要，这位工作人员还要负责操作其他附加的摄像设备。一场大型的电视直播，例如对某场体育比赛的现场直播，可能会动用多达 30 位甚至更多的工作人员（见第 15 章）。

附表中总结了制作过程中需要的主要的非技术性工作人员和技术性工作人员，以及他们相应的职责（见表 2—1、表 2—2）。

在某些情况下，制作团队的成员会被分成非技术性工作人员和技术性工作人员。这样的分类方式并不明晰，而且会导致团队成员更多地关注谁受谁领导，而不是谁做什么。通常情况下，线上工作人员指负责预制作的人员以及管理者；线下工作人员指负责拍摄和后期制作的工作人员。

表 2—1　　非技术性工作人员

人员岗位	职　责
执行制片人	一个或多个电视节目（或系列节目）制作的负责人，还负责与客户、电视台或合作经理、广告商、投资方、演播人员以及编剧经纪人协调沟通。制定并管理预算。
制片人	一个独立制作过程的负责人，向所有参与该制作过程的人员负责，协调技术性的和非技术性的制作元素，经常兼任编剧和导演。
时间线制片人	负责监督每天按照日程应当完成的拍摄活动。
演播室和现场制片人	在大型制作中，演播室和现场制片人的工作职责会有所不同。演播室制片人负责在演播室内的制作，而现场制片人更关注拍摄现场的情况。
助理制片人（AP）	在所有制作中都有此岗位；主要负责实际的制作协调工作，例如电话沟通演播人员，确定是否能在截止日期前完成工作。
制片助理（PA）	协助制片人或导演的工作，记录制片人或者导演在彩排时提出的意见，将记录下的意见作为摄制组在最终拍摄前修正某些问题的参考。
导演	负责领导演播人员以及技术性操作，在将剧本转化为音视频信息的过程中起绝对领导作用，在小型制作中也担负制片人的责任。
联合导演/助理导演（AD）	协助导演的工作，经常负责计时工作，在复杂的多机拍摄中负责“准备”不同的操作（例如指定特定的镜头拍摄或要求某一特效）。
演播人员	通常情况下指在视频内出现的所有形象和演员。
形象	在视频内出现，但并不参与表演的人。
旁白	朗读叙述但不出镜。如果出镜，则旁白归入演播人员范畴。
编剧	编写视频剧本。在小型电视台的制作过程中或在联合视频中，编剧通常由导演或制片人担当，或者雇用某自由职业者担任。
美工	负责创制节目的场景（包括布景、位置，以及图像）。
音乐制作人	在大型制作中领导音乐团队（例如娱乐节目中的现场乐队），也可能是负责挑选适合特定节目的音乐工作人员。
编舞	为所有的舞者编排舞蹈动作。
地面总监	也称作地面导演或舞台总监；负责管理演播室地面的所有活动（例如布景），引领主持人入场以及向主持人转达导演的提示；在现场则负责确定拍摄位置以及提示所有的演播人员。
地勤工作人员	也称作舞台人手或者装置操作员，负责建立并装饰布景，操作分镜头提示卡和其他的提示装置，有时也需要架设麦克风架，协助摄像师移动机架以及摄像机线，在小型制作中也担当服装师和化妆师的角色，在现场拍摄时则负责完成架设调试所有的非技术性装置。

续前表

人员岗位	职　责
化妆师	负责所有演播人员的化妆任务（仅在大型制作中配置）。
服装师	为舞蹈、戏剧或者儿童节目设计服装（仅在大型制作中配置）。
财产管理员	维护管理所有的道具以及资产，例如桌椅、办公家具、电话、咖啡杯以及闪光灯（手持式）（仅在大型制作中配置）。在小型制作中，这一岗位职责由地面总监担任。

表 2—2　技术性工作人员

表 2—2 的分类包括承担工程工作（例如新的电子设备的安装维护）的技术人员，也包括操作这些设备的人员。因为大部分的电子设备操作工作（例如操控摄像机、切换器、字符发生器以及视频编辑机）不需要工程学知识，因此大部分操作电视设备的人员被编为非技术性工作人员。

人员岗位	职　责
首席工程师	负责管理所有的技术人员、技术预算以及技术装备；设计电子系统，包括信号传输装置，监视设备；负责每天的操作以及所有的维护保养工作。
助理首席工程师或技术总监	辅助首席工程师完成所有的技术工作，经常在大型制作中的预制作工作中担当职责，同时还要安排团队日程并参与大型远程遥控检查。
技术导演（TD）	在制作过程中负责管理所有的技术安装和操作，在演播室拍摄中负责具体的切换器操控，经常也担当技术团队队长。
灯光师（LD）	负责管理所有的演播室和现场的灯光，通常只在大型制作中有此职位。
图像师（DP）	这一职位是从电影制作过程中借鉴而来的，负责在单机拍摄过程中管理所有的灯光以及摄像机的操作。
摄像师	也称作视频记录师，在演播室拍摄或现场拍摄过程中负责操控摄像机，有时也负责安排灯光。
视频控制师（VO）	也称作视频工程师或成像师，负责调整摄像机的控制，使之呈现最好的视频效果。有时也担负维护工程师的职责。
视频记录师	负责在制作过程中控制视频的录制。在小型现场拍摄过程中，音频技术人员也会身兼视频记录师的角色。
视频编辑	负责操作视频编辑设备，经常也需要对视频编辑方式作出创新。
音响师	在复杂的制作过程中负责编制所有的音轨，例如戏剧、商业广告或者大型的合作项目。
音频工程师	也称作音频技师。在拍摄阶段中负责所有的音频操作，在缺少音响师时也参与预制作阶段的工作，同时负责设置麦克风以及在节目过程中操作调音台。
维护工程师	这是一个真正的工程师岗位。维护工程师负责维护所有的技术性设备，并在出现拍摄故障时予以修复。

下面让我们看一下三个主要制作阶段中都有哪些人员配置。

预制作团队

预制作团队最重要的工作就是深化节目创意，并对节目制作做出计划，使创意尽可能有效地转化为最终的画面和声音。对大多数标准化的电子现场拍摄而言，一个预制作团队通常由制片人、导演组成，有时也会包括一个演播人员。在大型的现场或演播室拍摄过程中，参与这个最初的深化创意阶段的成员则扩展到制片人、编剧、导演、布景师或美工，有时也会包括一位技术监督或技术导演。

节目的最初创意可能来自于合作经理（例如制作一个10分钟的视频，阐述“消费者是我们最重要的商品”这样一个理念）或者是制片人（例如制作一个关于你所在大学的饮食服务的节目），甚至可能来自于一个对某个议题有兴趣的普通人（例如“我”想制作一期节目，表述对于木材企业砍伐林木的观点，包括支持的或者反对的观点）。具体的节目创意则经常源于由数人参加的头脑风暴。

制片人 最初的创意出现后，制片人就开始负责在整个预制作阶段不断深化创意使之成型，这一工作即阐明节目的确切目的（节目目标），有时也需要阐明过程信息（即理想状态下观众在收看节目时应当得到的信息）。制片人也负责为整个制作过程准备预算。

一旦预算确定，制片人就需要开始召集人手并（或者）协调所有的人员、设备以及拍摄活动。

制片人和他的助手将要制定精确的制作时间表，规定成员的分工，并确定应当在什么时候完成工作。这一时间表对于协调所有参与拍摄的成员的活动来说是至关重要的。

编剧 编剧的工作是编写视频剧本。编剧把节目目标“翻译”成视频形式，并把他/她希望观众看到听到的东西写下来。显然，这一过程至关重要，它经常能够决定最终的节目形式，比如是知识传授型的节目、多媒体对话形式的节目还是纪录片；它也能够决定节目的风格和质量。就像制作时间表，剧本是所有的制作活动的导向性文本。

剧本通常会经历多次修改。有时最初的内容并不准确，需要修改；有时剧本里的语言听上去太书面化，不适合口头表达；有时候剧本安排的镜头拍摄是多余的或者难以完成的。这些情况都决定了好的编剧绝对不廉价。因此一定要在委托某作者完成剧本前把价钱谈好（在第17章中有很多剧本的样本供你参考）。

导演 导演将剧本转化成具体的视频图像和音频片段，同时还要挑选必需的制作团队成员以及制作设备。在大型制作（例如用数字摄像机拍摄的戏剧）中，分镜头绘制师将在很大程度上协助导演的工作。导演越早将镜头画成分镜表（见图12—17），接下来的工作就越简单。导演可以早早开始与编剧协同工作，例如为了保证节目目标能够最有效地完成，他/她甚至会帮助编剧完成最基本的一些工作，例如放弃最初的仅简单制作一期知识传授型节目的创意，改为动用多媒体手段增强观众体验感，或把一部纪录片改成戏剧的模式。导演也可以决定或改变角度，或者帮助确定故事发生的确切环境。

在指导电子现场拍摄或者在大型遥控摄制时，导演也是检查团队的一员（见第15章）。

美工 美工的职责为：结合剧本和导演意见，设计并搭建布景。他/她还负责对布景进行精心装饰并且设计文字，例如节目的标题。美工搭建的布景必须符合节目的风格，还需要把装置和拍摄日程考虑在内。如果摄像机不能在其中自由移动，麦克风不能方便地架设，灯光也不能在预期的位置摆放，那么这个布景即使再漂亮，也会毫无用处。

美工还要设计地面示意图，用带有格子的图示标出布景、舞台道具（例如桌子、椅子）以及布景装饰品（例如挂饰、灯以及植物）的具体位置（在第14章中有关于地面示意图的更多细节讨论）。地面示意图对于导演来说也是一个导向性的文本，在大型制作中，对于灯光师、音响师以及地面总监来说也是重要的制作指导。好的地面示意图能够实现主要镜头的可视化，并为此安排好摄像机、灯光以及麦克风的合适位置。地面总监也需要这一地面示意图来设置装饰演播室。

技术导演　预制作团队也可能包括一位技术导演，或者一位技术总监，尤其是该制作是有关特殊事件的现场电视报道时（例如一场游行或者是新大楼的启动仪式）更应如此。

技术导演将提前确定完成制作所需要的主要的技术装备。

小型的制作公司或电视台经常将几个岗位合在一起指定给一个人完成。制片人、导演可能是一个人，甚至这个人还要担任编剧的角色——通常称作制片导演。有时地面总监也是导演或者财产管理员。

大型制作团队可能在预制作小组中设一位图像导演、一位服装师、一位音响师以及一位编舞。

制作团队

就像前面提到的，虽然有些新闻机构要求一个雇员完成事件报道、摄像以及后期制作整个过程，但大多数常规的电子现场拍摄仍然由三人制作团队完成，这三人分别是演播人员、摄像师和一位控制灯光、音频/视频收录以及信号传送的工作人员。如果准备动用两台摄像机进行多机拍摄，你就需要增加一位摄像师。在单机电子现场拍摄过程中，摄像师也可能会负责灯光。

在大多数的多机拍摄过程中，可以想象，制作团队会相对庞大。如果制作过程相对复杂，则非技术性工作人员会包括制片人、众多的助理制片人、制片助理、导演以及助理导演，当然，还有演播人员。考虑到制片人的主要工作在预制作阶段，此时导演就要担当起领导拍摄阶段的重任。有时，一个系列节目可能会需要数个制片人：一个制片人负责安排预算，并与演播人员沟通；时间线制片人则负责监督每天拍摄的日程安排完成情况。有些视频制作需要一位演播室制片人来负责演播室内拍摄的片段，与之对应的，现场制片人则负责演播室外事件现场拍摄的片段。

由技术性工作人员和非技术性工作人员组成的团队通常会包括地面总监以及地勤工作人员、技术导演、摄像师、灯光师、音视频工程师、视频记录师、字符发生器操作员以及一位负责调整摄像机以达到最佳拍摄效果的视频控制师。大型制作可能还会附带一位技术总监和维护工程师，以及包括服装师、财产管理员、化妆师和发型师在内的众多工作人员。

后期制作团队

与前两个小组相比，**后期制作团队**就显得规模小了很多，通常由一位视频编辑和导演组成。视频编辑负责在众多的素材片段中选择有用的片段并将它们组合在一起。导演则对视频编辑的选择和剪接进行指导。如果视频编辑足够优秀且剧本足够细致，那么导演就没有太多工作需要完成。在要求视频编辑完成最终的编辑工作前，导演可能想要看一下“粗剪”（或者称作“线下编辑”）的效果。

如果视频编辑比较负责，那么导演可能就需要坐下来，与视频编辑一起完成整个从选择到剪辑的过程。

复杂的后期制作过程还可能包括对于繁杂的声音的精细操作，这一过程叫做“后期声音处理”。这个过程包括混音、添加音频，或者更换原音轨中的一部分。与编辑图像相比，这一工作可能会花费更多的时间和精力。大部分音频后期工作由音响师完成。

大部分的制片人不会参与后期制作，至少在“粗剪”完成后不会参与。但有些制片人则选择待在编辑室里参与每个决策。但是制片人的这种热忱，通常会招致后期编辑和导演的不满，尽管一切都是出于好意。

推卸责任的情况

让我们走进一间电视演播室，来看一次对于某摇滚乐队的访问。

就在你按照时间表要求的开拍时间到达演播室时，你发现拍摄已经接近尾声了。但是好像乐队和拍摄人员都不太高兴。这时制片助理告诉你，因为乐队档期太过紧张，拍摄不得不提前三小时进行。显然，拍摄不能按照原计划进行了。对此演播室内有些人颇有微词，聚在一起嘀咕着什么。让我们听一听他们在说什么。

乐队经理正在抱怨日程安排的不合理，而且他认为这个节目实在是太无趣了。而乐队主唱也在埋怨现场的音响效果“烂得可以”。另一边，执行制片人正在试着安抚乐队成员，制片人则在指责所有人都不与他进行沟通。导演正在为他整个的拍摄计划以及个人风格辩护，同时把矛头指向了乐队，认为他们“根本不懂得电视节目的内涵”。这边，乐队经理又开始嘀咕着埋怨约定太过草率，甚至没有在排练期间提供咖啡都变成了发泄不满的原因。

一些工作人员以及乐队成员把技术问题当成出气筒。他们就应该用什么麦克风以及应当把麦克风放在什么地方争论不休。布光不匀也是争吵的一个焦点，灯光师认为时间提前三个小时让他根本没有机会把灯光调整到最佳状态。音频工程师则在抱怨音响声音太小，但是摄像师则认为音响声音太大，让他们根本听不见导演通过耳机给出的指示。他们觉得毫无头绪，主要原因在于导演没有事先告诉他们预期要达到的拍摄效果。

地面总监以及他带领的团队认为，没有地面示意图就开拍实在是不可思议。为了让导演满意，他们不得不把用于乐队表演的沉重的舞台不停地移来移去。

一时间，似乎所有的人都在推卸责任，把责任推到别人身上。这时候要做些什么才能尽可能地消除这种情况的不良影响呢？在继续学习前，让我们把乐队和摄制组的主要抱怨分别写下来，然后对照表 2—1 和表 2—2 分析谁应当承担相应的责任。

写好了吗？现在，把你的结论和下面的结论进行对比。

问题：乐队的档期紧张，拍摄工作不得不提前三小时开始。

责任分析：这一问题的责任在制片人。制片人应当提前与乐队仔细确定日程。临时将制作时间提前三个小时不仅让摄制组上下手忙脚乱，也在很大程度上带来了严重的协调问题。

问题：乐队经理正在抱怨日程安排的不合理，而且他认为这个节目实在是太无趣了。而乐队主唱认为声音效果不好。

责任分析：这个问题的责任仍然应当由制片人承担，负责安排日程的他本应与乐队经理再三确定乐队能够来演播室的准确时间。而“无趣”的抱怨则是针对导演；声音效果不好则是直接针对音频工程师，因为是他在负责挑选麦克风和安排麦克风的位置。但归根结底，技术导演负责所有的技术问题，这其中也包括了声音的采集和混音过程。制片人本应当在前期拍摄阶段召集主唱、乐队经理以及音频工程师与导演见面，共同确定节目的视觉效果。导演本应当与乐队经理事先讨论“音乐真谛”。即使制片人没有做好一开始的工作，导演和音频工程师也应当安排这样的讨论。显然，团队中没有多少沟通。粗糙的约定则应当归罪于乐队经理以及执行制片人，而制片助理应当提前备好咖啡。

问题：麦克风的选择和摆放位置遭到质疑。乐队成员抱怨反送音箱（将混合后的声音回送给表演者的音箱）的音量太低。摄像师则认为音响声音太大，以至于他们根本听不清耳机里面导演给出的指示。

责任分析：显然，麦克风的选择和摆放是音频工程师的职责。至于过低的反送音量，不得不再次归罪于沟通不畅。虽然时间一下子紧张了很多，但是如果在预制作过程中曾经与乐队主要成员就这一问题有所交流，也就不会出现这样的状况。导演或者技术导演本来应当预料到与摄像师在沟通上可能出现的问题。即使是最好的耳机也不能在音源过高的时候（这里就是从乐队那里传来的音乐声）清晰地传递人声指令。导演应当事先与摄像师碰头，讨论每个镜头的拍摄问题，通过这种方式来避免这种问题的出现。

问题：布光不匀。

责任分析：灯光师需要为布光不匀的问题负责。他的借口是提前三小时让他毫无准备，而且手头也没有地面示意图作为布光指导，灯光师在拍摄开始前甚至连最基本的预制作计划都没有。但他本来可以在预制作阶段甚至两天前与导演商量一下布光问题，同时要求得到地面示意图，并确定使用什么样的灯光设备。最后，从技术层面来讲，当时间紧迫不允许仔细布光的时候，灯光师更应当选择泛光灯照亮现场，而不是使用高亮度的聚光灯，这样才不会导致过度的布光不匀（见第 8 章“光效、色彩和照明”）。

问题：地面总监以及其带领的团队没有地面示意图，导致他们不得不一次次地搬动沉重的舞台。

责任分析：一个明确的地面示意图可以让地面团队准确地指导舞台应当摆放在什么位置。地面示意图也可以帮助灯光师确定基本的灯光安排，并帮助导演确定基本的摄像机机位。地面示意图的缺失直接导致了整个预制作团队内缺乏沟通，这一责任归咎起来，只能归结到制片人身上。导演本应当在预制作阶段与美工探讨过布景和地面示意图，而在发现地面示意图没有做出的时候要及时质询美工为什么没有及时完成制图。技术导演、灯光师以及地面总监也应当在此之前询问导演为什么在拍摄即将开始的时候还拿不到地面示意图。

正如你所看见的，一个制作团队顺利有效地完成拍摄工作的前提是：无论是在预制作阶段还是拍摄阶段，所有人都能够有效持续地与他人进行沟通。就像是团体运动项目一样，如果制作团队内的某个成员出现了重大错误，那么整个节目都会走向失败，即使其他人的表现都非常完美也是如此。还是那句话，尽可能完善预制作阶段的工作，这样可以避免很多后面可能出现的问题。

重点提示

明确技术性人员和非技术性人员的分工以及职责。

责任的承担和分担

好吧，经历了一场焦头烂额的争吵之后，我们接下来要参观的是一次 MTV 的现场拍摄过程，这次的工作使用了多机拍摄的方式。整个拍摄过程虽然复杂，但与上一个案例相比，这次的参观让人相当舒心。

当你到达 MTV 的拍摄现场时，你会发现警察已经把拍摄需要的整条街道都封锁了，要想穿过警戒线，必须出示你的通行证。现场到处都有人在忙碌着：音频工程师以及他的助手正在调试扬声器，摄像师正在检查一些排好的镜头。地面总监上前来热情地迎接了你，并把你介绍给制片人和导演。尽管工作紧张忙碌，但是导演似乎非常淡定，还专门挤出时间来给你解释这次 MTV 的主要构思：主唱驾驶着一辆老式的凯迪拉克敞篷车驶过街道，在一个停车标志前停了下来，这时一群舞者将他的车团团围住。

舞者那边，一小部分人已经开始排练他们的舞步，其他人正陆陆续续地从一辆房车里走出来，在那里面他们刚刚化好妆，换好衣服。每个人都很放松，你也能感觉得到所有人都对自己的职责非常明确。

导演检查了时间线（也就是当天的拍摄日程），把它贴在了房车上，然后要求地面总监组织大家走一遍场。众人立刻行动起来：舞者进入表演位置，凯迪拉克也被挪到了开始行驶的位置，摄像师打开镜头盖开始了拍摄，音响师们开始放音乐。从你的角度看过去，整个走场非常顺利；摄制组和演播人员都对拍摄效果非常满意。虽然如此，导演仍然把众人集合起来开了一个短会，指出了这次试拍过程中的几个问题。

制片人和导演在拍摄过程中记录下了这些问题，并把清单交给了制片助理，制片助理把它读给大家听：

- 后排舞蹈演员听不清楚音乐
- 乔尼（开凯迪拉克的主唱）看不到标志
- 车停下来的时候打在主唱身上的光太硬了
- 应当给乔尼一个近景
- 镜头应当从下往上拍乔尼，而不是从上往下
- 乔尼出汗出得太厉害了，他鼻子上的反光太强
- 跳舞的这个区域灰尘太多
- 在背景里能够看到音频线
- 在某个给乔尼的特写里，舞蹈演员把他挡住了

谁应当负责纠正这些情况呢？让我们再看一遍整个单子。

后排舞蹈演员听不清楚音乐

音频工程师负责解决这个问题。

乔尼（开凯迪拉克的主唱）看不到标志

这句话的意思是乔尼看不到路边的停车标志，也就无法知道在什么地方停车。停车标志应当移动到停车指示牌处。

车停下来的时候打在主唱身上的光太硬了

灯光师指导地面团队纠正这个问题。

应当给乔尼一个近景

导演指导摄像师完成这个镜头的拍摄。

镜头应当从下往上拍乔尼，而不是从上往下

制片人看看导演，导演则转向具体的摄像师。在导演的指导下摄像师纠正拍摄角度。

乔尼出汗出得太厉害了，他鼻子上的反光太强

导演看看化妆师，灯光师没法解决这个问题。化妆师最终解决了这个问题。

跳舞的这个区域灰尘太多

地面总监和他的团队解决这个问题。

在背景里能够看到音频线

音频工程师保证他会解决这个问题。在地面团队的帮助下他的确完成了。

在某个给乔尼的特写里，舞蹈演员把他挡住了

导演和编舞协商解决。

在这个短会之后，导演宣布拍摄暂停 15 分钟，让大家各自去完成分配给自己的纠正任务。15 分钟后导演检查了一遍时间线，并重新召集人员，进行了第二次试拍。在接下来的三个小时里他们又进行了多次排练，开了两次短会，并最终进行了几次拍摄。在日程表规定的结束时间前的一个半小时，地面总监召集人员清理好了拍摄现场。

> **重点提示**
>
> 在各制作团队成员之间建立有效且持久的沟通。

与上一个摇滚乐队的案例不同，显然，这次的 MTV 现场拍摄准备充分了许多。整个拍摄过程中技术性工作人员和非技术性工作人员都明确地知道自己的职责，知道如何与他人沟通协调并分担责任。临时召集的短会是一种明智的手段，能够非常高效地指出拍摄中出现的大大小小的问题，并保证这些问题能由相关人员迅速解决。在有些复杂制作中，导演可能会把整个排练时间的三分之一拿出来用于这些短会。

制作时间表以及时间线

就像剧本一样，制作时间表在合作拍摄中必不可少。它明确了预制作阶段、拍摄阶段、后期制作阶段和播出阶段的准确时间。尽管很多时候制作时间表和时间线两个概念被混在一起说，但它们实质上还是有着不小的区别，功能也不同。制作时间表是由制片人完成的，是对整个制作过程的一个时间规划，日期长度可能为周。而时间线则一般由导演完成，关注的是以天为单位的拍摄安排。

下面就是一个制作时间表的例子，这次的节目内容是访问城市大学的校长，时长 15 分钟，地点在演播室内。

访谈制作时间表

3 月 1 日	与校长确定拍摄
3 月 2 日	第一次预制作会，确定访问的形式
3 月 4 日	第二次预制作会，确定剧本和地面示意图
3 月 5 日	确定所有需要的装置设备，包括布景和其他器材
3 月 9 日	拍摄，地点在第一演播室
3 月 10 日	如有需要，进行后期制作
3 月 14 日	播出

注意一下，从确定需要的设备（3 月 5 日）到正式的拍摄（3 月 9 日）期间有四天的准备期。这一段时间保证了所有的装置设备都是可以使用的。

与制作时间表不同，时间线更强调细节，它把拍摄日程分解到每天的具体工作，规定了在某天的某个时间完成什么工作。回想一下 MTV 现场拍摄的案例，导演、地面总监以及制片助理都时不时地检查时间线，确定拍摄进度是否及时完成了。这里我们把上面时间表里 3 月 9 日的安排拿出来，看一下这一天的拍摄日程。

时间线：3 月 9 日——访问（第一演播室）

8：00	召集小组成员
8：30—9：00	技术会议
9：00—11：00	布景以及布光
11：00—12：00	午餐
12：00—12：15	短会并解决问题
12：15—12：30	在演员休息室内与嘉宾做短暂交流
12：30—12：45	试拍以及开机演练
12：45—12：55	短会
12：55—13：10	解决问题
13：10—13：15	休息
13：15—13：45	正式拍摄
13：45—13：55	补拍镜头
13：55—14：10	清场

接下来让我们看一下每个阶段的具体工作安排。

召集小组成员

所有的工作人员在此时都应当到场开始工作，包括地面总监、各个助理、技术经理、灯光师、摄像师、音响师以及其他设备的操作人员。

技术会议

参加这个会议的是主要的非技术性及技术性工作人员，包括：制片人、导演、节目主持人、制片助理、地面总监、技术总监、灯光师以及音频工程师。导演简单地介绍节目目标以及他希望的节目效果（简单的访谈布景、明亮的灯光、适当地给校长近景）。这一会议也要对所有的技术装置以及布景进行确认。

布景以及布光

有了地面示意图的帮助，布景师完成布景变得容易了许多。这里仅仅需要常规灯光，没有要求特殊灯具。两个小时对于完成两项工作来说已经足够。

午餐

12 点的时候大家必须结束午餐回到现场，也就是说大家要在 11 点的时候准时离开现场去吃午饭，即使是有些灯光或现场布置还没有完成也必须先放下工作。剩余的调整可以在饭后的调整阶段完成。

短会并解决问题

如果饭前的工作没有留下重大的调试和设备问题，那么短会时间就可以相应地缩短。剩下的时间则可以相对轻松地调整一些细节，比如说优化一下灯光布置，把一盆可能干扰视觉效果的盆栽搬走，或者是打扫一下茶几这样的琐事。

在演员休息室内与嘉宾做短暂交流

就在摄制组成员正在忙着准备第一次走场时，制片人、节目主持人和制片助理（有时是导演）则在休息室内和校长进行短暂交流，他们与嘉宾一起梳理节目的流程。演员休息室不一定很大，但一定要布置得很舒服，而且这间屋子是为了剧组和嘉宾之间的交流而特别准备的。

试拍以及开机演练

这次的走场意在让嘉宾熟悉整个演播室环境，同时摄制组也要利用这个机会检查试拍的镜头效果，同时演练节目的开场和结束阶段。这个阶段要尽可能地保持嘉宾的新鲜感，不要对节目的主体部分进行排练，因为这可能导致嘉宾出现压迫感，影响节目效果。在调试摄像机和灯光的时候制片人可以和嘉宾聊一聊。

短会并解决问题

刚刚结束的试拍可能会检验出灯光和音响方面的一些问题。地面总监也可能会要求化妆师系紧嘉宾的领带或者给嘉宾额头补一点妆来遮掩一下汗水。

休息

即使时间紧张，在正式拍摄开始前也要让演播人员和团队有一个短暂的休息。这能够帮助所有人放松心情，同时有助于间隔排练和正式拍摄。

正式拍摄

这个阶段允许在开场和结束的阶段出现几次错误，但是记住：错误次数越少，整个节目就会越顺畅。

补拍镜头

这个阶段允许对一些意料之外的错误进行弥补。比如说开场字幕无意间把嘉宾的名字拼错了，导演可能会用这段时间要求主持人重新介绍嘉宾。

清场

这里的清场不是指工作人员的散场，而是指清理演播室，包括收拾布景、道具以及设备。

在电子现场拍摄过程中，这样一条详细的时间线尤为重要。该时间线可能还要包括一些其他的阶段，比如说设备的装车和卸车时间以及来回路上的时间。

一旦确定了制作时间表和时间线就必须严格遵守。如果不能坚持在规定的时间内完成相应的工作，那么再好的时间表都等于废纸一张。有经验的制片人和导演会严格按照制作时间表推进工作阶段，而不管上个阶段是不是完成了所有应当完成的工作。经常忽略时间安排的结果就是使时间安排变得毫无意义。

> **重点提示**
> 制定切实可行的制作时间表和时间线并严格遵守。

正如你所见，明确每个成员以及每个制作团队的职责，并按照详细的制作时间表协调各部门的工作是高效的视频制作的保证。

主要知识点

▶ **团队成员**

包括技术性工作人员和非技术性工作人员。非技术性工作人员通常不操作设备，而是由技术性工作人员操作。非技术性工作人员也常被叫作“线上工作人员”，与之对应，技术性工作人员常被称作“线下工作人员”。

▶ **预制作团队**

这个团队负责计划整个制作过程。通常包括制片人、编剧、导演、美工，有些时候也包括技术导演。小型的制作公司或电视台经常将某些职责打包分给一个人，比如制片人兼任导演。大型的制作工作也会雇用其他制作人员，例如音乐制作人或者编舞。

▶ **制作团队**

一个电子新闻采集团队可能仅仅只有视频记者一个人，他不仅报道新闻，也负责操作摄像机并且完成后期制作。典型的电子现场拍摄团队包括一个演播人员、一个摄像师以及一个综合工作人员。大型现场拍摄或者演播室拍摄会召集一个更大规模的制作团队，可能包括制片人以及众多的助手，例如助理制片人或者制片助理；导演以及助理导演，当然，还有演播人员。制作团队通常包括地面总监以及他带领的团队，包括技术导演、摄像师、灯光师、视频控制师、音频工程师、视频编辑以及字符发生器操作员。

在预制作阶段由制片人负责协调不同部门，并考虑拍摄细节；在拍摄阶段则由导演负责。

▶ **后期制作团队**

这个小组通常包括导演、视频编辑，在复杂的制作任务中还可能会有一位负责混音的音响师。导演负责指导编辑选择剪辑拍摄好的素材，制片人偶尔也会参与这一过程。

▶ **沟通**

在各制作团队成员之间建立有效且持久的沟通。

▶ **制作时间表以及时间线**

制作时间表由制片人负责准备，时间表规定了三个制作阶段内主要的活动时间。时间线则由导演负责制定，规定了每个制作日内的详细时间安排。

Tour opens
STORY
of Pump
ALL-STAR
Kidnap
Smoking

第二部分

创造影像：数字视频和数字摄像机

SHI PIN JI CHU

到现在为止，你应该已经对节目制作有了初步的了解，至少，你已经知道了在视频制作中谁应当干什么。是不是心里痒痒的，准备拍一部“黑马”级别的电影？别急，到现在为止你还不知道技术上的操作知识，而这对于拍摄视频来说显然也是必不可少的。在正式开始之前打牢技术基础有这么几个好处：节省时间、节省金钱，最重要的是让你在实际拍摄的时候没那么紧张。技术基础包括视频技术的基础知识、摄像机的工作原理以及操作方法。

虽然说现在摄像机的自动化程度已经超乎想象，但到了实际拍摄的阶段你仍然会发现有些自动功能好像故意跟你对着干。比方说你要拍摄背朝窗口站着的一位朋友的正面，你会发现拍出来的效果变成了剪影。当然也不绝对是这样，但至少会曝光不足。作为专业人士，你要知道怎样驾驭摄像机的这些功能，熟练调整各种设置，实现你所希望的艺术效果。了解电子影像形成的原理对于掌握摄像机的操作并尽可能地发掘摄像机的潜力来说也是必不可少的。

关键术语

480p：数字电视的一种扫描系统，即电视中每一个完整的帧由480条可视线逐一扫描构成。

720p：数字电视的一种扫描系统。即电视中每一个完整的帧由720条可视线逐一扫描构成，一般被认为是高清电视系统。

1080i：高清电视的一种扫描系统。字母i表示“交错的”（interlaced），即电视中每一个完整的帧由两场交错的扫描形成。一般被认为是高端高清电视系统。

模拟信号（analog）：与原刺激波动一致的信号。

二进制数字/比特［binary digit（bit）］：电脑所能保存和处理的最小信息数量。电路开合用1表示，电路闭合用0表示。1个比特可描述2种状态，如开/关或黑/白。2个比特可描述4种状态（2^2位）；3个比特则表示8种状态（2^3位）；4个比特则表示16种状态（2^4位）……以此类推。一组8个比特（2^8）称为一个字节。

编码（codec）：将量化值转换成以0和1表示的二进制代码。也作“译码”。

压缩（compression）：为便于存储和信号传输而对多余的图像信息进行的暂时性重排或消除。

数字的（digital）：与二进制数字形式的数据有关的。

数字电视［digital television（DTV）］：在总体上图像分辨率比标准电视更高的数字系统。

场（field）：一个完整扫描周期的一半，两个场形成电视画面的一个帧。在模拟电视信号（NTSC制式）中，每秒有60个场，或称有30个帧。

帧（frame）：指电子束的一个完整扫描周期。一个隔行扫描周期需要两个半周期（场）来形成一帧。在逐行扫描中，每个扫描周期都能形成一个完整的帧。

帧率（frame rate）：扫描完整的一帧所需要的时间，通常由每秒帧率（fps）来表示。在模拟电视信号（NTSC制式）中，每秒有60个场、30帧。数字电视的帧率是可变的，范围从15帧/秒到60帧/秒不等。高清电视摄像机的默认帧率为24帧/秒，但你可以自行调整该数值。

高清电视［high-definition television（HDTV）］：包括720p、1080i、1080p三种扫描分辨率。由于480p也被认为是高分辨率电视，因此在有些情况下也将其列入高清电视行列，虽然这并不完全正确。

高清视频［high-definition video（HDV）］：能够输出与高清电视相同的720p或1080i分辨率的影像，但色彩稍差的影像系统。与高清电视相比，这一系统输出的图像经过压缩，因此画质有所下降。

隔行扫描（interlaced scanning）：首先对所有奇数行进行扫描（第一场），随后对所有偶数行进行扫描（第二场）。两个场过程构成一个完整的画面帧。

逐行扫描（progressive scanning）：从上到下逐行扫描。

量化（quantizing）：将模拟信号转换成数字信号，将被采集的点转换成可计数的值。

刷新率（refresh rate）：每秒的完全扫描圈数。

采样（sampling）：等距离地选取一定数目的模拟音视频信号。

扫描（scanning）：电子束从上到下或从左到右在屏幕上运动。

第3章

视频格式以及数字视频

现在已经是数字视频的时代了。所有的视频制作都通过数字化设备完成，当然，出于某些经济因素的考虑，一些可以制作高质量视频的模拟摄像机仍然在被使用。但即使在拍摄过程中得到的素材是模拟信号，其他的制作过程（例如编辑阶段）也都需要数字设备的帮助。尽管我经常被灌输这样一种理念：数字视频＝高清视频，但是你会很快发现不同种类的数字视频之间仍然有着相当多的不同之处。但是你如何了解这些不同呢？在这一章中，这个问题会得到解答，而且这章还会解释什么是数字化，以及我们为什么要把模拟信号转为数字信号。在我们进入这场“数字化”的讨论前，你需要首先知道影像是怎样被创造出来的。

▶ **基本影像格式**

隔行扫描、逐行扫描以及数字视频扫描系统；高清系统；平板显示器，包括液晶显示器和等离子显示器

▶ **什么是数字格式**

开/关——最基本的二进制概念

▶ **数字化过程**

模拟信号以及数字信号；数字系统，包括采样、量化以及压缩；下载以及流媒体

▶ **数字化的形象化描述**

用简单的比喻解释模拟信号和数字信号，以及数字化的过程

▶ **为什么要实现数字化**

录像带记录的音视频的质量、压缩、后期操作

基本影像格式

图 3—1　视频影像格式

显像管后部的电子枪产生电子束。电子束通过显像管的管颈对显像管表面覆盖的上万个点进行扫描。

影像格式的基本原则是由扫描过程决定的，这一原则对于黑白电视、彩色电视、标准扫描电视或者高清电视都适用。这里我们选取一台标准的黑白阴极射线显像管电视（CRT）来解释最基本的扫描过程。

阴极射线显像管的后部安装有一个电子枪，用来发射非常微小的高速电子束。在普通的电视机里，电子束穿过显像管的管颈小点，在被电子束打到时会发光。电子束越强，这些小点就越亮（见图3—1）。如果电子束的强度不足以点亮磷点，则屏幕显示为黑色。当电子束强度达到最大时，屏幕显示为白色。

彩色电视机与黑白电视机的不同之处在于彩色电视机的显像管后部有三个电子枪分别发射电子束。在彩色电视机显像管的表面布满了整齐的红绿蓝三色磷点，这些磷点排列成方形，分别由三个电子枪发射的电子束负责点亮。其中一束负责点亮红色磷点，另一束负责点亮蓝色磷点，最后一束负责点亮绿色磷点。在数字电视中，这些点被称为像素（人们对于图像元素一词的约定俗成的称谓），这个概念是从电脑领域引介过来的。三种电子束的不同组合造就了你能在屏幕上看到的所有颜色（见图3—2）。（在第 8 章中将介绍这三种色彩是如何混合成所有的其他色彩的。）

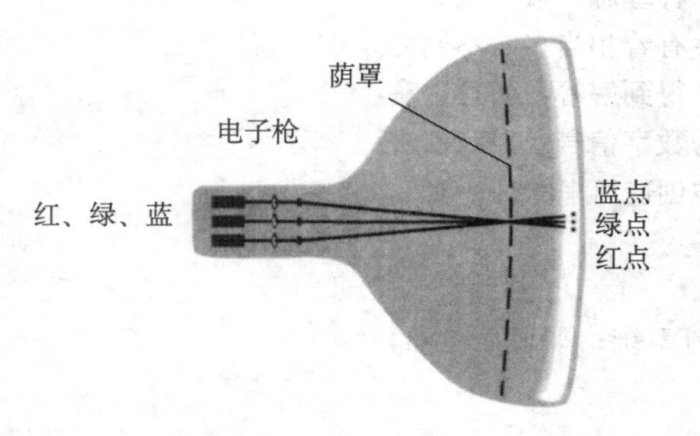

图 3—2　彩色视频影像形成

色彩接收器都有三个电子枪，分别代表着红色、绿色、蓝色信号。

扫描过程

这个过程与阅读印刷书籍的过程十分类似：电子枪发出的电子束从左向右，从上到下地“读”过屏幕。基本的扫描系统分成两种：隔行扫描和逐行扫描。所有的标准模拟信号都采用隔行扫描系统，而数字电视可以在隔行扫描或者逐行扫描中做出选择。

隔行扫描 与读书的逐行阅览不同，在隔行扫描系统中，电子束在一次扫描过程的第一次扫描中只扫描奇数行，而跳过偶数行（见图 3—3 A）。然后电子束回到屏幕顶端开始扫描偶数行（见图 3—3 B）。扫描奇数行的这个过程被称作“场”，随后进行的对偶数行的扫描则是另一个场。两个场合起来共同组成一个完整画面，这一完整画面叫作帧（见图 3—3 C）。

> **重点提示**
>
> 隔行扫描的一个画面是由两个扫描场组成的。

图 3—3 隔行扫描

A. 在隔行扫描过程中，电子束首先扫描所有的奇数行，方向为从左到右以及从上到下。第一个扫描周期形成一个场。

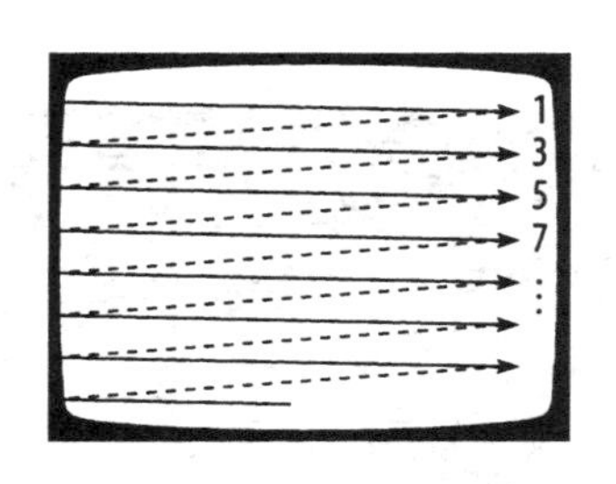

B. 电子束跳回到屏幕顶端，开始扫描所有的偶数行。第二个扫描周期形成第二个场。

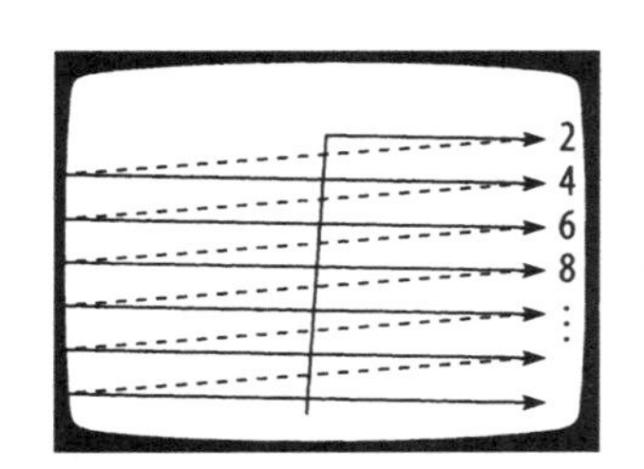

C. 两个场合在一起形成一个完整的电视画面，称为帧。

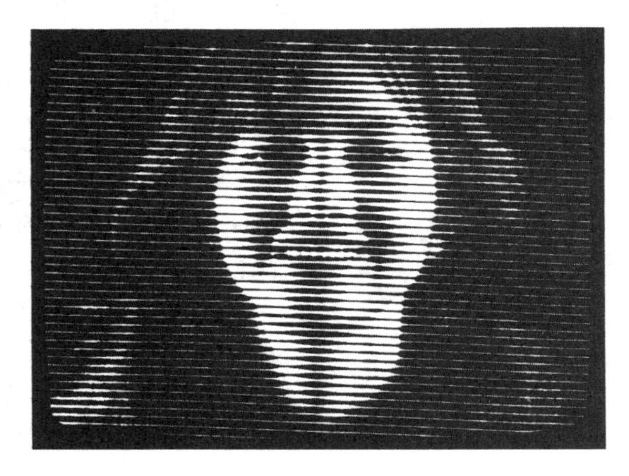

重点提示

在逐行扫描中，每个扫描周期会扫描所有的行，并形成一帧完整的画面。

逐行扫描 在逐行扫描系统中，电子束按顺序扫描所有行，这与我们的阅读过程很像。电子束从左上角开始向右扫描第一行，然后跳回左端开始扫描第二行，然后是第三行、第四行，以此类推。在完成对最后一行的扫描后，电子束跳回到左上角的开始位置重新开始一次新的扫描过程。所有的行都是按照顺序被扫描的。所有的屏幕以及大部分的数字点采用的都是逐行扫描的方式（见图 3—4）。与隔行扫描每次只完成半个帧（一个场）不同，逐行扫描"读"过所有的行并在一个扫描周期内形成一个完整的帧。每秒通过逐行扫描形成的帧数叫作刷新率。

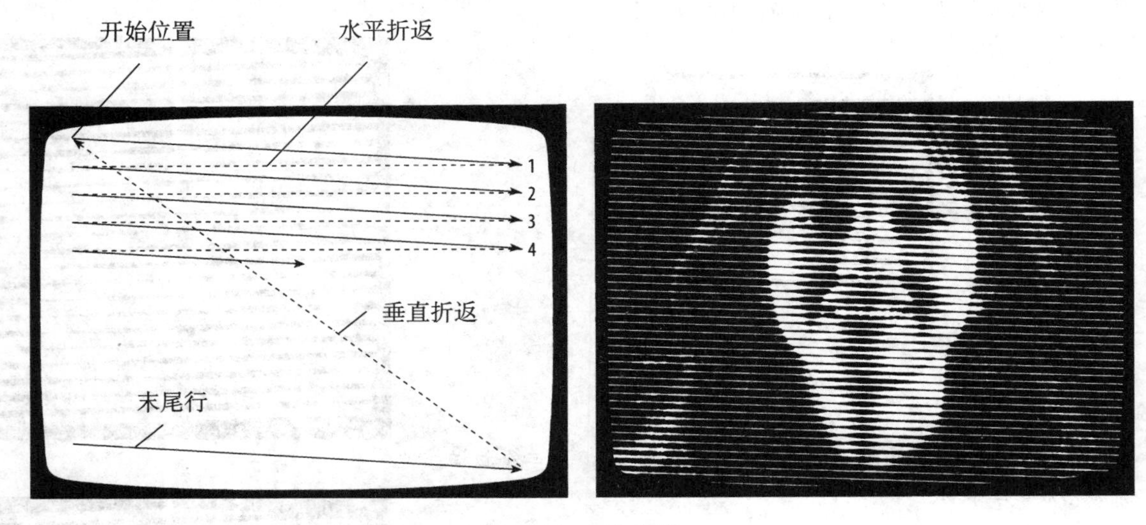

图 3—4 逐行扫描

逐行扫描：在逐行扫描中，电子束从左到右、从上到下扫描每一行。一个扫描周期形成一个完整的帧，然后电子束跳回到开始位置进行下一次扫描从而形成一个新的帧。

数字视频扫描系统

虽然数字视频（也叫做数字电视）的总体画质要优于模拟电视，但并非所有的数字视频都是**高清电视（HDTV）**。到底是什么构成了"高清"，这个问题可能会让你困惑不解。而对于**高清电视**或者类似格式的介绍则让人更难以分辨这其中的区别。

让我们从一些很常见但很容易弄混的缩写开始，这些缩写又好像都与画质有关。一般来说，数字电视已经变成高画质的同义词。数字电视画质优于普通电视的一个原因是数字电视具有更高的图像分辨率（也就是画面的细节更锐利）、色彩更逼真、对比度更高（在最暗和最亮的画面之间有更多的灰阶）。

事实证明，数字电视是现在所有电视信号种类中最实用的一种。一般来说，数字电视按照线数的不同分为 480p、720p（p 代表逐行扫描）以及 1080i（i 代表隔行扫描）系统。

480p 系统 480p 系统是指画面由逐行扫描的 480 条可见的线组成的视频类型（这一数字与现在实际看到的标准模拟信号系统的 525 线差不多），通常每秒生成 60 帧（而并非场）。因为 480p 电视的效果也很不错，因此有时也将 480p 电视列为高清电视。但是从技术分类的角度来说，这一分类是不合理的。

720p 系统 720p 系统是指画面由逐行扫描的 720 条可见线组成的视频类型。通常情况下 720p 系统的刷新率也是 60 帧/秒。线数的增多意味着画面更加锐利，分辨率也大大提升。毫无疑问，720p 系统属于高清电视范畴。

1080i 系统 1080i 系统之所以使用隔行扫描的方式，主要是出于节省带宽的考虑。也就是说在输送线路不变的前提下，与使用逐行扫描相比，1080i 系统能够输送更多的信号。尽管 1080i 系统每秒只能生成最多 30 帧画面，但是由于超高的线数，这一系统仍然能够提供比 480p 甚至 720p 系统更好的画面质量。到目前为止，除了画面线数更高的数字视频（它们使用的是其他的扫描系统）之外，1080i 系统仍然是最为清楚的高清播放系统。关于数字视频的知识将在第 4 章中介绍。

重点提示

现存的数字电视扫描格式包括 480p、720p 以及 1080i。

需要注意的是，决定画面质量的除了线数之外还有几个因素：组成每个扫描行的像素的大小以及视频信号的压缩率。信号压缩率越大，视频的清晰度就越低。在本章随后的部分中你可以学到关于视频压缩的更多知识。

高清视频系统

什么是高清视频？虽然高清视频系统的最初应用范围是消费型小型手持摄像机，但很快这一范围就延展到了大型的专业摄像机领域。高端的高清摄像机可以记录 720p 甚至是 1080i 的视频信号。高清视频的画质已经达到了惊人的地步，即使是在高清电视上观看，人们也很难分清高清视频和高清电视之间的区别。那么到底它们的区别在什么地方呢？

如果仅仅考虑分辨率的话，那么高清视频和高清电视之间确实没有什么区别。两种系统都能够提供完美的细节，但是高清视频的色彩范围要略逊于高清电视，尤其是在弱光环境下更是如此。另一个区别就是压缩率：高清视频的压缩率要大于高清电视，这在一定程度上降低了高清视频的画质。但事实上，两者之间最大的区别并不属于电子领域，而属于物理范畴。最终决定高清图像的质量的，是拍摄该图像时使用的镜头质量。拍摄高清电视的专业摄像机要比拍摄高清视频的摄像机贵很多倍。如果你希望能在财力力所能及的范畴内尝试制作高清节目，那么高清视频系统应当是你的选择。

可变扫描系统 随着技术的发展，某些用来拍摄数字视频的摄像机率先采用了可变扫描系统。这些摄像机正常情况下拍摄的动态图像的刷新率为与传统电影格式统一的 24 帧/秒（fps）。但是这一刷新率可以降到最低 15 帧/秒，或者升到 60 帧/秒甚至更高。这一系统使得平滑的快速镜头或慢镜头得以实现。

格式的转换 为了让数字扫描系统变得更加灵活易用，你可以使用帧转换软件来转换扫描系统，比如说从 24fps 的 720p 视频转换为 30fps 的 1080i 视频。这一过程在后期制作阶段完成。

平板显示器

人们对于更大的显示器的追求推动了平板电视的出现和发展。与传统的显像管电视比较，平板显示器的优势之一就是可以做得更大。而且小到笔记本电脑的屏幕，大到家庭影院使用的超大尺寸电视，平板显示器的厚度并没有什么变化。平板显示器的其他优点还包括更强的色彩表现力（色彩更加精细）、更高的对比度、色彩层次更丰富以及更高的分辨率（每英寸上分布的图像点更多，1 英寸为 2.54 厘米）。对于平板显示器来说，黑度是一个重要的评判标准。通俗地说，黑度就是该显示器所能显示的黑色有多黑。黑度越大则该显示器在显示其他色彩时就会有更生动的表现力。

但是很多时候你会发现平板显示器在显示某些视频时，画面看上去很“糊”，就好像色彩互相分开了一样，画质类似于家用 VHS 录像机，而不是高清视频应有的样子。这种情况通常在用高清平板显示器显示标清视频或高压缩率的视频时出现。但如果你离屏幕稍微远一点，或者不是从一个很偏的角度来看的话，那么平板显示器的画质还是会让你满意。

现在的平板显示器一般分为两种：液晶（LCD）显示器和等离子显示器。

液晶显示器　在液晶显示器的表面，两块透明的导电面板像三明治的面包一样夹住了薄薄的一层液晶，这层类似于液体的物质在接收到视频信号的时候，其晶体排列会发生改变。许多微小的晶体管按照一定角度排列组成了朝向液晶的像素点，使得背光能够从中间射出。

等离子显示器　与液晶显示器不同，等离子显示器的两块透明面板之间夹着的不是液晶，而是薄薄的一层气体。当气体接收到不同的信号时，无数的红绿蓝色点被激发，这些红绿蓝色点按照类似于普通显像管电视色点的排列方式排列，最终形成了画面。

虽然两种显示器在显示原理上有着不小的区别，但是在实际观看体验上，你很难通过肉眼分清你正在观看的是哪种显示器。

在继续探讨数字技术的优点时，让我们首先搞清楚到底什么是“数字”。

什么是数字格式

> **重点提示**
>
> 所有的数字化格式都是基于表示“开/关”的二进制代码，可以表示是否存在有电信号。1 表示“开”状态，0 表示“关”状态。

所有的数字视频以及电脑处理信息的过程都是基于用来表示“开/关”或者“要么/或者”的二进制代码。“开”这一状态用 1 来表示，而“关”的状态则用 0 来表示。这种二进制代码（简称“位”）的工作原理就像开关电灯泡一样；如果给出 1，则电灯亮；如果给出 0，则电灯灭。在数字格式的世界里，一切都是 1 和 0，不存在所谓的“中间状态”。

数字化过程

数字通常代表着用来表示“开/关”状态的二进制系统。乍看上去这种“要么/或者”的工作方式显得十分笨拙，但是数字化过程的压倒性优势就在于这一过程可以有效地避免数据的混杂甚至是错误。这一过程也让随机化处理以及数字的任意组合变成了可能——这对于控制画面和声音来说是至关重要的特性。

模拟信号以及数字信号

模拟信号是对原始刺激做出的电子记录，某人对着麦克风唱歌就是这个过程。这个过程可以用技术化的语言表达：模拟信号是完全模仿原始刺激的波动。同时模拟信号是连续的，也就是说模拟信号不会故意忽略掉信号的某些部分，但实际上模拟信号多多少少会漏过一些信号片段。

与之相反，数字信号是不连续的。它在模拟信号中等距离地选取一些点，用这些连续的点代表原始的信号——这一过程被称作采样（下面一部分中有对于采样的解释）。

数字系统

数字化的过程就是在模拟信号上等间隔地进行采样，这些样本随后经过数字转换（被赋予具体的数值），并被编码成二进制中的 1 和 0。

采样　在这一过程中，模拟信号或音频信号上等间隔的一些点被选取为一系列的样本（以电压的形式存在）。当你在模拟信号上指定的间隔很小，而且在很小的一段上选取了大量的样本时，数字格式就会有很高的采样率；与之相反，如果你指定的间隔很大，而在很大的一段上选取了少量的样本，那么数字格式的采样率就会很小。高采样率带来的是更好的信号。视频信号的采样率通常用兆赫兹（MHz）表示。

量化　数字化过程中的量化阶段将采集到的样本通过赋予具体数值的方式转换成数字（0 或者 1）。

压缩　压缩过程分两种：对数据进行暂时性的重排，或者出于存储或传输的需要舍弃信号中不必要的部分，后者会降低原有的信号质量。前一种不丢弃信息的压缩方式称为无损压缩，而后一种舍弃冗余信息的压缩方式称为有损压缩。

无损压缩的好处在于它可以完全保持原始视频或音频信号包含的所有信息。这种压缩方式的缺点在于压缩后的数据仍然会很大。对于那些喜欢以流媒体方式不间断地收听喜欢的音乐，或者是想在电脑上流畅地观看一部电影的预告片的人来说，这种压缩方式实在是太过笨拙，因为它带来的是长时间的等待。

> **重点提示**
>
> 压缩指对数据（音频或视频信号）进行重排，或者丢弃那些冗余信息来相对增大存储空间，有利于传输。

有损压缩的优点在于它可以将巨大的文件压缩得相当小，这样的话就可以占用更小的电脑存储空间。压缩后的文件传输时间会更短，这也让流媒体播放成为可能。在这种压缩方式的帮助下，你可以从头开始毫无间断地聆听你喜欢的音乐，而无须在中途停止等待后面一部分音乐完成缓冲；同时，有了这种压缩技术，你可以将整部电影压缩在一张数据光碟上。但这种压缩方式也有其弱点，那就是随之而来的画质和音质的下降。

还记得高清视频和高清电视的区别吗？主要就是色度和对比度。不过有些有损压缩格式仍然能够提供真实的、惊人的画面，例如 MPEG－2 格式。这些格式忽略的是那些在画面帧变化时没有变化的图像细节。举例来说，在用特写镜头表现一个高尔夫球滚进球洞的过程中，MPEG－2 格式不会在每一帧中用不同的数据重复表现相同的绿草，而是用大量的数据描绘滚动中的高尔夫球。在需要的时候，这种格式会借用首次出现青草的画面中代表青草的数据来表现新的画面中的草地。

更复杂的情况是，编码方式——也就是压缩和解压缩格式——有很多种，它们被用来完成不同的压缩目的。例如苹果公司的 Quick-Time 格式就有数种编码方式，例如高画质—低画质损失编码可以用来编制你的代表作品，而一种相对平衡的有损编码格式可以让你轻松地与朋友们分享你的作品。

下载以及流媒体

在下载过程中，文件被分割成很多数据包传输。因为这些数据包并非严格按照顺序传送，因此你必须等到所有的数据包全部下载完成后才能够观看一段视频或聆听一段音乐。

但对于流媒体数据来说，数字化的文件在传输时是连续的数据流，这也就意味着可以边观看边传送。在你聆听一段音乐的开头部分的时候，这首曲子剩下的部分正在被传送。

数字化的形象化描述

说了这么多技术上的行话，你或许已经听厌了。下面让我们用一种更傻瓜化的叙述方法重新回顾一遍整个数字化过程，这里我们使用比喻的方式来说明两种信号格式的区别，以及我们为什么要花费力气将模拟信号转换为数字信号。

注意，这里的比喻可能在技术上不那么准确，使用这些比喻只是为了让整个复杂的数字化过程看上去更容易理解。

模拟信号

让我们看一下一个简单电子模拟信号的波形图。通常情况下这种波的样式会大有不同，但正是它们组成了视频和音频信号（见图 3—5）。

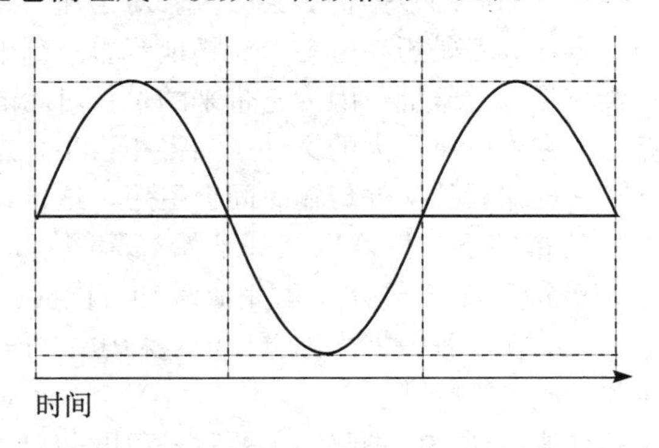

图 3—5　模拟信号波形图

这张图描绘了一个简单电子模拟信号的波形。

现在，假设这个波非常长，在形状上稍有不同（频率和振幅的不同），而且这个波是用花园里的橡胶水管（代表模拟信号）组成的。现在这些水管必须用卡车运到别的地方去（这个过程代表视频或音频信号的传送和录制），运输的要求是不得破坏弯曲的水管（信号）原有的形状，即使是稍有变化也不行（不能改变信号）。但是收费再高的运输公司（高端设备）也不能保证在将水管装进长箱子的时候完全没有扭结（信号干扰）。如果这些出现扭结的水管随后被用作复制水管（数据复制），那么与原始曲线不同的这些扭结就会被保留，而且事实上，还会出现新的扭结（更多的信号干扰和杂音）。

数字信号和量化

在装箱的过程中，有些聪明人想出了一个完全不同的点子：为什么不能把这条水管切成小段，并在装箱前给它们编上号码呢？（这代表着量化过程）这样的话水管就可以顺利地打包并且以小块的方式运输（代表着数据包），而且也可以使用小型的货车（代表带宽）。因为运输车辆已经记录好了水管原始的弯度（电脑软件），这些被编好号码的小块可以在运输完成后重新拼接成和原来差不多相貌的水管（模拟信号）。

采样

一位来自分割组的聪明的同事发现，如果把这根水管切成很小的、等大的片段（样本），那么你就不需要保留所有的碎片来还原原始的弯曲（高采样率）。但如果你将这根水管切成了仅仅几大段，虽然节省了时间和金钱，但是它们再也不能准确地还原成原来的曲线（低采样率）。这样做的结果就是意在还原模拟信号的数字信号的质量出现了严重的下降（见图 3—6）。

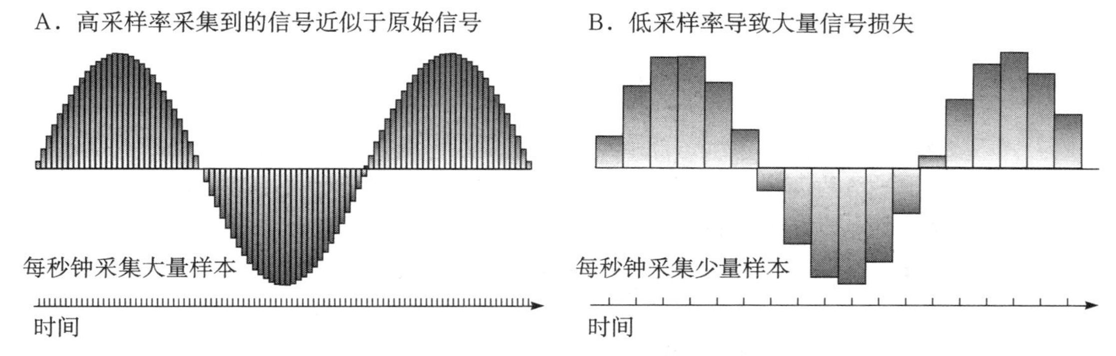

图 3—6　采样

将模拟波形转化为数字波形，模拟信号被分割成块并按照相同的间隔测量。

A. 高采样率的结果看上去更像原始波形，大多数的原始波形得到保留。

B. 低采样率看上去与原始波形差别较大，少数原始波形得到保留。

压缩和传输

采样过程给了打包组一个新的灵感：这个水管的每段切块都有一个具体的数字来标示，这代表着你可以对这些碎片重新装箱，把直的那些碎片塞到一个小小的盒子里，而把那些弯曲的碎片放到另一个盒子里（无损压缩）。这当然会节约空间（小文件），同时也让小卡车（窄带宽）在运输过程中有了用武之地。或者，甚至可以在打包前扔掉一些碎片，比如说在第一个弯曲前的很长的一段直线中的一块碎片，这块碎片在模拟波形时没有实际用处（有损压缩）。没有人会注意到丢掉的这一块碎片。聪明的装箱人会把两种装箱方式都用得很好。

在测试到底能够扔掉多少碎片的同时，工人也发现他扔掉的碎片（数据）越多，最后能还原出来的曲线就越不准确（低画质、低音质）。

运输总监决定用两种方式运输这些碎片。一种是把所有的直的碎片放在一辆卡车上，所有弯曲的碎片都放在另一辆上，然后在第三辆车上装这两种碎片的混合体。通过这种方式收货人必须等到所有的卡车都到达目的地，所有的箱子都打开（下载）之后才能开始把不同形状的碎片重新还原成原始的样子（打开文件）。

第二种方式是先在几辆卡车上装上一定量的碎片，这些碎片能够保证整个还原工作即时开始，并且能够还原一部分的水管。在第一段水管已经能用的时候（文件的开头部分可以打开），剩下的那些碎片正在陆续到达（缓冲）。

为什么要实现数字化

让我们从运输水管的比喻回到数字化过程中来，你或许会疑惑：我们为什么要花那么多的力气，采用这么一个复杂的系统？我们已经有了能够完美模拟原始脉冲的模拟信号系统了啊？你的电脑以及你使用它的方式会解答这个问题。

这种看上去粗糙的要么/或者、开/关的规则让你在采集音视频的时候不会出现任何干扰，压缩信号的过程能帮助节省存储空间，同时方便数据的传输，而且数字化可以更容易地处理画面和声音。

录像带记录的音视频的质量

经过数字转换，每个采样点都被编上了号码。在这一过程中，记录下来的数字化数据被分成两类："好"数据，也就是能够正常显示的数据；"坏"数据，与好数据恰恰相反，不能显示什么东西。在数字格式中不存在"或许其中的一些坏数据可能在某些时候变成好数据"这样的模糊定义。也就是说，数字格式相对来说更能够"免疫"人工影响，而且能够避免——至少是减少——可能造成干扰的信号，这也是我们不希望保留的。

举个例子来说，你使用文档处理软件打了一份文档，然后通过打印机输出了几份。不管你是印了三四张还是上百张，打印机所输出的文档看上去都和输出的第一份文稿一样清晰和干净。

当你使用数字摄像机的时候，所有生产出来的图像和声音都和原始记录完全一致，就像幻灯片一样。原始的记录叫做第一代记录，第二份拷贝叫做第二代记录，以此类推。

但如果使用的是模拟信号系统，情况就大不一样了。不错，模拟信号系统的记录方式是连续不断的，所有的数据都具有记录价值，但是这也就意味着模拟信号系统不会区分我们希望得到的信号和我们不想要得到的信号（噪音信号）。这一问题肯定会出现在模拟信号系统中。而且在每次的翻录过程中，模拟信号系统会不断地加入新的噪音信号，就像用复印机复印时出现的问题一样。模拟信号在复制几次之后就会出现非常明显的画质损失。

压缩

模拟信号不能被压缩，也就是说，在拍摄、传送以及存储过程中必须对所有的数据进行操作。正如上文所说，数字信号系统不仅节省了存储空间，还提高了传输效率。

后期操作

因为数字信号系统使用二进制的 1 和 0 进行编码，因此只要简单地改变数字的排列就能轻松地改变数据的结构。小到你的电子文档的字体，大到你最喜欢的电视节目的开场，甚至是天气预报图上的动画——这一切都是对数字信号进行操作的结果。事实上，你甚至可以通过“数字作画”——也就是生成数据的手段创造合成的假图像。而上述的所有效果，在模拟信号系统中都无法实现（更多关于数字视频制作的知识见第 9 章）。

编辑可能是对数字化格式便利性的最重要应用。将原始拍摄片段存储到硬盘上之后，你就可以对这些片段进行任意排序组合。如果你的客户对你的排列组合并不满意，那么你可以将它们再次按照客户的想法重新组合。如果你使用模拟信号系统，那么这个工作将会耗费更多的时间和精力。

正如你所看到的，数字化进程推动了视频制作的进化。同时，因为大多数的操作都由电脑来完成，因此现在你可以把大部分的精力用来关注图像和声音的美学特征了。

主要知识点

▶ 隔行扫描和逐行扫描

隔行扫描完成一个完整的画面帧需要进行两次扫描，第一次扫描奇数行，第二次对偶数行进行扫描。逐行扫描在一次扫描过程中对所有的线进行扫描，每个扫描周期形成一帧。产生帧的速率，也称刷新率，是可变的。

▶ 数字视频扫描系统

最普遍的数字电视（DTV）扫描系统包括 480p、720p 以及 1080i 系统。所有的数字电视系统所获得的分辨率都比普通的模拟电视要高，而且色彩更亮丽，在画面最亮与最暗处之间的灰度也更丰富。高清电视（HDTV）使用 720p 或者 1080i 的扫描系统。高清视频（HDV）同样使用 720p 以及 1080i 的扫描系统，但其色彩信息更少，压缩率也要高于数字电视。

▶ 可变扫描系统

有些视频摄像机，尤其是高端的数字视频摄像机，可以在拍摄时改变拍摄的帧率，使其符合电影标准的 24 帧/秒甚至更低的帧率，同时也可以以 60 帧/秒的速度拍摄数字电视格式的视频，甚至用更高的帧率拍摄。

▶ 平板显示器

平板显示器内安装有大量细小的晶体管（像素），这些晶体管架在两片透明的基板之间。平板显示器分为液晶显示器和等离子显示器两种类型。视频信号传输过来后，像素被点亮，或者说液晶或气体被照亮。平板显示器的优点在于即使是尺寸很大，也能保持相对轻薄的体积。

▶ 模拟信号以及数字信号

模拟信号的波形与原始脉冲一模一样。而数字信号的工作原理则基于“开/关”、“要么/或者”这样的二进制信号，它们最终被表现为1或者0。数字格式有意地被设定为非线性、不连续的。

▶ 采样以及编码

数字信号以固定的间隔在模拟信号上采样，并给每个样本赋予特定的二进制代码——这一过程也就是编码。每个代码包括一组由1和0组成的数字串，采样率越高，则画质越好。数字信号的保真度很高，其信号质量不会因为多次复制而衰减。

▶ 压缩以及解码

数字信号可以被压缩，模拟信号则不可以。压缩可以删除冗余或者不需要的画面信息提高存储能力和信号的传输速度，还能够帮助提升音视频处理的速度。无损压缩对数据进行重新排列，以节省空间。有损压缩将冗余的或者不重要的数据直接删除。根据编码规则的不同，压缩也被分为不同的种类，为不同方式和压缩率的压缩目的提供解决方案。

▶ 下载以及流媒体

下载意味着数据被打包输送，通常在数据包中数据排列是无序的。你必须等到整个数据包下载完成后才可以打开文件。而流媒体则意味着你可以在文件下载进行了一部分的时候打开文件聆听声音或者是观看视频，而同时未完成的部分仍然在传送。

▶ 后期操作

数字处理过程允许对音视频信息进行大量的快捷操作。通过非线性编辑可以轻松地对数字音视频信息进行分类。

Tour opens
STORY
Pump
Kidnap
Smoking

关键术语

光圈（aperture）：指镜头的光圈开口，通常以光圈f值来衡量。

分光仪（beam splitter）：装在摄像机内部的光学设备，能将白色光分解成三基色：红绿蓝。

便携式摄像机（camcorder）：带内置录像机的便携式摄像机。

摄像机系统（camera chain）：摄像机（头）及其辅助电子设备，包括电源、同步发生器以及摄像机控制单元。

摄像机控制单元（camera control unit/CCU）：独立于摄像头之外的设备，能使技术人员在制作过程中调整色彩和亮度对比。

电荷耦合元件（charge-coupled device/CCD）：一种将光学图像转换成视频图像的电荷耦合器件。

彩色通道（chrominance channel）：在此通道中包含红蓝绿三原色视频信号组合成视频信息。也作“色度通道”（color channel）或“C通道”（C channel）。

电子新闻采集/电子现场拍摄摄像机（ENG/EFP camera）：用于电子新闻采集或电子现场拍摄的高度便携的内置式摄像机。

大口径镜头（fast lens）：在光圈最大（光圈值最低）时通过的光亮可以达到最大限度的那种镜头，用于光照度低的情况。

焦距（focal length）：指镜头设在无限远时，光圈中与S光圈焦点瞄准的对象之间的距离，通常以毫米或英寸来测量。

光圈值（f-stop）：可在镜头上显示镜头光圈的刻度，光圈刻度的数字越大，表示镜头的光圈越小，反之亦然。

镜头光圈（iris）：可调整的镜头进光量机关，也叫做可变光圈。

灰度通道（luminance channel）：视频信号中包含黑白信息的部分。主要决定图像的锐度，也称作灰度或Y通道。

小口径镜头（slow lens）：只允许较少光亮通过的镜头（光圈值高），只能在光照充足的条件下使用。

取景器（viewfinder）：连接在摄像机上的一台小型监视器，显示摄像机拍摄的画面。

变焦镜头（zoom lens）：焦距可以变化的镜头，是所有摄像机的必备设备。

变焦幅度（zoom range）：指在变焦过程中，焦距从广角拍摄到近景拍摄的变化幅度。变焦幅度通常用比率来表示，如20：1，也叫做变焦比例。

第4章

摄像机

你朋友刚刚买了台新摄像机，正在向你炫耀：三层感光元件，可以拍摄 4×3 比例的画面，也可以拍摄 16×9 比例的画面；15 倍光学变焦的镜头，高分辨率的黑白取景器，可折叠的彩色液晶显示屏；拍摄介质是迷你录像带，可以记录 720p 或者 1080i 的视频格式，通过火线接口或者 HDMI 高清线缆与电脑相连。你的朋友还鼓动你也去买台一样的，因为这台机器可以提供“最好的画面和音频质量”，特别适合非线性编辑。但是你怎么判断这些功能真的值得那个价钱呢？

本章将帮助你解决这些问题。你会了解一台摄像机是如何工作的，同时也会学到不同的摄像机的种类和系统的相对优势。

▶ **摄像机的基本功能和部件**

功能、镜头、成像装置或者说是感光元件、视频信号处理以及取景器

▶ **摄像机的种类**

便携式摄像机、电子新闻采集/电子现场拍摄摄像机、演播室摄像机以及数字视频摄像机

摄像机的基本功能和部件

不管其形状、价格和品质如何，也不论是数字摄像机还是模拟摄像机，它们的工作原理都是一样的：将镜头所能看到的光学图像转换成相应的视频画面。更具体地说，摄像机将光学图像转换成电子信号，然后再通过电视接收器将电子信号转换成可以看到的屏幕图像。

功能

为了实现这个功能，每部摄像机都必须具备三个基本的组成部件：镜头、感光元件以及取景器（见图 4—1）。

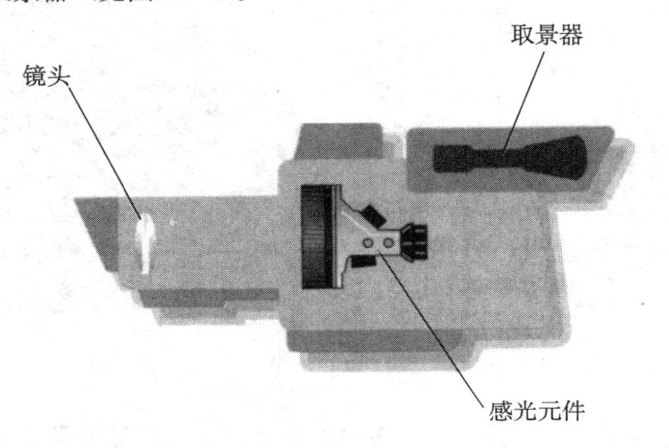

图 4—1　摄像机的基本元件

摄像机有三个基本元件：镜头、感光元件和取景器。

镜头从摄像机瞄准的景色中选取一部分，形成一个清晰的光学图像。摄像机内有一个分光仪和一个成像装置，或者叫感光元件，它们将镜头中的光学图像转换成微弱的电流或信号，然后不同的电子部件再将这些信号放大并进一步处理。取景器将这些电信号转换成镜头视频图像（见图 4—2）。

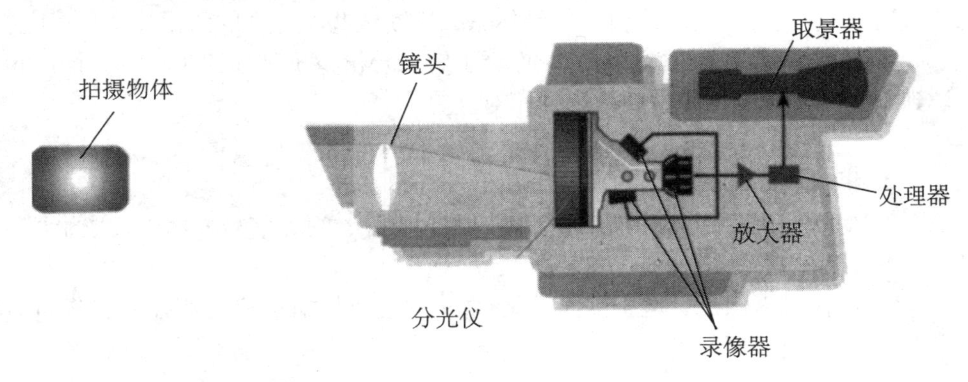

图 4—2　摄像机的功能

摄像机将镜头看到的光学图像转换成屏幕上相应的画面。镜头搜集从一个物体反射回来的光线，将其传送给分光仪，由它将白光分解成红绿蓝三种光束。摄像机控制器再将这些光束转换成电能，这些电能经过放大和处理后又被取景器转换成视频画面。

为了解释这个过程，我们首先从镜头如何工作以及如何看一个场景的特定部分开始讲起。然后我们再讲分光仪和成像装置，最后讲电视接收器如何将视频信号转换成视频画面。我们为什么要大费周章地来介绍这个过程，尤其是在今天，大多数摄像机凭借自带的自动功能已经能够拍出完美的视频和声音，我们讲解的意义何在？事实上，摄像机的自动功能仅能够在理想的环境下拍出完美的画面。但是什么是理想的环境？如果环境没有那么理想该怎么办？了解摄像机的基本工作过程可以帮助你决定在何时使用自动功能，如何利用自动功能来拍出完美的影像。同时这也能够帮助你了解如何操控其他的条件——例如灯光——来配合你的摄像机。最重要的是，这些都将帮助你成为专业人士。

镜头

镜头决定了摄像机能看到什么。镜头按照焦距来分类，而焦距则是指对从镜头光圈到焦点内被拍摄物体之间的距离的度量。这种度量假设镜头距离为无限远，通常以毫米来表示。因此静物摄像机的镜头可能是 24～200 毫米。镜头还可以按照镜头从某一点能看见的宽度范围来划分：广角镜头（短焦镜头）看见的景别相对更宽，而窄角镜头（长焦镜头）看见的景别相对较窄，背景非常清晰。

影像的画面质量很大程度上取决于镜头的光学质量。在不考虑摄像机本身的质量的情况下，镜头质量是高清晰画面的保证。这就是为什么一个高水准的镜头的价格可能会高过你本身的摄像机价格很多倍，甚至是其本身内置镜头的很多倍。

焦距　变焦镜头可以从短焦（或广角）的位置连续过渡到长焦的位置。短焦变焦位置让你得到的视界更宽，比在长焦位置上看见的范围更广。若想将变焦镜头变成极端的广角，必须将镜头全部拉近，这时你眼前的景别相对更大，但中间和背景的物体看起来会显得非常小、非常远（见图 4—3）。

将镜头全部推出将使镜头处于长焦（窄角）位置。这时镜头选中的图像会变得更窄，但更大。由于长焦的功能就像一只双筒望远镜，因此它又被称作望远镜头或者望远变焦镜头（见图 4—4）。

如果将镜头在变焦幅度的中间停住（即在极端广角与极端窄角之间），得到的镜头位基本上可以算正常。所谓的正常位指接近我们用肉眼直接看拍摄对象的感觉（见图 4—5）。

图 4—3　广角景象

广角镜头显示的景象很宽，但远方的物体看起来很小。

图 4—4　长焦景象

长焦镜头只能显示镜头的一小部分，与广角镜头相比，这时背景中的物体相对于前景中的物体显得更大。

图 4—5　正常景象

正常镜头显示的景别和透视关系与我们的肉眼看见的相似。

由于变焦镜头的焦距变化幅度非常大，可以从极端广角变到极端窄角，因此又被叫做可变焦镜头。

变焦幅度 变焦幅度也叫做变焦比率，指运用变焦镜头从最远的广角位推到最近的窄角位能得到的景象。比率中的第一个数字越高，从最远的广角位得到的对象就越近。在从最远的广角位推到最近的窄角位时，20倍变焦镜头将使景别变窄为原来的1/20。在实际操作中，你可以从广角位推拍到很好的特写。20倍变焦幅度也可以表示为20×（见图4—6）。

图4—6 10倍变焦镜头的最大广角和最小窄角

10倍变焦镜头能将焦距增加10倍，将景象的一部分放大，使该部分在画面上显得更靠近摄像机，即离观众更近。

小型便携式摄像机的变焦幅度很少超过20：1。电子新闻采集摄像机的变焦幅度则会大得多。大多数的演播室摄像机的变焦比率在15：1～30：1。即使是在大型演播室内，30×的变焦镜头可以让你不用移动摄像机便能得到很近的特写画面。一些用于体育与户外活动报道的大型摄像机镜头甚至有40×60倍的变焦比率。有了这样的镜头，你便可以从整个橄榄球场的广角开始推进拍摄某主攻手的面部特写。因为摄像机通常安装在体育馆的顶部，远离比赛场地，因此变焦幅度必须够大。它们不能像便携式摄像机一样接近事件，因此只能靠变焦镜头将事件拉近机身。但是与之而来的问题是，60倍的镜头都是大个头，而且一定会比连接、支撑它们的摄像机要重得多。

镜头的焦距不仅决定了你能看到多少景象，决定了这个景象离你的距离（景别）。除此之外，它也同样决定了你能在多大范围内移动摄像机，决定了观众能看到什么效果（我们将在第5章、第6章进一步讲解这方面的知识）。

数字变焦 数字变焦与光学变焦之间有着巨大的差别。光学变焦依靠的是光学镜片组的移动带来焦距的变化。但在数字变焦中，数字影像的中心被逐渐地放大。我们将这种放大视作图像在逐渐靠近。数字变焦的问题在于，其获得的放大的图像会随着放大倍数的增长变得越来越不清晰，最终的结果就是出现了像马赛克一样的块状影像，那就是被过度放大的像素点。数字变焦会不可避免地带来影像的模糊。但是光学变焦就不会对画质造成任何影响，因此我们应当尽可能地使用光学变焦，而不是数字变焦。

快门速度 正如前面所说的那样，速度指有多少光能够进入镜头到达感光元件。大口径镜头相对能让更多的光线进入镜头，而小口径镜头能进入的光则要少得多。在实践中，相对于小口径镜头，大口径镜头在黑暗环境中产生的图像更能令人接受，因而大口径镜头比小口径镜头更有用，但同时体积也更大，价格也更高。

依靠镜头上光圈刻度的最低值，便可以判断一支镜头属于大口径还是小口径，比如 f/1.4 或者 f/2.0（见图 4—7）。数字越小，镜头的速度越快。f/2.0 的镜头已经是很快的了，不低于 4.5 的镜头则属于口径相当小的镜头。

图 4—7　光圈控制环

光圈值刻在控制镜头光圈大小的一个环上。控制环上的 C 标志表示镜头盖，意思是光圈完全关闭，就像被一顶帽子盖住了。

镜头光圈与孔径　就像人眼睛里有瞳孔一样，所有的镜头都有光圈，以便控制光的进入。在光照好的环境中，眼睛会通过缩小瞳孔（光圈）来限制光的数量；而在昏暗的环境中，眼睛则通过扩展瞳孔来让更多的光线通过。

镜头光圈的工作原理和瞳孔一样，光圈正中有一个可以调节的孔，叫做孔径，可以放大或者缩小。通过改变光圈的大小便可以控制进入镜头的光量。如果照射在拍摄对象上的光线少，则可以通过变大光圈而让更多的光线进入，这叫做打开镜头或者打开光圈。如果照射在拍摄对象上的光线充足，则可以通过变小光圈来限制光的通过，相当于关闭镜头。这样便可以控制图像的曝光程度，使它看上去既不会太暗（光线太少），也不会太亮（光线太多）。

现在，你可以用技术味更浓的词语来解释大口径和小口径镜头了。在光圈值最大的时候，大口径镜头比小口径镜头通过的光更多。

> **重点提示**
>
> 光圈值数字越小，光圈越大，进入的光越多。大口径镜头的光圈值数字最小（如 f/1.4）。

光圈值　光圈值是我们判断镜头能进多少光的标准，所有镜头在其底部都有一个上面刻有一系列光圈数字（例如 1.4、2.8、4、5.6、8、11、16、22 等）、控制光圈开关的环（见图 4—7）。

当你转动这个圆环，将 f/1.4 这个刻度与镜头上的标志对齐时，意味着你已经将该镜头开到了它的最大光圈，这时能进入的光线已经达到了最大值。转到 f/22，则镜头关到最小光圈，这时只有极少数的光线能够通过。大口径镜头的最大光圈应该在 f/2.8 以上。好镜头的光圈可以开到 f/1.4 甚至 f/1.2。有了这种镜头，即使光线非常弱，你得到的图像也比最大光圈为 f/4.5 的小口径镜头得到的要好。

> **重点提示**
>
> 光圈值数字越大，光圈越小，进入的光越少，小口径镜头的光圈值数字最大（如 f/4.5）。

注意，光圈值的数字与你心目中的数字恰好相反。光圈值的数字越小，光圈越大，进入的光线越多；光圈值的数字越大，光圈越小，进入的光就越少（见图 4—8）。

自动光圈　自动光圈不需要使用者动手便可自己调节镜头的孔径，以获得一个合适的光圈值。摄像机读取景象的光线水平，然后命令光圈自动打开或关闭，

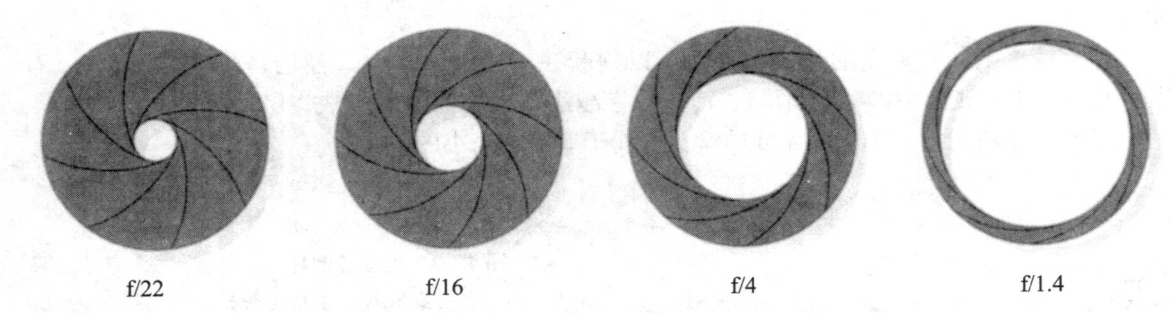

图 4—8 光圈值的设定

光圈值的数字越小，光圈越大，传递的光线越多；光圈值的数字越大，光圈越小，进入的光就越少。

直到最终得到既不太暗也不太亮的影像为止。当然，这一自动化的特点并非毫无缺点。

分光仪和成像装置

分光仪和成像装置共同组成了摄像机内另一重要的部件组，这一部分负责将光线转换成电信号。

分光仪 分光仪由一系列棱镜和滤光镜组成，一起装在一个棱镜块内（见图4—9）。棱镜块将进入的光束分解成三基色——也就是红色、绿色和蓝色（RGB）——并将这三基色导入它们对应的成像装置内，通常情况下这些成像装置都是一块固态的电荷耦合元件（CCD）。在大多数的大型摄像机内，通常会有三块这样的CCD，分别负责转换红色、绿色和蓝色的光束。三块CCD都牢固地黏着在棱镜块上（见图4—10）。

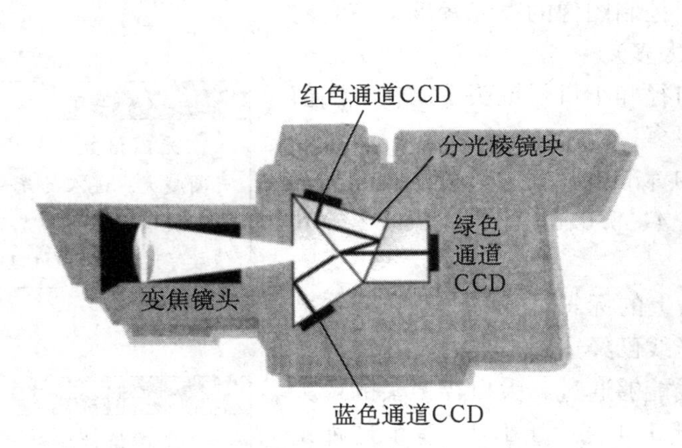

图 4—9 分光棱镜块

棱镜块包括棱镜和滤色镜，它们将进入镜头的光束分解为三基色，再将它们引入各自对应的CCD。

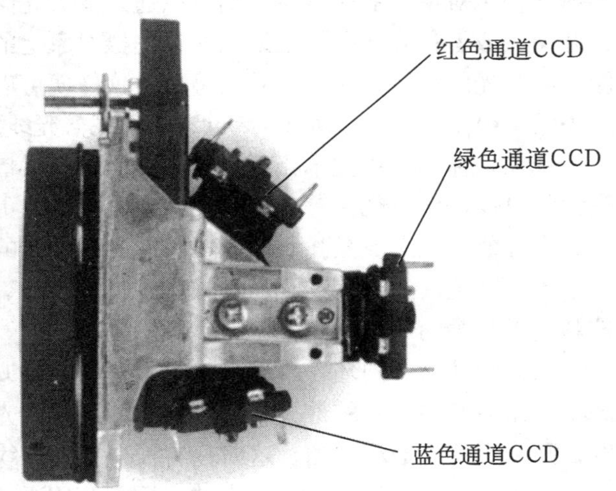

图 4—10 摄像机内的棱镜块

在这张棱镜块的照片里，你可以看见所有的CCD都牢牢地黏着在三色光线的通道上。

成像装置或感光元件

成像装置的功能是将光线转换成电信号，而这些电信号在经过转换后就会形成最后的视频信号。成像装置也叫做采集装置或电路，通常是CCD或者CMOS

（互补性氧化金属半导体）感光元件。

一块 CCD 是一个非常小的固体状硅片，内部有垂直（代表总共的扫描线数）和水平（代表所有的扫描线）排列的成千上万个图像感光元素，即像素。CCD 通常体积非常小，一般来说不会大过你的拇指。每一个像素都能够将自己接收到的光线转换成相应的电荷或者电能。

重点提示

CCD 将影像的不同光转变成电能——视频信号。

垂直方向上的像素数都是固定的，也就是扫描线数，例如 480、720、1080。回想一下，1080 的扫描线呈现的视频效果要好于 480 线。不过分辨率还受到其他因素的制约，也就是每条扫描线上有多少像素点。在排列每条扫描线上的像素点时，真正约束排列数目的不再是扫描线的规定，而是技术能力。一些高端的高清电视摄像机以及数字电影摄像机在每条线上的像素数可能会多达 5 000 个（专业写作为 5k）（见图 4—11）。

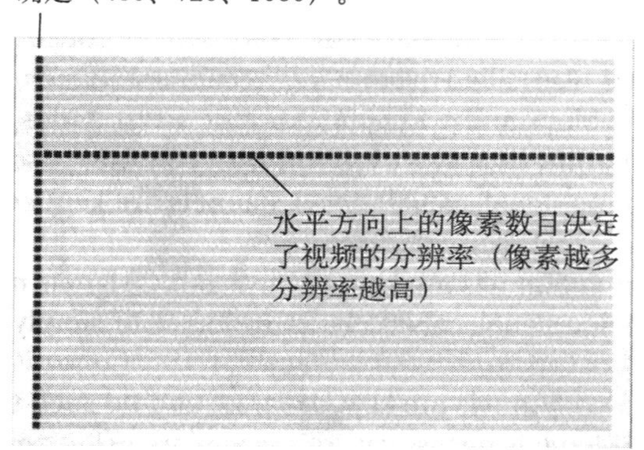

图 4—11　CCD 上的像素排列

CCD 包括成千上万的像素点，它们被整齐地排列在基板上。垂直方向上的像素数目由扫描系统确定（480p、720p、1080i）。水平方向上的像素数目决定了视频的分辨率。

像素的工作原理很像马赛克中单个的瓷片或者杂志图片中的一个点。图像中的像素数越多，图像就越清晰（见图 4—12）。同样一个 CCD 中的像素越多，最后呈现的屏幕形象就越清晰。高清晰芯片的像素数目很多，因而能呈现非常清晰的图像。正如你所见，视频图像的清晰度不光由扫描的行数决定，还由摄像机镜头以及成像装置上的像素数目决定。

图 4—12　图像分辨率

右图中的像素数要多于左图中的，因此其分辨率更高，图像也更清晰。CCD 上的像素越多，其输出的画面分辨率就越高。

高质量的家用摄像机和所有的专业摄像机都有三个CCD，每个CCD用于处理三基色中的一种光。但大多数小型家用便携式摄像机只有一个硅片，这样进入的白色光只能被一个滤色器分解为三基色，进而由一个CCD处理成单个信号，即使这个硅片质量非常高，拥有成千的像素，但也只能给每种颜色分配三分之一的像素，因此比起同时使用三个硅片，其颜色和清晰度就会出现失真的现象。但是单芯摄像机也有其优点，其优点就在于其小巧的体积、较轻的重量和便宜的价格，这些都是为了抢夺消费者和市场制定的策略。

有些电子厂商正在生产的高端高清电视摄像机以及数字电影摄像机也只有一个芯片，但是这种芯片在水平方向上也能拥有高达5 000的像素数，因此也能够输出入门级电影画质的高质量画面。

需要注意的是，无论摄像机是不是数字摄像机，所有的成像装置输出的信号都是模拟信号。但在数字摄像机内，这一信号被迅速转换成数字信号并进入下一步的处理过程。

视频信号处理

信号处理的过程也就是将成像装置给出的三基色信号进行转换并将其按照原景的方式进行接合的过程，这个过程是输出高质量画面的另一个重要因素。一般来说，色彩信号包括两个通道：一个是灰度通道，也叫做灰度或者Y通道，这个通道负责输出黑白画面，同时负责表现图像的锐度。另一个通道叫做色度通道，也叫做色度或者C通道。在高质量的视频中，这两个通道中的信号处理和传输过程是分开进行的。

在老式的模拟信号电视中，Y信号和C信号会被混合成为一个模拟信号，这种模拟信号被称作NTSC信号，或者NTSC。在数字化的传送过程中，Y通道和C通道是分开传输的，除非接收端使用的是老式的模拟电视机，否则这两个通道的信号不会被混合。

取景器

取景器是附加在摄像机上的一个小型显示器，用来显示摄像机看到的事物。大多数便携式摄像机都有一个管状的取景器，通过这个管子你可以看到黑白的图像，它同时还会配备一个平板液晶显示屏，这个显示屏既可以从摄像机上伸出来，也可以平铺在摄像机机身上以方便拍摄。但由于黑白的取景器显示的画面更为清晰，且在阳光下也不会刺眼、反光或者模糊，因此大多数的小型摄像机使用者都倾向于使用黑白的取景器而不是翻转的液晶显示屏（见图4—13）。

图4—13 大型的目镜取景器以及可翻转的液晶显示屏

图中的摄像机配备了相对来说较为庞大的取景器以及一个可以伸出的液晶显示屏，这样的配备让使用者有了更大的灵活性。但这样的液晶显示屏在周围光线过亮时会变得模糊不清。

因为大型的摄像机通常不会配备可伸出的显示屏，因此有些摄像师选择将摄像机的输出端与一个大型的、独立的、高分辨率的显示器相连（见图 4—14）。这种可以拆卸的屏幕装在一个可以活动的臂状结构上，这一结构也被称作“热靴”（hot shoe），这样的话，在某些情况下，即使你的摄像机不在你的肩头，你也可以灵活地控制拍摄。但需要注意的是，大型的显示器耗电量极大，会让摄像机的续航时间明显缩短，而且这种显示器在阳光直射的环境下将变得难以看清。

图 4—14　附加在摄像机机身上的液晶显示器

为了优化对大型摄像机的操作，你可以在摄像机机身上安装一个平板显示器。这样你就可以把摄像机放到接近地面的位置进行拍摄。

摄像机的种类

我们通常按照使用方式将摄像机进行分类：包括肩扛（大型）摄像机、手持（小型）便携式摄像机、电子新闻采集/电子现场拍摄摄像机、演播室摄像机以及数字视频摄像机。

便携式摄像机

正如前面所说的，便携式摄像机是一种方便携带的摄像机，机身内已经包含了录制系统。大型的便携式摄像机通常叫做肩扛摄像机，而小型的叫做手持摄像机。当然，这样的分类标准并不意味着你必须将大型摄像机扛在肩上或者必须将小型摄像机放在手里，在任何情况下，握持方式都是灵活的。

便携式摄像机中的录制系统使用的记录载体可能是录像带，或者是某种非录像带性质的介质，例如硬盘、光盘、闪存。与录像带相比，固态闪存的优点在于其中没有需要移动的机械结构，因此可以以更高的速度记录数据，同时能够方便地与电脑进行数据传输（见图 4—15、图 4—16）。

> **重点提示**
>
> 便携式摄像机内安装了录制系统。

所有的便携式摄像机无论大小都内建了两个音频输入端，其中的一个通常用于摄像机自带的麦克风，另一个则是用于附加的外部麦克风。小型的便携式摄像机内已经自带有麦克风，大型的更高级的型号则有两个插口用来连接特殊的麦克风（见第 7 章）。大多数的便携式摄像机内都有一盏小型的摄像灯，可以在现场摄录的时候应急照亮镜头前的一小片区域。但是需要注意的是，在开启摄像灯后，摄像机的电池消耗将会非常快，因此最好用单独的电池为摄像灯供电。

图 4—15　高级便携式摄像机

图中的小型高级高清便携式摄像机内置了三个大型（1/2 英寸）的 CMOS 感光元件，配备有 14 倍光学变焦的镜头，内建大容量闪存记忆体以替代录像带记录，同时配有两个专业的卡侬麦克风输入端。该机器可以以 24fps 的帧率拍摄全高清视频，同时帧率可以上下调整。

图 4—16　肩扛便携式摄像机

图中的大型便携式摄像机内置了三个大型高密度 CCD 感光元件，镜头接口可以兼容多种变焦镜头，有四个独立的音频通道，四个闪存插槽为长时间的可变帧率拍摄提供了容量保证。

高清便携式摄像机　为了让高清视频在更大的群众市场中得到更广泛的普及，几家生产摄像机的主要厂商纷纷研制生产出了高端的手持式高清便携式摄像机。与普通的消费型数字便携式摄像机不同，高清便携式摄像机在以下方面具有自己突出的特点：首先，高清便携式摄像机的镜头一般来说都较为高档；其次，该类摄像机通常使用高解像度的 3CCD 设计，以便得到更精准的色彩还原以及更清晰的画面；再次，该类摄像机通常生成的画面比例为 16∶9（在第 6 章中有更多的关于画面比例的讲解）；最后，该类摄像机的信号处理系统都较为高端，而且附带的录制系统也能够适应高分辨率的影像拍摄需要。

高清便携式摄像机通常配有高速录像系统，使用小型的迷你 DV 带、光盘或者配有可以插入高容量闪存的卡槽。高清便携式摄像机可以拍摄 720p 或者 1080i 的高清视频（见图 4—17）。

图 4—17　高清便携式摄像机

这种摄像机配有 3CCD 成像装置，可以以所有的扫描方式记录影像，包括 1080i。其拍摄帧率是可以变化的（例如 24fps、30fps 或者 60fps），同时可以将所有数字格式的影像（例如 480p、720p 以及 1080i）录制在迷你 DV 带上；标准的眼平取景器以及高像素的折叠显示屏让你更好地观察你的拍摄画面；配有两个音频通道记录声音。

画质区别　你的朋友使用他的便携式摄像机拍摄了一幅画面，然后又使用一台昂贵的体积和重量都大得多的摄像机拍摄了同样的场景，但是你发现在对两者进行比较的时候看不出太大的区别。那为什么你所看到的电视台记者还是选择扛着又重又大的摄像机进行素材采集呢？其中的一个主要原因是电视台不会轻易地抛弃他们不久前购买的昂贵的摄像器材。但在一些特殊情况下，使用专业的大型摄像机还是有其独特的优势的。

大多数的小型便携式摄像机的镜头都是内置且不可更换的。但是大型摄像机允许你更换最适合你的拍摄目的的镜头。比如说在极为狭窄的环境（比如说在车厢内）中，你可以选择使用超广角镜头，或者在需要拍摄特写镜头的时候换上长焦镜头。同时大型的电子新闻采集摄像机的镜头光学素质（镜头的元件）更好，且变焦更顺畅。大型的摄像机还有更细致的音视频调整功能以及强大的记录系统，而且通常其处理系统也更强大、色彩采样更全面、画面更逼真，即使是在弱光环境下也能忠实地还原现场画面。

不过不要为了手中的设备而叹气，即使你手上没有肩扛电子新闻采集摄像机，你仍然可以制作出具有专业水准的视频节目。你会发现拍摄好的视频的基础更多地在于你选择拍摄什么、如何将它们拍下来，而不是摄像机的参数（第 6 章中有关通过取景器拍摄画面的详述会帮助你快速地提升拍摄水准）。

电子新闻采集/电子现场拍摄摄像机

电子新闻采集/电子现场拍摄摄像机与便携式摄像机的最大区别就在于电子新闻采集/电子现场拍摄摄像机没有内建录制系统，而必须有一条连接线将它的输出端与一台独立的录像机相连。与便携式摄像机类似的是电子新闻采集摄像机可以在机器上进行控制，但是一般来说，这种摄像机都是通过与之相连的控制单元进行操作，同时将录制的画面用独立的录像机记录。但是既然电子新闻采集/电子现场拍摄摄像机机身上配备了控制单元，为什么还要用与之相连的控制单元操控摄像机呢？

首先，虽然说电子新闻采集/电子现场拍摄摄像机可以用电池供电，但是在更多的情况下还是使用外接电源要好一些，毕竟有了外接电源，摄像师就不用担心在长时间的拍摄或者现场直播过程中可能出现电力不足的情况。

其次，在拍摄画面较为复杂的情况下，可以选择屏蔽摄像机的自动功能，在不同的条件下手动调节摄像机的某些参数，这样摄像师就可以专注于拍摄画面而无须担心某些设置问题（见图 4—18）。

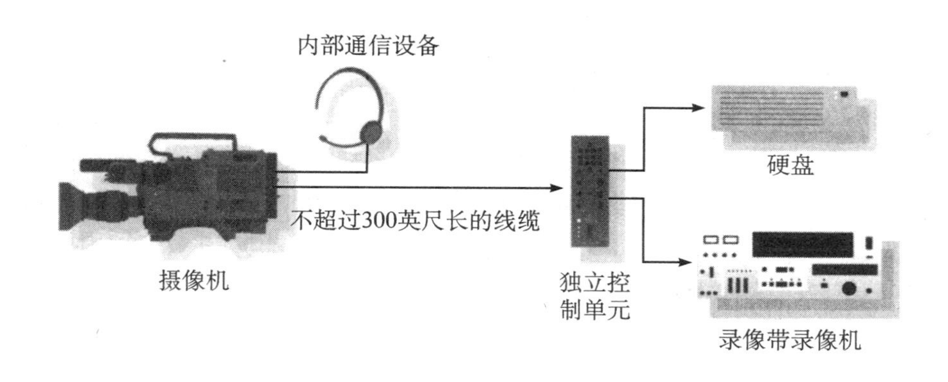

图 4—18　将电子新闻采集摄像机与独立控制单元以及外接录像设备相连

高端的电子新闻采集摄像机不会内建录像设备，而是通过线缆与遥控单元以及使用大容量硬盘或者演播室录像带作为存储介质的录像设备相连。

最后，使用独立的控制单元可以让导演在监视器上看到摄像师在取景器上看到的图像，这样导演就可以在拍摄过程中通过戴在摄像师头上的耳机下达必要的指令。在以上所有的优点面前，使用独立控制单元所带来的小小不便几乎可以忽略。电子新闻采集/电子现场拍摄摄像机在此时更像是一台方便移动的演播室摄像机。

将电子新闻采集/电子现场拍摄摄像机转换成演播室摄像机 由于电子新闻采集/电子现场拍摄摄像机相当便宜而且易于操作，很多情况下电子新闻采集摄像机也被用作演播室摄像机，尽管它们的配置没有真正的演播室摄像机那么好。在将电子新闻采集/电子现场拍摄摄像机用作演播室摄像机时，需要取下原有的取景器，用一个大型的取景器代替；同时装上一个合适的高速镜头（f 值的最大值较小）且该镜头的变焦比率要符合拍摄的场景（例如 15×或者 20×）；插好控制对焦和变焦的线缆；同时安装支撑结构，以便将摄像机固定在演播室内使用的三脚架或者支撑架上。除非使用独立线路的无线设备，否则必须在支架上安装内部通话用的通信盒（见图 4—19）。

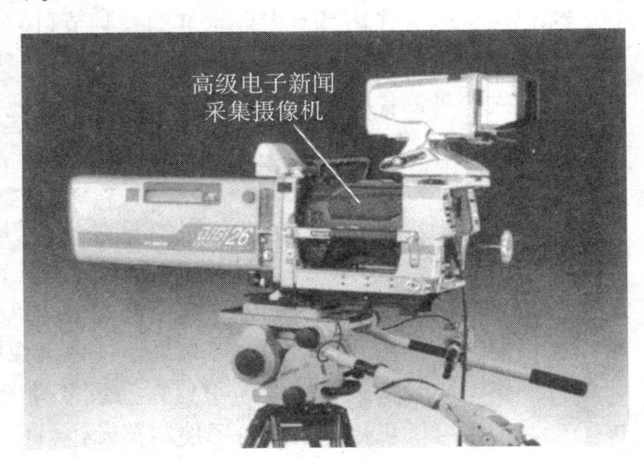

图 4—19 将电子新闻采集/电子现场拍摄摄像机转换成演播室摄像机

将电子新闻采集/电子现场拍摄摄像机转换成演播室摄像机通常要求安装大型的取景器、变焦比率与拍摄条件合适的高速镜头，安装控制电缆以便于操作员控制变焦和对焦，同时要将摄像机安装在支撑物或者三脚架上。

演播室摄像机

通常情况下，你在演播室内看到的摄像机都很大，而且都是高清格式的摄像机，这种摄像机叫做演播室摄像机。它们的设计初衷就是在不同条件下拍摄高质量的画面。通常这些摄像机都使用高级的（快速）变焦镜头，三片高密度的 CCD 或者 CMOS 感光元件，大型的信号处理设备以及巨大的高像素取景器。

演播室摄像机通常体积庞大、重量惊人，因此很难在不借助支架或者其他支撑物的条件下操作。实际上导致摄像机体重惊人的并非摄像机本身，而是其使用的大型变焦镜头以及安装在机器上的提词器（见图 4—20）。演播室摄像机用于拍摄新闻节目、访谈节目、游戏类节目、音乐或舞蹈表演，当然还有肥皂剧。这种类型的摄像机也在大型的转播中使用，例如足球比赛或者游行拍摄。在拍摄这些场面时，摄像机使用的镜头变焦比率会变得更大（40×甚至 60×），因此通常都会将其架设在移动摄像车或者重型三脚架上（见第 5 章）。

无论演播室摄像机架设在什么地方，总是会有一条线缆将摄像机与摄像控制单元以及其他的必要设备相连，例如同步信号发生器或者供电设备。由上述三个部分组成的整体被称作摄像机系统。

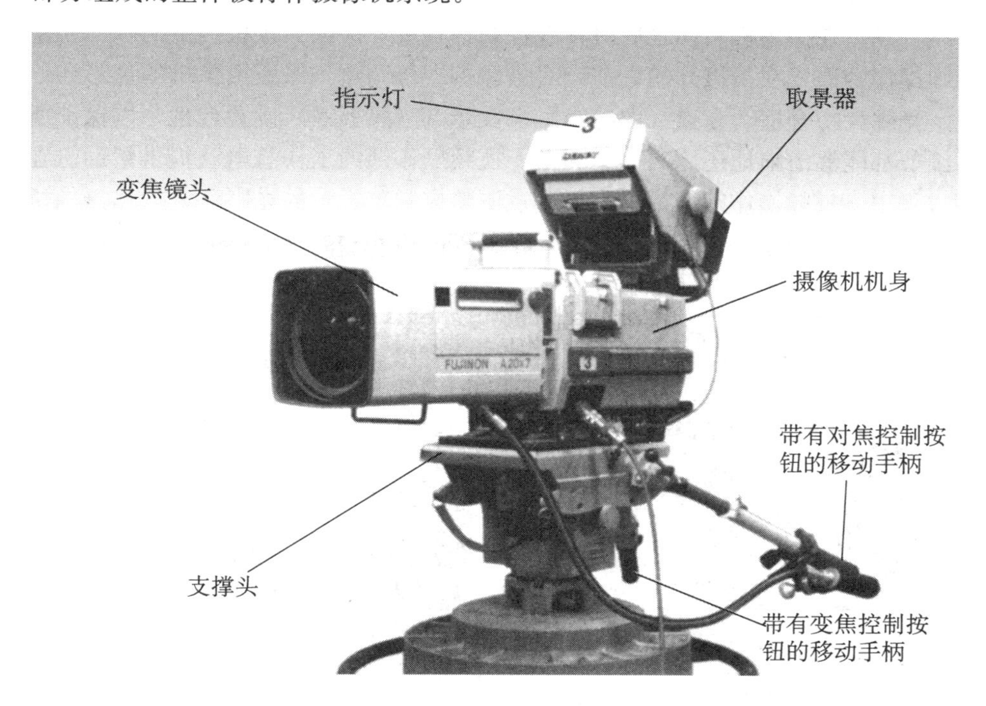

图 4—20　演播室摄像机

演播室摄像机通常使用 3 片 CCD 或者 CMOS 作为感光元件，且配有众多图像增强电路。图中所示的演播室摄像机使用了高质量的25×变焦镜头和 9 英寸的大型高分辨率取景器。大多数的演播室摄像机还会安装有提词器，这也让整台摄像机变得比电子新闻采集摄像机重许多。

重点提示

摄像机系统包括机头（也就是摄像机）、供电系统、同步信号发生器以及摄像机控制单元。

摄像机系统　标准的摄像机系统包括四个部分：机头（也就是摄像机）、供电系统、同步信号发生器以及摄像机控制单元（见图 4—21）。

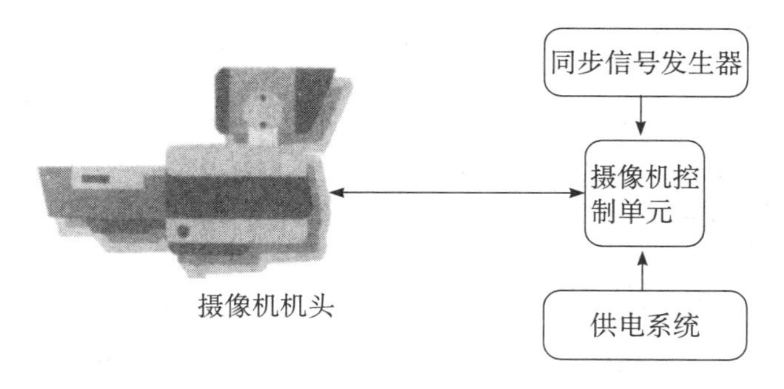

图 4—21　标准的摄像机系统

标准的摄像机系统包括机头（也就是摄像机）、供电系统、同步信号发生器以及摄像机控制单元。

摄像机处在整个系统的前端，也称作机头。这个部分并不能独立地完成工作，也就是说必须有其他部分进行配合。供电系统通过摄像机线缆给机头供电。与电子新闻采集/电子现场拍摄摄像机或者手持摄像机不同的是，演播室摄像机不能用电池供电。

同步信号发生器生成统一的电子脉冲，这种脉冲将多个摄像机拍摄的画面的扫描信号进行同步以便于播出。这种脉冲的另一个作用是保持其他设备，例如取景器、视频显示器以及视频录制设备的工作同步。

摄像机线缆　摄像机线缆一方面将电力输送给摄像机，另一方面在摄像机与控制单元之间传递摄像机拍摄的信号、内部交流信号以及其他的信息。大多数的演播室摄像机使用三轴电缆，其传输距离可以达到 1 英里（合 1.6 千米）。在需要进行超长距离传输时（不超过 2 英里，也就是比 3 千米多一点）则使用光纤传输。演播室摄像机之所以会使用这么长的电缆，其原因就在于演播室摄像机并非只在演播室内使用，还会在大型节目的现场直播中使用。

摄像机控制单元 摄像机控制单元有两个主要的作用：一是设置，二是控制。设置是指在摄像机启动之后对其进行调整。负责保证摄像机拍摄的画面质量的视频操作师需要在拍摄开始之前就对摄像机进行调整，保证摄像机的色彩还原准确、光圈大小合适、亮点（白等级）以及暗点（黑等级）设置合理，以保证所有的细节都能够清晰地还原。幸运的是，视频操作师的工作有电脑提供帮助。在拍摄过程中，视频操作师通常只需要通过调整控制单元上的光圈环来操作摄像机的光圈大小（见图 4—22）。

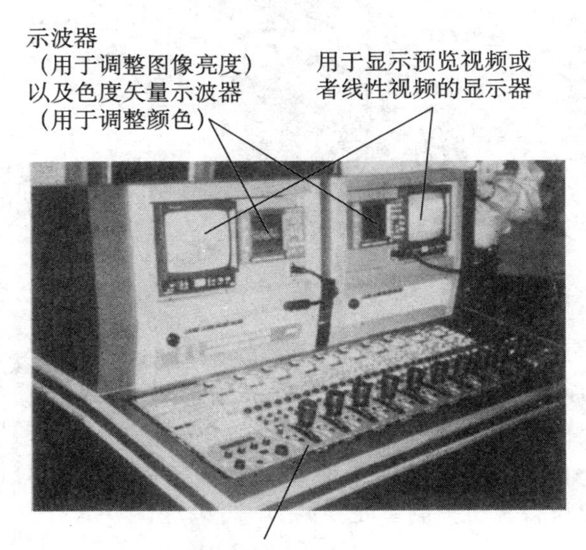

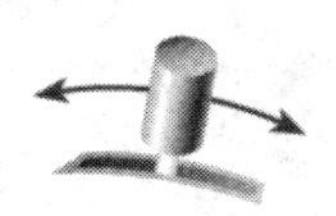

图 4—22 摄像机控制单元

摄像机控制单元上安装有大量的操控按钮，使视频操作师可以不断地监视并调整画面质量。远程的摄像机控制单元也叫做 RCU。

连接器 在一本有关视频基础操作的教科书中，必须有一部分对连接器进行讲解。一旦必须将许多设备连在一起组成一个视频或音频系统，那么在这个系统中必须要有合适的连接线，尤其是匹配的连接器。即使预制作工作做得非常仔细，但在拍摄过程中却可能因为连接器与视频或音频导线不匹配而导致整个拍摄计划推迟甚至是取消。你会发现，将这些设备带到外景地时，最重要的工作之一便是检查连接导线和连接器。你可能会听到工作人员把它们叫做插头，不管连接器是阳极还是阴极都是这么称呼。但事实上，确切的称呼应该是把阳极叫做“插头”，阴极叫做“插座”。

最常用的视频连接器包括 BNC 连接插头、S 视频端子插头、RCA 插头、HDMI 高清插头以及 IEEE1394 火线插头（见图 4—23）（图 7—25 中描述了标准的音频的插头）。不同的适配器让插头之间的转换成为可能，例如将 BNC 连接插头转换成 RCA 插头。但是不要把一切都寄托在它们身上。适配器在任何情况下都应当是备选计划，而且通常都是潜在的问题根源。

数字视频摄像机

数字视频摄像机或便携式摄像机属于高度专业化的超级高清摄像机。它搭载有超高质量的成像装置（可能是高分辨率的 CCD 或 CMOS 芯片，也有可能是单独特制的感光元件，其横向分辨率超过 4 000 像素）、取景器以及高分辨率的平

图 4—23　标准视频连接器

最常用的视频连接器包括 BNC 连接插头、S 视频端子插头、RCA 插头（也用于音频插头）、HDMI 高清插头以及 IEEE1394 火线插头。适配器则允许你在 BNC 连接插头、S 视频端子插头、RCA 插头间互相转换。

板显示器。这种摄像机还可以安装大量附件，来满足标准视频的拍摄需求。而这种摄像机最能满足电影拍摄需求的一种功能则是可变帧率，这一功能可以将 24fps（这也是电影的标准帧率）的帧率变为更低的帧率，以满足后期快镜的需求，或者变为更高的帧率来制作慢镜头。注意，这里并没有搞错：快镜需要以比普通速度更慢的速度拍摄更少的帧，而在以正常速度播放时看上去像是变快了，而慢镜则需要以比普通速度更快的速度拍摄更多的帧，这样在以正常速度播放时看上去就像是变慢了（见图 4—24）。

幸运的是，你不需要这样一台摄像机来拍摄你的纪录片甚至是小短片。许多最终上映的纪录片甚至是特片都是使用标准的高清摄像机甚至是标清摄像机拍摄的。毕竟，真正决定影片质量的是你的创意和美学风格，而不是高端的设备。没错，这些你都知道，但是这一原则值得一遍遍地重复，特别是在你觉得升级设备比重写剧本更重要的时候。

图 4—24　数字视频摄像机

高清数字视频摄像机装载有高密度的 CCD，可以拍摄 16∶9 的画面。同时可以调整帧率至视频所需的 24fps。其录像设备将高分辨率的画面录制在专业的高清录像带上。这种摄像机还可以生成多种视频效果，例如磨砂效果。其顶端的类似于大型胶片盒的部分是一个大型的高容量固态闪存存储装置。

主要知识点

▶ **摄像机的基本元素**

镜头、成像装置或者说是感光元件、取景器。

▶ **镜头**

镜头的划分依据焦距（长短）、取景幅度（宽窄）和速度（最大光圈的光圈值读数最小）。变焦镜头的焦距可以变化；变焦幅度用比率表示，如 20∶1 或者 20×。

▶ **镜头光圈**

镜头的速度由光圈的大小决定。大口径镜头能让较多的光通过，小口径镜头只能让较少的光线通过。镜头的感光速度由光圈决定，光圈的具体大小用光圈值表示。快速镜头的最小光圈值会相对较小（例如 f/1.4)，光圈值越大，光圈越小，透过的光也越少。慢速镜头的光圈值会相对较大（例如 f/4.5)。

▶ **分光仪和成像装置**

这些装置将光学图像转化成视频信号。电子分光仪将进来的光线分解成红色、绿色和蓝色三种颜色的光束。成像装置——CCD 或者 CMOS——再将这些光束转化成电信号，并将其送入处理系统处理成视频信号。

▶ **摄像机的种类**

摄像机的种类包括小型手持便携式摄像机和肩扛式大型便携式摄像机，这些都属于便携式摄像机，且配有内置的录制设备；电子新闻采集/电子现场拍摄摄像机则是属于高级的肩扛现场摄像机；高清演播室摄像机配有不同的镜头，有时也用于现场拍摄；数字视频摄像机，这种摄像机属于高度专业化的超级高清摄像机。

▶ **摄像机系统**

演播室摄像机系统由机头（摄像机)、供电系统、同步信号发生器以及摄像机控制单元组成。一个完整的摄像机包括摄像机系统加上后面相连的录制设备。

▶ **连接器**

最常用的连接器包括 BNC 连接插头，S 视频端子插头，RCA 插头，HDMI 高清插头以及 IEEE1394 火线插头。

▶ **数字视频摄像机**

数字视频摄像机是一种高度专业化的超级高清摄像机或便携式摄像机，可以制作超高分辨率的画面。它也会配备高清晰度的取景器以及用于拍摄视频的其他附件。

Tour opens
of Pump,
Kidnap
Smoking

关键术语

弧线拍摄（arc）：以微弧摄像车装载摄像机移动拍摄。

校准变焦镜头（calibrate the zoom lens）：预设变焦镜头，镜头在变焦时保持聚焦。

俯仰（cant）：向一边倾斜相机。

吊杆（crane）：将摄像机的长杆支架吊上/下。

移动摄像（dolly）：移动相机使之靠近或远离物体。

摇臂（jib arm）：用以架设摄像机的小型吊杆，可以由摄像师操控。

支撑头（mounting head）：连接摄像机和支架的装置。

水平摇拍（pan）：水平移动摄像机拍摄。

轨道（pedestal）：在轨道上上下移动摄像机。

快门速度（shutter speed）：相机的一个控制装置，以减少光线或者移动物体所产生的模糊。快门速度越快，模糊程度就越低，但需要的光线就越多。

摄像机基座（studio pedestal）：很重的摄像机推轨，可以在录像的时候升高或降低摄像机。

倾斜（tilt）：指示摄像机上升或下降。

长杆移动（tongue）：与摄像机一起左右移动长杆麦克风。

三脚架（tripod）：三脚的摄像机器材，也称为sticks。

平移（truck）：使用可移动的摄像器材线性移动摄像机。也称为track。

白平衡（white balance）：指调整摄像机内的颜色环道，在不同色彩照明中产生白色效果。通常是稍微偏红色或偏蓝色的白光。

变焦（zoom）：指在摄像机位置不变的情况下，通过调整焦距，以改变镜头焦距的远近。

第5章 摄像机操作

让我们来看一下一个拿着崭新摄像机想要拍点什么的游客吧。他把目标锁定在金门大桥的一个桥塔上，把摄像机摇到上面，拉近，又拉远，摇下来朝向海滩，一艘货船从海面经过；摇上来到铁路上，几只海鸥停在上面；再拉回来看那几只更加桀骜不驯的不愿停留在镜头里的鸟；最后又把镜头对准一个路过的向自己挥手的慢跑的人。

虽然这种摄像方式可以很好地锻炼胳膊和对焦机制，但它同样可能导致胶片的大量浪费。这种无目的的拍摄，可能只有摄像的人才能够忍受画面的不稳定，而除此之外任谁看了都会觉得不舒服。如果有一个三脚架，那么这位游客的拍摄效果可能会变得更好。

在操作一个带有折叠显示屏的小型摄像机的时候，其实没有什么限制，但当你把摄像机置于三脚架之上时情况就不同了。一开始你可能不习惯，觉得三脚架限制了你的艺术灵感，如果不是很重的话，你宁愿手拿着机器。但随着经验的积累，你会逐渐发现如果把摄像机放在某个支撑物上的话，拍摄其实变得更容易了，而且你也更容易控制画面。实际上，操作摄像机的艺术不在于机器本身的电子设计或者功能，而在于它的大小和支撑物。

本章将探讨基本的摄像机动作和操作以及它们是如何完成的。

- ▶ **基本摄像机动作**
  摇、倾斜、翻转、台座升降、移动、横移、弧形移动、起吊、长杆移动、变焦
- ▶ **摄像机支撑方式和应用**
  手持和肩扛摄像机、三脚架支撑摄像机、特殊的摄像机支撑方式

▶ **操作特点**

聚焦、调节快门速度、变焦、白平衡

▶ **总体建议**

便携式摄像机、电子新闻采集/电子现场拍摄摄像机、演播室摄像机的检查清单

基本摄像机动作

有各种各样的摄像机支撑物可以用来稳定摄像机，帮助你尽可能流畅、轻松地移动机器。为了理解支撑物的特点和功能，让我们首先来了解一下主要的摄像机动作。不论是手持、肩扛，还是置于其他支撑物上，这些基本动作的名称都是一样的。

摄像机动作有 9 种：摇、倾斜、翻转、台座升降、移动、横移、弧形移动、起吊、长杆移动。尽管在变焦时，摄像机本身是不动的，但有时仍把变焦归为主要摄像机动作（见图 5—1）。

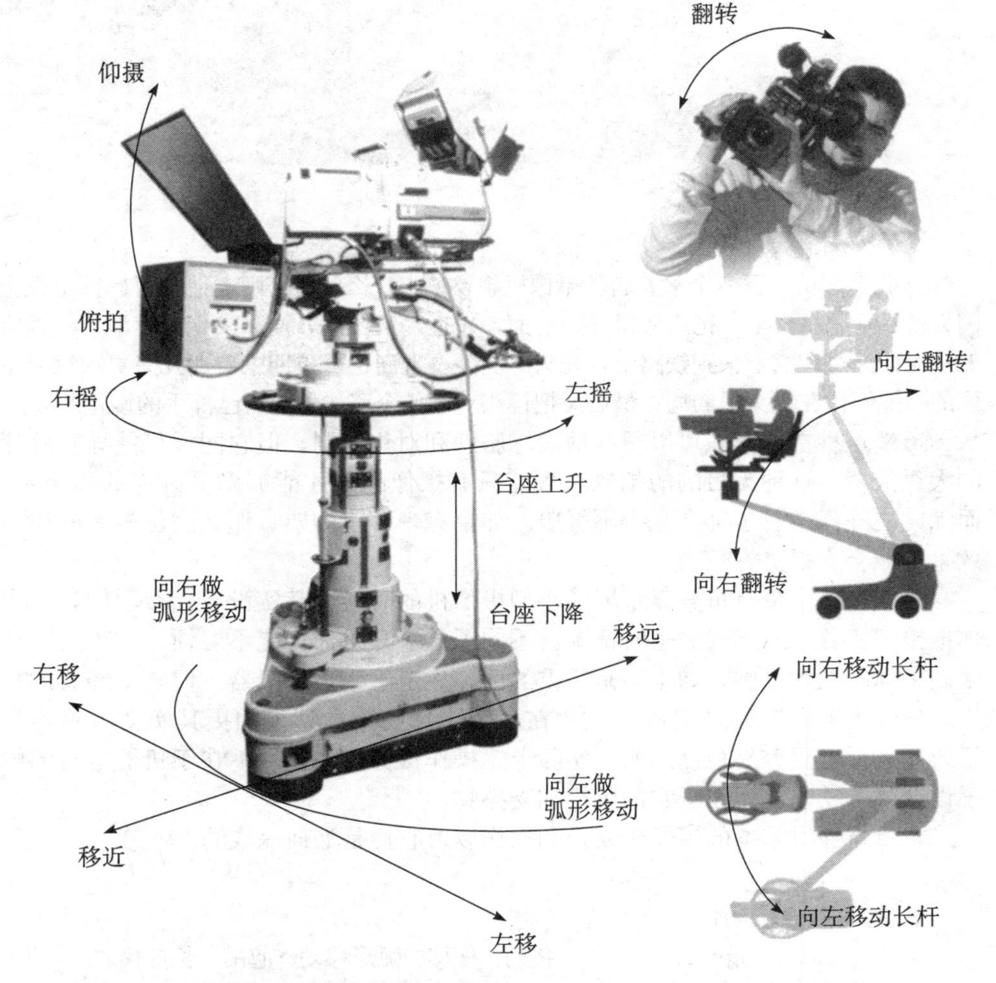

图 5—1 摄像机的主要动作方式

摄像机的主要动作方式包括：摇、倾斜、翻转、台座升降、移动、横移、弧形移动、起吊、长杆移动以及变焦。

摇（pan） 摇就是水平摇动摄像机，从左向右或从右向左。右摇就是把摄像机顺时针移动以使镜头更多地指向右方。左摇是要把摄像机逆时针移动，以使

镜头更多地指向左方。

倾斜（tilt）　倾斜就是使摄像机指上或指下。仰摄指缓缓地让摄像机镜头向上仰，俯拍指缓缓地让摄像机镜头朝下。

翻转（cant）　翻转指的是向一边倾斜摄像机。你可以选择向左或是向右翻转摄像机。在向左翻转时，水平线将向上倾斜，其最低点落在屏幕的左侧，最高点在屏幕的右侧，向右翻转时则产生相反的效果。在使用手持或肩扛摄像机时，翻转是比较容易做到的，但是如果你用一个标准的摄像机支撑架，那么就无法做到翻转了。

台座升降（pedestal）　台座升降指在三脚架或者演播室的主轴上垂直升降摄像机。向上就是把三脚架的主轴向上拉，这样摄像机就被抬升，向下则相反。这个动作使摄像机可以处于两个不同的垂直位置，也就是说摄像机拍摄到的画面要么似乎是从梯子顶俯视的，要么似乎是蹲在地板上仰视的。你可以很容易地升降一个手持摄像机——超过头顶或者贴近地面。

移动（dolly）　移动指把摄像机几乎笔直地靠近或者离开一个拍摄对象。当你移近的时候把摄像机靠近物体，移远则是要把摄像机远离物体。

对于手持或者肩扛摄像机，你只须带着摄像机走近或远离场景即可。有些导演会把这种拍摄称为“摄像车移近”或“摄像车移出”，虽然并没有使用摄像车。而有些导演则会直接让你靠近或是后退。

横移（truck）　也称为“track”（跟踪摄像），指的是使用可移动的摄像器材线性移动摄像机。当你向左或向右横移摄像机的时候，你仅需要向左或向右移动摄像机的支撑器，而摄像机镜头则始终对着拍摄对象。如果你要跟随行走在人行道上的某个人，那么你需要沿着大街移动摄像机，但镜头却要始终对着那个人。

跟踪摄像和横移摄像的意思一样，有时候跟踪摄像只是指移动摄像机以跟随移动物体。在使用手持或肩扛摄像机时，你要和移动物体一起运动，并且镜头要始终对准该物体。

弧形移动（arc）　弧形移动指的是在移动摄像机的时候，稍微绕一个弯。向左做弧形移动指前后移动时路线向左突出呈弧线，或围绕物体向左做弧线横向移动。向右做弧形移动指前后移动时路线向右突出呈一个弧线，或是围绕物体向右做弧线横向移动。在使用手持或肩扛摄像机的时候，你只需要在移动拍摄场景时，稍微走一个小弧度。弧形移动通常在以下场合使用：在过肩镜头中，要拍摄远处的人物，该人物却被近处的人物所遮挡，或几乎被遮挡（见图 5—2、图 5—3）。

图 5—2　离镜头远的人被部分遮挡

在这个过肩镜头中，离镜头较近的人部分遮挡了离镜头较远的人。

图 5—3　让摄像机弧形移动以修正被遮挡的镜头

弧形左移，离镜头较远的那个人可以完全露出来。

起吊（crane） 起吊指的是通过使用吊杆或摇臂，将摄像机移上或移下。吊杆是一种又大又重的设备，可以支撑摄像机及其操作人员，有时候还能再坐上去第二个人（通常是导演）。吊杆可以一下子升到离地 30 英尺（1 英尺约为 0.3 米）的地方。吊杆由一名操作员和一名助手来操作。而摇臂则是简单版的吊杆，可以由一人来操作（见图 5—19）。

往上吊指的是用吊杆把摄像机升起，而往下吊则指的是用吊杆把摄像机降低。仅仅把小型手持摄像机移过头顶然后再降低到地面，并不能产生吊杆式的拍摄效果。除非你有 10 英尺高，否则手工升降摄像机的高低极限是无法媲美吊杆的效果的。

长杆移动（tongue） 长杆移动指的是通过升降吊杆或摇臂，来向左或是向右移动整个摄像机。当你向左或向右进行长杆移动时，摄像机的指向却通常是不变的。长杆移动的效果与横移差不多，只是水平弧度平移摄像机的视野更加宽阔，移动速度也更快。长杆移动通常伴随着上升和下降。

吊杆和长杆移动会产生特殊的效果。即使你有吊杆，也不要经常使用这种极端的镜头移动方式，只需要在它们对镜头密度有作用的时候使用。

变焦（zoom） 变焦指的是在摄像机本身不动的情况下，通过变焦来改变镜头的焦距。推进焦距指的是逐渐把镜头视角变窄，使场景看起来离观众更近一些。拉出焦距指的是逐渐把镜头视角变宽，使场景看起来更加远离观众。虽然变焦的效果是使物体走近或远离场景，而非摄像机自身的移动，但习惯上仍把变焦归为摄像机移动的一种。

摄像机支撑方式和应用

你可以通过 4 种方式来支撑摄像机：手持或肩扛、三脚架、特殊的支撑装置、演播室升降台座。不同的支撑方式即便不能决定摄像机的操作，也会对之产生很大的影响。

手持和肩扛摄像机

我们已经提到了，小型手持便携式摄像机可能会引起过多的机器移动。你可以把摄像机朝向任何方向，并能轻松地移动，特别是在使用带有折叠显示屏的摄像机的时候。这有利也有弊。太多的摄像机移动会导致拍摄者无法集中注意力到场景上。即使内置了图像稳定器，也会不可避免地产生晃动。你会发现晃动是很难避免的，尤其是想拍一个长镜头的时候。当手持拍摄拉近的时候，几乎不可能避免地会发生震动，而这会导致画面的不稳定。

为了使手持摄像机尽量地保持稳定，你可以一手握住摄像机，一手扶住摄像机臂或者机身（见图 5—4）。

对于带有折叠显示屏的摄像机，你可以把肘部紧贴在身体上，使胳膊充当减震器。你应该避免伸出手臂来拍摄，因为这样会导致恼人的上下左右震动。你应当深呼吸，然后在拍摄的过程中屏息凝神。人的呼吸会很明显地限制一个镜头拍摄的长度，但这未尝不是一件好事。短镜头能显示出视角的多样性，比单纯的聚焦、摇拍产生的长镜头要有意思得多。如果把胳膊当成摄像机的支架，最好单膝跪地，或者靠在固定物上，比如墙、汽车、路灯杆等，来增强稳定性（见图 5—5）。

图 5—4　握住手持摄像机

用双手握住手持摄像机，双肘紧贴身体。

图 5—5　稳定摄像师的身体

靠在某个物体上可以使摄像师和摄像机保持稳定。

如果你或者拍摄对象移动了，那就把摄像机调到广角模式，这样产生的晃动就会小一点。如果你想离物体近点，那就关掉摄像机，走近，再开机重新拍摄。如果想拉近，那就逐渐按下拉近按钮。对于一个相对较长的镜头，最好把摄像机放置于固定物上，比如桌子、公园的长椅或者汽车的前盖上。

在移动摄像机的时候必须缓慢、流畅。左右转动的时候要移动整个身体，而不单单是移动胳膊，而且应该先把膝盖转到想要的目标位置，然后再慢慢地把身体扭过去。在这个过程中要尽量保持肩膀的稳定，并带动摄像机一起流畅地转动（见图 5—6）。如果你不转动膝盖，那你就得先把上身转过去，再转动膝盖，这个动作难度更大，而且通常会导致晃动。

图 5—6　平摇摄像机

在摇镜头之前，双膝要对准平摇的方向，然后在平摇的过程中将扭转的上身恢复原位。

当上下移动摄像机时，最好尽量向前或者向后弯腰，同时把肘部紧贴在身体两旁。这样在摇动拍摄时，你身体的移动会使画面更加稳定，效果比单纯扭动腰部要好。

当手持摄像机需要走动的时候，尽量向后退而避免向前走（见图 5—7）。因为向后退的时候是脚跟离地，而用脚掌行走。这样，你的脚而非腿，就充当了天然的减震器。你的身体带着摄像机在地上滑行，而非像在用腿走路时那样上下起伏。

对于非传统的拍摄，你可以把设备举过头顶拍摄，避开遮挡画面的人或其他物体；或者你可以贴近地面拍摄一下低角度的镜头。大多数取景器都可以调整，以使拍摄者在移动过程中可以看到拍摄效果。在这种情况下，折叠显示屏往往优势颇多。特别是当你发现最好的拍摄角度是举过头顶拍摄，并且镜头需要对准场景。这时，折叠显示屏可以使你随时看到拍摄画面。在正常的光线条件下你可以通过显示屏清楚地看到画面。然而当光线过于强烈的时候，你什么也不容易看到，这样就无法通过观察显示屏来控制调整拍摄了。

由于大型摄像机太重，摄像者无法手持拍摄太久，于是通常将其置于肩上。虽然肩扛摄像机不像手持摄像机那么灵活，但基本的移动动作是相似的（见图5—8）。

图 5—7　后退

采用后退而非前进的方法更容易保持摄像机的稳定。

图 5—8　肩扛摄像机

较大的摄像机应该用肩扛。一只手穿过固定在镜头上的带子，手指便可以自由操作调焦控制装置；另一只手用来稳定摄像机和调整光圈。

一般情况下是把摄像机扛在肩头，然后调整取景器，以适应自己的主眼（通常为右眼）。一些拍摄者喜欢同时睁开左眼以便观察周围情况，另一些喜欢闭上眼以便专注于拍摄。大多数取景器都能调到左眼的位置，但也有一些摄像机会把操作按钮等放在左手位置。

三脚架支撑摄像机

除非你在新闻一线抓拍紧急新闻，否则你最好把摄像机或电子新闻采集/电子现场拍摄摄像机放在三脚架（行话叫做“棍子”）或其他支撑器上，这样最能保持摄像机或电子新闻采集/电子现场拍摄摄像机的稳定，而且能够确保拍摄画面最为流畅。一个好的三脚架应该很轻，但又足够结实，以支撑摄像机的上下左右移动。三脚架可伸缩的腿必须能在任何伸缩位置牢牢固定，并且底部装有橡胶垫来防滑。

专业的三脚架一般还有三角形的支脚，用来锁住三角底座，以防止因摄像机过重而导致三脚架腿分开。有些三角支脚就是三脚架的一部分（见图5—9）。

图5—9　附带伸展装置的三脚架

三脚架上有三根可调节的支脚，它们有时靠伸展装置来固定张开的角度。

一些三脚架上还设有中央升降柱，这样不用通过调整三脚架也能够升/降小型摄像机。但若摄像机较大，那么这种升降柱就不够结实，尤其是当升降柱调至最高时。所有好的三脚架都有水准气泡或顶环，以便于使用者确保三脚架是水平的。

摄像机支撑头　三脚架上最重要的装置之一就是支撑头，也叫做摇摆头(pan-and-tilt head)。它可以使摄像机流畅地上下左右转动。同时，支撑头可以帮助你快速装卸摄像机。大多数的支撑头都配置有水准气泡，所以当三脚架置于不平的地面时，你能快速地调平摄像头。

大部分的大型支撑头的承重上限是30磅至45磅（1磅约为0.45千克)，足以支撑大型的摄像机。现在的问题不是支撑头能否支撑大型摄像机，而是它能否确保小而轻的摄像机流畅自如地运转。对于中型摄像机来说，使用的支撑头的重量级需要为10磅级或以下。如果支撑头的重量级比实际物体的重量级高太多，那么即使最低重量级的摄像头对于上下左右移动摄像来说，也会显得太紧。

所有的支撑头都有相似的操控装置，你可以通过支撑头上的操纵杆来控制摄像机的动作。上提操纵杆使摄像机朝下，下压操纵杆使摄像机朝上，向左转动操纵杆使摄像机向右转动，向右转动操纵杆使摄像机向左转动。左右指的是摄像机镜头的指向，而非摇动把手的运动方向。

为了防止摄像机震动或者晃动，一般的支撑头会有一定的对于摇摆的拉力或阻力。这些拉力或阻力可根据摄像机的重量和你自己的喜好来调整。较重的摄像机需要的阻力就比轻型摄像机要大，而现在你就该明白为什么摄像机的重量等级如此重要了：大型摄像机的支撑头需要更大的阻力，而这份阻力对于小型摄像机来说却是不必要的，甚至是不需要的。

重点提示

每次在摄像机没人看管的时候，都要把支撑头锁上。

支撑头还有锁定功能，可以在你想要固定的位置把摄像机锁定住，从而防止在无人操控的时候摄像机自由移动。无论是多么短暂的停留都要随时将支撑头锁定，但是千万别用阻力器来锁定摄像机。

快放板 快放板是摄像机底部的一个正方形底盘，它使摄像机很容易被放在平衡的位置。当你想快速地把摄像机从三脚架上卸下来时，快放板便十分有用，它可以让你快速卸下摄像机去追拍新闻事件，然后回来再把摄像机安放到三脚架上。你可以把摄像机快速地滑动，重新装到三脚架上，它便直接被锁定在位置上，并且可以使用，而无须你重新平衡它的重量（见图 5—10）。

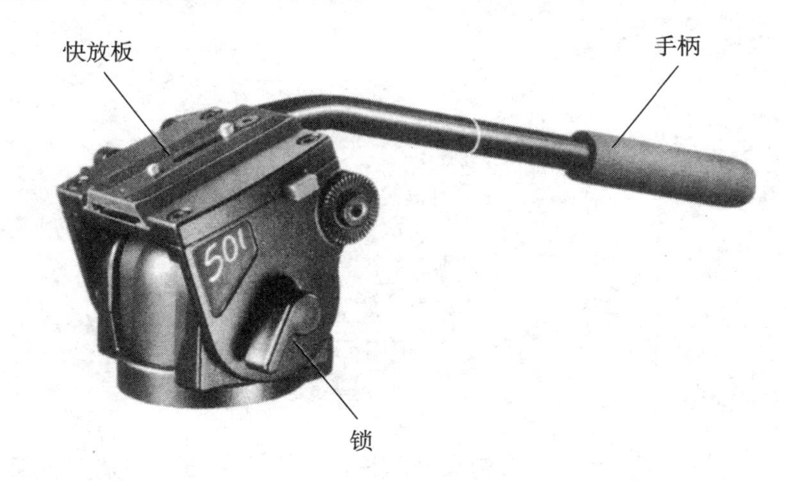

图 5—10 用于轻型摄像机的支撑头

支撑头可以使镜头的摇和俯仰动作变得流畅。镜头的摇和俯仰动作可以通过支撑头来调节，同时支撑头还具备锁定功能。

当你一开始把摄像机从手中安装到三脚架上的时候，你会非常不适应，会觉得三脚架大大限制了你使用摄像机。你不能带着摄像机跑，不能把它举过头顶，不能低到地面拍摄，不能摇动或摆动。三脚架上的中央柱也只允许你小幅度地摇动或倾斜摄像头，幅度很小。那为什么我们还要使用三脚架呢？

重点提示

只要有可能，就把便携式摄像机或电子新闻采集/电子现场拍摄摄像机放在三脚架上。

- 三脚架可以稳定摄像机，无论是拉近还拉远镜头。
- 在左右上下移动的时候比手持更加流畅。
- 三脚架可以避免过多的摄像机移动。
- 三脚架相对于手持或者肩扛可以使你更省力。

三脚架前移 为了平移或摆动三脚架摄像机，你必须把三脚架置于三轮移动车上——一个构造简单的带有三个小轮的支架（见图 5—11）。每个小轮都可以向各个方向滑动。大部分专业的底座上都有锁定装置，可以使底座笔直地向前滑动。在拍摄尤其是直播的时候一定要确认地面是光滑的，摄像机是运转正常的。在滑动三脚架的过程中，你通常应该用左手推拉三脚架，用右手握住摄像机的操纵杆。如果摄像机接着电缆的话，你必须调整支撑架上的电缆保护装置，以免电缆被小轮绞住。把电缆固定在三脚架的一个腿上是个不错的主意，这样它就不会被连接器拉住了（见图 5—12）。

图 5—11　三轮移动车

三脚架还可以放在三轮移动车上，这样摄像机便可以迅速调整位置。

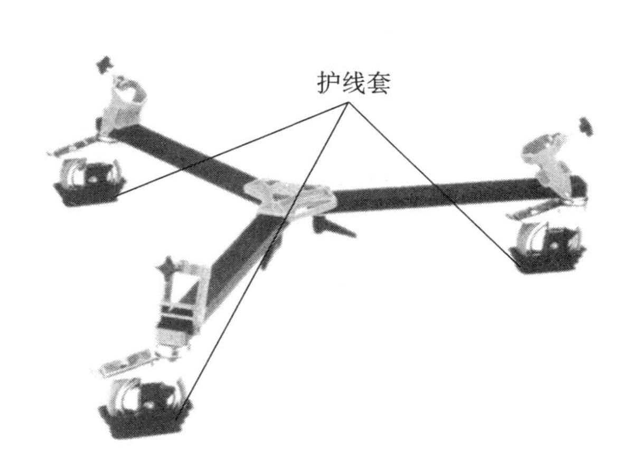

图 5—12　护线套

护线套可以防止移动车的车轮碾到摄像机电缆。护线套必须离地面非常近，这样才能推开电缆。

室外前移　当你需要在不平坦的室外，比如草地、石子路上移动摄像机时，你得把摄像机置于室外移动车上——一个带有 4 个充气轮胎的小平台。它的转弯机制就像家用的小推车一样，有一个大大的把手来转动前轮以改变平台的方向（见图 5—13）。

你可以站在车上来操控摄像机，或者当操纵者推拉车时，在旁边跟随。当地面特别不光滑的时候，可以适当地放点轮胎的气。许多这类车都是家用的，零部件可以在五金店买到。

特殊的摄像机支撑方式

特殊的支撑方式包括豆子袋、滑板、转椅以及重型摄像机稳定器。在这个领域里，你可以充分发挥想象力和创造力。

自制装置　把一个简单的用泡沫包装的花生填充的枕套制成的豆子袋，放在车盖或是自行车手把上，就能成为很好的摄像机支撑器。专业的沙袋里面填充的是有弹性的合成材料，是天然的减震器（见图 5—14）。

图 5—13　室外移动车

室外移动车有一个平台，由四个充气轮胎支撑。室外移动车可以负载放在三脚架上的摄像机和摄像师。

图 5—14 豆子袋

一个用泡沫包装的花生填充的枕套可以支撑摄像机，并消除小的摆动。专业的沙袋里面填充的是有弹性的合成材料。

把摄像机放在滑板上面拉着滑板拍摄，会制造出有意思的低视角效果。转椅和购物车都是很不错的选择，便宜而且实用，能方便摄像师和摄像机进行远距离跟拍。如果地面平整的话，拍摄效果堪比昂贵的演播室专业设备。

手持摄像机支撑 有一系列手持摄像机稳定装置，可以保证当你用一只或两只手拍摄时，画面保持稳定（只要你自己不上下跳动）。

一种简易却有效的装置是伸缩杆，伸缩杆可以放在摄像机上。它可以帮助你把摄像机降低到地面的高度，来拍摄视线下镜头；也能让你在走动、跑动或坐在购物车里的时候，把摄像机举过头顶，来拍摄广角跟拍镜头。在这个跟拍过程中，你可以通过观察折叠显示屏来控制拍摄进程。但是要注意，这种装置不能消除任何摄像机的震动（见图 5—15）。

在带着摄像机跑动的时候，如果你还要保持镜头的稳定，那么你就需要一个稳定器。一旦你用过几次稳定器，并且练习了在走动或跑动的时候操作摄像机，你就会惊讶自己的镜头是多么的稳定。但不要因此就跑动着拍摄整个故事（见图 5—16）。

图 5—15 伸缩杆

这个伸缩杆可以让你将摄像机下降到地面高度，以拍摄低角度镜头；或是将摄像机升高到超过头顶，来拍摄高角度镜头。注意，它不具有减震功能。

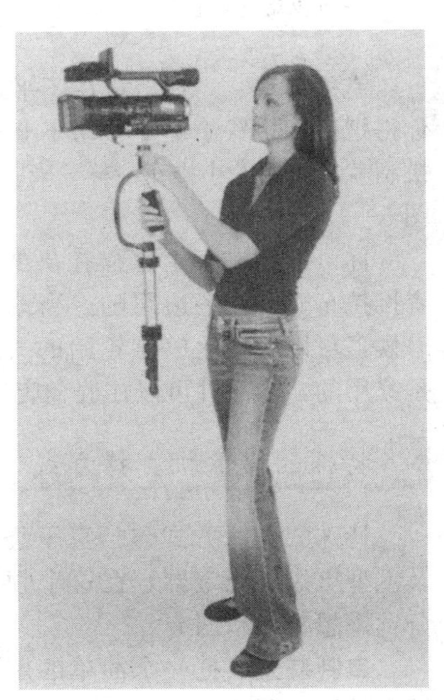

图 5—16 手持稳定器

这个手持稳定器用于小型摄像机。如果你不够强壮，那么你可以用一只手来拿住它。折叠显示屏可以帮助你拍摄到正确的镜头。

身穿稳定器 一种比较费力但更加舒服的方式是在操纵摄像机的时候穿上稳定器，这样能减少摄像机的震动（见图 5—17）。

对于大型摄像机来说，摄像师穿的稳定器与使用小型摄像穿的稳定器机类似，只是稳定系统，比如弹簧，专用于更重的摄像机。虽然马甲穿起来很舒服，但是你会发现至少在开始的时候，穿着这样的装置来操纵摄像机对于身体强壮的人来说也是一种挑战，即便拍摄时间很短（见图 5—18）。

摇臂 摇臂的功能与吊杆相似，只是更加轻盈，而且更加便宜。摇臂既可以在外景地使用，也可以在演播室使用。你可以自己一个人操纵摇臂、摄像机或便携式摄像机。通过摇臂把手上的遥控器，你可以把摄像机降低到贴近地面或是演播室地板，或把摄像机升高到 10 英尺，还可以同时完成倾斜、摇动、变焦等。一些长摇臂可以伸长 18 英尺，但却很容易用小车运送（见图 5—19）。

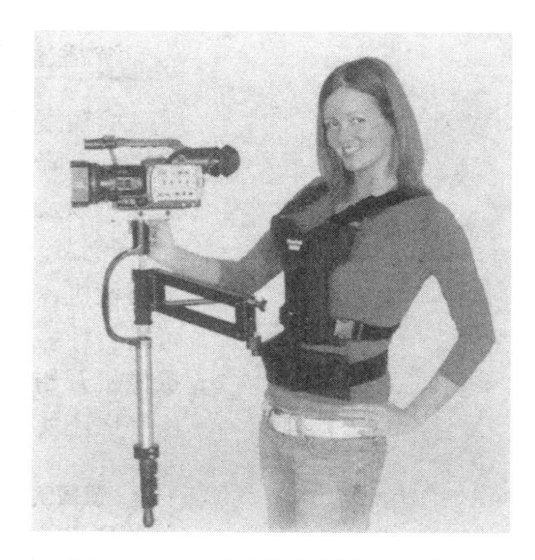

图 5—17 小型摄像机的身穿稳定器

这种摄像机支撑马甲可以让摄像机更好地发挥功能，而且使用起来比手持稳定器更为省力。稳定器上装有弹簧，你可以拿着摄像机走甚至跑。折叠显示屏可作为你的主要取景器。

图 5—18 大型摄像机的身穿稳定器

这种坚固的稳定器是为支撑大型摄像机或是电子新闻采集/电子现场拍摄摄像机设计的。其内部装有弹簧，可以使你在走、跑或跳的时候，摄像机仍然保持平稳，其显示器也很大。

图 5—19 摇臂

这种摄像机支撑装置看起来很像摄像机吊杆，只不过在使用摇臂时，一个人可以同时操作摇臂和摄像机。摇臂既可以在演播室内使用，也可以在外景地使用。它容易拆卸，可以用汽车运送到远处。

演播室升降台座

演播室摄像机或演播室专用电子新闻采集/电子现场拍摄摄像机经常放置于演播室升降台座上。演播室升降台座是一种相对昂贵的支撑器，可以支撑最重的摄像机以及额外的设备，比如大型变焦镜头。演播室升降台座允许你在拍摄时摇、倾斜、横移、弧形移动摄像机。通过拨动大的操作环，你可以向任何方向移动摄像机；通过向上拉或向下推，你可以改变摄像机的高度。由于摄像机的主轴可进行伸缩式调整，摄像机可以在任何高度保持稳定，即便你松开操纵环。如果摄像机开始自己升降，那么必须要重新调整主轴。与三脚架不同，演播室升降台座在底座使用包装，以此来防止被线路绊倒（见图5—20）。

图5—20　演播室升降台座

借助演播室升降台座，摄像机可以做摇、倾斜、横移和弧形移动，在转播时还能升降摄像机。这种台座装有伸缩式主轴，可以使摄像机在离地面2～5英尺高的范围内运动。

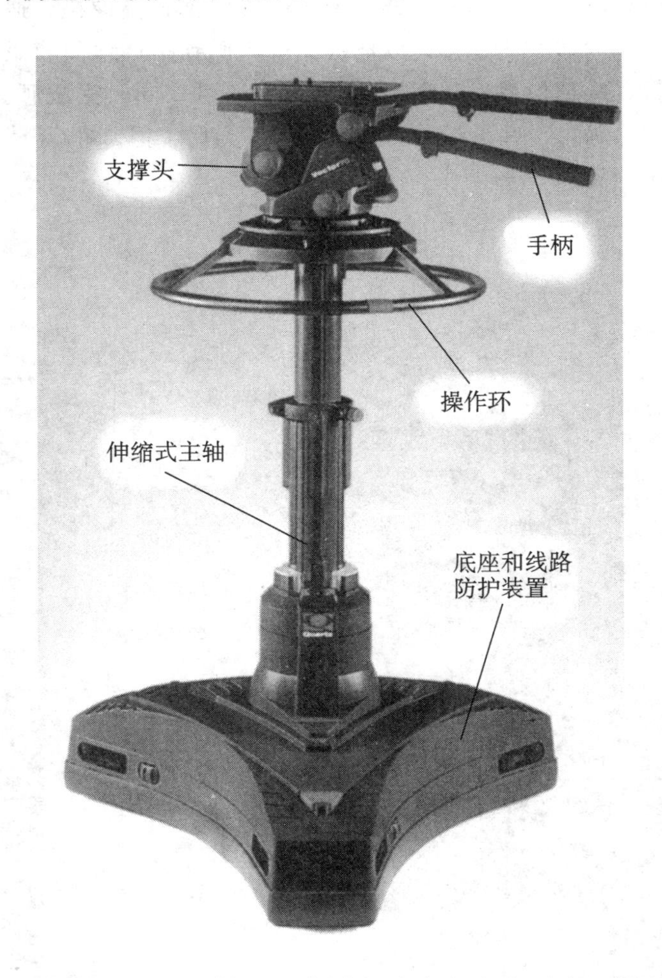

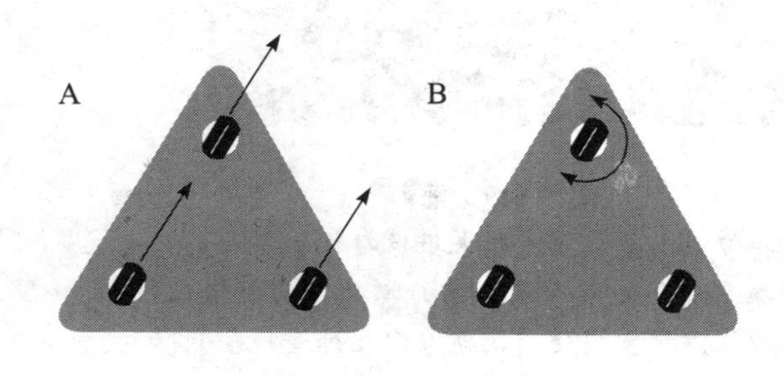

图5—21　平行转向和三轮转向

A. 在平行转向位置，三个脚轮都指向同一个方向。
B. 在三轮转向位置，只有一个脚轮可以转向。

平行转向和三轮转向　演播室升降台座有两个不同的转向。在平行转向位置中，转向环在同一方向对准所有演员（见图5—21A）。平行转向用于所有普通的摄像机运动。而在三轮转向位置中，只有一个轮子是可以转换的（见图5—21B）。如果你想转动轨道，让它离某一场景更近，或是离演播室的墙更近，那么你就可以使用这个转向位置。

支撑头　与三脚架一样，演播室升降台座的主轴也有一个支撑头。为了支撑演播室摄像机、镜头、电子提词器加到一起的重量，常用的三脚架支撑头已经无法满足需要了，而是要换成更加结实、更加复杂的摄像机支撑头。它的操作控制与那些用于轻型摄像机的支撑头类似：摇摆阻力、锁定装置、摇动把手。一些演播室摄像机使用楔形座，也就是在支撑头上面放置一个楔形的托。摄像机调整平衡后，以后每次再把摄像机放到支撑头上时，座托都可以保证原来的平衡（见图5—22）。

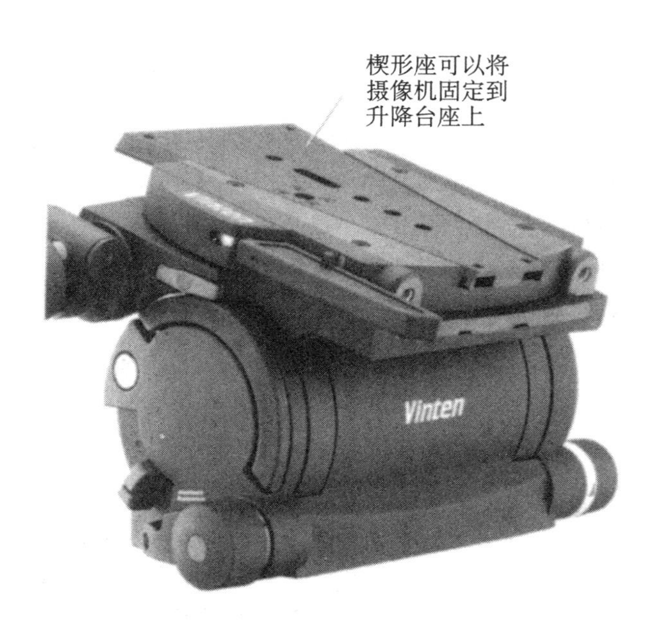

图 5—22　演播室摄像机支撑头

这种支撑头尤其适用于重型演播室摄像机。反向平衡和斜拉系统可以使摄像机的倾斜摇摆十分顺畅。楔形座可以确保把摄像机固定到升降台座上时，每次都能保持恰好的平衡。

支撑头有两个摇动把手，可以让你在进行变焦和聚焦操作的同时，平稳地上下左右摇动。在操作演播室摄像机之前，一定要解开支撑头的锁，并调节摇动的阻力。在没人照看摄像机的时候，即便时间很短，也要锁上支撑头。不要使用阻力控制器来锁定支撑头。要盖上镜头盖，你可以在镜头前放一块金属或是塑料的盖子，或是在使用摄像机的时候，让视频操作师从电路上关闭光圈，从而保证没有光线进入镜头。

自动升降台座　你可能看过用于小型摄像机的小型自动支撑器。他们通常被固定在墙上，并且对着演讲者。比起这些支撑器，自动升降台座更加庞大，因为它们必须能够支撑很重的演播室摄像机。你可以在新闻演播室里看到这些自动升降台座。在控制室里，会有一名自动升降台座技术员/摄像师/导演操纵两到三台摄像机。事实上，如果你是这些演播室里的地面总监，那么要注意别被这些移动的机器“绊倒”。自动轨道可以为特定的镜头而预设成摇、倾斜、横移、变焦等，比如在拍摄主持人镜头或是天气的中镜头时。就像在科幻电影中一样，它们静静地从一个位置移动到另一个位置（见图 5—23）。

图 5—23　自动升降台座

自动升降台座由电脑控制，可以根据电脑的指令而非人的操作来做摇、倾斜、横移和变焦动作。这种升降台座主要用于新闻播报。

操作特点

我们已经知道了如何移动摄像机，那么在用便携式摄像机或演播室摄像机拍摄难忘的镜头时，就要注意聚焦、调节快门速度、变焦和白平衡。

聚焦

正常情况下，我们想让所有在屏幕上的图像都有聚焦的效果（鲜明、清晰）。你可以通过手动或自动控制器来实现聚焦。

手动聚焦 为了确保画面鲜明、清晰，你应该使用手动聚焦方式而非依靠自动聚焦方式。所有非演播室摄像机上的手动对焦控制器都位于镜头前面的环上，你可以顺时针或逆时针方向调整控制器（见图 5—24）。

在操作演播室摄像机时，你可以通过调整扭杆来保持聚焦。扭杆位于摇杆的左侧，并通过线路和变焦镜头连接在一起（见图 5—25）。

图 5—24 电子新闻采集/电子现场拍摄摄像机的手动对焦控制器

电子新闻采集/电子现场拍摄摄像机的对焦装置在镜头前方，是一只可以用手旋转调节的圆环。

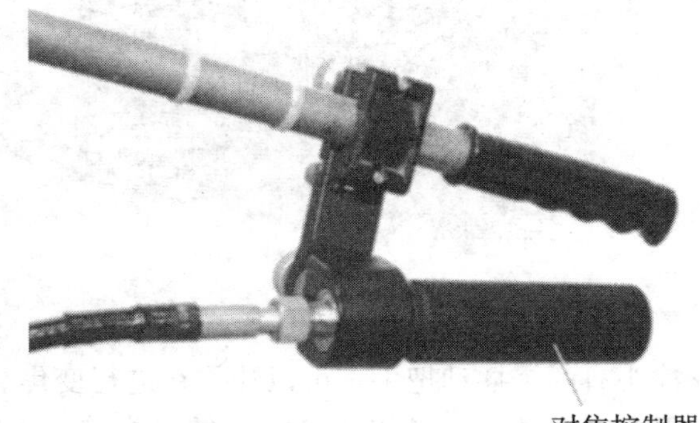

图 5—25 演播室摄像机的手动对焦控制器

演播室摄像机的手动对焦控制器安装在左摇镜手柄上，是一只螺旋把手，可以顺时针或逆时针旋转进行调焦。

校准变焦镜头或预设镜头焦距 假如你要用摄像机拍摄一场高中举办的活动，该活动主要是拍卖学生们在陶瓷店里做的陶瓷品。拍摄对象靠着体育馆的墙站在离展示台大概 10 英尺的地方。在拍摄过程中，你要调整焦距，从拍摄主景的中距镜头到对陶瓷壶的特写。但在调焦时，镜头会逐渐失去焦距。当你达到了理想的特写位置时，你几乎无法拍出陶瓷壶的轮廓了。这又是为什么呢？因为你在放大到特写时，忘记了校准或预设镜头焦距。

校准变焦镜头 指的是调整镜头焦距，以使其在整个变焦过程中保持聚焦状态。首先，你必须以最远处的物体，也就是那个陶瓷壶为准，调整好理想的特写镜头，然后通过调节镜头前部的调焦环将其纳入焦距。这样在你回调焦距至中景镜头的时候，拍摄对象就还会在焦距中（虽然你可能需要再微调一下焦距）。当你再次放大另一件陶瓷品时，它将仍在焦距中，形象清晰。但是，如果你调整了摄像机的位置，或是主景靠近展示台或远离展示台，那么你需要再次校准镜头，这也就意味着你需要再次以最远处的陶瓷壶为准拉近焦距、对焦、调回焦距以使主景进入镜头，然后看你是否需要微调焦距以使后来拍摄到的主景形象清晰。

> **重点提示**
>
> 为了校准焦距，要尽可能地推镜头，使最远处的目标物体进入焦距。之后，只要摄像机与拍摄对象之间的距离不变，那么所有后续镜头都会在焦距中。

现在，让我们进入演播室，假设你要拍摄一个著名的爵士乐钢琴家的演奏。你的位置在边上，并且能够从中景镜头放大到对键盘和钢琴家手部的特写。这时，你要如何预设焦距呢？你需要将焦距拉近到特写键盘的位置，然后通过调整摇臂左边的把手让镜头对焦。但你具体需要对焦到键盘的哪个部分？最好是远离你的那端，因为这样你就可以拉近和拉远焦距，并且保持清晰对焦，而不论钢琴家是在离你近或是离你远的钢琴一端演奏。

自动对焦 绝大多数手持便携式摄像机和一些大型的摄像机都配置有自动对焦系统，即自动对焦。通过一些电子技术（识别一小束雷达波的角度或测算对比度），摄像机能够自动对景物中的不同物体对焦。大多时候，这些系统运作良好。但是，摄像机有时也无法适应高亮度或低对比度的场景，而拍摄出模糊的画面。此外，摄像机也有可能无法判断你想给景物中的哪个物体对焦。你或许想要对焦的是中景中的物体，而非前景中的物体，但是自动对焦系统却无法推断你的想法，只会自动将焦点对准离镜头最近、最明显的物体。想要有选择地对焦（见第 6 章的镜头与景深），你需要从自动对焦转换为手动对焦。自动对焦还很难跟上快速变焦的速度。

当使用高清摄像机时，你可能会遇到对焦的麻烦。因为每个物体看起来都比使用普通电视时要清晰很多，因此，当镜头稍微偏离焦距的时候，在相对较小的取景器中，你可能无法发现。而且，越来越清晰的高清图像还会诱导你拍摄远超过所需程度的更大的景深——前景和背景看起来在焦距中。但是，如果在高质量的监控器或大型平板显示器上观看你拍摄的镜头时，就会发现不仅仅背景是在焦距外，而且前景也是。调到手动对焦，并且手动拉近或拉远焦距会帮助你发现哪里才是最佳的焦距位置。如果你能选择，一定要使用黑白的取景器，而非彩色监控器。一般来说，黑白图像的分辨率较高。

对焦辅助 高清图像对焦困难，尤其是在使用彩色取景器的时候，会出现对焦辅助的情况。在大多数情况下，取景器的中心会出现一块放大的图像区域，以便于你查看其是否已经对焦。如果这块中心区域已经对焦，那么你就可以推断整个图像对焦成功（见图 5—26）。

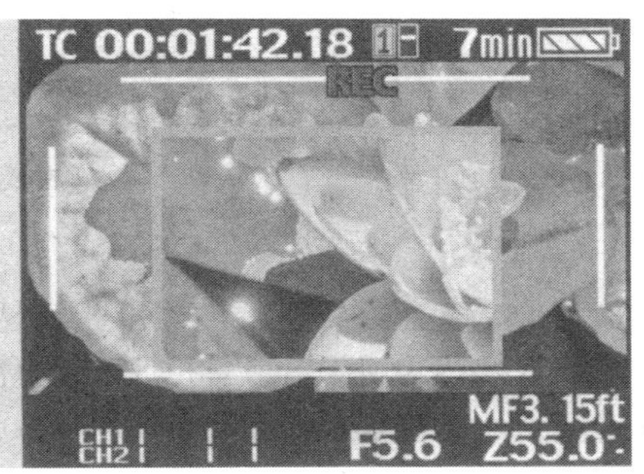

图 5—26 对焦辅助

对焦辅助会放大图像的中心部分，只要你将这一部分对焦，那么这个图像就对焦成功了。

调节快门速度

如同使用静物摄像机一样，便携式摄像机也配有可调快门速度的控制装置，以防止在拍摄快速移动物体时，出现画面模糊的情况。虽然快门速度控制的方式在两种型号的摄像机上截然不同，但其效果是一样的。例如，一个穿着亮黄色运动衫的自行车手从屏幕一边移动到另一边，有两种情况，一种是他快速骑到另一边，一种是他悠闲地推着车子走到另一边。那么在第一种情况时你需要使用比第二种情况更快的快门速度。当设定十分高的电子快门速度时（例如1/2 000秒），你会发现那件黄色运动衫看起来比快门速度稍慢时显得更暗。所有这些都可以归纳为一个简单的公式，与静物拍摄类似：快门速度越快，你需要的光越强。

变焦

所有便携式摄像机都在镜头上配备了开关来启动变焦。按下开关上标有T的部分，便会重新设置变焦镜头中的各个元件，为推变焦做好准备；按下标有W的部分则可以拉变焦。这种由变焦开关启动的自动变焦装置可以使变焦过程稳定而流畅（见图5—27）。

> **重点提示**
>
> 快门速度越快，拍摄到的画面就会越清楚，但需要的光也越多。

有些摄像机具备快速变焦和慢速变焦两种选择。你还可以在一些肩扛摄像机镜头上发现额外的手动变焦控制，通过它你可以将镜头上的变焦开关拨到快速变焦的位置。

演播室摄像机在右摇镜头手柄上装有类似的开关。这个由大拇指控制的开关通过电线与演播室摄像机的自动变焦系统相连。按下开关上的T部分，可以推镜头；按下开关上的W部分，可以拉镜头（见图5—28）。

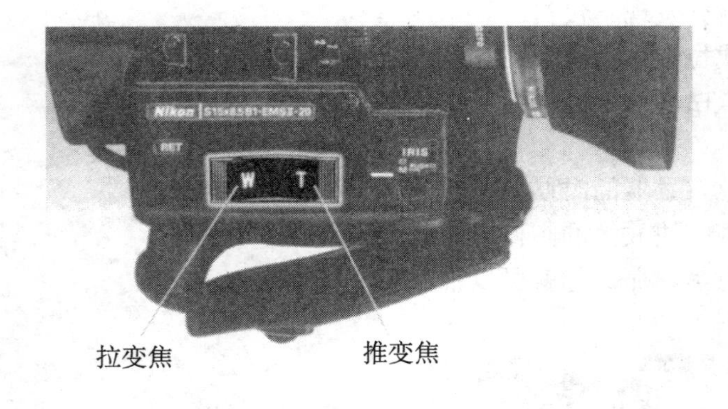

图5—27 摄像机的变焦控制

摄像机的镜头附近有一个控制镜头推拉的开关。

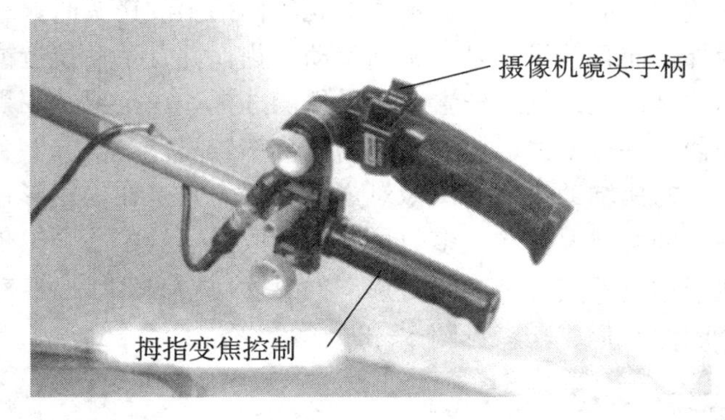

图5—28 演播室摄像机的变焦控制

演播室摄像机的变焦控制是装在右摇镜头手柄上的一只旋转开关，可以由右手大拇指控制。

> **重点提示**
>
> 将变焦次数降到最少。

由于自动变焦系统使得变焦十分容易，因此你很容易受到诱惑而去推拉镜头，而不是将摄像机推近或者拉远。但再次建议，不要将变焦次数降到最少，也不要毫无理由地变焦，否则只会说明摄像师没有经验。

白平衡

白平衡指调整摄像机内的红绿蓝色度通道，使白色无论什么时候都能在电视屏幕上呈现为白色，不论是在蜡烛光偏红色的照明条件下，还是在室外光偏蓝色的条件下。绝大多数小型手持摄像机可以自动完成白平衡，而另一些设备需要你设定合适的白平衡。

专业电子新闻采集/电子现场拍摄摄像机的白平衡控制是半自动的，也就是你必须调节白平衡（第 8 章有对白平衡更加详尽的阐释）。

重点提示

除非摄像机有全自动的白平衡系统，否则每次当你进入一个新的光照环境中时，都需要调节白平衡。

总体建议

无论你操作小型还是大型的摄像机，都要认真呵护设备，同时也要注意自身和他人的安全。不要拿自己的脖子和设备来开玩笑，去拍华而不实的东西。不要为了省事而忽略了正规的拍摄方式。不论你做什么，都要遵守常识。就像骑自行车一样，你必须真正去做了才会慢慢掌握。

检查清单：便携式摄像机和电子新闻采集/电子现场拍摄摄像机

☑**摄像机不宜接触的东西：**不要把摄像机放在太阳下或者灼热的汽车里。注意，取景器不要正对太阳，否则取景器里的放大镜会将光线聚集起来，从而融化取景器的外罩和电子元件。若是在雨中或非常冷的情况下拍摄，请使用塑料套，也称“雨衣”。在紧急情况下，也可以用一只塑料包装袋暂时顶替。

☑**离开摄像机时必须小心：**如果要离开摄像机而无人照看，必须锁好三脚架上的支撑头。如果要放下摄像机，一定要竖着放，因为平放会损坏取景器和装在上面的麦克风。

☑**使用镜头罩：**即使摄像机内部有“帽子”阻挡光线进入成像装置，也要将金属或者塑料镜头罩盖住镜头。这样一来可以防止光线进入成像装置，二来可以保护贵重镜头的前部。

☑**电池电力要充足：**一定要确保摄像机电池电力充足。许多电池有记忆功能，有时即使只有一半电量也会显示电力充足。为了避免这个问题，在充电前务必将电池的电放光。在正常情况下，电池需要首先得到“训练”，以避免出现记忆功能。在使用新电池时，第一次要把电完全放光，然后再充电。此后，它就没有记忆功能了。不要摔电池或把电池暴露在高热的环境中。

☑**确认记录载体：**确保记录载体与摄像机的格式相匹配。虽然录像带、闪存或其他光学硬盘表面看上去类似，但它们可能并不适合某一特定的摄像机。

☑**检查各种连接：**检查各种连接，无论它们是与什么连接，看它们是否与预定的插座相匹配。只在紧急情况下使用切换器。从设计上来讲，切换器只是一个临时替代品，而且很可能会给你带来麻烦。便携式摄像机一般使用较小的插头，大型的摄像机则使用三向插头（第 7 章有很多关于演播室插头的信息）。

☑**测试摄像机：**即使匆忙，也要在正式开始前录制一小段，以此来检查摄像机能否正常工作。戴上头戴式耳机检查音频。使用你打算在实际操作中使用的电源和插座。检查变焦镜头的变焦幅度和焦点。在极冷和极潮湿的天气条件下，变焦镜头有时会黏住甚至完全报废。

☑**设置旋钮：**将所有旋钮，如自动—手动调焦、自动光圈、变焦速度及快门速度设置到预定的位置。摄像机前面的物体运动得越快，要求快门的速度越快，这样才能防止动态物体变模糊。不过，请记住，快门速度快时对照明条件的要求也高。

☑**调节白平衡：**除非是自动系统，否则在开始录制前应先调节摄像机的白平衡。一定要在拍摄的实际照明条件下调节白平衡。

☑**记录声音：**要养成打开摄像机麦克风录制画面同期声的习惯。这种声音不仅有助于你确定事件发生的位置，还能提供背景声，并有助于将来的后期编辑。

☑**留意警示标志：**注意警示标志并尽快解决问题。如果你不关心画面的质量，可以不理会摄像机上“照明低”的警告，但不可忽略“电量不足”的警告。

检查清单：演播室摄像机

☑**保持联系和控制：**戴上耳机，在控制室和摄像师之间建立联系。解开支撑头的锁定装置，调节摇和倾斜运动制动装置。让台座上升或者下降，感觉其范围和动作。在任何垂直位置，平衡度适当的台座都能保持摄像机的稳定。

☑**理顺电缆：**确保护线套离地面够近，以避免摄像机从电缆上碾过。放开电缆检查其长度。若想在移动过程中避免电缆打结，可以将其绑在台座上，但留出足以让摄像机自由做摇、俯仰和升降动作的长度。

☑**测试变焦镜头和焦距：**请视频操作师打开摄像机的镜头盖，将变焦镜头推拉至终点，检查镜头的变焦幅度。如果需要，调节取景器。预设变焦镜头，以便在后续的变焦过程中让画面待在焦点内。

☑**练习自己的动作：**用记号带在演播室的地面标出关键的拍摄位置。记下所有的直播动作，以便在要求的动作出现前预先将镜头调到广角。

☑**小心移动：**如果拍摄动作特别艰难，可以请地勤工作人员帮你转动摄像机的方向。如果在移动拍摄过程中电缆发生缠绕现象，千万不要生拉硬拽，请示意地勤工作人员帮你解开。在移动拍摄或跟拍时，起步要缓慢，这样才能推动笨重的摄像移动车，在移动拍摄结束前同样也要放慢速度。在提升或降低摄像机时，在台座的升降柱达到最高点或最低点之前必须刹住，否则摄像机和画面就会剧烈晃动。

☑**不要忽视红灯：**在将摄像机移动到一个新的位置或预设变焦之前，一定要小心指示灯（取景器内和摄像机顶上的红灯）是否已经熄灭。指示灯的功能是告诉摄像师、演员和制作人员哪一台摄像机正处于开机状态。在特效制作中，即使你认为自己的镜头已经拍摄完毕，指示灯仍然还会亮着。通常，电子新闻采集/电子现场拍摄摄像机或（普通）摄像机只有一个取景器指示灯，在摄像机顶上没有附加的指示灯。取景器指示灯只会告诉你——摄像师——摄像机什么时候在运行。

☑**避免紧张的摄像机活动：**盯着取景器，慢慢地纠正微小的构图瑕疵。如果特写中有一个物体不停地来回跳动，不要不惜一切代价地将其留在画框内，让它不时跳出画框比被迫快速摇镜头来抓它效果反而更好。

☑**让导演来导演：**听从导演的指令，即使你认为他错了，也不要试图从你的角度指挥导演。但如果导演让你用长焦在直播时做移动拍摄或跟拍这类完全不可能做到的事，则应该提醒导演。

☑**善于观察，集中注意力：**注意周围的活动，尤其要注意其他摄像机的位置，注意导演指挥它们向哪里移动。听从导演的指令，就不会挡住其他摄像机的路。在移动摄像机，尤其是向后移动时，一定要小心路上的障碍。请一位地勤工作人员引导你。除非迫不得已，尽量避免使用内部通话系统讲话。

☑**预先推测：**即使你手中没有列出镜头顺序的分镜头剧本，也应该尽量在导演提出下一个镜头前事先设想一下这个镜头。比如，假设你从内部通话系统中听到其他摄像机在拍特写镜头，不妨自己拍一个中景或换一个不同的角度，给导演提供一个不同的景别。千万不要重复其他摄像机的镜头。

☑**妥善收拾工具：**拍摄结束时，要等“完毕”指示灯亮后才能关闭摄像机。请摄像师盖好摄像机。等取景器变黑后，解开摇和俯仰的制动器，锁好摄像机支撑头，将金属或塑料镜头罩在镜头上。将摄像机停放在平常的位置，将电缆卷成常见的 8 字形。如果你的移动车有停车刹车，那么要刹住。

主要知识点

▶ 基本摄像机动作

基本摄像机动作包括摇、倾斜、翻转、台座升降、移动、横移、弧形移动和起吊、长杆移动。变焦虽然不是摄像机在动，但也包括在这个系列当中。

▶ 摄像机支撑方式和应用

摄像机支架包括各种三脚架和特殊的支撑方式，比如摄像机稳定器和演播室升降台座。如果条件允许，尽量把摄像机置于三脚架上，当手持或者肩扛时，在移动过程中尽量保持稳定。

▶ 支撑头

支撑头是三脚架上的连接摄像机的装置，可以帮助摄像机上下左右移动。当无人控制摄像机时一定要锁住支撑头。

▶ 对焦和快门速度

通常我们希望画面清晰准确。你可以手动或者自动对焦。快门速度决定了快速移动物体的清晰度。快门速度越快，物体越清晰。

▶ 校准变焦镜头

在预设变焦镜头时，必须将镜头完全推到最远目标物体上，然后校准焦距。这样，所有的后续广角变焦便都会得到清晰的画面。

▶ 白平衡

白平衡过程能保证在不同的光照条件下白色和其他颜色保持一致。这一过程在每次拍摄时都需要做，除非设备带有自动白平衡机制。

关键术语

宽高比（aspect ratio）：电视屏幕的宽度与高度的比例。标准电视的宽高比为 4×3（4 个单位长度宽乘以 3 个单位长度高）；高清电视的宽高比为 16×9（16 个单位长度宽乘以 9 个单位长度高）。可移动视频播放器有各种宽高比，包括纵向型播放器。

特写镜头（close-up/CU）：近距离或贴身拍摄物件或物件的一部分。特写镜头可为大特写（特别近距离或近距离特写）或普通特写（中等距离特写）。

交叉拍摄（cross-shot/X-S）：与过肩拍摄相似，但靠近摄像机的人不出现在镜头中。

景深（depth of field）：位于摄像机不同距离外的各种物体能聚焦的区域。主要取决于镜头的焦距、光圈，以及物体与摄像机的距离。

可视范围（field of view）：某特定镜头内可以看到的场景部分，也就是该镜头的视角。通常以符号表示，例如以 CU 表示特写镜头。

头顶空间（headroom）：头顶与屏幕上缘之间的距离。

引导空间（leadroom）：在一横向移动的人或物之前方，所需留下的距离屏幕左右边框的空间。

远景（long shot/LS）：从很远的距离外进行拍摄或仅描述轮廓的拍摄。超远景镜头在很远的地方拍摄物体。

中景（medium shot/MS）：在中等距离上对物体进行拍摄。这一名词涵盖了从远景到特写之间的所有镜头。

鼻前空间（noseroom）：拍摄对象和镜头的距离。

过肩拍摄（over-the-shoulder shot）：摄像机越过离摄像机较近的拍摄对象（该拍摄对象的后脑、肩部都在镜头中）拍摄另一个拍摄对象。

心理补足（psychological closure）：观众会把丢失的视觉信息在心里自觉补充成完整的形状。

向量（vector）：一种带有方向性的屏幕因素，可以分为图形向量、指向向量和运动向量。

Z 轴（z-axis）：指屏幕深度，指从摄像机镜头到地平线的广阔范围。

第6章

透过镜头看世界

只要将摄像机对准某个事物，你就必须决定拍摄什么，以及如何拍摄。标准电视的屏幕较小，画面容易变成特写。由于有这种要求，再加上时间的限制，你就很难全面表现整个事件，因此你必须选取最重要的细节，用最有效的方法来拍摄。也就是说，你不仅要展现事件的必要特征，还要让事件有动力，否则它就可能消失在小屏幕上。

这种特写技巧同样适用于为较大的高清电视组合镜头。即便是大屏幕的运动图像，最终也是学习电视报道的高能效果，而该效果主要是通过一系列特写镜头表达的。

> **重点提示**
>
> 特写在大屏幕上效果十分明显，在小屏幕上更为必要。

高效的摄像机操作不仅取决于你如何使用某些按钮和操作杆，还取决于你如何抓取有力的画面。事实上，好的摄像机操作首要的就是敏锐和敏感的眼睛以及基本的图像美学常识——这些决定了一个镜头组合优于其他的组合。虽然有诸多自动化特征，但摄像机无法替你作出美学决定。因此，你必须学习一些基本的组合原则，以便于可以拍摄出具有冲击力并能传达特定意义的图像。

我们每个人至少都看过一次他人在假期外出时摄制的录像带。除非拍摄录像带的人是操作摄像机的老手，否则你看到的很可能是一串不断抖动的景象：影像快速移动，毫无目的地从一个物体转到另一个物体上，还有很多天和地的空白镜头，人好像黏到了屏幕的顶部或边缘，地上的树或电线杆好像从人的头顶上长了出来。

为了帮你避免这样的美学错误，本章将对构图进行详细的讲解。注意，在录像的过程中，你经常需要对付运动的景象，所以一些传统的针对于静态摄像的原则就必须进行改进，才适合于拍摄一系列镜头，而非单个图像。这些考量在通过编辑各种镜头——称为片段——来讲述故事的时候尤为重要。

- ▶ **取景**
  宽高比、景别、向量、构图、心理补足
- ▶ **操纵画面纵深**
  确认Z轴、镜头与Z轴长度、镜头与景深、镜头与Z轴速度
- ▶ **控制摄像机与物体运动**
  控制摄像机移动和变焦、物体运动的控制

取景

取景时，最需要考虑的基本要素包括：在镜头中打算取多少景，拍摄物距观众多近，如何安排拍摄物与摄像机镜头的位置，以及当屏幕上只能看见拍摄物的一部分时如何让观众感觉到一个完整的物体。用摄像术语来描述就是：（1）宽高比，（2）景别，（3）向量，（4）构图，（5）心理补足。

宽高比

取景在很大程度上取决于你拥有哪种画框，也就是屏幕的宽度和高度的关系，或者叫宽高比。影视制作中常见的宽高比一般为标准的4×3。如果是数字电视，许多摄像机则可以在标准的4×3与高清晰度的16×9之间进行转换。高清电视的宽高比只有16×9这一种标准。

在比较小的屏幕上，这种宽高比对构图没有太大的影响（见图6—1、图6—2）。

图6—1　4×3宽高比

标准电视的宽高比：宽4单位、高3单位。

图6—2　16×9宽高比

高清电视的宽高比：宽16单位、高9单位。大多数数字电视摄像机可以在标准的4×3与宽屏幕的16×9之间转换。

然而，在大屏幕上或者当视频投影到电影屏幕上时，这两种宽高比的差别就会明显地表现出来。与16×9的宽高比相比，4×3的宽高比更适合做特写，而且效果也更好。但宽屏幕的16×9宽高比却能让取景范围更宽，且不会削弱什么效果。大的宽高比不仅会显示而且可以强调水平面的远景特点（见图6—3）。此外，它还可以使拍摄两个人谈话的特写镜头更加容易。

图 6—3　强调宽景

16×9 的宽高比加强了这个机场的水平延展。

你会发现 16×9 的宽高比产生的特殊效果更加明显。但如果你使用的是小型手机屏幕，效果则会相反：大多数特效会失去它们的效果。为了帮助你适应宽屏幕的摄像，本书中涉及的所有摄像机摄像都使用 16×9 的宽高比。

景别

景别指物体和观察者之间的距离，即拍摄者的镜头中包含了多大范围的场景。

景物和观察者之间的距离分为五种景别：大远景、远景、中景、特写和大特写（见图 6—4）。

大远景

远景

中景或上身镜头

特写

大特写

图 6—4　景别的距离变化

景别和距离是相对的，主要取决于远景与特写镜头的视觉效果。

如果按镜头里人物的多少来划分，镜头可以分为：(1) 半身像，拍摄对象身体的上半部分；(2) 齐膝拍摄，拍摄对象的膝盖以上部分；(3) 双人像，镜头里有两个人或物；(4) 三人像，镜头里有三个人或物；(5) 过肩拍摄，镜头越过一个人的肩部拍另一个人的影像；(6) 交叉拍摄，交替地拍一个人和另一个人，靠近摄像机的那个人不在镜头中出现（见图 6—5）。

景别是相对而言的，也就是说在你看来是特写的镜头别人看来可能是中景。由于标准屏幕的尺寸较小，因而特写是电视制作中用得最多的一种景别。不论是拍摄宽高比为 4×3 还是 16×9 的镜头，这种名称都适用。

> **重点提示**
>
> 视频是特写媒介。

你可以通过改变摄像机与拍摄对象之间的相对位置关系或者调整焦距来改变景别。我们在第 4 章已经学过，推镜头可以将镜头推到一个狭窄的角度，使物体看上去离摄像机较近，从而产生特写效果。如果将镜头拉开，镜头渐渐伸展到一

图 6—5　其他镜头设计

其他镜头设计表明构图的上下两部分在什么位置分割画面，也可以表明画面里容纳或安排了多少拍摄对象。

半身像

齐膝拍摄

双人像（镜头里有两个人）

三人像（镜头里有三个人）

过肩拍摄（O-S）

交叉拍摄（X-S）

个较宽的位置，便可以看到较大的区域。改变摄像机与物体之间的相对位置和伸缩镜头的视觉差异很大（我们将在本章稍后有关摄像机控制和物体运动的章节中对此差异加以讨论）。

向量

重点提示

向量是可以影响演员和摄像机组合和调度的有方向的力。

向量是一种有方向指向的力，有各种各样的力度。这个概念有助于你理解和控制在屏幕上看向、指向或移向某个方向的人所形成的各种力，甚至是由一个房间、一个书桌、一扇门的水平和垂直线所产生的力。对向量的全面掌握有助于给演员和摄像机设计出有效的运动方向。

重点提示

有三种向量：图形向量、指向向量、运动向量。

图形向量　这种向量由能将人的视线引向特定方向的线条和景物排列生成。环顾四周，你的周围到处都是图形向量，如本书的水平线和垂直线、窗户和门的轮廓线、墙壁与屋顶的交叉线，等等。停车场摆放整齐的汽车、成排的电线杆都可以构成图形向量（见图 6—6）。

图 6—6　图形向量

图形向量由能将人的视线引向特定方向的线条和景物排列生成。

指向向量　这种向量由明确的指向特定方向的物体生成，如箭头、单行线标志，或看向、指向某个特定方向的人（见图 6—7）。图形向量与指向向量之间的区别在于，指向向量在方向上更加明确。如果与单向标志的指向向量相反，不仅会扰乱你脑海中的地图，还会让你在视觉上不知所措。

图 6—7　指向向量

指向向量由明确指向某个方向的人或物体生成。

运动向量　这种向量由屏幕上真正在运动或让人感觉在运动的物体产生。行走的人、沿公路行驶的汽车、飞行中的鸟，所有这些都构成运动向量。要观察运动向量，可以看你身边的运动物体或是打开电视机（运动向量显然无法用静止的画面来说明）。

构图

我们的直觉总是试图将我们周围混乱的世界理顺，而好的画面构图有助于帮助我们完成这项任务。事实上，好的摄像师在高压拍摄的时候，比如在拍摄风暴灾难或是战争的时候，仍然能使用有效的构图原理。最基本的一些构图要素包括：（1）物体布局，（2）头顶空间和引导空间，（3）水平线。

物体布局　图像中最稳定、最醒目的区域处于屏幕的中心，因此，如果你想凸显某一物体，那就将它放在屏幕中心（见图 6—8）。这个原则同样适用于拍摄某个面对观众演讲的人，如新闻播音员或者公司总裁（见图 6—9）。

如果播音员必须和另一视觉元素共同分享同一空间（见图 6—10），这时就必须把播音员移到画面一侧，不仅要给那个视觉元素留出空间，而且还必须平衡这两个元素之间的对应关系。

重点提示

最稳定的图像区域是屏幕的中心。

图 6—8　居中式布局

图像中最稳定的区域是屏幕的中心。屏幕中的所有力都集中在这一点上。

图 6—9　新闻播音员的居中位置

单独的一位播音员应该安排在屏幕的中心，这个位置可以使观众将注意力全部投向播音员。

图 6—10　画面平衡

如果新闻播音员必须与画面中的其他视觉元素分享屏幕空间，该元素必须放在与播音员相对的另一半空间里，以便使两者达到平衡。

如果构图中包含单一醒目垂直元素，如电线杆、树、栅栏柱的大构图，则可以将这个醒目物安排在屏幕的中心位置以外，如屏幕水平方向大约 1/3 或 2/3 处。这种在屏幕两边安排不同元素的非对称分割通常叫三分定律。你或许听说过画面的黄金分割。在这种情况下，水平分割会位于画面 2/5 或 3/5 的地方。这两种分割方式，都比将垂直物放在中间产生的画面更有动感，水平线更连贯（见图 6—11）。

图 6—11　非对称分割

明显的水平线最好在位于距屏幕左/右约 2/5（标准电视宽高比）或 1/3（高清电视宽高比）处用一个垂直物体来分割。这样屏幕就不会被分成两个比重完全相同的部分，从而使构图更富动感、更有趣。

在将物体放置于画框之内时，也适用三分定律，比如让一个人站在屏幕 1/3 宽处。一般说来，在特写镜头中，正确的头顶空间会将人物的眼睛置于屏幕上方 1/3 处，除非那个人戴了帽子。

头顶空间和引导空间　总而言之，电视屏幕的边缘像磁铁一样，会将物体吸向自己，这种拉力在屏幕的上下边缘表现得尤为强烈。比如，如果拍摄对象的头顶触到了屏幕的顶端，他的头看起来就会显得被拉了上去，甚至像被黏到上边去了（见图 6—12）。要想抵消这种向上的拉力，就必须在头顶上留出适当的空间，即头顶空间（见图 6—13）。

图 6—12　没留头顶空间

如果不留头顶空间，整个人就像黏在了屏幕的顶端。

图 6—13　合适的头顶空间

合适的头顶空间可以抵消向上拉的力，从而使这个人的形象在画面中看起来很舒服。

但是，如果头顶空间留得太多的话，屏幕的底部又会施力，从而使得人看起来像被拉了下去（见图 6—14）。因为在电视上播放录像或用有线或无线传播时，不可避免地要截去一些图像空间，所以留出的头顶空间要比正好合适的空间多一点。这样受众才能看到合适的图像（见图 6—15）。

图 6—14　头顶空间过大

头顶空间过大会使整个人显得矮小，并将整个形象推向屏幕的下部。

图 6—15　用于传输的头顶空间

左图的构图在取景器上观察正好合适，但在传输图像时画面空间要裁去一些，这就要求原始图像要多留一些头顶空间。因此，右图的图像构成更为恰当。

镜头的两侧边也有类似的图像“引力”，似乎要将物体或人拉向自己，尤其当他们朝向屏幕的某一侧时，情形更是如此（见图 6—16）。你感觉其构图是否良好？当然不是。图中的人好像正将鼻子往屏幕的边缘黏。好的构图要求在人物的鼻子之前留出一定的呼吸空间，以抵消人物的视线和屏幕侧面的拉力。这就是为什么这种引导空间被叫做鼻前空间的道理（见图 6—17）。注意，三分定律也适用于鼻前空间：你可以看到，人物头部的中间大概在画框的左侧三分之一处。

图 6—16　缺少鼻前空间

如果在鼻子和屏幕的一侧不留空间，人看起来就会像黏在了屏幕的一侧或是撞在上面。

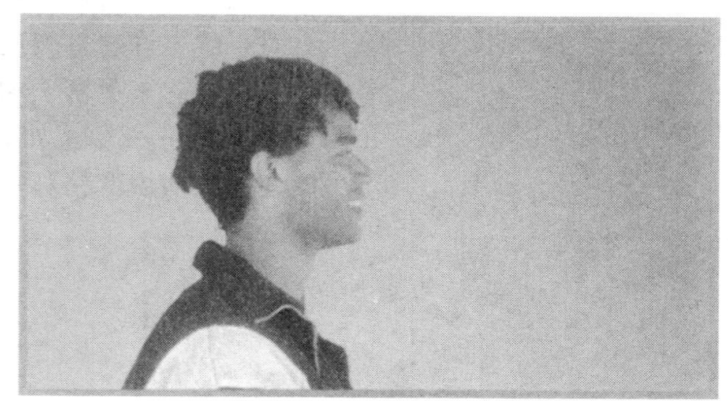

图 6—17　合适的鼻前空间

本图中的鼻前空间充足，可以抵消屏幕和视线的拉力。

在拍摄向一侧移动的人或物时，“呼吸空间”原则同样适用（见图 6—18）。你必须在其运动的前方留出一定的空间，以指明其前进的方向，同时抵消向量的一些方向性力量。由于摄像机必须放在物体运动的前方，引导其行动但不跟着它走，因此，这又叫引导空间。给移动中的人或物留出合适的引导空间并不是一件容易做到的事，尤其是在物体快速运动的时候（见图 6—19）。

图 6—18　缺少引导空间

如果缺少引导空间，侧向移动的人或物体就好像被屏幕边框挡住了去路。

图 6—19　合适的引导空间

如果引导空间合适，侧向移动的物体看上去是在向指定的方向自由地移动。

既然你已经学习了三分定律，就需要注意：如果你总是精准地使用这一定律，那么你的图像就会看起来有些呆板，即便你按着音乐节拍将它们连续地编辑起来。在某些情况下，你需要打破这一定律，通过非传统的构图方式，给你的图像一些额外边缘。比如，如果你想要强调夜晚天空的美丽，你就要忽视三分定律，把摄像机稍微向上倾斜，使水平线尽量低。或是你也可以找一个人站在屏幕的右侧边缘，以此来强调他的幽闭恐惧症。正如你所看到的，如果可以加强信息，那么你可以——也应该——打破定律。但在你打破定律之前，你必须理解这个定律。

水平线　一般情况下，我们习惯于看到人或建筑物直立在水平线上。在户外拍摄或者在画面上有明显的水平和垂直向量时，这条规律特别重要。例如，在拍摄站在湖边播报天气的记者时，必须确保其背景线（图形向量）与屏幕的上下边缘平行（见图 6—20）。便携式摄像机的手柄的轻微倾斜不一定会在前景人物上表现出来，却很容易通过倾斜的水平线暴露出来。

有时，你也许想打破这种常规布局，故意使摄像机和水平线倾斜。倾斜的水平线使画面看起来更富于动感和美感。当然，拍摄对象本身必须与这种美学处理相协调（见图 6—21）。如果演讲的人很乏味，那么即使在拍摄时倾斜摄像机也不可能使他的演说变精彩，反而会让观众觉得摄像技术拙劣。

图 6—20　调节水平线

如果是拍摄一个站在明显背景前的人，一定要确保水平线的水平状态。

图 6—21　倾斜水平线

水平线倾斜可以增加物体的动感。

心理补足

我们的大脑总是试图理清我们在每秒钟获取的多种印象，以及稳定我们周围的世界。而我们的感观机能则将那些暂时与我们无关的大多数印象忽略掉，将视觉线索彼此结合或填补确实的信息，从而在我们的脑海中形成稳定而完整的画面。这个过程叫做**心理补足**，简称为补足。

请看下面的这三组线条的布局（见图 6—22）。虽然我们看到的是三个彼此分离的点，但却能感觉到一个三角形。通过心理补足，我们的大脑会自动填充缺失的线条。

图 6—22　心理补足

我们之所以会将三组线条看成一个三角形，就是因为在心理上补足了缺失的部分。

下面请看一个特写（见图 6—23）。虽然你只能在屏幕上看到人的头部和肩部，但你的大脑会自动补足人物缺失的身体部分。

图 6—23　特写构图

构图恰当的特写会将我们的眼睛自然引向屏幕外的空间，想象出一个完整的形象。

肩膀的图形向量将眼睛引向屏幕以外，这有助于你完成心理补足。在拍摄物体的某一部分的特写时，最重要的一条原则是要给出重组的视觉线索（即图形向量），从而使观众从心理上补足屏幕以外的图像。以下是同一个人的两个不同的大特写，你认为哪一个更好？（见图 6—24）

通常情况下，你会认为图 6—24B 的大特写比较好。但是为什么呢？因为图 6—25B 的构图提供了充足的视觉线索，让头和脖子的曲线延伸，容易让人想象到屏幕之外的部分。相反，图 6—24A 的构图则没有给我们提供任何视觉线索，我们无法想象屏幕外的东西（见图 6—25A）。事实上，我们的感官机能愿意在画框以内看到稳定的结构：头部构成一个圆圈（见图 6—25）。

重点提示

只展示部分物体的特写必须要提供足够的视觉线索，以让观众们心理补足屏幕以外的空间。

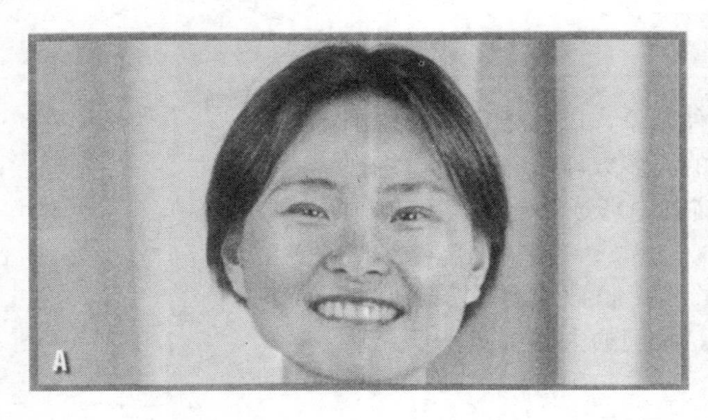

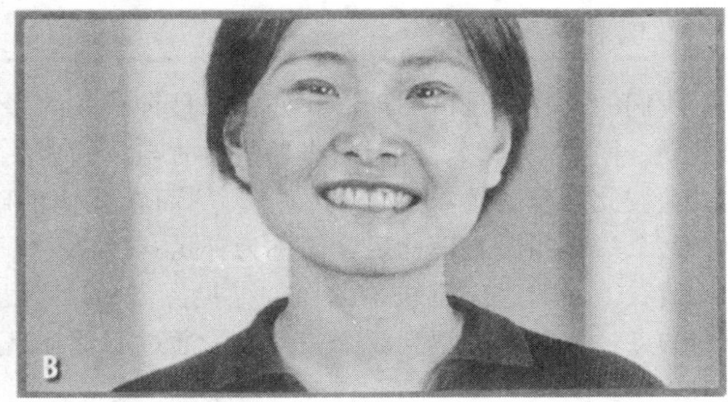

图 6—24 选择合适构图

这两个大特写，你认为哪一个更好？

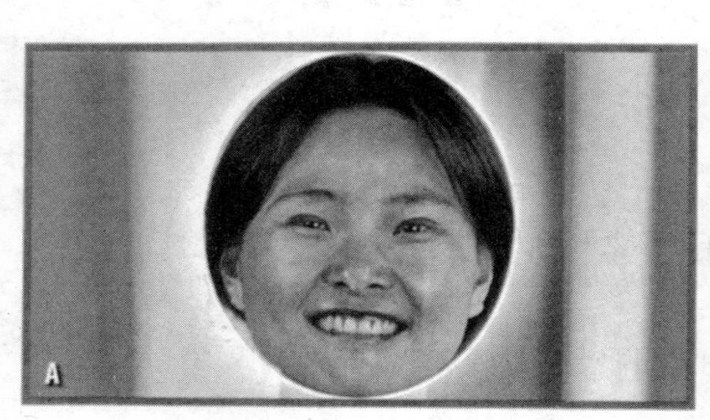

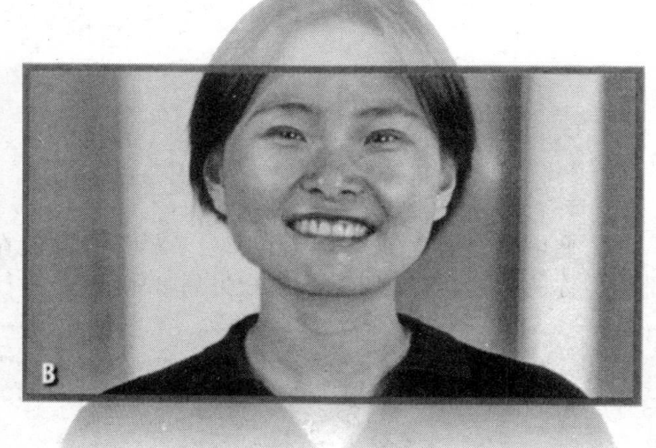

图 6—25 恰当构图与不恰当构图

A. 这个大特写拍得不好，它会使我们在屏幕以内进行心理补足（有一个圈），没有暗示出屏幕以外的空间。

B. 这个构图适当地引出了屏幕以外的空间，能让我们想象出完整的形象。

尽管我们天然的感知很喜欢这个圈状的结构，但我们的经验却与之相反，它告诉我们头下面还应该有身体，这也是我们对这种构图感到不舒服的首要原因。

如果将前景和背景的局部合到一个构图中，心理补足也有可能产生出不协调，甚至是糟糕的视觉效果。譬如，背景中的橡胶树看起来像从人的头上长出来，而树枝像从人的背后伸出来（见图 6—26）。虽然我们知道这是背景中的物体，但由于人们会本能地寻求稳定的感觉，所以便会趋向于将这些彼此矛盾的物体合到一起。

> **重点提示**
>
> 一定要查看目标物体后面是否有东西，以消除视觉问题。

通过取景器，我们不仅要学会看前景中的物体（目标），还要学会看它背后的背景。通过观察背景中的物体和场景，就能比较轻松地发现潜在的物体补足问题，如立在主持人头上的台灯。而通过观察还可以发现其他的视觉问题，如路牌、垃圾箱、摄像机电缆或者电线杆等。

图 6—26　不妥的心理补足

由于人喜欢稳定的环境，所以我们往往会将背景中的物体与主体视为一体。

操纵画面纵深

到现在为止，我们讲解的主要还是如何构造电视画面的二维图像，下面将介绍如何设计画面的纵深。虽然电视屏幕的宽度和高度都有明确的界限，但空间深度却可以从摄像机一直延伸到地平线。尽管景深或者 Z 轴（借用几何术语）容易使人产生错觉，但它却是最灵活的屏幕维度，你在 Z 轴上安排的物体比在平面上安排的多得多。不仅如此，你还可以让物体以任何速度移动，而不必担心物体从取景器中消失，也不必担心引导空间不足。

确认 Z 轴

如果将摄像机对准无云的天空，那么你的 Z 轴将会无限长，但景深显不出来。要想表现景深，就必须在 Z 轴上安排人或物。传统的方法是在 Z 轴上安排物体，以此来造成纵深感，从而确定明确的前景、中景和背景（见图 6—27）。即使在一个相对较小的背景中，前景中突出的物体和人也有助于确立 Z 轴和暗示景深（见图 6—28）。

镜头与 Z 轴长度

镜头的焦距会影响我们对 Z 轴的长度感以及沿 Z 轴放置的物体的距离感。

广角　将镜头拉到最大范围（广角），Z 轴看上去会延长，物体之间的相对位置看上去比实际分得更开（见图 6—29）。

长焦　将镜头推到底（长焦或远摄镜头）。Z 轴看起来比实际上短，物体与镜头之间的距离会缩短，Z 轴和物体之间的距离也好像缩短了（见图 6—30）。

图 6—27 前景、中景和背景

将 Z 轴分成明确的前景（树木和木椅）、中景（河流）和背景（天空），可以形成纵深感。

图 6—28 前景人物产生纵深感

站在前景中的人增加了纵深感。

图 6—29 广角的 Z 轴

广角镜头使 Z 轴延伸，会加大可视物之间的距离。

图 6—30 长焦的 Z 轴

长焦镜头（远摄镜头）会缩短 Z 轴及物体之间距离。

镜头与景深

你也许已经注意到了，若想让沿 Z 轴运动的物体保持在对焦区域内，将变焦镜头推到底（将镜头放在远摄位）比将镜头拉成广角要难一点。同时，在推镜头时，对焦区域内的 Z 轴区域也比拉镜头更靠近观众，我们将这一区域称作景深（见图 6—31）。

图 6—31 景深

能显现 Z 轴上的对焦区域叫景深。

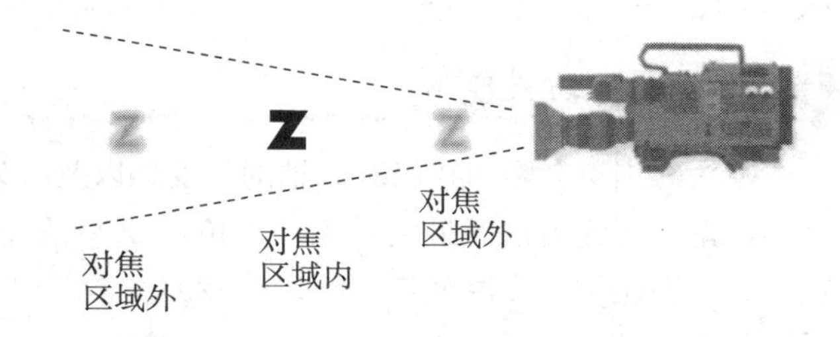

长焦镜头的景深较浅，这就意味着你聚焦于前景，中景和背景就会虚焦；如果将焦点移至中部，前景和背景则会虚焦；而如果聚焦在背景上，则中景和前景会虚焦，而且沿 Z 轴移动的物体也很快会虚焦（见图 6—32）。

广角镜头产生的景深比较深，沿 Z 轴松散分布的物体都可以纳入对焦范围内。比如，当你在大景深时将焦点对准前景中的物体，中景和背景也都可以全部纳入对焦区域，且物体沿Z轴活动很长的距离才会虚焦（见图6—33）。

图6—32　小景深

长焦镜头（远摄镜头）的景深较浅，当推镜头时，景深变浅。

图6—33　大景深

广角镜头的景深较深，当拉镜头时，景深变深。

在实际操作中，这意味着在使用广角镜头时，你不必担心会虚焦。但在使用长焦镜头时，你需要在摄像机或物体沿着Z轴移动时，不断校准焦距。

除聚焦外，镜头的光圈大小也会影响景深。摄像机离物体越近，则景深越浅；离物体越远，则景深越深。大口径得到的景深浅，小口径得到的景深深（见第4章中关于镜头光圈的讨论）。

你会发现，对于大多数普通拍摄者来说，大景深比较受欢迎，尤其在跟踪拍摄一条新闻的时候，这时，你想尽量给观众提供清晰的画面，用大景深就不怕对焦不实。这就是你为什么要把镜头保持在广角的位置上的道理。如果你想要一个近景镜头，只需要将摄像机靠近事件即可。如果镜头在广角上，即使你或物体处在运动当中，景深仍然足以保证将拍摄对象纳入对焦范围。

> **重点提示**
>
> 景深取决于镜头的焦距长度、摄像机与物体的间距以及光圈大小。

在更精致的制作中则利用小景深的更多。比如有人想让你展示某机器上两个部件之间的关系，这时就可以用小景深将它们刻画得更清楚。在聚焦一个目标的同时使其他物体变虚，可以使目标更加突出。小景深能在不脱离周围环境的情况下，向观众展示构图中重要的目标。还有一种颇为流行的技巧是切换强调人物，即将焦点在不同人物之间进行转换。但是，要知道，这种切换方式十分流行，以至于人们对之已经失去了新鲜感。

> **重点提示**
>
> 当镜头在窄角位置（推镜头）时，景深变浅，对焦困难。当镜头在广角位置（拉镜头）时，景深变大，对焦相对容易。

如果你把摄像机推到离物体十分近的地方，那么即使镜头变为广角，景深也会压缩。因为摄像机和物体之间的距离会影响景深，如同镜头的焦距长度一样。通常来说，大特写的景深都比较浅（见图6—34）。

图6—34　外景特写中的小景深

不论镜头焦距的长度如何，特写镜头都比远摄镜头的景深浅。线索就是虚焦的背景。

镜头与Z轴速度

重点提示

长焦镜头会压缩Z轴并减缓Z轴的运动。广角镜头会拉伸Z轴，并加速Z轴运动。

长焦镜头会压缩Z轴，沿Z轴活动的物体相应的也会被压缩。当镜头推到尽头时，汽车看上去会显得更拥挤，行驶速度也显得比实际速度要慢。当镜头拉到尽头，它们之间的距离看上去会加大，行驶速度也比实际中的更快。只要调整镜头的位置（广角或长焦镜头），就能控制观众对沿Z轴移动物体的移动速度的视觉感受。

控制摄像机与物体运动

这里，我们主要讲解摄像机美学和物体运动的几个美学原理。这些原理主要涉及在移动摄像机、变焦距和设置物体时，可以做或者不可以做的事情（至于控制摄像机和物体运动的额外知识，我们会在随后的章节中讲解）。

控制摄像机移动和变焦

如果你是一位毫无经验的摄像机操作者，这里要指出的是，注意摄像机的过度运动和过度变焦。四处乱晃的摄像机会让我们想起救火队员的水管，而不是摄像艺术。另外，快速的虚焦画面也容易使人产生眼疲劳，不会产生什么好的戏剧效果。

动态中的摄像机 不知什么缘故，摄像新手总是认为在拍摄时应该是摄像机而非拍摄对象在移动，尤其是物体活动量小的时候。如果没有什么东西在活动，那就让摄像机保持不动，美感不是靠摄像机漫无目的的活动产生的，而是靠景物本身，无论它是活动的还是静止的。如果说在摄像机操作过程中有一些铁定的美学规律的话，那就是：尽量让摄像机保持稳定，让摄像机前的人或物移动。如果不停地移动摄像机，就容易把观众的注意力吸引到摄像机本身上，而非你想要表现的人或物上。

重点提示

不论何时，尽量保持摄像机静止，让物体运动。

若想有所变化，给观众提供不同的视角，你可以改变摄像机的拍摄角度或者摄像机与事件之间的距离，即使拍摄对象本身静止不动，不同的角度和景别也会给观众提供足够的变化，使观众对事件有全方位的了解，从而保持他们的兴趣。为了尽量减少摄像机的晃动，即使摄像机很小也应该尽量将它固定在三脚架或者支撑物上。

快速变焦 快速而漫无目的的变焦和摄像机的多余运动一样让人烦恼。其主要问题在于变焦是一种非常容易让人觉察出来的技巧，甚至比摄像机本身的运动更容易被人察觉。最糟糕的事情是，在快推或快拉镜头后，再从相反方向以同样方式进行快速变焦。实际上，在变焦镜头后应该让镜头停顿一段时间，然后再变换角度或者视角。连续不断的推拉镜头会让观众有一种被骗的感觉：你先推镜头将对象移近观众，然后马上又拉镜头将对象移开。最糟糕的是，这会使观众头晕。除非你打算来一点强烈的戏剧效果，否则不要让人察觉出焦距的变化。如果必须变焦，则要慢慢来。

通常，推镜头到特写位置时会增加紧张感，而拉镜头则可以缓解这种紧张感。你会发现从拍摄对象的特写镜头入手然后再拉镜头比从拉镜头开始再进行特写来得容易。不仅如此，从特写到拉镜头还容易保持焦点稳定，尤其是在没有时间预先设置变焦的时候。即使有的摄像机具备自动对焦功能，快速变焦也会出现对焦问题——自动对焦系统可能无法跟上画面的不断变化。结果，图像便会突然跳入或跳出焦距。

> **重点提示**
>
> 不要快速持续变焦。

变焦与移动　在变焦与摄像机移动之间存在着一个重要的美学区别。如果是变焦，拍摄对象会靠近或远离观众。如果移动摄像机拍摄，则似乎是观众在随着摄像机靠近或者远离拍摄对象。

> **重点提示**
>
> 推镜头会把物体带向观众，移近摄像机则会把观众带向物体。

例如，你想让响着的电话传递重要信息，这时你就会推镜头拍电话机，而不是把摄像机移近电话机。快速变焦使电话机看上去像是冲向屏幕和观众。但是如果你想让观众辨认某个上课迟到的学生，那就让摄像机靠近空椅子而不是推镜头拍椅子。移动拍摄可以将观众带进教室，带向那把空椅子；变焦则会将空椅子带给观众。造成这种美学差异的原因在于，在变焦时摄像机保持不动，而在移动拍摄时摄像机确实是在靠近现场。

物体运动的控制

虽然我们已经掌握了给侧向移动的物体留出引导空间，但要在传统的 4×3 屏幕上留出合适的引导空间还是相当困难的。有时，即使是经验非常丰富的摄像师在拍紧凑构图中沿 X 轴移动的物体时也会遇到困难。尝试紧跟一个靠近摄像机运动的人，这时你就会高兴地发现自己可以使这个人一直在对焦范围内。即使他走得很快，你也可以使这个人始终在画面中。在拍摄侧向移动，也就是沿着 X 轴移动的物体时，使用高清电视的 16×9 宽高比拍摄会比较容易。在任何情况下，如果物体沿着 Z 轴垂直运动，移近或远离摄像机，你都会比较容易使其处于画面中，即便他或她走得很快。因此，将处于动态的物体放在 Z 轴而非 X 轴有利于摄像师操作，还有利于产生更有力的画面。

Z 轴式设置指将人物置于前后位置而非左右相邻（见图 6—35）。这种设置使在一个单镜头中同时设置几个人变得相对容易，并且不用过多的移动拍摄就能捕捉他们的运动。若将镜头设定在广角的位置上，Z 轴方向的运动就显得更加强烈。而且，正如你刚刚学习到的，广角镜头的景深之深，足以让拍摄的人不必调焦。

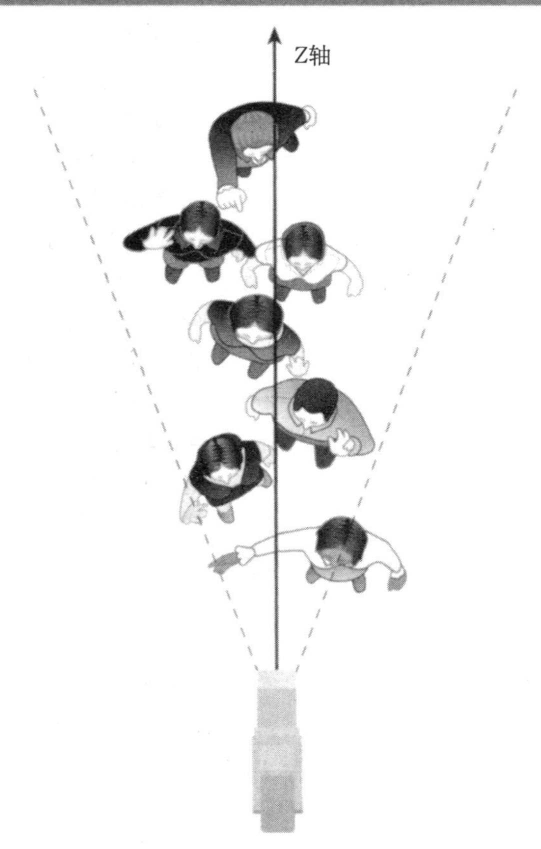

图 6—35　Z 轴设置

沿 Z 轴设置拍摄对象适用于小电视屏幕。

如同在许多电子新闻采集中一样，即使你无法控

> **重点提示**
>
> Z轴校准看起来很戏剧化，而且需要稍微移动摄像机。在小型手机屏幕上拍几个人并拍摄他们的动作时，这样做是必要的。

制时间本身，也无法改变拍摄对象的设置，你仍然可以使物体移动符合电视屏幕美学和摄像机稳定美学的要求；让摄像机捕捉到的绝大多数物体运动发生在Z轴上。例如，要拍摄游行，就不要站在队伍的旁边，而应该去拍摄一群群从身边经过的形形色色的人；也可以站在街中间，抓拍迎面走来的队伍。只要将镜头设定在广角位置，那么用远景和特写来拍摄整个事件就不太难，同时还不易虚焦。

主要知识点

▶ **宽高比**

标准电视的宽高比为4×3；高清电视的宽高比为16×9。

▶ **景别**

景别通常表现为5种镜头：从大远景到大特写。其他镜头名称则指画面上显示的人的身体部分（如半身像或齐膝拍摄）或人的数量（双人像、三人像）。过肩镜头能看见靠近摄像机的那个人的肩部和后脑勺，同时能看到离摄像机远一点的另一个人。交叉拍摄的景别更小，离摄像机近的那个人不在拍摄范围内。

▶ **特写媒介**

视频是特写媒介。选取事件的细节来讲述整个事件，清晰有力。

▶ **向量**

向量指各种力量的方向性力量。向量分为图形向量——通过线条或构成线条的物体暗示方向；指向向量——明确地指向某个方向；运动向量——显示物体实际的或感觉上的运动方向。

▶ **构图**

最稳定的图像区域是屏幕中心。头顶空间可以中和屏幕向上的拉力。鼻前空间和引导空间分别可以中和指向向量和运动向量，以及画框的拉力。

▶ **心理补足**

心理补足指我们自动在内心补足缺失部分的那种感觉机制。对于物体某一部分的特写必须留下足够的视觉线索，以让观众可以进行心理补足。

▶ **画面纵深**

对画面纵深的感受依赖于我们是否将Z轴定义为前景、中景和背景。广角使得Z轴看上去更长，物体的相对位置更分散，物体的运动速度更快。长焦使Z轴看上去更短、物体看上去更小、物体的运动速度更慢。广角的景深深，长焦的景深浅。

▶ **运动**

不论何时，只要可能，就要保持摄像机静止，而让物体自己运动。推镜头将物体带向观众；移近摄像机会将观众带向物体。不论是何种宽高比，Z轴的运动都适于相对较小的电视屏幕。对于小型的手机屏幕来说，Z轴运动是必要的。

第三部分

图像创造：声音、光线、图案和效果

SHI PIN JI CHU

如果你更加仔细地检视所拍摄的最新视频，就会发现你在构图方面获得了很大提升。你不仅留出了合适的头顶空间和引导空间，而且使地平线保持水平。但紧接着，你会发现以前所没有注意到的其他问题。最麻烦的是在卧室里访谈时的回声，以及在街边采访时的风声和车辆噪音。显然，你在忙着组合镜头时，会忘了注意周围的环境。除了组合很好之外，一些镜头会过度曝光，还有一些镜头会因阴影太重而无法显示细节。一些室内镜头会显示出奇怪的绿色，而你朋友的新娘的白色婚纱会在室外镜头中看起来略显蓝色。接下来的三章中关于图像创造的论述，会告诉你基本的音频和光线技巧，从而帮助你避免这些问题，同时还会为你提供一些制作图案和视觉效果的知识。

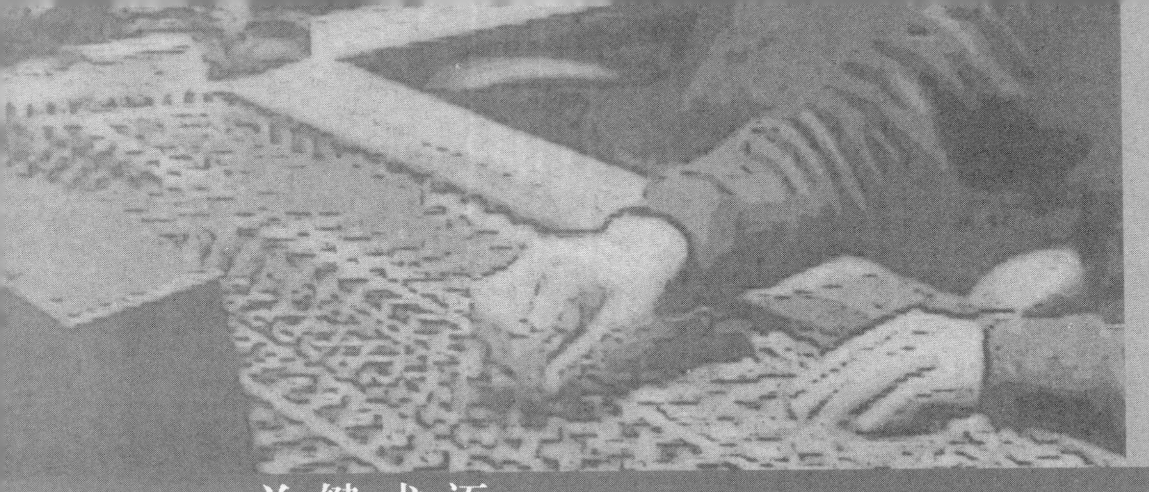

关键术语

ATR：磁带录音机（audiotape recorder）。

心形拾音模式（cardioid）：单向麦克风的心形拾音模式。

电容式麦克风（condenser microphone）：一种用于高要求拾音的高质量、高敏感度麦克风。

电动式麦克风（dynamic microphone）：音质相对粗糙的麦克风，适合在户外使用。

音量控制器（fader）：通过在一定范围内水平滑动滑钮来控制音量的设备，作用与旋钮一样，又称滑动音量控制器。

高灵敏度心形拾音模式（hypercardioid）：指向一个狭窄单一方向，且拾音距离很长的拾音模式。使用这种拾音模式的麦克风也能灵敏地收集从正后方传来的声音。

插座（jack）：1. 在音频领域内指为连接器设置的插座或容器；2. 在布景上指背景墙支架。

夹式麦克风（lavalier）：夹在衣服上的小麦克风，也称夹麦（lav）。

迷你插头（mini plug）：小型音频插头。

全向麦克风（omnidirectional）：麦克风的一种全方位拾音模式。

拾音模式（pickup pattern）：麦克风周围的能被麦克风捕捉声音的有效区域。

两极拾音模式（polar pattern）：一种二维拾音模式。

降噪网（pop filter）：麦克风前的网状降噪设备，可减轻噪音和音爆。

RCA插头（RCA phono plug）：音视频连接装置。

铝带式麦克风（ribbon microphone）：高保真、高灵敏麦克风，可用于重要的声音录制。

后期声音处理（sweetening）：指后期制作时对录制声音的处理。

单向的、单向性的（unidirectional）：指一种麦克风的拾音模式，这种拾音模式能使前方的音效最好。

音量单位计［volume-unit（VU）meter］：指测量音量的单位。

波形（waveform）：指将一段时间内的声音用曲线展示出来。

防风罩（windscreen）：由声学泡沫橡胶制成，环包住整个麦克风，以降低风产生的噪音。

阻风袋（windsock）：指一块像抹布一样的布，包住防风罩，以进一步降低在户外录音时的风声干扰。

连接器（XLR connector）：指专业的三线连接器，用以连接音频线路。

第7章 音频与声音控制

你可能不止一次听到这样的观点，即电视主要是用来听的。你还常常听说，在电视录制过程中，你可能犯的最大错误就是给观众呈现了一个“话题”——完全是一种误解。但这也说明还有很多人似乎仍然没有认识到电视这个媒体的本质。电视节目更多地依赖于声音而不是胶片，声音不仅能传递信息，而且还能给出情节和结构的顺序。“话题”并没有什么错，只要有意思。

实际上，在电视和录像节目中，有很多信息是通过人的语言来传达的。我们不妨做一个简单的实验来证实这个观点：首先关掉节目的影像部分，试着理解正在播放的内容；然后，再打开影像，关掉声音。只听声音的时候，你可能在理解故事内容上并没有什么困难，但大多数时候，如果只看到画面，你也很难理解正在播放的是什么内容。即使你看着画面，但如果没有声音的话，信息就会十分不完整。

大多数业余水平的摄像都有这样的特点，不仅摄像机疯狂地移动，镜头快速推拉，而且声音效果也很差。即使是专业的摄像，如果出现糟糕的声音，也会很不好。为什么呢？最初看来，声音似乎比视频更容易制作。在使用便携式摄像机的时候，你可能在集中精力拍摄好的画面，但却不会太多地在意声音效果，并认为如果设定了自动音量控制的话，内置的麦克风会自动完成音效工作。有时候，这样就够了。但大多时候，在最后时刻在场景中放一个麦克风是行不通的。不是所有的麦克风声音都是一样的，而同一个麦克风在不同的环境中，其音效也是不一样的。在户外拍摄时，还会有诸如风声和其他环境噪音的影响。

除非你在拍摄一个日常节目，否则你在制作节目的过程中，需要将音频作为必要的部分加以考虑。录取的原始音频越好，在后期制作中节省的时间就越多。

本章将讨论制作出色的音像声音所需要的各种工具和技巧。

▶ **声音拾取原理**
麦克风如何将音波转换为声音信号

▶ **麦克风**
麦克风拾取声音的效果、如何制作麦克风、如何使用麦克风

▶ **声音的控制**
使用混音器和调音台

▶ **声音的录制**
数字和模拟录音设备，以及其他录音设备

▶ **音频后期制作**
音频后期制作室、声音波形、对话自动采集还原系统

▶ **合成声**
由电脑生成的声音

▶ **声音美学**
环境、主体—背景关系、透视、连贯性、能量

声音拾取原理

如同视频中将物体图像转换为视频信号的转换过程，在音频中，麦克风拾取到的声音也会被转化成电能——音频信号。这个信号通过扩音器再次转化为声音。基本的声音拾取工具是麦克风。

重点提示
麦克风将音波转换为电子能量——音频信号。

你还可以对声音进行合成，使用电子生成方式和记录下特定的频率，这个过程与用电脑生成视频图像颇为相近。我们首先学习下麦克风拾取的声音，然后再简单介绍合成声音。

麦克风

尽管所有麦克风都具有将声音转化成音频信号的基本功能，但它们的方式却有所不同，并且是为了不同的目的而转换声音的。好的声音要求你必须了解如何为特定的声音拾取选择匹配的麦克风，当你有许多不同的麦克风可供选择时，做到这一点并不容易。尽管麦克风的品牌和型号各有不同，但总结起来，大致可根据以下标准进行划分：(1) 拾取声音的效果，(2) 制作方法，(3) 使用方法。

麦克风拾取声音的效果

麦克风拾取声音的方式各不相同。有的麦克风可以无差别地拾取各个方向的声音，有的则会特定拾取某一方向的声音。这种方向特征——麦克风最佳的工作范围——是由拾音模式决定的。如果麦克风的拾音模式是二维的，则称为两极拾音模式。

重点提示

拾音模式表明了麦克风可以进行较好拾音的范围，即它的方向性。

通常说来，你会发现大多数用于视频拍摄的麦克风都是全向的或是单向的。全向麦克风对来自所有方向的声音都能无差别地拾取。假若将全向麦克风放在圆球内，则该圆球就可以代表全向麦克风的拾音区域（见图 7—1）。

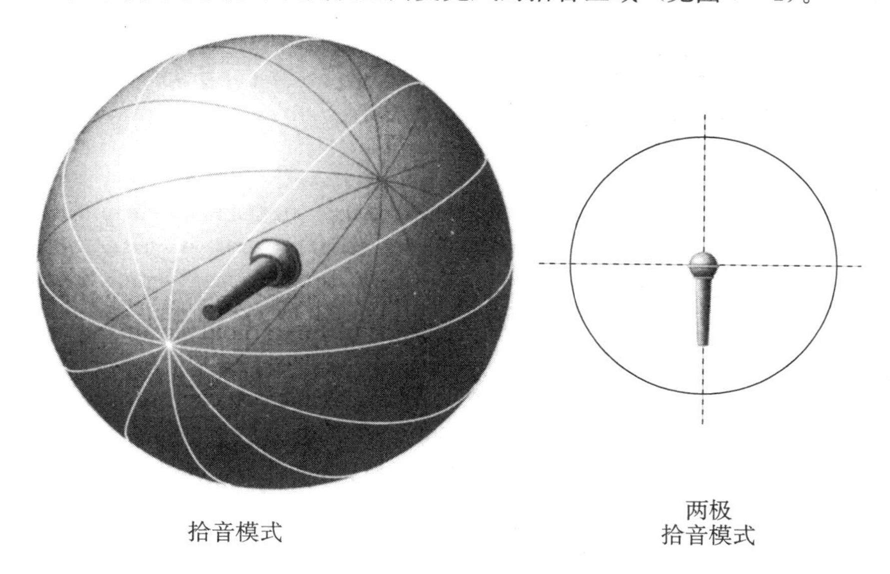

图 7—1　全向麦克风拾音模式

全向麦克风从各个方向拾取的声音质量一样好。

单向麦克风的设计是要特别地拾取从某一方向来的声音——前方。因为单向麦克风的拾音区域大概呈心形，所以其拾音模式也叫做心形拾音模式（见图 7—2）。

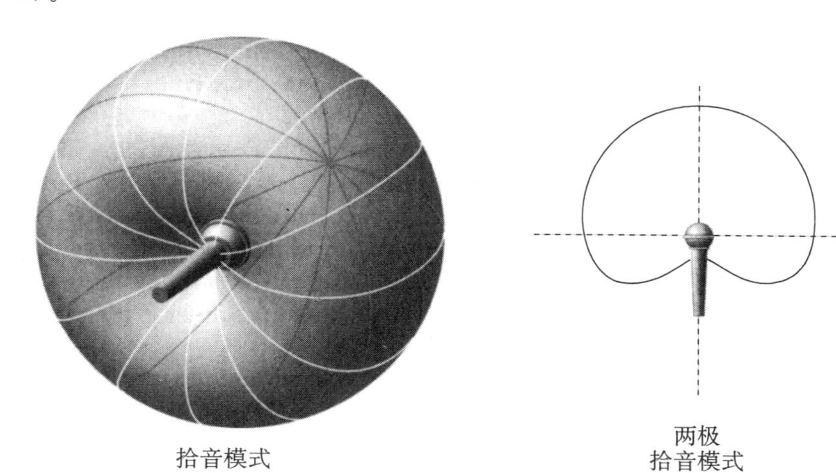

图 7—2　心形拾音模式

单向麦克风适宜拾取来自麦克风前方的声音。其声音拾取区域呈心形，所以将其拾音模式称为心形拾音模式。

当这种拾音模式的拾音区域变得更窄的时候，就是说麦克风在进行高灵敏度心形拾音。心形拾音模式的“心”形也就伸展成了窄西瓜形状（见图 7—3）。高灵敏度心形拾音模式麦克风的拾音范围很广，这就意味着你采集到的声音听起来很近，但实际上它们可能是从很远的地方发出的。高灵敏度心形拾音模式麦克风在某种程度上对于后面传来的声音也十分敏感。因为这些麦克风通常会很长，并且指向声音源头，因此它们通常会被称为短枪式麦克风。

图 7—3　高灵敏度心形拾音模式

高灵敏度心形拾音模式比心形拾音模式的拾音范围更狭窄，但其延伸的范围更长。高灵敏度心形拾音模式麦克风还能拾取来自麦克风背后的声音。

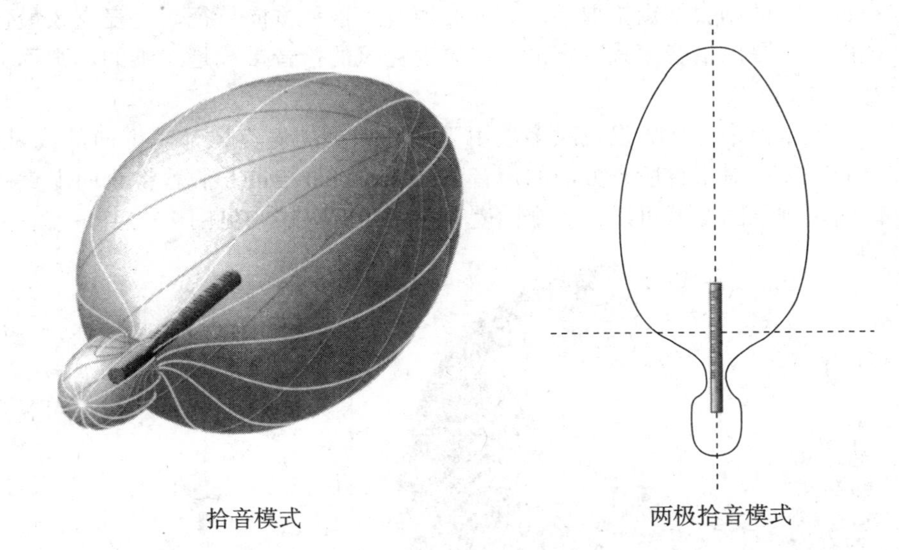

麦克风的构造

在为具体的录音任务选择麦克风时，既要考虑麦克风的具体声音拾取区域，又要考虑它的机械构造，即其声音的生成元件。按照构造方式分类，麦克风可以分成以下三类：(1) 电动式，(2) 电容式，(3) 铝带式。

电动式麦克风在被声音激活时，内部的一个小线圈在磁场内移动，这种线圈的移动产生不同的声音信号；电容式麦克风内有一块活动的极板，它对着另一块固定的极板震荡从而产生声音信号；铝带式麦克风内有一根小铝带而非线圈在磁场内移动。不要太在意这些声音元件是怎样具体工作的，对你而言，了解这些麦克风在用途上的区别更为重要。

电动式麦克风　这是最坚固耐用的一种麦克风，可以在各种天气条件下将它们拿到户外使用，它甚至能经得起偶尔的粗暴操作。这种麦克风可以靠近极高的声音而不易损坏或者失真。许多电动式麦克风配备有内置**“呼吸滤音器”**，能减少人在离麦克风很近时产生的呼吸噪音（见图 7—4）。

图 7—4　带呼吸滤音器的电动式麦克风

带呼吸滤音器的电动式麦克风是最耐用的一种麦克风，它们能经得起野蛮的操作和极端的温度。其内置呼吸滤音器能减少由人的呼吸而产生的声音。

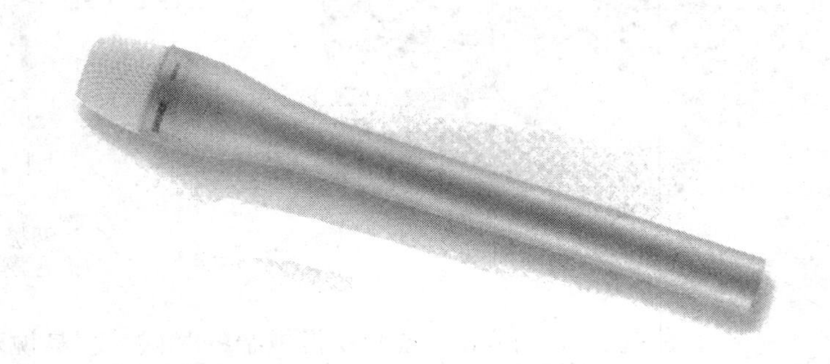

电容式麦克风

与电动式麦克风相比，这种麦克风对物理振动和温度要敏感得多，但它们能产生高质量的声音。电容式麦克风通常在室内拾取重要的声音，在音乐录制过程中它们显得尤为重要。与电动式麦克风不同，电容式麦克风只需要较小的电力即可激活麦克风内部的声音激活装置。有些电容式麦克风需要一节小电池装在麦克风内（见图 7—5），有些则通过电线获得电力（通常叫做幻象电源）。如果采用电池，一定要确保电池安装正确（正确接通正负极），且电池电力充足。如果采用电容式麦克风，手头一定要有一节备用电池。

如果在室外使用枪式电容式麦克风（或任何短枪式麦克风），则需要一个防风罩将整个麦克风完全包裹起来，以防止其受到风声的影响（见图 7—6）。防风罩用声学泡沫橡胶或其他合成材料制成，能让正常的声音频率进入麦克风，并同时将大多数频率较低的风声挡在防风罩之外。电子新闻采集/电子现场拍摄麦克风主要用于室外，这时可能需要加一个防风袜，亦称阻风袋，是看上去像抹布一样的一块布（见图 7—7）。

铝带式麦克风　在一些音频录制室或电视节目的关键音乐录制场合，你仍可能看到铝带式麦克风。这些高度敏感的麦克风通常被用来录制弦乐器的声音（见图 7—8）。但是，对于一般的视频工作，铝带式麦克风显得过于敏感。如果靠近铝带式麦克风，大声的振动甚至可能永久性损坏麦克风。

图 7—5　电容式麦克风的电源

大多数电容式麦克风用一节电池给极板充电。如果通过调音台给麦克风供电，则称这种电力为幻象电源。

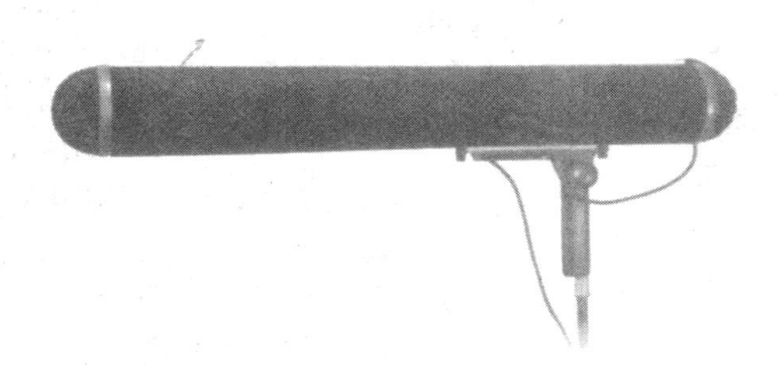

图 7—6　枪式麦克风上的防风罩

防风罩由透气材料制成，避免麦克风受过多风声的干扰。

图 7—7　盖在防风罩上的阻风袋

阻风袋在防风罩上面进一步减少风的噪音。

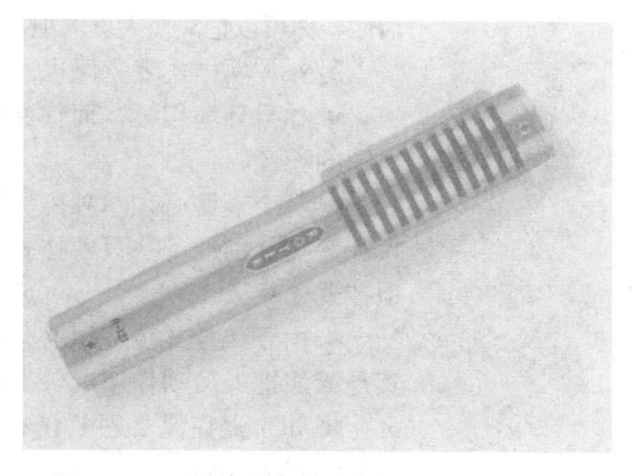

图 7—8　用于拾取高质量声音的铝带式麦克风

歌手常用灵敏的铝带式麦克风，因为它能产生高质量的、丰富的声音。

麦克风的使用

现在，你已经知道了麦克风的基本类型，下面，我们就来讲解如何有效地使用它们。一种好的方法是把麦克风尽可能放在离音源较近的地方，并且试听拾取的声音。如果麦克风没有放在合适的拾音位置，那么即使是最高级、最昂贵的麦克风也无法拾取令人满意的声音。实际上，能否将麦克风放在合适的声源位置往往比麦克风采用什么声音生成元件更为重要。因此，在摄像过程中，麦克风往往按照它们的使用方式而非构造方式分类：(1) 项挂式麦克风，(2) 手持麦克风，(3) 吊杆式麦克风，(4) 台式和落地式麦克风，(5) 头戴式麦克风，(6) 无线麦克风或电波麦克风。

项挂式麦克风

这种麦克风是一种体积小但耐用的全向麦克风（电动式或电容式），主要用于人声的拾取。即使是那种最小的、指甲大小的项挂式麦克风，其声音质量也出奇地好。由于这种麦克风体积很小、耐用且质量高，因此它现在成了电视制作中不可或缺的一种麦克风。它通常被别在讲话者的下巴下方 6～8 英寸的衣服上（见图 7—9）。

图 7—9　项挂式麦克风

小型项挂式麦克风通常别在主持人的衣服上，主要用来拾取人的声音。

尽管项挂式麦克风主要用于人声的拾取，但它同时也可用于各种音乐的拾取。音频工程师已经成功地将其应用于拾取小提琴和弦的低音。不要过于拘泥于这种麦克风的常见用途，不妨尝试其他不同的使用方式，听听它们会传出什么声音。如果听起来觉得很好，说明选对了麦克风。

项挂式麦克风最明显的优点在于佩戴的人可以将双手解放出来，此外，使用项挂式麦克风还有以下其他优势：

■ 麦克风一旦戴好，其与声源之间的距离便不再改变，因而，在拍摄开始时，如果你调整好了音量，那么接下来你就不用再去调整它了。

■ 在使用吊杆式麦克风时，照明必须将其阴影藏到摄像机的视野之外。与此不同，项挂式麦克风则不会存在这个问题。

■ 虽然演播人员的活动范围多少会受到麦克风线的限制，但比起吊杆式麦克风甚至手持麦克风，项挂式麦克风允许的行动速度还是比较快的。为了达到更大的活动灵活性，你可以把演播人员的项挂式麦克风插入发射器中，然后把它作为无线麦克风。

另外，项挂式麦克风也有自身的一些缺点：

■ 如果环境很吵，而你又不能将麦克风移近演播人员的嘴，麦克风便会拾取周围的噪音。

■ 每个声源必须单独配置一只麦克风。例如，在双人访谈中，你需要为主持人和嘉宾分别准备一只项挂式麦克风。如果是五人论坛，那么你就需要准备五只项挂式麦克风。

■ 由于项挂式麦克风必须别在衣服上，它就可能会拾取衣服的摩擦噪音。尤其是当演播人员动作幅度较大时。有时，也会因为静电产生“噼啪”的声音。

■ 如果麦克风必须藏在衣服下面，那么声音就会变得压抑，同时产生噪音的可能性也大大增大。

■ 我们所列的优点其实也可能转化为缺点：一旦佩戴上此种麦克风，它与嘴的距离就不再改变。这样，在特写镜头时，你不会感觉声音是从近处传来的；而在远景镜头时，你也不会感觉声音是从远处传来的。因此，你就没有办法实现声音的立体感（本章后面将详细介绍声音的立体感）。

以下为使用项挂式麦克风时必须加以考虑的因素：

■ 一旦麦克风是连接在线上而非夹在人物身上的时候，要注意不要把它从桌子或椅子上拉下来掉到地上。虽然夹式麦克风很结实，但也经受不起这样磕碰。如果你在布置布景或清场的时候不小心把麦克风掉到了地上，那么要立即检查它是否功能完好。告诉使用者不要用手或其他物体打击麦克风。

重点提示

温柔对待所有的麦克风，即便已经关闭了。

■ 确认麦克风是否已经戴好。在实际中经常出现下面的情形：在录制开始的时候麦克风被坐在主持人的身下而不是戴在衣服上。

■ 在佩戴麦克风时需要先将它从衬衫或者外套里边穿过来，然后再把它安全地夹在衣服外边。不要将麦克风夹在首饰或者纽扣旁边。如果必须将麦克风隐藏起来，不要将它藏在几层衣服的下边，尽量将麦克风的顶部露在外边。将麦克风线塞在演员的腰带或者衣服里，这样麦克风就不至于被拉歪。为了进一步避免声爆，可以将紧挨着麦克风下端的线扎成圆形，或者挽个松散的结，在麦克风和衣服之间垫一块橡胶可以进一步减少摩擦噪音。

■ 在室外使用的时候，应该在麦克风顶部放一块能罩住其顶部的小防风罩。

■ 在使用无线项挂式麦克风的时候，告诉演播人员在休息的时候，把随身携带的发射器关闭。这可以避免电池电量的流失，也会防止传出一些演播人员的私人谈话。

■ 在拍摄结束的时候，不要让演播人员在未摘下麦克风的情况下就四处走动。

手持麦克风

手持麦克风，顾名思义，就是由演播人员用手拿着的麦克风，在使用手持麦克风的时候，必须事先练习一下对声音拾取的控制。

如果记者是在嘈杂的环境中使用手持麦克风，可以将麦克风靠近自己的嘴，从而减弱大量分散注意力的背景噪音。当然，也可以将麦克风伸近采访的对象。由于可以将麦克风自由地伸向任何人，所以在采访多人时只需一只麦克风即可。在有现场观众参与的节目中，主持人喜欢用手持麦克风，以便接近现场观众并自然地与他们交谈，这时也不用准备多个麦克风。

在歌手演唱到特别柔和的部分时，可以将单向手持麦克风靠近自己的嘴，以此来控制声音的表现力，而当声音变得高亢且更外露的时候就可以将其放得远一点。经验丰富的歌手常常把麦克风当做一种非常重要的视觉元素来使用：他们会在演唱过程中将麦克风从一只手换到另一只手，借此在视觉上表明开始一首歌曲的新段落或改变节奏，有时则只是为了制造一点视觉的兴奋点（见图7—10）。

图7—10 歌手使用的单向麦克风

为突出自己嗓音的丰富层次，歌手把单向麦克风放在靠近嘴边的位置。

若是在室外繁重的拍摄任务中使用手持麦克风，那么这时的麦克风必须结实耐用，且要经得起比较粗暴的对待和极端的天气。配备有内置呼吸滤音器的电动式手持麦克风是这类制作中最常用的麦克风，另外，歌手比户外记者对声音质量的要求更高，他们更喜欢高质量的手持电容式麦克风。

手持麦克风的一大缺点就是，它必须由演员来控制麦克风，而缺乏经验的演员常常会用麦克风挡着自己或嘉宾的脸，而这一缺陷在麦克风装了大型彩色呼吸滤音器之后变得更加突出。在采访进行到令人兴奋的时候，缺乏经验的记者可能会在问问题的时候将麦克风伸向嘉宾，而后又在嘉宾回答的时候将麦克风对准自己。这种常见的下意识喜剧动作对旁观者来说或许幽默，但对于眼看着自己的努力就要被毁掉的制作人来说，当然毫无幽默可言。

使用手持麦克风的一些其他缺点还包括：演员的手无法腾出来做其他事情，比如演示产品。而且如果用的不是手持无线麦克风，在工作中拖拽麦克风线也不是一件容易的事。

下面是使用手持麦克风的一些建议：

■ 在彩排的时候，检查麦克风线的工作半径，同时确保麦克风线能自由活动，而不会被其他东西绊住。在麦克风连接到便携式摄像机上时，必须检查麦克风线的长度。

■ 在录像或实况转播前检查麦克风。讲几句开场白，以便音频工程师调整音频信号的音量。如果有几只麦克风紧挨在一起，那么必须查出哪一只处于工作状态。不要向麦克风里吹气或吹口哨，更不能重重地敲击麦克风，而是要轻轻刮扫呼吸滤音器。这种刮扫的声音可以帮助音频工程师识别出损坏的麦克风，并把它从其他麦克风中抽离出来。

■ 如果是在正常情况下的户外（环境不是很嘈杂，没有风或风很小）使用手持麦克风，应该把麦克风放在与胸部等高的位置，并越过它而不是冲着它讲话（见图 7—11）。在嘈杂或有风的情况下则应该将麦克风靠近嘴边（见图 7—12）。

图 7—11 手持麦克风的正常位置

在非常安静的环境中，手持麦克风应当放在与胸等高的位置。主持人越过麦克风而不是冲着麦克风讲话。

图 7—12 嘈杂环境中手持麦克风的位置

在嘈杂环境中，主持人将麦克风放在靠近嘴边的位置，对着麦克风而不是越过麦克风讲话。

■ 在使用方向型手持麦克风的时候，把它靠近你的嘴巴，并且直接对着麦克风说话或唱歌。

■ 在用手持麦克风采访孩子的时候不要站着，而应该蹲下去，让自己和孩子处于同一高度，这样你便可以和孩子建立更亲密的关系，而摄像机也可以拍到更好的双人特写镜头（见图 7—13）。

图 7—13　采访儿童

采访儿童时，将麦克风伸向儿童的时候，应当蹲下去。现在，儿童对你的关注超过对麦克风的关注，摄像师也能得到更好的双人特写镜头。

■ 如果在拍摄一个镜头时麦克风线缠在了一起，不要惊慌，也别用力拉。站在原地别动，继续表演。同时努力让现场导演或其他人看到或注意到你的困难，从而帮你解开缠在一起的线。

■ 如果在拿麦克风的同时又要使用双手，可以临时把麦克风夹在胳膊下，以便它继续拾取你的声音。

■ 如果手持麦克风直接与便携式摄像机连在一起，摄像师应该将摄像机的麦克风打开，摄像机麦克风可以为录像带上的第二个声道提供环境声，同时又不影响提供主要声音的手持麦克风的使用。实际上，在拍摄过程中，摄像机的麦克风应该处于打开状态，即使你不打算用这个声音，但在后期制作时你很可能会用到环境声。

重点提示

在使用前，一定要测试手持麦克风。

吊杆式麦克风

无论什么时候，若不想让麦克风进入画面，那么经常会用渔竿式吊杆或是大吊杆把麦克风吊起来，而这样的麦克风就被称为吊杆式麦克风，而不论其采用何种拾音模式或声音收集元素。但是，因为比起项挂式麦克风和手持麦克风，吊杆式麦克风通常会离声源较远，因此会使用高灵敏度心形拾音模式枪式麦克风。大家还应该记得，这种拥有高度指向性的麦克风能拾取从远处传来的声音，但听起来就像从近处传来一样。你可以将麦克风指向主声源，同时可以消除或极大地降低其狭窄拾音区域之外的声音。但值得注意的是，这种麦克风同样也能敏感地拾取其拾音区域内无关的噪音。

● **渔竿式吊杆**　渔竿式吊杆是一种结实的、轻型的金属竿，可以伸缩。短枪式麦克风通过防震座接在竿上。减震器可以吸收竿的震动以及麦克风连线的摩擦噪音。每次使用之前，都要检查一下麦克风，看减震器是否可以吸收操作噪音或渔竿的震动。即便是最好的短枪式麦克风也会因噪音颇大的渔竿式吊杆而变得一无是处。

如果镜头比较紧凑，则可以采用短的渔竿式吊杆。可以手持短吊杆，从上方或下方拾取声音，如果从声音的上方拾取声音，那就伸开胳膊拿吊杆，并根据需要将它伸到场景中（见图 7—14）。如果从声音的下方拾取声音，则将吊杆颠倒过来，让麦克风指向说话的人（见图 7—15）。

图 7—14　从上方拾音的短渔竿式吊杆

这种短的吊杆通常举得较高，要伸进场景。

图 7—15 从下方拾音的短渔竿式吊杆

短渔竿式吊杆也可以放低，将麦克风朝上，以便很好地拾取声音。

图 7—16 长渔竿式吊杆

这种长的渔竿式吊杆可以固定在腰带上，像一杆真正的渔竿一样举起、放下。它通常放在声源的上方。

如果镜头比较宽，则你必须离场景远一点，必须使用长的渔竿式吊杆，由于吊杆较重，也较难操作，因此应该以自己的腰作为支撑，然后举起或放下吊杆，与操作真的钓渔竿一样。长的渔竿式吊杆通常会置于声源的上方（见图 7—16）。

● **笔形麦克风** 在对演播室内的对话进行拾音的时候，一些音响师更喜欢使用连在较短的渔竿式吊杆上的笔形麦克风。这是一种短小的电容式麦克风，心形拾音模式，通常用于音乐拾音。笔形麦克风的优点是重量十分轻，且拾音区域比短枪式麦克风要大。鉴于拾音的方向性和远距离工作能力，难道短枪式麦克风算不上最佳的吊杆式麦克风吗？是的，它算不上。尤其是当你距离声源较远，且环境比较嘈杂的时候。但是，如果你要录制演播室内的对话，场景中只有两个或几个人，而且可以使用渔竿式吊杆时，那么笔形麦克风的稍宽的拾音区域便成为一个优点。因为它的拾音区域比短枪式麦克风稍宽，在录制对话的过程中，你不需要总是移动麦克风来对准说话的人，而是可以在两个人位置的中间选择一个最佳的拾音位置。还有一个附加的好处是，较轻的麦克风使用起来没有那么累。

以下是使用渔竿式吊杆上的枪式麦克风的一些建议：

■ 若使用渔竿式吊杆，一定要检查麦克风线的长度，这是因为拾音时必须把注意力集中在麦克风的位置上，不可能同时去控制麦克风线。

■ 确保麦克风线正确地固定在吊杆上，没有被缠绕。

■ 如果主持人边说边走，一定要随他一起走，同时麦克风应该一直在他们前面；如果摄像机沿着 Z 轴拍过去，你应该处于主持人的侧前方，将麦克风指向他们；如果场面调度为横向，你应该在他们前面，向后退着走，由于你的眼睛要留心主持人和麦克风，因此要当心别被障碍物绊倒。在实拍前多排练几次行走路线。如果可能，让地勤工作人员在拍摄间隙带你走几遍。

■ 始终戴着耳机，以便监听麦克风所拾取的声音。尤其要监听低沉的风声，在你集中精力听对话的时候，这种声音很容易被忽略。

■ 注意吊杆的影子，不要让其落在摄像机可拍摄到的人物或物体上面。

用手拿着枪式麦克风既简单又有效。这时，你变成一根吊杆，而且是一根非常灵活的吊杆。手持枪式麦克风的好处在于，你可以走到摄像机允许你接近场景的最近位置，一边移动一边将麦克风指向不同的方向（见图 7—17）。

即使在室内拍摄，有些音频工程仍然坚持给手持枪式麦克风套上阻风袋，不过在室外拍摄时必须这么做。正如我们所讲的，阻风袋可以减少，或通常可以消

图 7—17　手持枪式麦克风

枪式麦克风只需抓握其减震器部分，在室外使用时，必须配备防风罩。

除风声噪音。用手握着麦克风的减震器，不要直接握住麦克风。这样可以将操作的噪音降至最低，而且还能防止盖住麦克风的端口——麦克风筒身上的开口，这样可以使麦克风具有方向性。

● **大吊杆**　若是用于精细的演播室拍摄，比如拍摄肥皂剧，那么枪式麦克风则悬挂在大型吊杆上，这种吊杆叫做演播室吊杆或巡视吊杆。吊杆的操作者会站在或坐在吊杆台上，可以将吊杆伸出或缩回，翘起或放下，摇向一侧，旋转麦克风让其转向声源，甚至让整个吊杆组移动。之所以这么做，都是为了将麦克风尽可能地接近声源，但同时又不让它进入画面。

演播室吊杆的问题在于其体积过大，会大量占用演播室空间。在某些时候，还需要两名操作者：一名负责操作吊杆上的麦克风，一名负责在较难录制的场景中调整吊杆的位置。你会发现，操作吊杆的难度不亚于操作一台摄像机。

台式和落地式麦克风

台式麦克风是一种固定在小支架上的手持麦克风，可以用于小组讨论、听证会、演讲或新闻发布会等。由于使用这种麦克风的人更注重自己说的内容而不是声音质量，所以他们往往会敲桌子或在椅子上挪动身体踢到桌子，甚至有的还在发言过程中把脸从麦克风附近移开。考虑到这些因素，你会建议使用哪种台式麦克风？如果你的回答是全向电动式麦克风，那么你就回答正确了。这种麦克风是最能承受粗暴对待的。如果你需要更加精准的声音拾取，那么就得使用单向式动态麦克风。

在设置麦克风时，可以给每一个发言者单独分配一只麦克风，或两人分配一只。由于麦克风离得太近会干扰彼此的频率，这种现象叫做多重麦克风干扰。所以，每只麦克风之间的距离应该是麦克风与发言者之间距离的 3 倍（见图 7—18）。

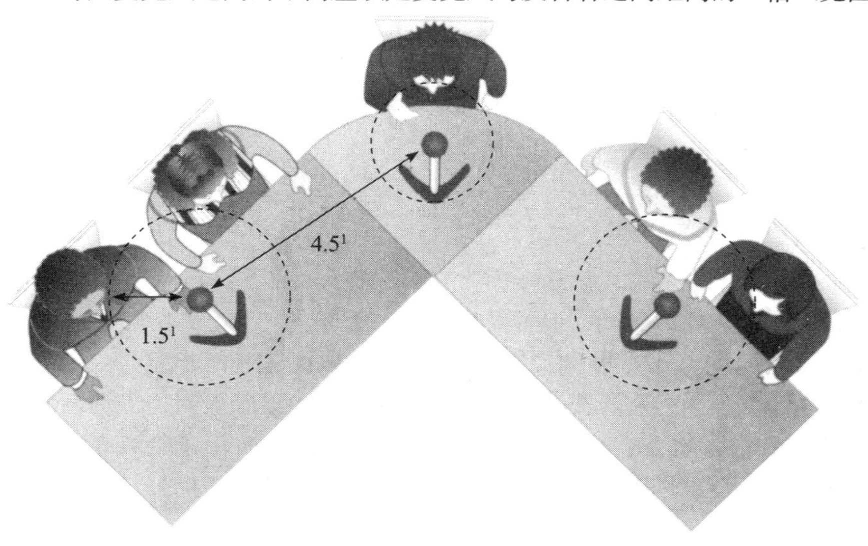

图 7—18　设置多只台式麦克风

如果在小组讨论节目中使用几只台式麦克风，麦克风之间的距离应该为它到其使用者之间距离的三倍。

尽管你精心设计了多组台式麦克风，但缺乏经验的使用者，有时甚至是经验丰富的使用者，在刚坐好的时候会把麦克风往自己身边拉，若不想让自己过于忙乱，同时获得最佳的拾音效果，只须把麦克风架用胶带固定在桌子上即可。

落地式麦克风是一种插在稳定的麦克风架上的手持麦克风，适用于歌手和演讲者等。用在支架上的麦克风品种包括结实耐用的、用于新闻发布会或演讲的电动式麦克风和歌手与乐器拾音用的高音质麦克风。

对某些表演者如摇滚歌手来说，麦克风支架还是一件重要的表演道具。他们将麦克风支架拉来拉去，并以它为支架将自己的身体支撑在上面，或将它举起来，甚至像剑客一样将它举过头顶挥舞（但是不提倡这种做法，尤其是当麦克风还连在支架上的时候）。

头戴式麦克风

体育解说员与其他解说某一活动的主持人常常使用的就是头戴式麦克风（见图 7—19）。这种麦克风是头戴式耳机和高质量麦克风的组合。耳机可以分离音频信号，这意味着主持人能使用一只耳朵来听节目录音，用另一只来接受不同制作人员的指令。体育解说员或播报现场事件的人员要使用头戴式麦克风。这样，他们就可以解放双手来拿稿件或赛程表，可以听到节目报道和制片人或导演的指示，并向着高质量的麦克风说话。

图 7—19 头戴式麦克风

头戴式麦克风是一种附加在耳机上的优质麦克风。耳机能传送分离的音频信号，一只耳机传送节目声，另一只耳机传送来自不同制作人员的指令。

无线麦克风或电波麦克风

无线麦克风又叫电波麦克风，这是因为它们通过一台小型麦克风发射器将音频信号发到接收器上，而后者则与混音器或调音台相连。

最常用的无线麦克风是供歌手使用的手持麦克风。在这些高音质的麦克风外壳里有一个内置小型发射器和天线。表演者完全可以不受限制地四处走动而不用担心麦克风线。无线麦克风的接收器通过电线与调音台相连。由于每只麦克风都有各自的频率，因此可以同时使用几只麦克风而不用担心信号干扰。

另一种比较常用的麦克风是无线项挂式麦克风，俗称胸麦。这种麦克风常用于新闻采访、外景拍摄，偶尔也会在体育比赛中使用。比如你要采集比赛中自行车运动员的喘息声，或滑雪者的呼吸声和高山速降中滑雪板的声音，这时当然要选择无线项挂式麦克风。

无线项挂式麦克风插在演员随身佩戴的小发射器上，一般说来，只须将发射器放在表演者的口袋里，或将它贴在身体上，然后将接收线顺着裤子或衬衫固定住，或直接绕在腰上即可。接收器与无线手持麦克风使用的接收器类似（见图 7—20）。

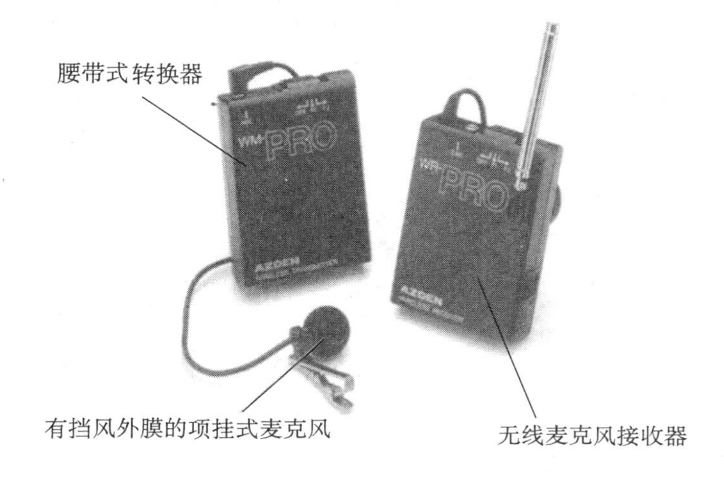

图 7—20　无线项挂式麦克风和接收器

无线项挂式麦克风由演员佩戴，并连着一台小型转换器。接收站拾取信号，并将信号通过电缆送到调音台。

令人遗憾的是，无线麦克风也并非完美。其信号的拾取尤其是在室外使用的时候取决于演员与发射器之间的相对位置。如果演员走出了发射器的覆盖范围，信号会无法发射和接收。例如，如果演员移动到高楼的后面，或是靠近高压电线或强无线电广播发射机，那么音频就会受到干扰，或是直接被更强的信号覆盖。水泥墙、X 射线机器，甚至是演员的汗水都可能影响信号的传输，并削弱或扰乱信号。虽然无线设备最初设定的频率与警方所使用的频率不同，但你也可能偶尔会接收到报警或火警求助电话，而不是人物的声音。

表 7—1 展示了较为流行的麦克风。但是要知道，新型麦克风随时都在发展，所以型号也在发生变化。

声音的控制

如果用小型便携式摄像机拍摄朋友的生日聚会，你也许不会在意声音控制的各个步骤，你要做的只是放进去一盘录像带或是一个闪存，并确认内置麦克风是否打开了，并且设定为 AGC（自动增益）模式。AGC 代表的是自动增益控制——它会自动将各种声音调整至最佳音量，而无须手动操作。但是，因为 AGC 无法区分期望声音和噪音，所以会不加区分地将这两种声音同时放大。如果对声音的要求很严，如户外采访节目或是某个人在演奏乐器，那么就需要将 AGC 模式换成手动模式。

表 7—1 麦克风一览

麦克风		型号和拾音模式	适用场合
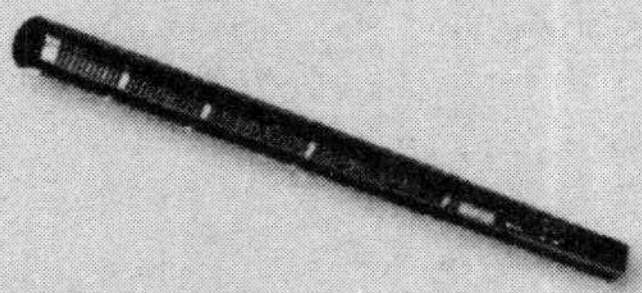	Sennheiser MKH 70	电容式高灵敏度心形	演播室吊杆、渔竿式吊杆，非常适合电子现场拍摄和体育赛事
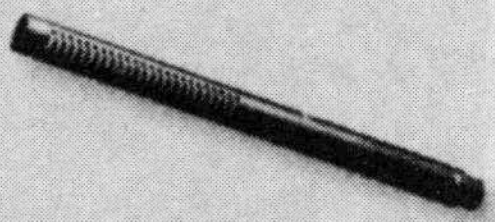	Sony ECM 672	电容式高灵敏度心形	渔竿式吊杆，用于室内效果极好
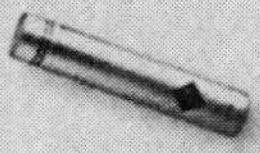	Neumann 184	电容式心形	笔形麦克风，用在渔竿式吊杆上，用于录取对话
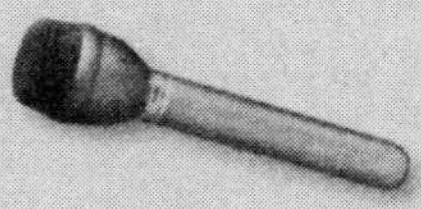	Electro-Voice 635A or RE50	电动式全向	结实的手持麦克风，适合各种天气条件下的电子新闻采集
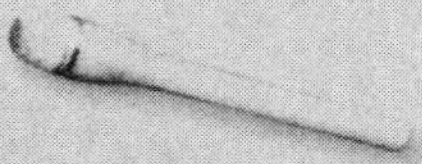	Shure SM63L	电动式全向	相当结实，非常适合电子新闻采集
	Electro-Voice RE16	电动式高灵敏度心形	通用手持麦克风，适宜户外（电子新闻采集/电子现场拍摄）
	Shure SM58	电动式心形	歌手用手持麦克风，声音明快、动人
	Beyerdynamic M160	铝带式高灵敏度心形	歌手用手持麦克风，声音柔美、圆润
	Sony ECM 55 or ECM 77	电容式全向	项挂式麦克风，适宜人声拾取，是出色的演播室麦克风
	Sony ECM 88	电容式全向	非常小的项挂式麦克风，质量极佳，低噪音
	Sennheiser ME 2	电容式全向	小型项挂式麦克风

手动音量控制

如上文所述，较好的（也是较贵的）便携式摄像机有两个内置 XLR 麦克风，可以让你通过监视器上的菜单将 AGC 模式切换为手动音量控制模式。在到达现场之前先进行切换，因为命令通常是在下级菜单中，在情况紧急时不容易启动。而且，你也会看到即便是最好的监视器面板，也会在强光的照射下变得很难辨识。一旦你切换到了手动控制模式，在开始拍摄之前，你可以为两种内置麦克风设定音量标准。然后，你可以通过取景器来监视输入音量。

尽量使用一个频道（通常是频道 1）来服务外置麦克风，而用另一个频道（频道 2）服务摄像机麦克风来采集环境声。如果有多于两种声源，在将它们录制到其中一个音轨前，你需要控制并混合这些声音。这时，你所必需的设备有混音器、调音台、音频电缆与盘线。

混音器

混音器能放大来自麦克风或其他声源的微弱信号，能让你控制音量，并将两个或多个声音混录在一起。实际上，你所控制和混合的并不是声音本身，而是信号。这些信号随后被扩音器再还原成我们能听到的声音。

普通的单声道混音器有三四个输入口和一个输出口。立体声混音器有两个输出口，一个用于左声道，一个用于右声道。通常，混音器的每个输入口都有一个对应的旋钮电位计，也叫做声音控制器。还有一个主电位计，它是一个用于监听输出信号的耳机监听插孔。音量表可以测量音量的大小，帮助你直观地控制每一个输入源（见图 7—21）。

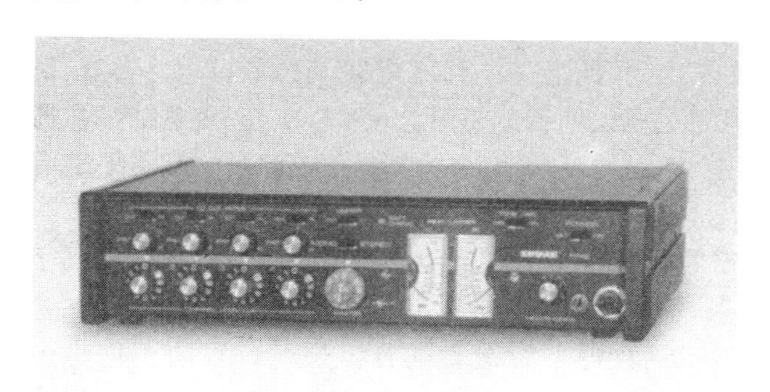

图 7—21　混音器

音频混音器能让你控制数量有限的输入声音的音量，并将它们混合成一个输出信号。

麦克风和线性电平输入　所有专业的混音器都会给你两个选择，一个是麦克风输入，一个是线性电平输入。这两种输入方式的不同之处在于麦克风输入针对的是较弱的音频信号，比如来自于麦克风的声音。而线性电平输入则针对较强的音频信号，比如来自于录像机或是 CD 机的信号。如果你将 CD 机接入麦克风，那么声音就会无意义地增大；通常，声音会变得十分扭曲。如果你将麦克风接入线性电平输入设备，那么你需要将音量极大地提高，才能听到声音。而在这样做的过程中，会不可避免地在音频信号中产生噪音。

如果你不知道一种输入声源究竟是适合麦克风输入还是线性电平输入，那么要做一个简单的测试。如果录制的声音十分大而且失真，那么你就将其接入麦克风输入设备中。如果你将音量调高才能听到声音，那么你就将其接入线性电平输入设备中。如果声音听起来正确，而且符合音量控制，则说明你接对了输入设备。

对音量的控制 控制音量，或者如通常所说的控制增益，不仅指将微弱的声音变大，将大的声音变小，而且还指将声音控制在不失真的水平上。若要调高声音质量，顺时针旋转旋钮，或水平向外往上推音量控制杆；如想降低音量，则要逆时针旋转旋钮，或水平向内推音量控制杆。音量表通过沿刻度盘上的数字晃动，显示增益调整状况（见图 7—22）。一些大型的混音器和音频控制台配备的音量表是由 LED（发光二极管）显示的，而非摆动的指针。

图 7—22 音量表

音量表表示声音的大小。其刻度用音量单位和百分比的方式给出，前者为—20到＋3（上层刻度）；后者为 0 到 100（下层刻度）。

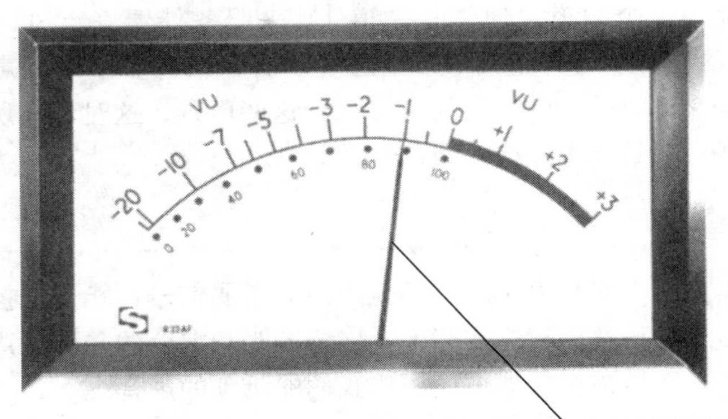

如果音量低，指针几乎不离开最左端，或者 LED 显示一直在最小量处，则说明音频正处于非常糟糕的状态。如果声音大而且使得指针撞向仪表的最右端，则说明音量太大，应该调低音量，以免声音失真。

在记录模拟声音时，尽量将指针保持在下层刻度的 60 到 100 之间。如果指针偶尔进入红色区域，不用担心，但不要让它一直停留在该区域。大多数 LED 仪表在声音非常态的时候会变色，也就说明音频信号波动太大。这些系统都在通过视觉呈现的方式告诉你，系统中是否有声音，以及声音相对于给定音量有多大。

如果使用数字音频，你需要将音量控制在低于模拟音频的水平。因为数字音频没有任何的“顶部空间”来吸收偶尔产生的超出预设程度的音量。让主音频保持在 6dB 而非 0dB。较新的仪器会低于音量表的音量幅度，以便于你将主音频设置在通常的 0dB，以此作为基本音量水平。如果进来的音量太大，则将会切断音频信号，而使声音失真。如果进来的音量较小，那么在后期制作时，你总能在不引入过多噪音的情况下将声音调大。但是，你无法消除因录制声音过大而产生的声音失真。超负荷的电子音频不仅会导致声音失真，还会产生大量的噪音。

XLR 板 一种防止数字声音中因大音量造成声音失真的方式是使用 XLR 板。这种音量控制器看起来像 XLR 连接器。通过该连接器，你可以将两个音频线连接起来，仅需要将声源线插入 XLR 板的一端，然后将一条把你的音频设备连接到便携式摄像机或是录音机上的线插入 XLR 板的另一端。这样，你就会在很大程度上消除因线路超负荷而造成的失真。

声音校准 当声音信号通过混音器或是调音台到达便携式摄像机和录音设备之前，你必须调整录音机的音量表，以使其读数与混音器或调音台上的音量表读数一致。这种调整叫做声音校准。通常，音响师会将录像机或其他记录设备的音量表设为初始 0。如上文所述，一些音响师建议在校准声音时，使用低于标准模拟操作水平 0 音量的设定音量（见图 7—23）。

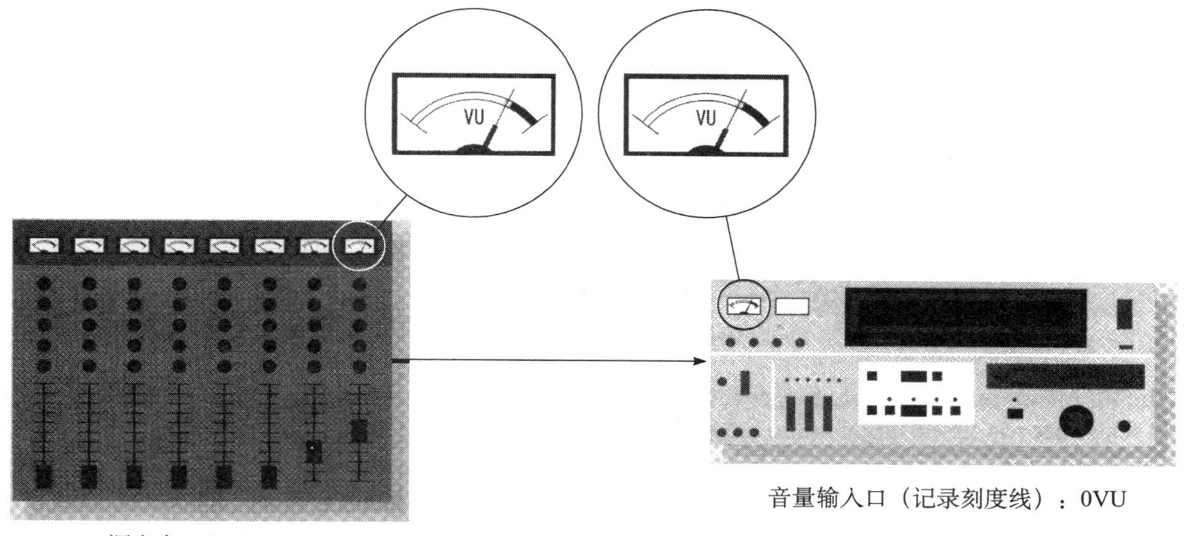

图 7—23　校准调音台和视频录制器的音量

视频录制器输入设备上的音量表可以被调节至 0 音量输出。一旦校准，两个音量表的读数都必须为 0（或是设计好的标准实际操作水平）。

现场实地混音　混音指将两三路声音混合在一起。如果只在现场采访某个人，根本用不着混音器：你只须将采访者的手持麦克风插到便携式摄像机上的正确输入端口，接着打开摄像机麦克风录制现场声音，然后开始录制。但如果对声音的要求很高，需要两路以上的输入或对所有输入的声音进行更精确的音量控制，而小型便携式摄像机上的端口无法满足这一要求，那么这时就一定需要一个小型混音器。

以下的要点旨在帮助你完成现场混音的任务，但是要注意：如果可能，尽量避免在外景地进行复杂的混音操作。因为先分别录下各种声源，然后在后期制作中进行混音，这样更加容易。以下是一些最基本的现场混音要点：

■ 即使只有几个输入端口，也要将每个端口贴上标签，并标明它所控制的声音，如主持人麦克风、嘉宾麦克风等。

■ 反复检查来自无线麦克风系统的所有输入端口，它们容易在拍摄刚开始时出现故障。

■ 实录之前先在录像带上录一段音量单位指示为 0 的测试音（100）。调整录像带摄像机上的音量表（便携式摄像机上的录像机或独立的录像带录像机），让它的读数也归零。

■ 确保将每个输入设备都调节到正确的输入方式（麦克风输入或线性电平输入）。许多现场报道都因某些人不注意调整输入设备而便输入设备遭破坏。

■ 使用混音器时，将主电位计调到 0，然后将各种输入音量加以调节，以便进行恰当的混音。注意查看主电位计的音量表，如果指针进入了红色的刻度区，请重新调节各种输入的音量，但让主电位计处在归零的位置。

■ 在实地录制中，使用 XLR 板以避免声音失真。

■ 如果不得不在实地进行复杂的声音采集，为保险起见，不仅要把声音输入摄像机，还要把它单独录到录音带上。

■ 再次重申一遍，在录制数字声音时，所使用的输入水平要低于录制模拟声音时的程度。将微弱的声音放大要比消除大音量中的噪音要容易得多。

调音台

在诸如采访或新闻报道等日常节目中，你可能通常不需要使用调音台，虽然一些高中或大学里的节目有时需要复杂的音效。例如，要录制乐队或合唱班表演时，便需要精细的音效布置，而这时，小型的调音台就显得不够用了。比起使用小型调音台进行复杂的音效工作，使用大型的调音台来完成音效任务更加容易。因此，在录音控制室、电视台的音效后期制作室、大型公司的产品中心以及主要的后期制作室中，大型调音台都是必须配备的。

一台大型调音台上有众多的按钮和控制杆，看上去非常像科幻电影中的宇宙飞船上奇异的控制台。但我们没有理由被这个吓倒，即使是最大的调音台，其操作原理和小型混音器也很相似。像混音器一样，调音台也有输入端口、音量控制钮、音量表、混音电路以及处理后信号的输出端口。不过，同混音器不同的是，调音台采用滑动式音量控制器取代混音器的旋转按钮电位计，此外还有各种音质与功能控制装置和开关。

调音台的体积比较大，其原因在于它的端口数量多达 24 个甚至更多，而小型混音器只有 4 个输入端口。一些大型调音台的每一个输入端口都有独立的滑动式音量控制器、音量表或类似音量表的仪器，另外还有一排音质控制与转换开关。调音台还有额外的分组音量调节器和两个主音量调节器。前者可以在各个输入音频到达主音量控制器之前控制这些音频，后者则可以控制两路立体声的输出信号。当然，如果你使用的是 5.1 环绕立体声，那么你需要 6 个输入端口，其中 5 个用于普通扩音器，剩下 1 个专门用于拾取十分小的声音（见图 7—24）。

图 7—24 调音台

调音台上有许多输入端口（大型节目制作需要 24 个或更多的输入端口），每个输入端口都有自己的滑动式音量控制器、各种音质控制钮、各种开关、各种功能转换开关以及一只音量表。

调音台能控制所有输入音频的音量，以不同方式混合部分或所有输入信号，处理和控制最后用来混音的每一路声音输入信号。比如，你可以用音质控制钮给输入的声音或女高音加入混响，可以减少嗡嗡声或尖锐高音这类多余的频率，可以增强或减弱每路声音的高频、中频和低频。有些输入钮能在输入信号被放大之前调整其强度，或关掉其中其他的输入信号，只留下自己想听到的声音。此外，你还可以把输入的信号编成一组，进一步将其与其他信号或信号组进行混合。

为什么要有这么多输入端口呢？即使是一个 6 人小组讨论，用到的输入线路也会达到 9 路之多：6 路给麦克风，1 路给播放开始曲和结束曲的 CD，另 2 路给两台在讨论期间播放节目片段的录像机。

鉴于一场摇滚音乐会会用到众多的麦克风和其他音响设备，即使 24 路输入似乎也不够用，于是大型专业调音台应运而生，这就意味着每个输入音频都有一个对应的输出端口。许多数字调音台是由电脑控制的，因此在混音水平得以提升的同时，它们的“体形”也越来越小。许多专业音频后期制作的混音都是由数字音频工作站完成的，那里的音频软件可以进行信号处理、辅助音量控制和混音。

音频电缆与盘线

音频电缆主要用于连接声源和调音台或其他录音设备，如录像机。由于电缆中既没有任何活动的原件，也没有复杂的电路，因此我们通常认为它们不易损坏。但事实并非如此，音频线，尤其是带有插头的音频线其实很容易被损坏。避免扭绞、踩踏或用摄像机支架碾压电缆。即使音频线质量很好，它也可能拾取到由照明设备产生的电子干扰声，然后在音频中产生嗡嗡的声音——这也是在导演下令彩排之前必须检查系统的另一个原因。

另一个可能发生的问题来自电缆末端的各种插头。所有专业麦克风和便携式摄像机使用的都是带有三芯的 XLR 插头的三芯电缆，它们对外界无关频率的干扰不那么敏感。只要便携式摄像机具备了 XLR 插头，就可以使用任何一种专业音频线将高质量的麦克风与设备连接起来。大多数家用麦克风和便携式摄像机电缆用的都是型号较小的 RCA 插头。有些音频线的尾端接的是较大的麦克风插头，它们常常用在短电缆上连接各种乐器，如电吉他。当然，你也可以使用 FireWire 或 HDMI 线路来传播短距离的音频信号（见图 7—25）。

> **重点提示**
>
> 一定要检查线路上的连接器是否符合麦克风的输入和输出端口。

适配器使得插头各不相同的电缆得以连接在一起。虽然你应当随时备好这种适配器，但最好还是尽量避免使用它。再好的适配器，都只应该作为最后的备用方案，它们始终都是一个潜在的故障。

> **重点提示**
>
> 尽量少用线路连接器和适配器，因为每个这样的设备都是一个潜在的麻烦。

调音台上的各种声音输入必须按照你所希望的加以排列，而盘线则可以使得这项工作变得更加容易。比如，如果不同的声源在调音台上分别出现在分散的音量控制器上（如记者的项挂式麦克风在 1 号控制器上，录音带在 2 号控制器上，录像回放在 3 号控制器上，2 号项挂式麦克风在 4 号控制器上），你也许恨不得将两路项挂式麦克风挪到相邻近的控制器，将录像回放放在 3 号上，录音带放在 4 号上。其实，不用将电缆换到不同的输入端口上，只要把这些声源重新配线即可让它们按你想要的顺序呈现在调音台上。

盘线有两种形式。老式的盘线（高度可靠）是通过物理形式将进入的信号

图 7—25 音频插头

所有专业麦克风都使用三芯电缆和卡侬插头。其他音频接头包括大二芯耳机插头、RCA插头和迷你插头。

（称为输出，因为它们所携带的音频信号要连接到调音台上）连接到调音台上不同的控制器上（见图 7—26）。最快捷的方式是使用电脑来完成信号安排，这种方法能更快地完成同样的任务而不用额外的电缆和接口。但是如果出错了，电脑方式通常都会比物理方式更加难以查找。

图 7—26 盘线

4个声源（1号项挂式麦克风、CD机、录像回放和2号项挂式麦克风）通过盘线板按各自的线路（1号项挂式麦克风、2号项挂式麦克风、录像回放和CD机）传输。

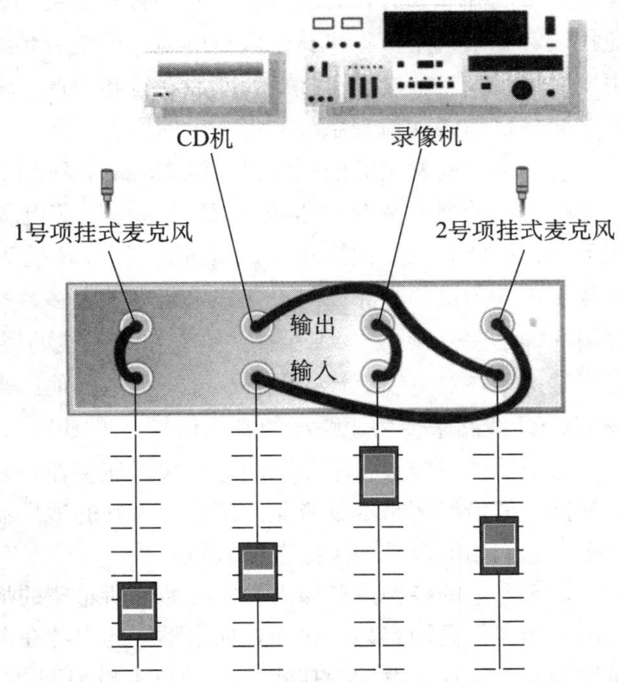

声音的录制

与视频一样，声音也可以录制成模拟信号或者数字信号。尽管模拟设备与数字设备之间存在着内在的差别，但它们的操作原理却几乎没什么区别：注意声音拾取和录制经常可以在后期制作中为你节省很多时间并减少麻烦。在录音时，不要直接放弃模拟设备。它还是会被一些音频爱好者用来录制“更加温暖的”模拟声音的。

在大多数电视节目中，声音是和图像同时录制在录像带声道上的（见第 11 章）。然而，有些复杂的节目录制要求对声音进行后期处理，这就意味着要清除一些多余的声音，或者在录像带已有的声道上再加入一些东西，即对声音进行润色处理。当然，你也可以在声音的后期制作处理时做一条全新的声道并把它加到已经录制、编辑过的录像上来。虽然后期制作软件的功能很强大，但你还是会震惊于一项较小的润色工作所耗费的巨大时间成本。

在视频制作中，所有的音频都录制在一条音轨上。除非你专攻音频记录或是使用数字音频工作站，否则你就不会注意到模拟音频和数字音频在设备操作上的不同。这两种方式一般看起来相似，而且操作控制也基本相同。

数字录音设备

主要的数字录音设备包括：CD、DVD、迷你光碟、电脑硬盘和闪存盘等。

CD、DVD 和迷你光碟　正如你所知道的，专业光学压缩光碟（CD）是一种流行的数字记录和回放设备。CD 机使用激光束来选择性地读取 $4\frac{3}{4}$ 英寸的光碟上的数字信息。CD 的优点就在于它可以重复产生几乎没有杂音的声音（假设在开始录制的时候就几乎没有杂音）。高精度的读取系统可以让你精确地选择开始点，而不管那一部分储存在了光碟的什么位置。

标准的 CD 机包括七个基本控制：播放、暂停、停止、上一曲、下一曲、快退、快进（见图 7—27）。

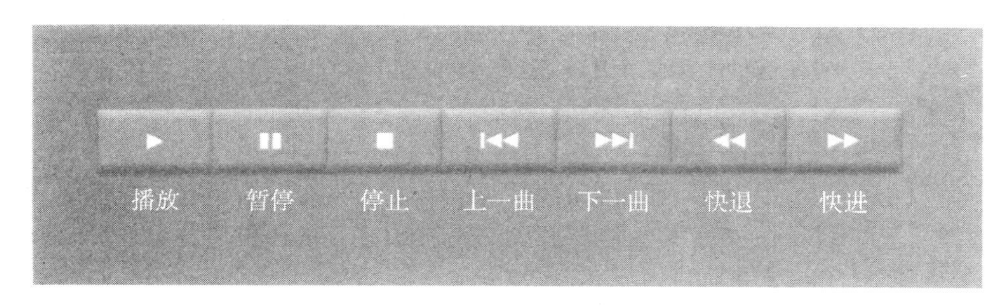

图 7—27　CD 机控制键

标准的 CD 机有几种基本控制：播放、暂停、停止、上一曲、下一曲、快退、快进。上一曲按钮会跳回到当前音轨的开始，并回到前面的音轨；下一曲按钮会跳到当前音轨的末尾，并前进到后续的音轨。

可写CD允许你记录新的材料，与录音带和电脑硬盘功能一样。你只需要在手提电脑或是台式电脑上连接一台CD或DVD刻录机。DVD所记载的视频和音频信息比CD要多得多。迷你光碟也是一种光学存储设备，但容量较小。

数码车系统 这种系统是特殊的电脑，可以记录、存储和回放大量的音频文件。它与CD或iPod类似：你可以选择一个特定的音频片段，然后立刻开始播放音频。一些数码车系统允许你对音频文件进行编辑，甚至可以为持续的回放编辑播放回放清单。它们还留有一个额外的位置，以便于你从其他数字音频设备处存储或是交换少量音频数据（见图7—28）。

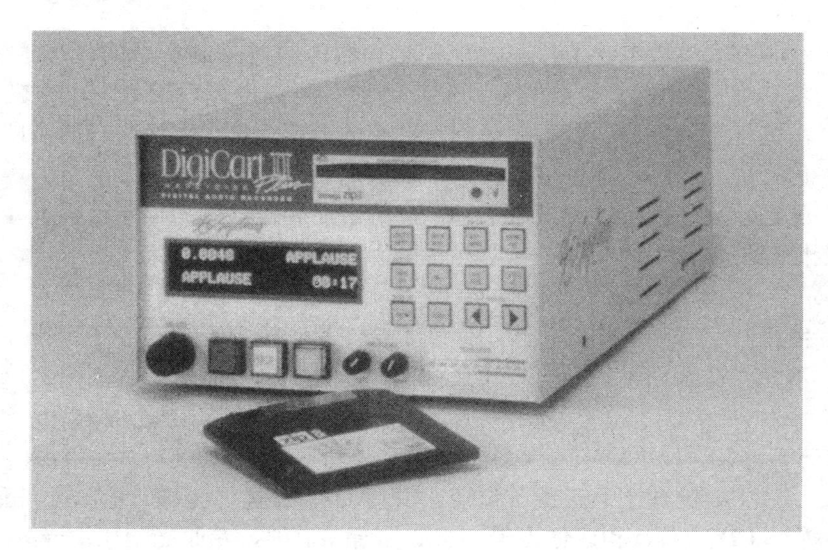

图7—28 数码车Ⅱ

这种流行的数码车系统使用一种大容量的硬盘驱动来记录、存储和回放音频文件。你可以使用这个系统进行编辑、建立播放列表，以及通过移动硬盘交换音频数据。

电脑硬盘和闪存盘 随处可见的iPod是一种最常用的硬盘音频存储和回放设备。事实上，你现在在阅读本章的时候，可能就正使用着一个。至少目前，这种神奇的机器可以录制和存储160GB，相当于上千首歌曲或200小时的视频。

市面上有高质量、采用电池的录音机，它们很小，可以放在口袋中。但是它们却可以录制三个小时的高质量立体音频，使用的就是2GB的小型记忆卡。这种记忆卡还可以用在数字摄像机上。通过一些压缩格式，比如MP3，你可以将10倍于上述数量的音频压缩在这种小记忆卡中（见图7—29）。

图7—29 数字实地立体录音器

这个高质量、4音轨立体录音器使用了一种小型的SD闪存，可以接收平衡的XLR输入。它重量轻、体积小，可以放在口袋或是钱包里。

模拟录音设备

因为有“温暖”的声音质量，你会发现目前仍有一些模拟录音设备在被使用，甚至在视频制作中。现存的模拟设备由磁带录音机和盒式录音机组成。

开盘式磁带录音机 开盘式磁带录音机使用（通常1/4英寸宽）的磁带从送带盘经过至少三个磁头，即消音磁头、录音磁头、放音磁头，到达卷带盘（见图7—30）。

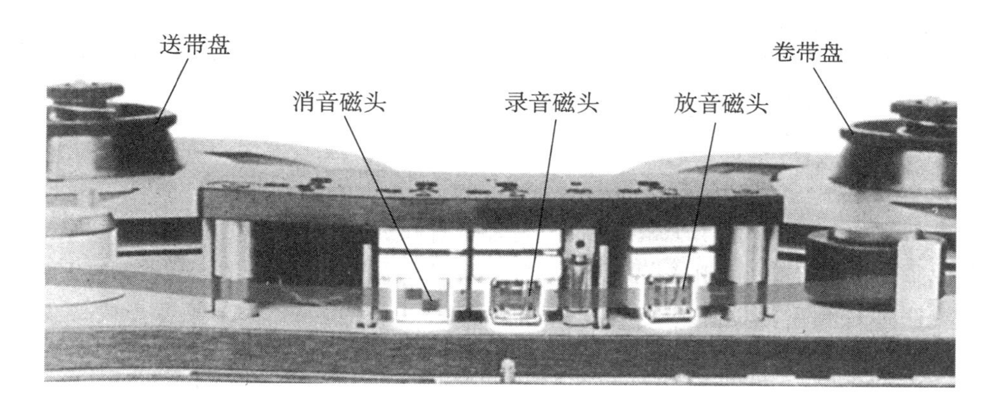

图7—30　模拟磁头组

在开盘式磁带录音机里，磁带从送带盘经过磁头组到达卷带盘。

在使用开盘式录音机录音的时候，消音磁头会清除所有先前录制的轨道，然后录音磁头便在干净的磁带上录制新的音频。放音磁头再回放录上的材料，以便于你听到自己录制的东西。在放音模式下，磁带录音机会播放已经录好的东西。消音磁头和录音磁头在放音的时候不工作。有时，这些磁头会组合在一起，发挥双重功能，而这取决于你是在使用放音模式还是录音模式。

多声道录音机　简单的立体声开盘式录音机只有两个声道，在1/4英寸的磁带上一个是左声道，另一个是右声道。较复杂的开盘式录音机在2英寸磁带上有24个或者更多的声道。

模拟盒式录音机　盒式磁带在带仓里有两个小带盘，当磁带从A面转换到B面时，卷带盘变为送带盘。相对于开盘式录音系统来说，盒式录音系统的主要优势在于盒式磁带尽管体积小，但能容纳的连续信息却不少，而且更易于携带。

操作控制键　尽管录音机种类繁多，但几乎所有的录音设备都由相同的五个键来操作：(1) 录音键，(2) 放音键，(3) 停止键，(4) 回放键，(5) 快进键（见图7—31）。

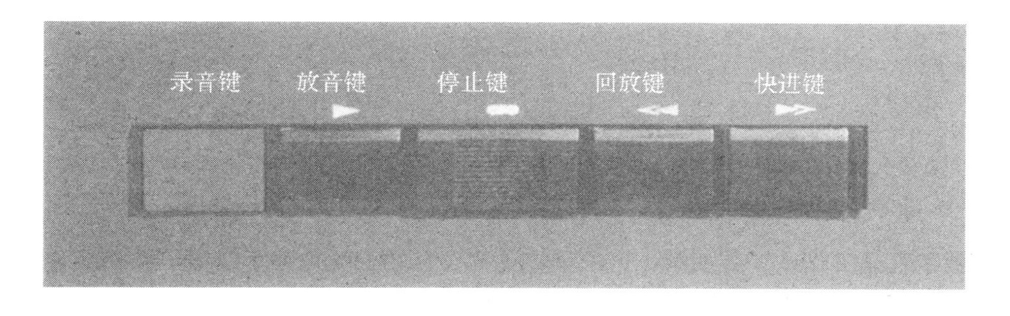

图7—31　录音机上的操作控制键

录音机上的标准操作控制键分为录音键、放音键、停止键、回放键和快进键。

音频后期制作

现在，你可以不进行复杂的音频后期制作，但你至少应该对它有所了解。虽然大多数日常电视节目（新闻、体育节目和肥皂剧）的声音都是在制作中收集到的，而且仍然有许多制作方式可以对音频进行润色，或是部分重建，或通过混合多种音轨变得更加复杂，或在后期制作阶段完全重建。而大部分这种工作都是在音频后期制作室中完成的。

音频后期制作室

对于制作室中需要有什么东西以及该如何布置，并没有明确的规定。每个音响师似乎都对如何制作最佳视频声音有着不同的观点。但是，你会发现大多数这种音频后期制作室内都有一台大型的调音台，许多数字录音机，至少一个数字音频工作站、一个键盘、一个取样器。这些设备是互相联系的（见图 7—32）。

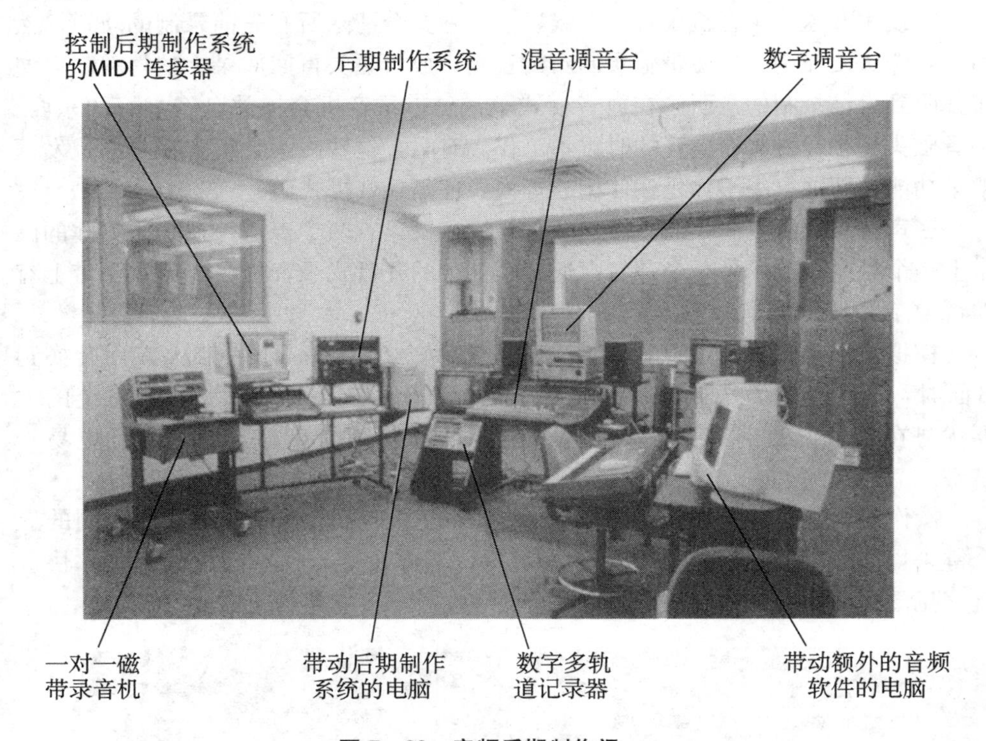

图 7—32　音频后期制作间

典型的音频后期制作间包括：数字调音台、音频录音机、数字音频工作站、多种 MIDI 连接器、高保真扬声器系统。

数字音频工作站　后期制作室中最重要的设备之一就是数字音频工作站，通常叫做 DAW。典型的 DAW 有着大容量的硬盘和软件，将数字音频录制系统、调音台和编辑系统组合在一起（见图 7—33）。你可以通过使用鼠标来操作真正的调音台和许多种类的编辑控键。调音台将多种音轨以波形进行展示，以便于精确的声音操作和编辑。但是即便是相对便宜的台式电脑使用的音频软件也是音频后期制作的有力工具，可以在后期编辑中匹配音频。

图 7—33　数字音频工作站面板

多种电脑界面分别显示着多种音频控制和编辑功能。它们还会激活硬件，比如音频调音台及录音机。

声音波形

你之前肯定看到过声音波形——其图形可能会帮助解释它基本的特点。波形是对一段时间内具体声音或声音组合的图形描述。但是不像音乐记法，标准的单色波形展示的是声音音量的基本波动——动力——但是却无法表达声音的高低（音频）。垂直的幅度越大，表示声音越大。在无声的状态下，波形是水平的（见图 7—34）。

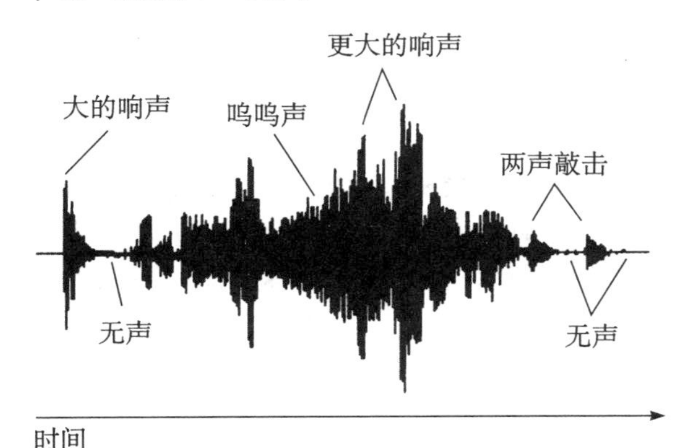

图 7—34　声音波形

垂直的线和区域代表的是声音的振幅，也就是声音的大小。水平的直线代表的是无声。这个声音波形先后表示多种大的响声、呜呜声，然后是更多更大的响声，最后是两声敲击。

一旦你学会了读电脑屏幕上的声音波形，你便可以精确地选择某一声音比例，并变换不同顺序来对其进行组合。在编辑的时候，最佳的切换当然就是出现短暂沉默的时候。

为了将音轨与视频进行合成，电脑会为每一段视频和其伴随声音都分配一个对应的地址。应用最广泛的地址码系统是 SMPTE 时码。时码可以读取小时、分钟、秒和画面（第 12 章有对 SMPTE 时码的详细论述）。

对话自动采集还原系统

大型的后期制作室，比如数字影院里的那些，都有专为对话自动采集还原系统设定的区域。尽管有时被称作“对话自动采集还原系统”，但这个过程却绝不是自动的。它需要大型的视频播放器，让演员们在说话的时候可以看到自身的视频回放。因此，他们就可以改进自己的嘴型或是增加一些情绪，以便提高原始音频的效果。

合成声

如果我们可以将声音转化为数字信号并进行操作，那么我们是否可以使用电脑生成数字信号，然后将其转化为真实的声音？答案是可以。音频合成器，通常叫做键盘，可以生成各种复杂的频率，使这些声音听上去像由各种乐器发出的声音。一个键能发出钢琴、电子或原声吉他、风琴或小号的声音，而一台能用胳膊一夹就走的合成器却比一支大型摇滚乐队和交响乐队加起来发出的声音还要多。

重点提示

声音和声音混合可以全部由电脑生成。

电脑还可以用来抓取日常声音的一部分，比如电话铃声，然后将其转化为数字形式进行存储，并可以对其进行任何操作。在抽样软件的帮助下，你可以重复播放电话铃声，多少遍都可以；或是将其转化为尖锐的节奏、使之变快或变慢、回放、重叠或将其扭曲，使之与原声截然不同。

声音美学

如果你不能擅用你的耳朵，那么即使世界上最复杂的数字声音设备也毫无用处，也就是说，应该训练和培养自己的美学判断力。声音能在某种程度上让我们感受到画面，你可以只靠在画面中添加快乐或悲伤的声音，就将同一个画面变成快乐或者悲伤的画面。

有五个基本的美学因素能帮你达到很好的声画效果：(1) 环境，(2) 主体—背景关系，(3) 透视，(4) 连贯性，(5) 能量。

环境

在大多数演播室录制中，我们都会尽量消除背景声，但在现场，环境声通常和主声源一样重要：它们有助于确定时间的整体氛围。如果是在市中心繁忙的十字路口拍摄，那么汽车声、汽车喇叭声、有轨电车和公共汽车声、人的讲话声、笑声、来回走动的声音、看门人叫出租车的口哨声以及偶尔出现的警笛声，这些都是你的事件发生地点的重要线索，即使你没有在图像部分呈现所有这些活动。

重点提示

声音可以构建事件背景。

假设我们要为一场小型交响乐会录音，如果是在演播室内录制，那么拍摄组或者演奏者中的某个人的咳嗽声就会导致重新录音。然而在现场音乐会中情形就不一样了，人们会自动地把一些背景声当成是现场感的一部分。

正像我们在前面提出的那样，在常规的现场录音中，应该尽量用单独的麦克风，用一只麦克风录制主声源的声音，如站在街角的那个记者的声音；然后用另一只麦克风（通常是附加在摄像机上的麦克风）和第二音轨来录制环境声。之所以将声音分别录在录像带的不同音轨上，是为了在后期编辑中更方便地按适当比例混合这两路声音。

主体—背景关系

主体—背景关系原理是一个重要的感知因素，也就是说，我们倾向于把活动分为主体（人、汽车）和相对稳定的背景（墙、房子、山）。如果我们把这个原理稍微扩展一下，我们就可以把对我们相对重要的事挑出来，默认它为这个画面的主体，而将其他的降级为我们所说的背景。比如，你在等朋友，最后在人群中看到了他，那么他马上就会变成你的焦点，即前景，余下的人自然就变成了背景。声音也是如此，我们在一定范围内把我们想听或者愿意听到的声音设定为主体，那么其他声音则相应的变为背景。如果要用声音来重建一种主体—背景关系，我们会将主体的声音稍微放大一点来加以突出，或让他的声音从背景中凸显出来。同样，我们自然可以将背景声的音量提高，让它成为主体并把其他声音降级为背景声。

> **重点提示**
>
> 音频制作的基本原理是将选中的声音或是选中的一组声音以更大的音量更清楚地区别于环境声（背景声）。

透视

声音的透视指特写应该匹配相对较近的声音，远景应该匹配听上去较远的声音。近的声音比远的声音更有表现力——这种声音给人感觉很近。远的声音听上去给人的感觉很遥远。

你可能还记得，如果使用项挂式麦克风，声音的这种变化就基本上不复存在了。这是因为主持人不管出现在特写镜头还是远景中，麦克风离嘴的距离始终不变，所以声音完全相同。因此这时就要使用吊杆麦克风来控制声音的真实感。吊杆麦克风可以在表演时接近表演者，而在拍摄远景时远离表演者——这是解决潜在声音问题的一个简单方法。

> **重点提示**
>
> 比起远景来说，特写需要更近的声音表现。

连贯性

声音的连贯性在后期制作中特别重要。你也许已经注意到了，记者音质的变化取决于他是否在画面内说话。因此，记者会在出镜时用一种型号的麦克风，在画面外用另一种。此外，记者所处的环境恐怕也已经从户外换到了演播室，而这种麦克风和地点的变化会导致音质上的差异。尽管你在实际录音的时候很难注意到这种差别，但在对声音进行最后编辑时，这种差别肯定会特别明显。

怎么才能避免在连贯性上出现问题？首先，无论是主声源还是画外音，都用同一种麦克风；其次，如果必须的话，将画外音与一些单独录制的环境声混录在一起。你可以在记者做画外陈述的同时通过耳机将环境声传输过去，帮助记者再现当时身处现场的那种感觉。

> **重点提示**
>
> 在保持镜头连贯性上，声音是一种很重要的因素。

声音也是建立视觉连贯性的一个主要因素。节奏清楚的音乐片段有助于将一系列画面很好地连接在一起，但如果不加音乐，可能这些画面编在一起就不太一致。在突然改变镜头和转场的时候，音乐和声音往往发挥着重要的连接作用。

能量

除非你想要通过矛盾来达到特殊的效果，否则应该将图像和声音的能量相匹配。能量指画面中某种程度上表现美学力量的所有因素。显然，比起能量小的场面（如情侣在花间漫步），能量大的场面（如正在表演的摇滚乐乐队的谢幕镜头）更能承受能量大的声音。而且，正如你刚刚学会的那样，特写比远景在声音上更有表现力、能量更大。

> **重点提示**
>
> 高能量画面需要匹配高能量声音、低能量画面需要匹配低能量声音。

匹配音频和视频能量的最简单的方法就是控制声音音量/表现力。高能量的场景应该匹配较大的声音。而两个人互相耳语对彼此的爱时，其声音应该要较小。

声音是否出色，在很大程度上取决于你是否具备感知图像整体能量和相应调整声音音量和表现力的能力。但什么是正确的标准呢？你需要感觉这些标准。世界上没有能代替你的美学判断力的音量表。

主要知识点

▶ **声音拾取原理**

麦克风将我们听到的声音转换成电能，即音频信号。

▶ **麦克风的指向特征**

全向麦克风从各个方向拾取声音。单向或者心形式麦克风从正前方拾取声音效果最好。高灵敏度心形麦克风能消除来自侧面的声音，使远处的声音听上去显得更近。

▶ **机械构造**

若按机械构造分类，麦克风可分为三大类：电动式（最坚固耐用）、电容式（质量高但敏感）和铝带式（质量高、极其敏感）。

▶ **如何使用麦克风**

若按使用方法分类，则可以将麦克风分为六类：小型项挂式麦克风，夹在主持人的衣服上；手持麦克风，由主持人拿在手里；吊杆麦克风，架在小型渔竿式吊杆或演播室吊臂上；台式或落地式麦克风，架在小型台式支架或笨重的可调节的落地支架上；头戴式麦克风，由演员戴在头上的并包含耳机的麦克风；无线麦克风或电波麦克风，从传输器或接收器上播送音频信号。对待所有麦克风时都要谨慎温柔，并且在使用前要先测试。

▶ **音频连接器**

检查音频连接器是否与它们各自的接口匹配。随时携带转换器，但仅在紧急情况下使用。

▶ **混音器和调音台**

混音器将输入的声音信号放大，控制各路声音的音量，然后通过制定的声道将它们混合在一起。外景混音器比较小巧，通常最多只有 4 路输入。调音台大得多，输入端口更多，每一路输入都有一个音量控制器和各种音质和声音选择控制器。

▶ 数字录音和回放

数字录音和回放设备包括专业光学压缩光碟（包括读/写 CD）、DVD 刻录机、迷你光碟、数码车系统，以及能够驱动电脑硬盘和闪存盘的计算机。

▶ 模拟录音和回放

质量高的一对一磁带录音机使用的磁带因声道数量不同而具有不同的宽度。

▶ 音频后期制作

音频后期制作包括润色、各种音轨的混合或是创造新音轨。音频后期制作室配有各种声音设备，最值得一提的就是数字音频工作站（DAW）。

▶ 声音波形

声音波形是对各种声音的一种图形化描述，可辅助声音编辑。

▶ 合成声

一旦声音被转换成数字形式，电脑便可进行处理加工。生成电脑声音的设备，如键盘等，可以创造合成自己的声音。

▶ 声音美学

声音美学的五大基本元素有助于你建立有效的音频—视频关系，它们是环境、主体—背景关系、透视、连贯性，以及能量。

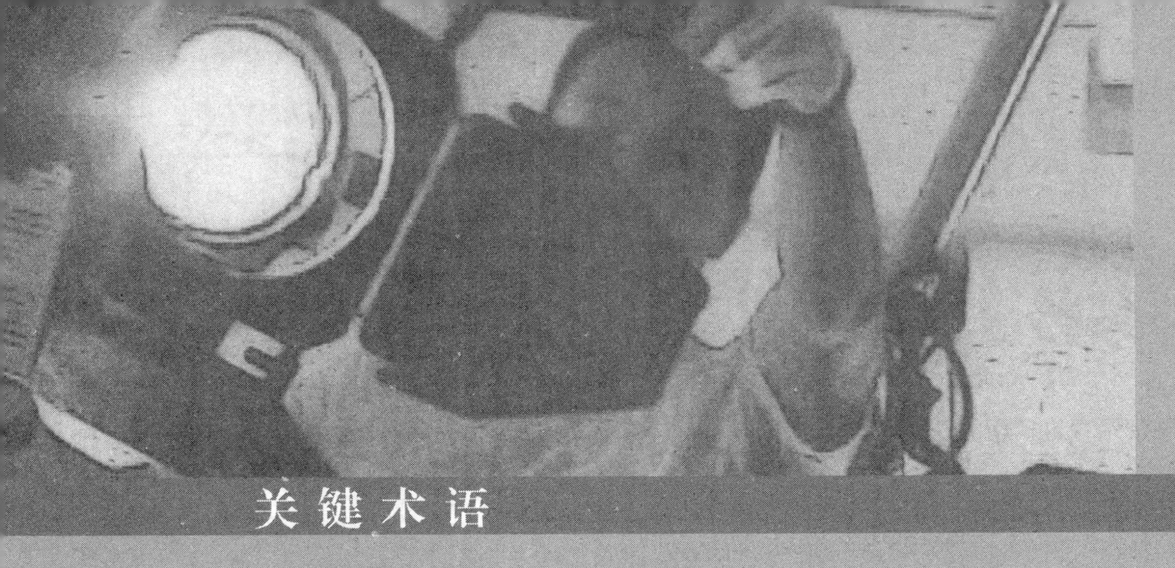

关键术语

相加基色（additive primary colors）：红色、绿色和蓝色。普通白光（太阳光）可分解成这三种基色光。以不同的比例组合这三种色光可产生所有其他色光。

相连阴影（attached shadow）：落在物件身上的阴影，脱离物件后不可见。

背景光（background light）：布景和背景板的光，也被称作"照明设备"（set light）。

背光（back light）：从物件后面和镜头对面照射过来的光，通常是聚光灯发出的光。

基本亮度（baselight）：有助于镜头拍摄的必要的、均匀且无方向性（发散）的光，即全方位的光照密度。

投射阴影（cast shadow）：由一个物件产生的投射到另一个表面上的阴影，脱离物件后仍可见。

色温（color temperature）：用开氏温标（K）测量的白光中的相对红度或蓝度。室内拍摄光线标准色温为3 200K，室外为5 600K。

对比度（contrast）：在一个视频图像中最亮点与最暗点之间的差别。

散射光（diffused light）：在较大区域内照射从而形成柔和阴影的光。

定向光（directional light）：在较小区域内照射从而形成对比度较大、边缘清晰的阴影的光。

衰减（falloff）：画面的高亮部分变为阴影区域的速度（或等级）。快速衰减意味着高亮部分突然变为阴影部分，且高亮和阴影部分间有明显的亮度区别。慢速衰减意味着高亮部分逐步变为阴影部分，且高亮和阴影部分间的亮度区别很小。

补光（fill light）：在摄像机和主光的对面架设的附加灯光，用来照亮阴影区域并消除衰减。通常使用泛光灯进行补光。

泛光灯（floodlight）：用来发出弥漫光线的照明设备。

英尺烛光［foot-candle（fc）］：用以衡量照明或落于某物体上的光线强度的单位。1英尺烛光表示1烛光单位的光线落于距离光源1英尺位置处1平方英尺的面积上的光线强度。

高主光（high-key lighting）：照亮背景并且给予现场足够的照明。它与主光的垂直位置无关。

入射光（incident light）：直接由光源射到物体上的光线。计量入射光时需要将测光表指向摄像机镜头或指向发光设备。

主光（key light）：主要照明光源，通常用聚光灯作为主光源。

灯光布局图（light plot）：类似于地面示意图的图示，用来指明照明现场使用的灯光的种类、瓦数以及所在位置，还包括光线射向的大致位置。

低主光（low key-lighting）：在暗背景和选择照明的区域进行的快速衰减照明。与主光的垂直位置无关。

勒克斯（lux）：用以衡量光照强度的欧洲标准。1勒克斯表示1流明（1烛光）的光线落于距离光源1米位置处1平方米的面积上时的光线强度。10.75勒克斯=1英尺烛光。通常情况下将此值估算为10勒克斯=1英尺烛光。见英尺烛光。

摄像原则（photographic principle）：主光、背光和补光的三角设计，也叫三角或三点照明。

反光（reflected rate）：被照物体反射回来的光线。

电视三原色（RGB）：红、绿、蓝。

聚光灯（spotlight）：可以打出有方向且相对不扩散的灯光。

三角照明（triangle lighting）：主光、背光和补光三者结合，也称为三点照明，或者摄像原则。

白平衡（white balance）：指调整摄像机内的颜色环道，在不同色彩照明中产生白色效果。

第8章

光效、色彩和照明

在过去的10年中，照明发生了根本性的变革，这主要是因为数字摄像机及其镜头更加敏感，与过时的模拟摄像机相比，数字摄像机需要的光线变少了。同时，光感更好的摄像机和高效照明工具的发展也在这场变革中起到了重要作用。例如，与传统的白炽灯相比，新型的荧光类照明工具不仅消耗能量少、产生热量低，而且光线效果更佳。

尽管摄像机的良好光感促使影视制作者可以在自然光线中拍摄多种场景而无须增加照明工具，但良好的照明仍然需要慎重布置，包括控制光照的来源和角度、光线的柔和或明亮程度以及光线的色彩。除非特殊情况，照明还需要控制阴影及其相对透明度。本章将介绍照明的基本原理，以及这些原理如何在各种各样的摄像操作中具体应用。

重点提示

照明指的是对光线和阴影的布置和操控。

▶ **光效**

定向光和散射光、光照密度以及如何测量照明、测量入射光、反射光和对比度

▶ **阴影**

相连阴影和投射阴影，以及控制衰减

▶ **色彩**

增加和减少色彩混合、彩色电视接收器和人工色彩、色温和白平衡

▶ **照明工具**

聚光灯、泛光灯，以及其他制造特殊效果的工具

▶ **照明手段**

光照操控、照明安全、演播室照明和摄像原则、现场照明

光效

学习光效和阴影看起来似乎稍显怪异，因为我们一直都在光与影中生活。但事实上这种学习是有道理的，因为影视屏幕上的画面无非是光点和阴影的组合，而照明也不过是这两种元素的互动。

光效类型

无论光效经过怎样的技术处理，总离不开两种基本类型：定向光和散射光。

定向光 通过精准的光束可以产生高对比度阴影。太阳、闪光灯和汽车的头灯都可以产生定向光。这种光可以集中照射在一定区域内，而不会扩散到其他地方。

散射光 是一种相对普通的照明方式。光线发出后分散得很快，可以照亮很大区域。因为散射光看似来自于四面八方，所以产生的阴影并不确定、明显，而是相对柔和、透明的。雾天的光线就是散射光很好的例证，雾气会像巨大的散射过滤器一样分散阳光。对比观察在明亮阳光下的阴影和雾天的阴影，可以发现这两种阴影是截然不同的——在阳光下很明显而在雾气中则很难看清。电梯和超市里使用的荧光照明是正宗的散射光。散射光不仅可以消减脸部或物体的阴影效果，并且照明范围大。

光照密度

照明的重要环节之一就是控制光照密度，即一个物体上有多少光照射。光照密度也称为亮度级，其计量单位美式的为英尺烛光，欧式的为勒克斯。英尺烛光是简易方便的照明计量方式，可以表示出物体上有多少光照。1 英尺烛光表示 1 烛光单位的光线落于距离光源 1 英尺位置处 1 平方英尺的面积上的光线强度。欧洲的光照密度单位是勒克斯，意思是 1 流明（1 烛光）的光线落于距离光源 1 米位置处 1 平方米的面积上的光照强度。如果有了以英尺烛光计量的数据而需要换算成勒克斯，那么就将数据乘以 10 倍，例如 20 英尺烛光大约等于 200 勒克斯（20×10＝200）。如果有了勒克斯计量的数据而要换算为英尺烛光，那么就除以 10，例如 2 000 勒克斯大约等于 200 英尺烛光（2 000÷10＝200）。屋子里的光照总量若可以达到 200 英尺烛光或是 2 000 勒克斯，那么就可谓是光照颇强了，或用术语来讲，即光照密度很高了。

基本亮度 有时灯光师或摄像师可能会抱怨基本亮度不足。这里的基本亮度指的是照明总量或全方位的光照密度，比如上文说到的屋子里有 200 英尺烛光。对着摄像机的方向，照明物体或场景的基本亮度可以在测光表上看出，单位是英尺烛光或是勒克斯。若要测量客厅的基本亮度，则需要走到室内的不同角落，然后将测光表对准摄像机或虚拟摄像机的位置（这一位置通常是屋子中央）。

尽管一些摄像机制造商声称他们的机器可以在黑暗中使用，但若要摄像机识别场景中的色彩和阴影，仍需要一定量的光照。用术语来讲的话，就是说要激活

图像元素和其他摄像机中的电子，从而在特定的 f 指数下产生最优的视频信号。虽然新型摄像机和镜头的光感更佳，只需要更小的光照，但好而清晰的视频仍需要充足的照明。小型便携式摄像机在低至 1 或 2 勒克斯的光线下就可以拍出可以辨识的图像，但要拍摄高质图像仍需要更多光线。一流演播室的摄像机在 f 指数为 5.6 的情况下，甚至需要大约 1 000 勒克斯（100 英尺烛光）光照来实现最佳图像效果。

增益 如果在最大口径时，也即光圈 f 值最低时光线都不足够，那么就需要调整摄像机的增益电路。许多生活用便携式摄像机具有自动调节功能。对于便携相机、录像机和电子新闻采集器或是电子现场拍摄机，流量可以通过摄像机控制器或摄像机上的开关来调节。增益可以通过电子方式使微弱的视频信号变强。高清摄像机在拍摄“噪音”之前，会将增益调高，然后形态就会以彩色微粒显现出来。如果视频质量为首要考量，比起调节增益开关，提高基本亮度效果更好。

测量照明

既然光照背景十分重要，那么在开启摄像机之前，需要检查基本亮度是否足够，以及光影配比是否合适，后者一般在 50∶1 到 100∶1 之间，具体取决于摄像机的需要（详见“对比度”）。检查时可以使用测光表，可以将照明工具发出的光线简单地表示为英尺烛光或勒克斯。光线可以分为入射光（即进入镜头或是从特定光源发出的光）和反射光（即从被照射物体上反射的光）。

入射光 入射光的读数显示了特定区域的基本亮度值，换句话说，也就是在某一特定位置上，摄像机可以捕捉到多少光。若要测量入射光，需要紧挨或是站在被照射人体、物体前面，将测光表对准摄像机镜头。这样读入射光的指数快捷迅速，在测量远距离、大范围的光照值时尤为有用。

若想要得到某一光源的更为精准的光线密度，可以将测光表置于光线之中。而若要测量入射光的相对平衡性，则须将测光表对准主要摄像机位置，然后环绕走动。接着观察指针或数字读数，如果结果大体保持在相同的密度水平，那么光照就是均衡的；如果读数出现异常低值，那么光照就存在“漏洞”，也叫受光照或光照不足。

反射光 反射光的读数主要用来显示光照区域和阴影区域的对比度。若要测量反射光，则须紧挨被照射物体或人，然后将测光表与摄像机同向对准光照或是阴影一面。这时，要注意身体不要把需要测量的反射光挡住。正如上文所讲，两次读数之差可以显示出光照对比度。要注意，对比度不仅仅取决于有多少光照射在了物体上，还取决于有多少光反射回摄像机。物体的反射性越强，则反射光读数就会越高。镜子几乎可以反射回投射在其上的所有光，而黑色棉绒布则仅能反射回一小部分。

对比度

对比度 指的是视频画面中最亮点和最暗点之间的差别。人眼在很大的对比度范围内可以分辨出细微的亮度差，而与此相反，即便是最先进的摄像机，其可识别的对比度范围也通常较小。所以，一些仪器售货员可能会说有些高档的摄像机几乎可以识别与人眼相似的对比度。灯光师和摄像师都认为对比度太高是制作最佳影片效果时常见的困难。我们最好相信那些摄像机的使用者，而不是售货员。专业摄像师在使用演播室摄像机时，通常要求对比度不要超过 100：1。高达 100：1 的对比值意味着场景中最亮的部分要比最暗的部分亮出 100 倍。当对比度超过 50：1，小型便携式摄像机就难以拍摄高质影像，无法同时展现光亮图像和透明阴影。

测量对比度 若要测量对比度，则须将反射光测光表挨近指向物体的光亮面，然后再转而对准其阴影面。（在下一部分，将会讲到更多有关对比度的测量。）测光表上显示出反射光，首先是来自于光亮面的高读数，然后是来自于阴影面的低读数。举个例子，假如测光表显示最亮的部分读数为 800 英尺烛光，好比是阳光直射下报道员的一面脸，而显示最暗的部分只有 10 英尺烛光，那么对比度就是 80：1（800÷10＝80）。即便对于高质量的数字便携式摄像机而言，这种对比度也会因太高而无法拍摄出好的图像。

高档小型便携式摄像机和所有的专业摄像机在部分图像区域上会显示出斑马纹，以表明其曝光度过高。大多数高档便携式摄像机（手持式或肩扛式）都允许斑马纹在 100％和 70％之间的转换。在通常的 100％状态下，所有显示斑马纹的图像区域都是曝光过度的。而 70％状态基本上用于帮助使用者拍摄到最准确的肤色。当斑马纹出现在脸部的光亮区域，那么就可以认为是达到了正确的曝光数值。

众所周知，修正曝光过度的图像的常见做法就是缩小镜头光圈，也就是说，选择高一些的 f 指数。然而，这种做法在消除强光的同时也加重了阴影的暗度，使之变为毫无区别的黑色。这样，又如何能把握对比度呢？

■ 如果是室外播报，不要让播报员站在阳光直射的地方，而要让他站在阴影处。如果无法做到，那么可以减弱强对比度阴影（本章后面将会讲解）或是开启摄像机内部的灰色滤镜。它们的作用就像太阳镜，可以在不太影响色彩的情况下减弱所有的光线。

■ 如果在室内，若想减小光照密度，可以把照明工具移至远离物体的地方，在照明工具前放上纱幕（一种散光材料），或是使用电子调光器减少主要光源的光线强度。（本章后面将会讲解如此操作的诸多事项。）

■ 移走场景中过亮的物体，尤其是当你正在使用自动光圈的时候。不论摄像机可以接受的对比度有多高，纯白的物体总会破坏光效。而真正的问题是即便摄像机可以处理高对比度，普通的电视机也没有办法将画面同质呈现。

阴影

虽然我们时刻关注光效和光线变化，但却常常忽略阴影，除非是在大热天乘凉或是有影子挡住了我们要看的东西。因为对阴影的控制是照明的一个重要环节，所以让我们进一步观察阴影，了解它们是如何影响我们的视觉的。

一旦注意到了阴影，它们不同的形态足以让人瞠目。它们中的一些看起来就像物体的一部分，例如咖啡杯的影子；一些看起来像是落在其他物体的表面上，如信号塔的影子落在街道上。一些又黑又浓，就像是被粗重的黑色颜料刷出来的；另一些却因轻淡微弱而难以看清。一些由光入影形成渐变，另一些却亮暗分明。虽然阴影的种类各异，但有两种是基本类型：相连阴影和投射阴影。

相连阴影

相连阴影看起来似乎与物体相连，而且无法离开物体独立存在。将咖啡杯放到窗户或是台灯附近，光源（窗户或是灯）反方向附着在杯子上的阴影就是相连阴影。即使摇动杯子或是将其上下移动，相连阴影仍在杯子上（见图8—1）。

相连阴影让我们可以感觉到物体的基本形状，没有这种阴影的话，物体在图像上的真实形状将是模糊不清的。在图8—2中，左面的物体看起来像三角形，但加上相连阴影再看时，就成了圆锥。

图8—1 相连阴影

相连阴影总是和受光照的物体连在一起。离开物体不能够独立存在。

图8—2 相连阴影确认形状

相连阴影能够帮助我们确认物体的基本形状。如果没有阴影的语，我们会感觉左图是一个三角形；有了相连阴影，我们便能感觉到右图是个图锥形。

相连阴影还可以让人们感觉到纹理。大量显著的相连阴影可以凸显纹理，否则物体会看起来更加平滑。泡沫塑料球上的相连阴影让球看起来像是月球表面，而通过平光移除这些阴影后，球看起来就平滑了（见图8—3、图8—4）。

图8—3 粗糙纹理

显著的相连阴影可以凸显纹理。它们使这个泡沫塑料球的表面上去很粗糙。

图8—4 平滑纹理

在这幅图中，相连阴影几乎全部被清除，所以泡沫塑料球面看上去相对光滑。

若要拍摄一支护肤霜的商业广告，在拍摄模特脸部的时候，通常要让相连阴影很淡，以营造难以看清的效果（见图 8—5）。反之，若要凸显阿兹特克太阳石（通常叫做阿兹特克石历）表面镌刻的丰富、深刻的纹理，则需要用一种可以彰显相连阴影的光效（见图 8—6）。高透明度的阴影就会使得纹理难以看清（见图 8—7）。（本章后面将讲述如何控制相连阴影。）

重点提示

相连阴影呈现形状和纹理。

图 8—5 最小化相连阴影

为了让模特的脸部皮肤看起来平滑，对相连阴影做了最小的调整。

图 8—6 强化相连阴影

让光线从侧边射入，图中的太阳石上的相连阴影得以凸显，从而使得纹理得到了强化和加深。

图 8—7 弱化相连阴影

让光线直接射到太阳石上，相连阴影减少，从而使得其表面看起来较为平整。

因为我们经常见到的主光源来自于上方，比如太阳光，所以我们习惯于看凸起或嵌槽下面的相连阴影。而当我们降低主光源，使其从下而上照射一个物体，比如从眼睛下方向上照射脸部时，则会产生一种神秘或恐怖的效果。估计任何一部科幻或恐怖电影，都会至少使用一次这种反阴影效果（见图 8—8）。

图 8—8 反阴影效果

来自眼睛下方的光源使相连阴影投射在与预期位置相反的位置上。我们通常利用反阴影营造神秘或恐怖的效果。

投射阴影

重点提示

投射阴影帮助我们知道物体所在的位置，或是事件发生的现场。

和相连阴影不同，投射阴影可以独立于原物而存在。例如当你在墙上弄手影的时候，可以不看手，而直接关注影子。电线杆、交通指示牌和树投在街道上或附近墙上的影子都是投射阴影。即使投射阴影和原物的底部有时相连，它们也仍属于投射阴影，而不会变为相连阴影。

投射阴影让我们可以看到在特定环境中的某个物体处于何种位置，还能在一定程度上告知我们时间。看一下图 8—9，计时停车计费器杆的投影相对较长，已经横穿了人行道，表明此时是清晨或是黄昏。

图 8—9　投射阴影

投射阴影是从某个物体投射到其他表面上的。如图所示，停车计费器杆的阴影投射到了人行道上。

衰减

衰减显示了由光照到阴影的变换程度。具体而言，指的就是从光照区域转到阴影区域的相对速度，或者说是物体光亮面和阴影面的明亮对比度。从光照到致密阴影的突然变化说明衰减迅速，表示有锐边或锐角转角（见图 8—10）。而缓慢衰减表明由光照到阴影的一种渐变，表示物体是弯曲的（见图 8—11）。

重点提示

衰减表现的是从光照部分到阴影部分的对比度和过渡速度。

图 8—10　快速衰减

这些建筑上从光照到阴影区域的变化特别突然。衰减因此特别快速，表示有锐边或锐角转角。

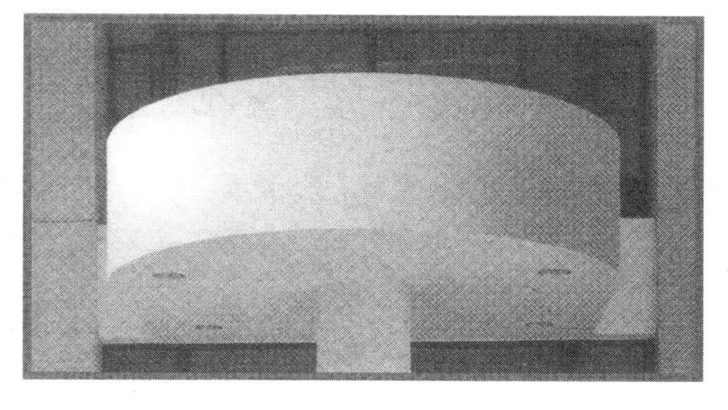

图 8—11　缓慢衰减

这个阳台上的阴影逐渐变暗。衰减相对缓慢，表示物体是弯曲的。

快速衰减还可以用来表示脸部光亮面和阴影面的强对比度。当阴影面比光亮面仅稍微暗一点时，阴影高度透明，衰减相对缓慢。如果脸部两面同样明亮，就认为没有衰减。对纹理的感觉也依靠于衰减。快速衰减光照可以凸显脸部的皱纹，而缓慢衰减或无衰减则可将皱纹隐藏（见图 8—5）。

在使用电脑生成光照效果的时候，相连阴影、投射阴影之间的关系以及衰减速率需要精确计算。例如，假如让光源从屏幕右方射向物体，则相连阴影一定会出现在屏幕左侧，与光源方向相反；而投射阴影则会向屏幕左侧方向延伸。在将生动的场景用电子技术变为摄像背景时（这个过程叫做色度键操作，见第 9 章），这种对于阴影延续性的注意仍然十分重要。

色彩

在这一部分，我们将要关注色彩混合的基本步骤，彩色电视接收器和人工色彩、色温以及白平衡。

增加和减少色彩混合

毫无疑问，你还能想起关于分光仪的讨论，它可以将白光通过镜头分散为三种基本光色——红、绿、蓝。前面我们还讨论过如何按一定比例加入红色、绿色和蓝色这三种颜色来生成各种影像色彩。这一过程叫做**相加基色**，因为我们通过在其他光束上面增加一种颜色的光束来进行混合。

如果有三架相同的投影仪，可以将红、绿、蓝三种色彩的幻灯片分别放入三架仪器中，然后对准屏幕，让三条光束轻轻重叠（见图8—12）。你可以感觉到的东西将和图中展现的三个相互重叠的圆圈相似。这些重叠的三原色光束表明将红色和绿色混合可以得到黄色；将红色和蓝色混合可以得到稍带浅蓝的红色，称为绛红色；而将绿色和蓝色混合可以得到稍带绿色的蓝色，称为青色。当三种基本色完全重合时，得到的就是白色。将三架投影仪同等程度变模糊的话，就可以得到各种各样的灰色。而将三者都关闭时，就得到了黑色。单独减弱其中一架或全部投影仪的话，可以得到很多色彩。例如，将红色投影全开，绿色保留三分之二亮度，而蓝色关闭的话，就可以得到橘黄色，而且绿色投影越模糊，最后得到的橘黄色就会越红。

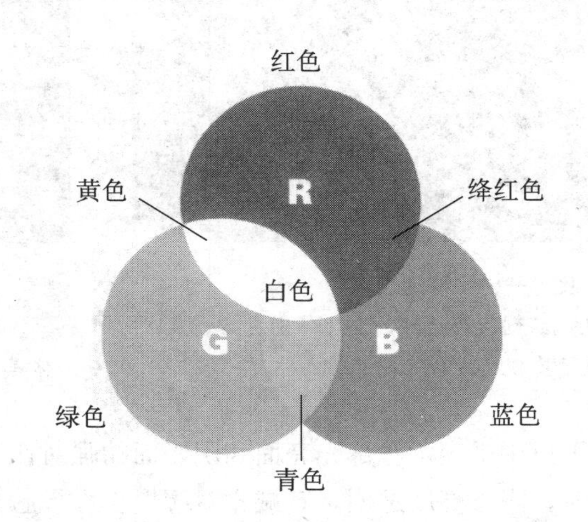

图8—12 加色混合

当混合彩色光线的时候，最基本的三种颜色分别为红色、绿色和蓝色。按照不同比例将三种颜色混合，将可以产生所有其他种类的颜色。例如，将红色和绿色光线混合的话，就可以生成黄色光线。

重点提示

相加基色的三种颜色为红色、绿色和蓝色。

在最初学画的时候，你可能就会记得基本色彩是红、蓝、黄，而且混合红色和绿色颜料并不会生成清楚的黄色，而是泥黑色的棕色。显然，颜料混合与光线混合是不同的。在颜料混合的时候，内置过滤器会减掉特定的色彩，而不是增加，我们就将这种混合的过程称为减色混合。因为摄像系统使用的是彩色光线而不是颜料，所以我们这里关注的是加色混合。

彩色电视接收器和人工色彩

要解释彩色录像的形成，最好的方式就是使用老标准的彩色电视机。与加色混合时使用的那三架投影仪不同，CRT（阴极射线管，cathode ray tube）彩色电视接收机使用的是三把电子枪。电子枪位于显像管颈部，发出光束将无数红、绿、蓝点和方块投射到电视机屏幕内部。回忆图 3—2，三把电子枪之一发射红点，另两把分别发射绿点和蓝点。电子枪发射的光越强烈，那么光点就越亮。如果红色和绿色电子枪发射光点，而蓝色电子枪关闭，那么就可以得到黄色。当三把电子枪全开的时候，就可以产生白色；全部半开的话，可以产生灰色。当彩色电视机上出现黑白画面时，说明三把电子枪全部在活跃工作。在平板显示器中，与加色混合相同的原理可以适用，即便这时的图像形成与 CRT 原理大相径庭。

由于视频信号是电子组成，而非真正的颜色，那么不借助摄像机，单纯依靠在特定电压下激活三把电子枪可以生成特定的颜色吗？能，肯定能！作为一种略微复杂的形式，这是电脑之所以能产生百万种颜色的原理。标题的不同颜色、图像展示以及网页上的颜色都是基于加色混合原理产生的。

色温和白平衡

在第 5 章，我们知道白平衡是操作摄像机的一个重要特点。但准确来说，它究竟是什么？为什么它那么重要呢？我们需要对摄像机进行白平衡调整，是因为并非所有光源产生的光都有同样程度的白色。蜡烛发出的光比中午的阳光或是超市里的荧光显得更红，而后两者发出的光则显得更蓝，甚至同样的光源也不会一直产生同样颜色的光线。例如，当电池快要电力不足时，手电筒发出的光就会偏红；而当充满电之后，手电筒就会发出更亮也更白的光束。在减弱光线的时候，同样的色温变化也会发生：光线减弱得越多，就会变得越红。在不同的光照条件下，摄像机需要适应这些不同，以便保持颜色统一。

色温 我们用来测量白光是相对偏红色还是偏蓝色的标准叫做色温。白光的色彩差别可以用开氏温标（Kelvin scale）来表示，即 K 温标。如果白光看起来越蓝，那么色温就越高，而相应的，K 温标则越高。反之，如果白光越红，那么说明色温比较低，而 K 温标的值也就越低。

一定要记住，色温和现实光源的温度是毫无关系的。即便色温相当高，你仍然可以去触摸荧光管；然而，即便是在色温很低的情况下，也不能随便触摸白炽灯泡。

因为室外的光线一般会比普通室内光线更偏蓝一些，所以对于照明工具的灯泡来说，有两种色温标准可以供选择。一种是适用于户外照明的 5 600K 的，而另一种就是用于室内照明的 3 200K 的标准。这意味着户外照明的效果接近户外自然光的偏蓝色，而室内照明的白光则更加偏红一些。

> **重点提示**
>
> 色温用开尔文计量，表示的是白色光偏蓝或是偏红的程度。偏红光的色温较低，而偏蓝光的色温则较高。

由于色温的衡量是基于白光中相对偏红或是相对偏蓝来加以考虑的，那么若要提高室内光线的色温，是否可以在光源前放置一个稍带蓝色的过滤器？或者说，是否可以使用一个稍带橙色的过滤器，以降低户外灯光的色温？是的，可以这样做。这样的色彩过滤器，也叫做网胶或者是色彩媒体，是将户外照明工具转化为室内照明工具的一种尤为方便的做法。当然，也可以反过来使用。

我们常常需要提高室内光线 3 200K 的色温，以便和从窗户射进来的户外光线的偏蓝色相匹配。这时，可以简单地拿出一张浅蓝的塑料膜（在大多数的冲印店都可以买到），放在室内照明工具前面，然后再次调整摄像机的白平衡。虽然从窗户射进来的户外光线的色温与室内照明工具产生的光线可能无法绝对匹配，但两者也可以足够接近，从而使摄像机达到一种适合的白平衡。在一些摄像机内部也有类似的过滤器，用来实现大致的白平衡。

白平衡 白平衡指的是通过调节摄像机，使得白色的物体可以在屏幕上呈现为白色，而不论其受高色温光源照射（比如中午的阳光、荧光灯或是其他 K 温标在 5 600的照明工具）还是受低色温光源照射（比如烛光、白炽灯光和其他 K 温标在 3 200的照明工具）。在调节白平衡时，摄像机通过电子方式调节 RGB 的组合，使三者最终混合为白色。大多数小型便携式摄像机都有一个自动调节白平衡的设置。摄像机或多或少地都会测量主要光源的色温，并且随之调节 RGB 线路。

大型便携式摄像机和用于电子新闻采集或电子现场拍摄的摄像机配备有半自动的白平衡控制器，这会比全自动的控制器更为精准。但缺点就是每次进入到一个不同光照环境时，都必须重新进行白平衡的调整。例如，从室内走到室外，或是从荧光灯照明的超市走到台灯照明的办公室时等。但瑕不掩瑜，这种半自动控制器的最大优点就是可以针对要拍摄的场景进行具体的白平衡调整。而在使用全自动白平衡时，我们无法确定摄像机自己设定的白色标准是什么。结果，桌子上的黄色柠檬汁可能变为绿色，而白色的桌布也可能成为淡蓝色。

在 K 温标很低的极度偏红光或是 K 温标很高的极度偏蓝光的照射下，高档的便携式摄像机可以使用过滤器来实现大致的白平衡。RGB 的混合在白平衡电路系统中进行微调。演播室摄像机或是进行电子新闻采集或电子现场拍摄的摄像机都会连接在一个线路上，而摄像师就是通过这条线路使用摄像机控制单元（CCU）或是远程摄像机控制单元（RCU）进行白平衡的。

在保持色彩的延续性上，适当的白平衡具有十分重要的作用。举个例子，假如你在拍摄一个穿白色衬衫的演员，开始在室外，然后转移到室内，那么他的衬衫不可以在室外是偏蓝的，而到了室内又变成偏红的，而是需要始终保持同样的白色（见图 8—13）。

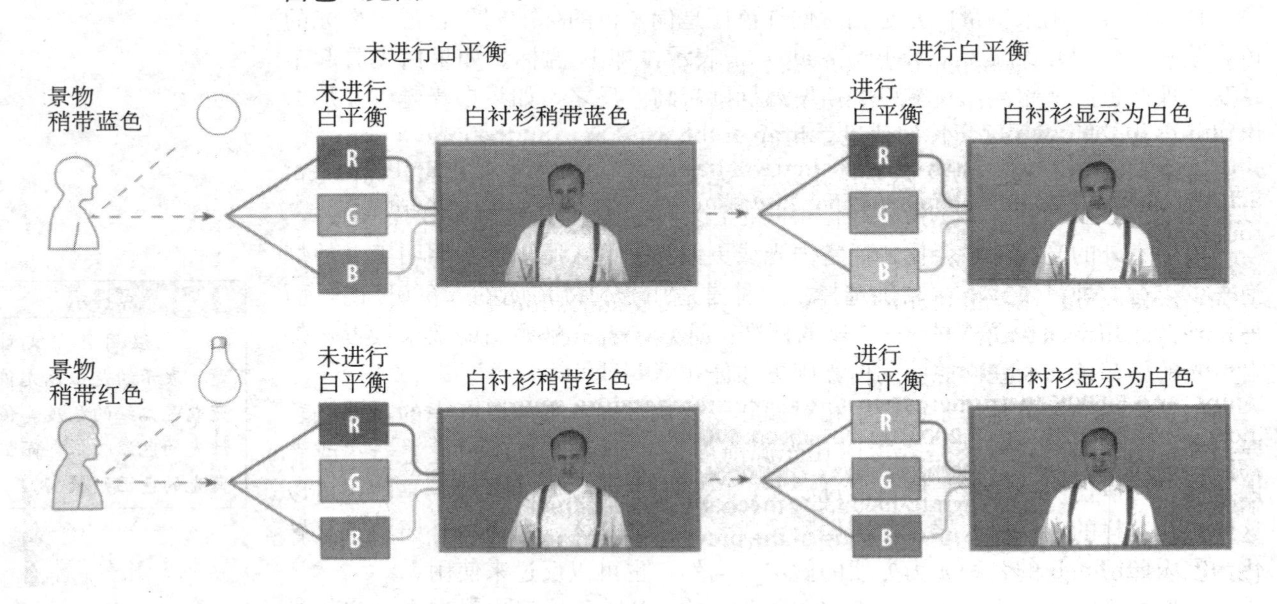

图 8—13 白平衡

色温发生变化，会引起色调之间的相互冲突，此时就要调整摄像机的白平衡。为了消除干扰性的颜色投射，就要调整三原色的比例，以让白色看起来是白色。

如何进行白平衡　要调整使用半自动系统的摄像机白平衡，可以拍摄一个满屏的特写镜头，物体可以是一张白色卡片、一件白色衬衫，甚至可以是一张干净的纸巾，然后按下白平衡按钮。一些摄像机工具包里缝有白色布贴，这就让使用者无论走到哪里，都随身带有作为白平衡标准的东西。摄像机会告诉使用者（通常是以闪光的方式）什么时候摄像机正在拍摄真正白色的物体。此时，要确定白色物体充满了整个屏幕，而且其位于要拍摄场景所在的光照中。例如，不要在室外明亮的阳光下调节白平衡，然后将摄像机带回室内录制时装秀。否则，你会发现录像中模特衣着的色彩与实际色彩相去甚远。每当进入新的光照环境时，都要重新调整白平衡。尽管对于肉眼来说，光线是一样的，但摄像机却可以分辨出细微的不同。

重点提示

除非摄像机具有自动调整白平衡的系统，否则每当进入新的光照环境时，都要重新调整白平衡。

照明工具

虽然照明工具多种多样，但最基本的只有两种：聚光灯和泛光灯。聚光灯发出的是带有方向性、或多或少比较准确的光束，可以照亮某一特定的区域，从而产生对比度极大而颜色深暗的阴影。与之相反，泛光灯发出大量没有方向而分散的光，从而使得阴影看起来比较淡而透明。一些泛光灯的衰减十分缓慢，使得它们看起来就像是不会产生影子的光源。电视演播室的灯一般情况下都用沉重的钢管绑定，悬挂在上方，或是挂在可以移动的平衡板上（见图 8—14）。而电子新闻采集和电子现场拍摄使用的便携灯则很轻，而且比演播室的灯更加灵活，但其稳定性和亮度较差。

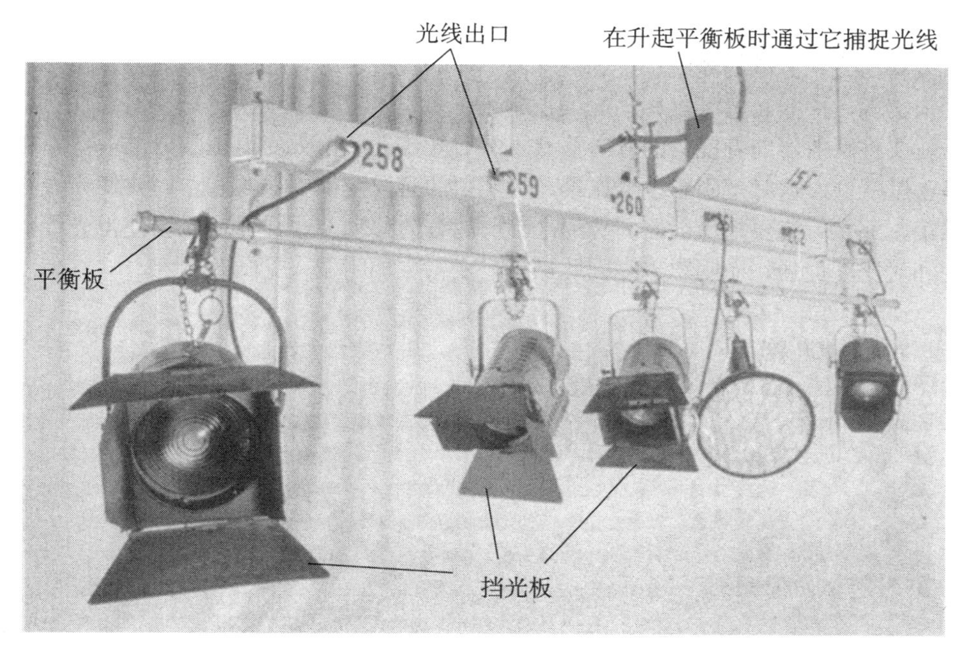

图 8—14　悬挂有聚光灯和泛光灯的演播室平衡板

平衡板上有一张巨大的铁条网，以支撑照明工具。在这种情况下，平衡板可以通过舞台悬吊系统进行升降。

聚光灯

大多数演播室的聚光灯都有玻璃制作的镜片，可以帮助聚集光线，使其聚合成一条较为确定的光束。当然，具有特殊作用的聚光灯各种各样，从大小到光束范围都千差万别。

棱镜聚光灯 演播室聚光灯的功臣是棱镜。它很薄，呈阶梯状，是由法国人奥古斯丁·让·菲涅耳（Augustin Jean Fresnel）发明的。它可以将光线分为不同的方向（见图8—15）。这种棱镜可以装在钨卤素灯或石英灯上，或是安装在特定类型的荧光球上，这与我们在家里通常见到的类型是不同的。大多数棱镜的后面都有一个反射器，应用在照明工具中可以将大多数的光线都集中于镜头上。

图8—15 棱镜聚光灯（菲涅耳聚光灯）

棱镜聚光灯是演播室照明过程中的马达。它可以产生密度较高的光束，而且部分可以被挡光板遮住。通过操作照明杆，聚光灯的光线可以聚集，也可以偏上、偏下或是散射到周围。

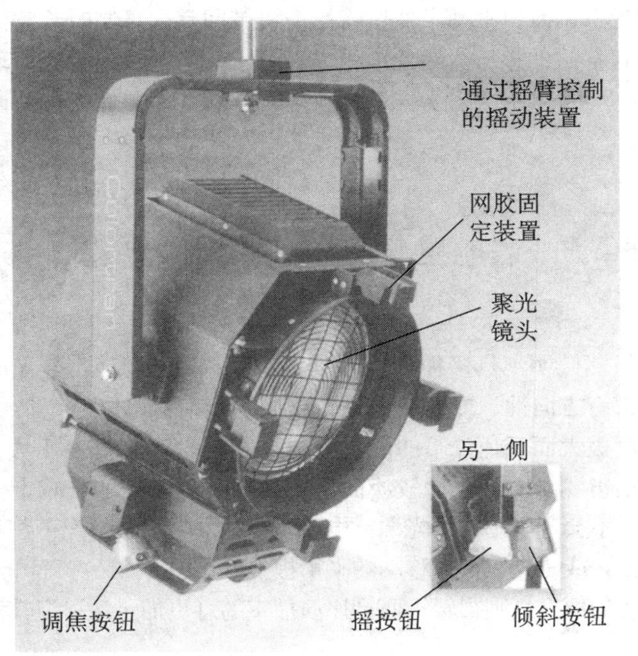

要将泛光和分散的光线调整到聚光而集中的位置，可以通过操作把手、拉环或是轴来实现，这些装置可以移动光线反射器。如若想要将聚光灯的光线分散的话，那么就要将反射器向着镜头的方向移动，然后光线就会稍微变得更加分散一些，也就是密度变低。这时，阴影也会比聚光灯照射的时候变得更加柔和。而要使光线更加聚集，那么就需要把反射器向着远离镜头的方向移动。这样做，就会使得光线的强度和对比度加强，而阴影也会因此加重，变得更加明显（见图8—16）。

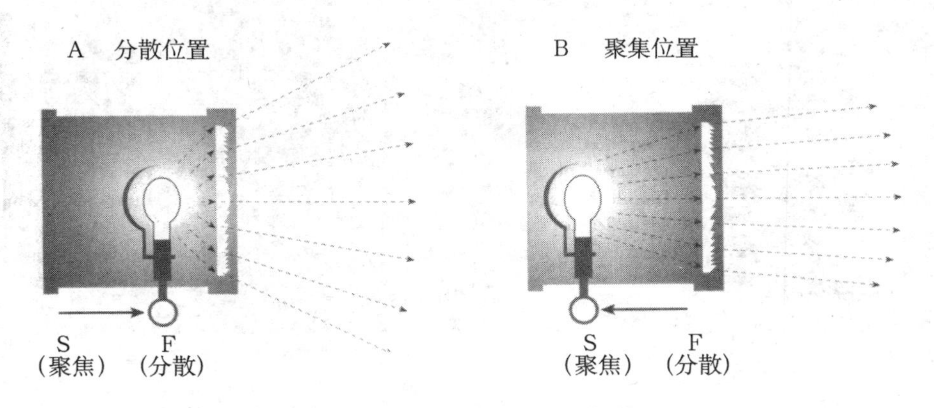

图8—16 棱镜聚光灯的光束控制

A. 分散光束：调整聚光把手等将反射器移向镜头。

B. 聚焦光束：调整聚光把手等将反射器移开镜头。

如果想要进一步控制光线，可以使用挡光板（见图 8—17）。挡光板是一种可以开合的金属片，与真正的门很像。它可以将光线挡在一个侧面或是通过旋转将光挡在上方或是下方。为了防止挡光板滑出或是掉落，它们通常被嵌在镜头前。挡光板的嵌槽和铡刀很像，通过安全锁链和线路使得所有的挡光板紧紧连在照明工具上。

图 8—17　荧光棱镜聚光灯

这种灯有一只内置的镇重物。该种灯的光线输出量较大，而使用的荧光灯泡所需功率则较低。

聚光灯的型号通常是在使用它们的钨卤素灯的瓦特数中显示出来的。在演播室里，最常见的白炽聚光灯是 650 瓦的和 1 000 瓦的。在旧一些的演播室里，光感较弱的摄像机仍在使用 2 000 瓦的聚光灯。所有白炽型的演播室聚光灯的色温都在 3 200K 左右。

重点提示

聚光灯发出的是明亮的、带有方向性的光束，并产生快速衰减的效果。

这些白炽型的聚光灯现在面临着极大挑战，因为出现了高功率的荧光灯，后者可以在 100～500 瓦特范围内产生大量光线（所有荧光型的灯都有一个内置的镇重物。）而这样的挑战在家庭生活中显而易见，现在很多家庭使用的都是荧光旋转灯泡，而废弃了普通的梨型白炽灯。虽然大多数荧光灯和白炽灯的色温标准稍有不同（低色温为 3 000K 而不是 3 200K，高色温为 5 000K 而不是5 600K），但仍然足以调整出合适的白平衡（见图 8—17）。

在真正使用荧光灯照明之前，需要在摄像机上进行检测。一些陈旧的灯泡会发射出偏绿或是蓝绿色的光。这种细微的颜色变化可能用肉眼难以察觉，但肯定会显现在摄像机中，即便是进行了仔细的白平衡调整也难以去除。新灯泡一般不会带有这种“绿穗”，但在使用之前先用摄像机测试一下仍有利无弊，尤其是在拍摄一些对色彩精准有极高要求的物体时，更是最好履行这个步骤。

在一次精心的电子现场拍摄或是一场大的远距离摄像过程中，你或许碰到另一种类型的聚光灯，称为 HMI。这些昂贵的聚光灯的照明强度是同等型号的普通灯型的 3～5 倍，而且需要的电量较少。所有这种类型的聚光灯在室外的色温标准使用的都是 5 600K，其缺点一是价格十分昂贵，二是需要额外的镇重物才可以恰当使用。

便携式聚光灯　你当然可以将小型聚光灯全部带入拍摄现场，但是有一些便携式聚光灯可以进行聚光和泛光两种照明。为了将重量减至最小，这些便携式灯相对较小而且是开口的，也就是说没有镜片。由于没有镜片，这些灯无法像真正的聚光灯那样发射出精准的光束，即便是放在聚焦的位置上也不行。在设计中，这种便携式灯要安放在灯架上使用，或是用夹子夹住。最常用的一种就是洛厄尔全向灯（Lowel Omni-light）（见图 8—18）。

如果想要削减石英灯发出的光的强度，可以在反射器前面插入一片金属散射装置（见图 8—18），或是在挡光板上放一块玻璃纤维布，上面要有一些木屑。玻璃纤维因为可以承受住石英灯强烈的热量，所以是一种很好用的散射装置。

洛厄尔灯（Lowel Pro-light）是一种小型聚光灯，功能繁多。虽然体积很小，但具有相当大的光效输出量。和普通的聚光灯镜头不一样，它的光束在通过覆盖在上方的三棱镜时，会被降低温度并增加亮度。这种灯在小型访谈场合，可以作为主光或背光来使用，不会产生热量过高的问题（见图 8—19）。

图 8—18　洛厄尔全向灯

这种常用的轻型照明工具既可以作为聚光灯使用，也可以作为泛光灯使用。它主要用于电子新闻采集和电子现场拍摄。你可以将它插入任何一种普通的家用插座，可以手持或是将其固定在灯架或其他任何可以安放的物体上。

图 8—19　洛厄尔灯

洛厄尔灯是一种小型的高功率聚光灯，常用于电子新闻采集和电子现场拍摄，可以手持或夹在摄像机上，也可以置于灯架上。通过类似摄像机镜头的三棱镜，它可以发出极为平稳的光束。

典型的备用灯是夹灯，这种灯的反射器是安装在灯泡里面的。PAR38 型号的灯在对户外人行道或马路的照明上使用尤为广泛。夹灯在小范围内提供补光很有用，你可以很轻松地把它们夹在家具、舞台布景、门以及其他一切可以夹住东西的地方。如果可以夹住灯的话，带有挡光板的金属外壳，也可以使用夹灯。在使用荧光夹灯的时候，要检查一下它们工作所需的色温是高还是低（见图 8—20）。

泛光灯

泛光灯没有镜片，它使用的是巨大而功率相对较低的灯泡，因为这些灯的目的不是发出强烈的光束，而是制造高度分散而没有方向的光。这种分散的光可以

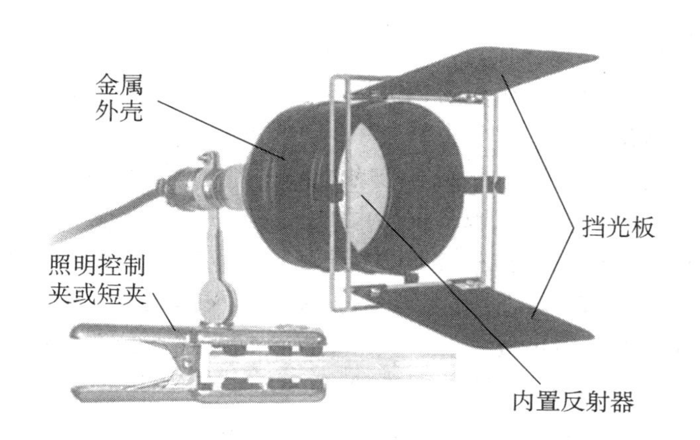

图 8—20　带有挡光板的夹灯

该灯是小型聚光灯，它使用内置反射器。在出外景的时候，很适合提供小范围照明。

生成柔和而高度透明的阴影。在用泛光灯照射一个物体时，比之聚光灯，其衰减会自动减缓。比较常见的演播室里使用的泛光灯有勺灯、无影灯和荧光排灯。

勺灯　因其反射器像勺子而得名。勺灯是一种历时已久，但依然高度有效的泛光灯。勺灯既可以作为主光源来使用，也可以作为填充光源，照射到重阴影区域，以减缓衰减，从而增加阴影的透明度。而若需要用相对均衡的光线照射大范围区域，这种灯就十分理想了。如果想要进一步分散光束，可以在勺灯上覆盖一层玻璃纤维布（见图 8—21）。

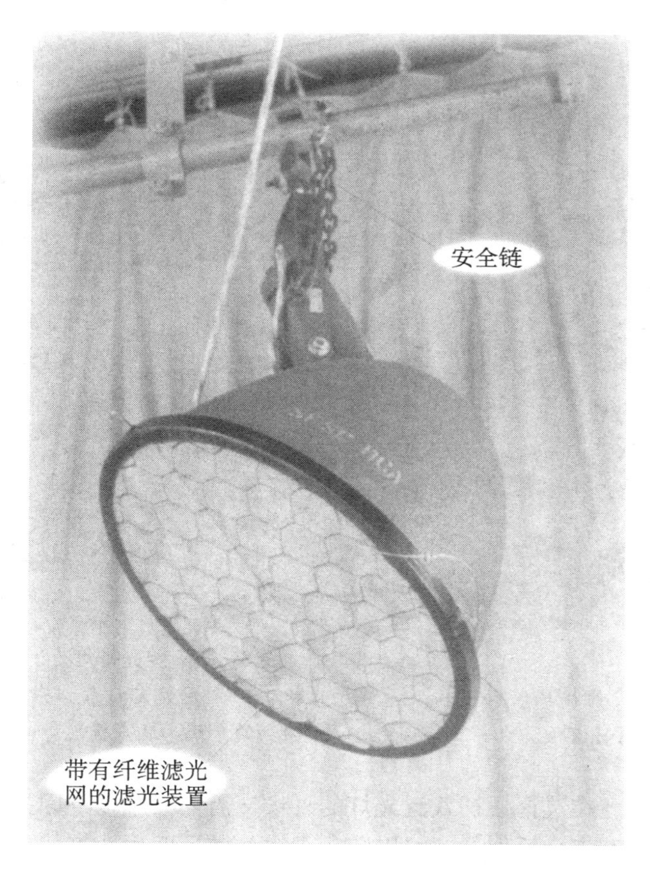

图 8—21　带有纤维滤光网的勺灯

通过这种泛光灯的勺状反射器，可以给其发出的散射的光束一些方向性，因此很适合用作补光。

无影灯　无影灯相对较大，灯泡呈长长的管状，射出的光线会经由弯曲的散光反射器发出。反射器的开口处覆盖有一层散光材料，将光线分散，直到投影几乎无法看清（见图 8—22）。

无影灯的型号各种各样，在室内工作时所需的色温是 3 200K。大多数的无影灯都十分巨大，不适合用于狭窄的拍摄场地。但是小型的无影灯在新闻背景或访谈场合却是不可或缺的，并起着主要作用。一些无影灯配有格子状的东西，叫做蛋箱。这些无影灯就不再同时使用普通的散光布了。蛋箱比之一般的散射布而言，可以给使用者更大的控制权来掌握光束的方向。

荧光排灯 荧光排灯由一排独立的荧光灯管组成，在早期拍摄电视时，它是主要的照明方式。在沉寂一段时间后，这种照明方式又回归到实际工作中。它功率极高，可以产生十分分散的光线和缓慢的衰减，而且还不会像其他泛光灯那样生成太多的热量。荧光排灯在室外工作时的色温大约为 5 000K，而在室内工作时的色温则大约为 3 000K。荧光排灯的制造者费尽心思地想要使这种灯光的效果接近白炽灯，而不会带有荧光那种偏绿的颜色。在你打算使用一种荧光排灯之前，要先进行试验：用荧光排灯照射一个白色的物体，然后对摄像机进行白平衡并拍摄白色物体一两分钟。接着将照明方式改为白炽灯（例如无影灯，或是遮盖纤维布的勺灯），之后重复上述操作。所拍摄的物体在两种情况下的颜色应该是一致的。荧光排灯的缺点就是相对巨大而且笨重，不论是在演播室还是在户外，都稍显不便（见图 8—23）。

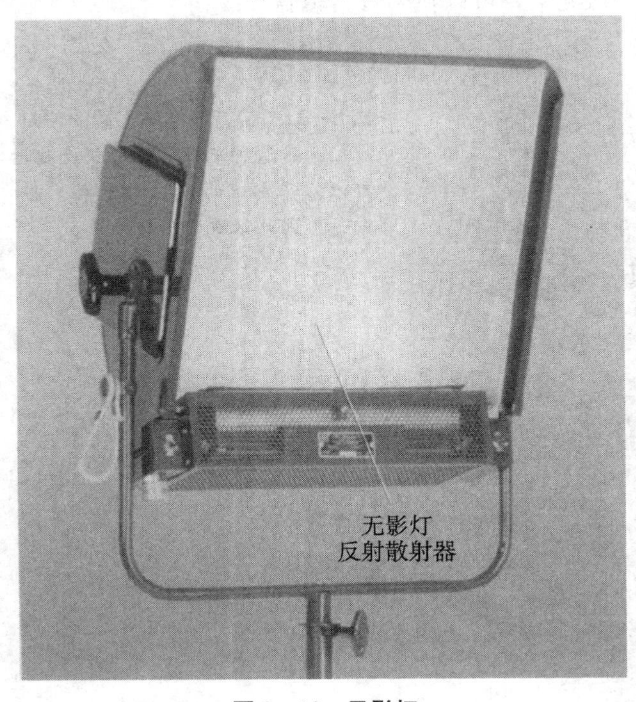

图 8—22 无影灯

无影灯覆盖有散光材料，因此发出的光线极具散射性。因为衰减十分缓慢，其产生的阴影几乎看不见。

图 8—23 荧光排灯

荧光板由一系列荧光灯管组成，可以发出十分柔和的光线，衰减缓慢。

> **重点提示**
>
> 通常情况下，泛光灯的光线没有方向，而且衰减缓慢。

便携式泛光灯 在选择便携式泛光灯的时候，需要考虑以下因素：可以产生大量的散射光；配有一个反射器，可以防止光线分散到四面八方；可以在一般家庭用的 120 伏电压下使用；重量较轻，可以用一个灯架来支撑。但是，你可以将任何便携式照明工具当成泛光灯来使用，而唯一要做的就是将其发射的光束进行分散。如果内置一个伞状反射器的话，那么全向点光源甚至一个小的聚光灯都可以产生泛光照明的效果。许多便携式灯都配备有灯壳或是灯篷，那是一种外形类似于帐篷的散射器。将其罩在便携式灯上后，就会产生高效无影灯的效果（见图 8—24）。而有一些散射器很像中国的灯笼，因为它会把整只灯泡都包裹在里面（见图 8—25）。

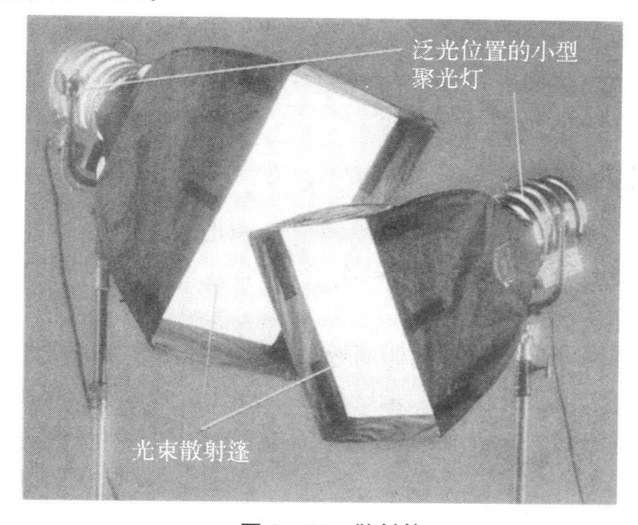

图 8—24　散射篷

小型便携灯包含有很多小型的聚光灯，通过光篷将光束分散，可以变为很有用的聚光灯。

图 8—25　中国灯笼

这些泛光灯可以产生高度分散的光线，照亮大范围区域。

LED 灯

由于数字摄像机的出现，摄像机对光线的敏感度日益提升，因而对实际光线的需求有所下降。所以新型的 LED 灯式的照明工具正在逐渐普及，而且有最终取代目前所使用的白炽灯照明工具的趋势。LED 灯照明的原理和我们所使用的电脑屏幕的发光原理大致相似。在电脑屏幕开启的状态下，它产生的光线足够照亮与之临近的物体。这时，如果你将屏幕换上颜色，那么在其附近的白色物体也会具有同样的颜色，而无须额外使用网胶。

在为小型会展提供光线的时候，将 LED 灯作为泛光灯已经得到成功的运用了。但是，还有一些 LED 灯的平面照明效果更强，甚至有的已经做成了聚光灯，这样就对小型的白炽无影灯和白炽聚光灯形成了挑战（见图 8—26）。

图 8—26　高强度的 LED 灯

小型的 LED 灯有令人惊奇的高度光线输出量，并只需 12 伏的电池即可工作。它的最大优点就是节能，产生的热量低，而且可以使用数千小时。

和白炽灯比起来，LED灯式的照明工具具有很多优势：它们比白炽灯或是荧光灯的灯泡寿命长；它们产生的热量比白炽灯少很多；它们在不使用网胶的情况下就可以产生多种有色光线；在多种色温的情况下，它们都可以产生白色；它们可以在不影响颜色或色温的情况下削弱亮度；它们还可以发射出散射光线，以转换为聚光灯或是泛光灯来使用。

其缺点就是这种灯现在还在发展阶段，所以价格昂贵。其次，LED灯的光线输出量仍然有限。再者，一些使用LED灯的照明工具仍然无法产生绝对平衡的白色光线，这和早期的荧光灯很像。

专用聚光灯和专用泛光灯

有大量的专用聚光灯和专用泛光灯用于完成特定的照明任务。最常见的就是椭圆聚光灯、条状照明灯或天幕灯和各种各样的小型电子现场拍摄泛光灯。

椭圆聚光灯 椭圆聚光灯用于制造特殊的照明效果。这种灯产生的光束十分明亮，可以用移动性金属遮盖将其变成方形或是三角形（见图8—27）。

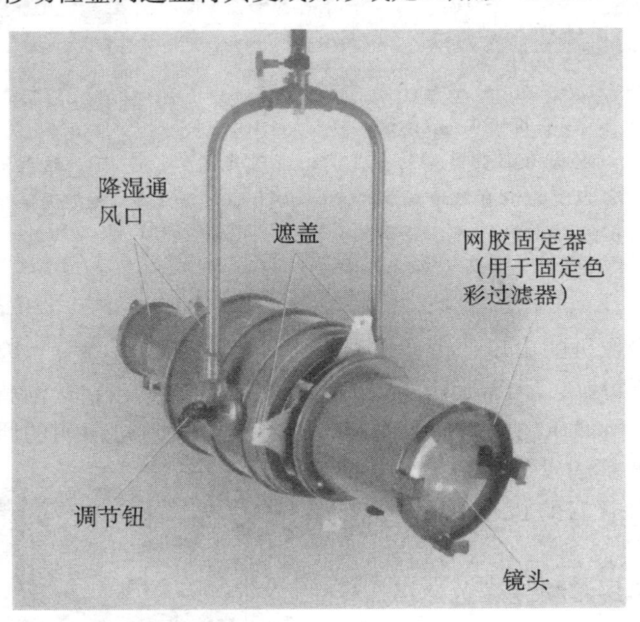

图8—27 椭圆聚光灯

椭圆聚光灯发出的光束十分强烈且明亮，经常为某一特定区域照明。

一些椭圆聚光灯在光束塑形遮盖附近有一个窄缝，那里可以插入各种各样的金属片，金属片上带有排列好的孔。这些金属片叫法各异，和制造它们的公司有关，有时候也会由灯光师来决定。你或许会听到光照组把它们叫做“gobos”，这个词还可以解释为放在光源或是摄像机前面的挖剪图画。有时候它们也会被称为“cucoloris”，简单点就叫做“小甜饼”（cookie）。让我们就称它为“小甜饼”吧。一旦在椭圆聚光灯前面插入了“小甜饼”，那么投射出来的光线就会由单调变为有趣而丰富多彩（见图8—28）。

条状灯或天幕灯 条状灯或天幕灯基本上是用来为环形画景（也就是不带缝隙的围绕整个演播室或舞台的幕帘）、帷幕或大型场景提供照明的。这些灯和剧院的边界灯类似，由几排灯组成，每排有4～12只石英灯泡，配有长长的盒子状的反射器。这些条状灯一般都是相互挨着排列在演播室的地板上，然后向上投射光线到背景上（见图 8—29）。LED 条状灯可以在不使用着色剂的情况下，在一个环形场景中投射出不同色彩的光线。

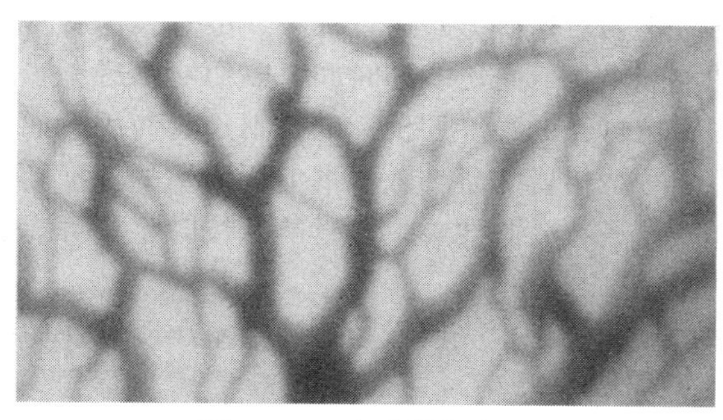

图 8—28 小甜饼模式

在椭圆聚光灯上有一些排列好的孔，你可以往孔里插入各种各样的金属片，它们被称为“小甜饼”。聚光灯通过这些孔照到墙上或其他物体表面上。

图 8—29 条状灯

这种灯经常用来为条状区域或是大范围区域提供照明。

小型 EFP（电子现场拍摄）泛光灯 要完成电子信息采集和电子节目制作，通常需要迅速而高效地进行内部照明，以获取充足的基本亮度。而这项任务的完成在很大程度上取决于小型却高效的泛光灯，这种灯在一般的家庭用电流下就可以使用（见图 8—30）。与夹灯很类似，使用者可以将这些小型的 EFP 泛光灯迅速地放在指定位置，通常整个过程不超过几分钟。而如果要使用更大、更烦琐的演播室照明灯去为同样的区域提供光线，则很可能需要更长的时间。在这些照明工具启动后，不要去碰触它们，因为它们会产生极多热量，很可能会造成严重灼伤。

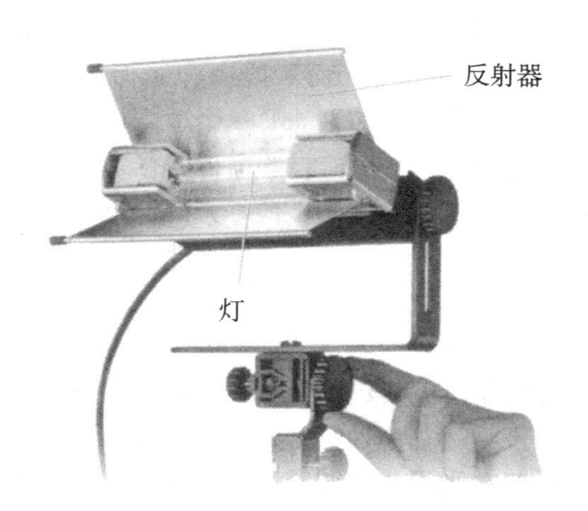

图 8—30 小型 EFP 泛光灯

这种灯使用家庭常用电流就可以工作，通常为小范围区域提供照明。如果置于伞状反射器之中，则可以作为柔光灯使用。

照明手段

现在让我们一起来看如何操作这些照明工具。在照明正式开始之前，先在脑海中设想一下特定的人物、场景和剧情需要达到怎样的拍摄效果，然后在这个前提下去选择一种最为简单的可以达成设想的方式。虽然没有万能的方法可以保证在各种场合都提供良好光照，但具体到某些特定的任务时，还是有一些现成的照明手段可以使用。不过，千万不要对这些方式俯首称臣。尽管人们常常希望能够有更多的照明工具、更多的空间，尤其是更多的时间，以便能够进一步调整灯光，但是一定要清楚什么才是摄像灯光的最终评价标准。不是看使用者如何去重现自然本色，也不是看使用者是否严格遵守各种教科书上所列举的标准，而是要看拍摄的图像在显示器上的样子，还有就是要看拍摄者能否按时将任务完成，而这一点尤为重要。

让我们看看几种最为基本的照明知识：光照操控、演播室照明和现场照明。

光照操控

照明有很多显而易见的危险存在。比如说，一般的家庭用普通电流就足以致人死亡。灯泡、挡光板甚至照明工具本身有时会变得很热，能够造成严重灼伤。如果放置在距离可燃物较近的地方，照明工具就可能引起火灾。配有挡光板的照明工具会悬在高空，距演播室地面有很大的距离，如果处理不当，那么就可能会坠落。在被强光照射后，人眼会产生暂时的视觉障碍。但是即便如此，你也不必还未开始就被吓得放弃照明。这些危险都是可以消除的，而要做的就是遵守几条安全规则。

检查单：照明安全

☑**电**：不要用湿手去拿照明工具，即便它是没有插入插座的。不要“热插入”照明工具，在插入或是拔出电线或调度塞绳（patch cord）的时候，要先切断电源。调度塞绳与某些照明工具连接，可以产生较好的模糊效果。要戴着手套。使用玻璃纤维包裹的安全梯子，而不要用金属梯子。在使用通电线路的时候，不要碰触任何金属性的东西。如果需要一个适配器来连接通电线路或是将其插入，把插头用绝缘胶带包裹住。只有在必需的时候才去使用这些照明工具。如果可以的话，在使用大型的照明工具时，最好先降低电源，使其可以预热，然后再由暗到明，逐步达到最大功率。在进行基本的封闭彩排时，关闭演播室灯光，只使用室内灯就可以了。这样做，一方面可以降低演播室的温度，另一方面也可以延长价格高昂的演播室专用灯泡的寿命。不要浪费电能。

☑**热量**：石英灯可以变得极其热。它们不仅可以加热挡光板，甚至可以使照明工具自己的外壳变得极热。在这种灯开启后，绝对不要光着手去碰触挡光板或是照明工具本身。在调节挡光板或是照明工具的时候，要戴着手套或是使用灯柱（一种木质长柱，尾端有一个金属钩）。

使照明工具远离可燃物质，例如要远离窗帘、布料、书籍或是木板。如果必须要将照明工具放置在这些物品附近，那么需要用铝箔将其隔绝。在换灯泡之前，要先等其冷却。

☑**指印**：绝对不要用手指去碰触石英灯泡。指印或是其他任何类似的黏在石英灯上的东西都会使得这些特殊地方过热，以致烧坏。在换灯泡的时候要使用纸巾，在紧急情况下也可以使用自己的衬衫。在将灯泡放入新的照明工具之前，一定要确认已经断电。

☑**悬挂照明工具：**在降低平衡板之前，要确定演播室地板上没有人、设备以及布景。平衡板是锁在绳轨上的，而绳轨放置在全景的后面，这样就无法看到演播室的地板，所以在降低平衡板的时候，一定要先发出预警，例如“5C平衡板马上就要放下来了！”然后一定要等到“清场”的信号之后再放下平衡板。而且，这样做的时候，最好还要让其他人来帮忙看着地板。拧紧C形夹子上的所有必要的螺钉（见图8—31）。使用安全锁链或缆绳以保证照明工具在平衡板上，而挡光板又附着在照明工具上。如果遇到有明显损坏和松弛的插头或线路时，还要检查插头是否完好。

不管什么时候，只要移动梯子，就要先检查上方和下方是不是有障碍物。不要在梯子上放置扳手或是其他工具。不要为了接触某个照明工具就在梯子上过度倾斜身体。如果可能的话，最好是找一个帮手为你扶稳梯子。

☑**眼睛：**在调整照明工具时，不要用眼睛直视灯光。在灯的后面进行操作，而不要在前方。这样的话，你会顺着光束的方向看，而不是注视光束。如果必须要看着光线，要迅速结束而且还要戴着墨镜。

图8—31 C形夹子

C形夹子用来将较重的照明工具固定在平衡板上。即便固定得很结实，C形夹子也可以让照明工具移动。

演播室照明

重点提示

不要为了方便不顾安全。

现在你已经准备好进行一些实际的照明操作了。虽然比起在演播室内工作，你可能需要花更多时间进行远距离照明，但是你会发现在演播室内学习照明会比在外面更加容易。如果把功能记在脑中，那么照明既不神秘也不复杂：展示物体或是人物的基本形状、淡化或加深阴影、显示物体相对于背景的位置、赋予物体或是人物一些亮点，以及为整个场景营造一种气氛。

摄像原则或是三角照明 静态摄像师们告诉我们所有这些功能都可以通过三种照明方式得以实现：**主光**，用于展示基本形状；**补光**，用于淡化过于明显的阴影；以及**背光**，用于将物体与背景分离，同时提供一些亮点。在摄像和动画中使用的各种各样的照明技巧都深深植根于这种静态摄像的基本原则之中，我们将其称为**摄像原则**或是**三角照明**。一些灯光师还给其起了另外一个名字：三点照明（见图8—32）。

重点提示

摄像原则或三角照明由主光、补光和背光三者组成。

主光 在演播室中，稍稍具有分散效果的聚光灯一般用来提供主光。聚光灯可以将光束集中照射在一个物体上，而不会分散到其他区域。但还有其他的一些照明工具也可以用于提供主光，比如泛光灯、勺灯、无影灯，甚至是从一张白色卡片反射出来的灯光。所以，从中可以看出，主光并不是由照明工具来决定的，而是由其本身的功能决定的，也即显示物体的基本形状。主光灯一般都悬在上方，置于物体前方偏左或偏右的地方（见图8—33）。注意，如果聚光灯被当作主光灯使用，它可以产生快速衰减（一种对比度极大的相连阴影）。

背光 若要更加清晰地显示出物体，并使其与背景脱离，尤其是要呈现出整幅画面，包括亮点和色泽，那么你需要使用背光。一些照明工作人员认为，是背光赋予了照明特有的光亮（见图8—34）。

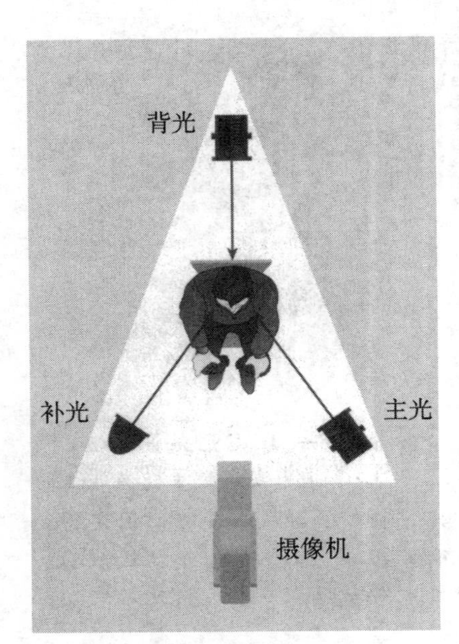

较长 8—32　三角照明

三角照明将主光、背光、补光三者相结合。主光、背光、补光三者形成一个三角形。

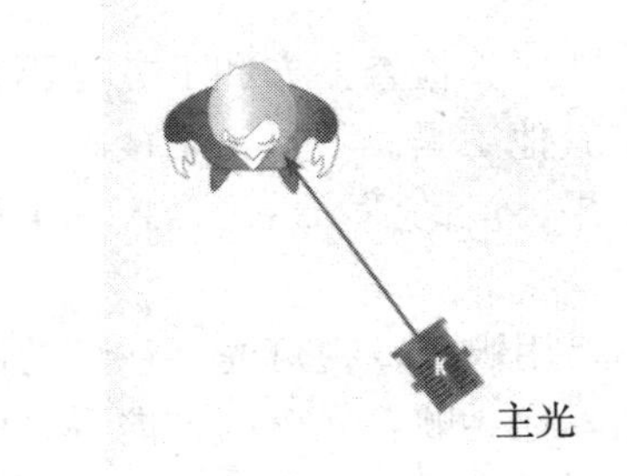

图 8—33　主光

主光灯光是最重要的光源，让物体显示出基本形状。聚光灯经常用来作为主光灯。

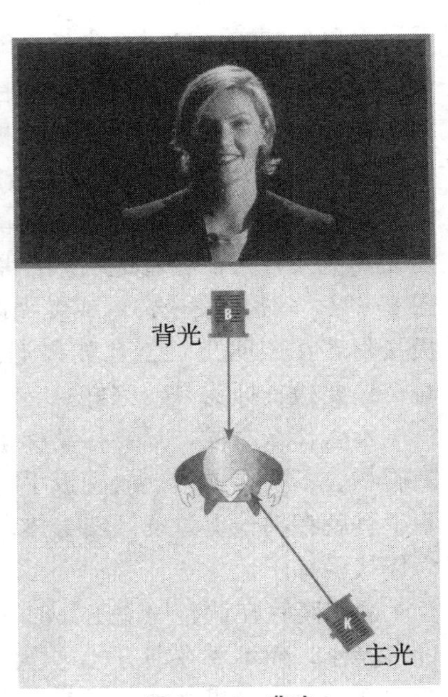

图 8—34　背光

背光将主体与其背景区分开来。

望文生义，背光是投射在物体顶部后方的灯光。它需要放置在与摄像机上方相反的方向，并且要在物体的正后方。由于背光要照亮的区域是有限的，所以需要使用聚光灯。而若要防止背光照到摄像机或是被拍摄到，则需要将其放置在物体后面够高的地方。

一些灯光师坚持认为，背光的工作强度应该与主光一致。而这样想是毫无道理的，因为背光的光线密度取决于物体或是人物的相对反射能力。一个身着白色衬衫的金发女人需要的光线密度肯定要小于一个身着黑色西装的黑色卷发男士。

补光　若要减缓衰减，从而使对比度极大的阴影变得相对透明，那么你需要使用补光。泛光灯通常在这个时候使用，但是你当然也可以使用棱镜聚光灯或是其他种类的聚光灯。显然，你需要将补光灯放在主光灯的对面，然后对准阴影区域（见图 8—35）。

你用的补光越多，那么衰减就会越缓慢。如果补光的强度和主光一样的话，也就将相连阴影连同衰减一起消除了。一些新闻播报或是访谈节目都会精心地使用平光照射，即主光和补光的强度一样，这样就会相对消除主播和嘉宾们脸上的皱纹，但不足之处就是脸部也会变平。

背光　除非你想要的是黑色背景，否则就需要额外光线为背景或布景提供照明。这种额外的光线就叫做背光或是布景光。如若布景较小，你可能仅仅需要一个棱镜聚光灯或是勺灯（见图 8—36）。而如果布景较大，那么可能就会需要更多的照明工具，每一个工具负责照射一个特定的布景区域。为了使背景的相连阴影和前景阴影方位保持一致，背光灯必须放置在与主光灯相同的方向。

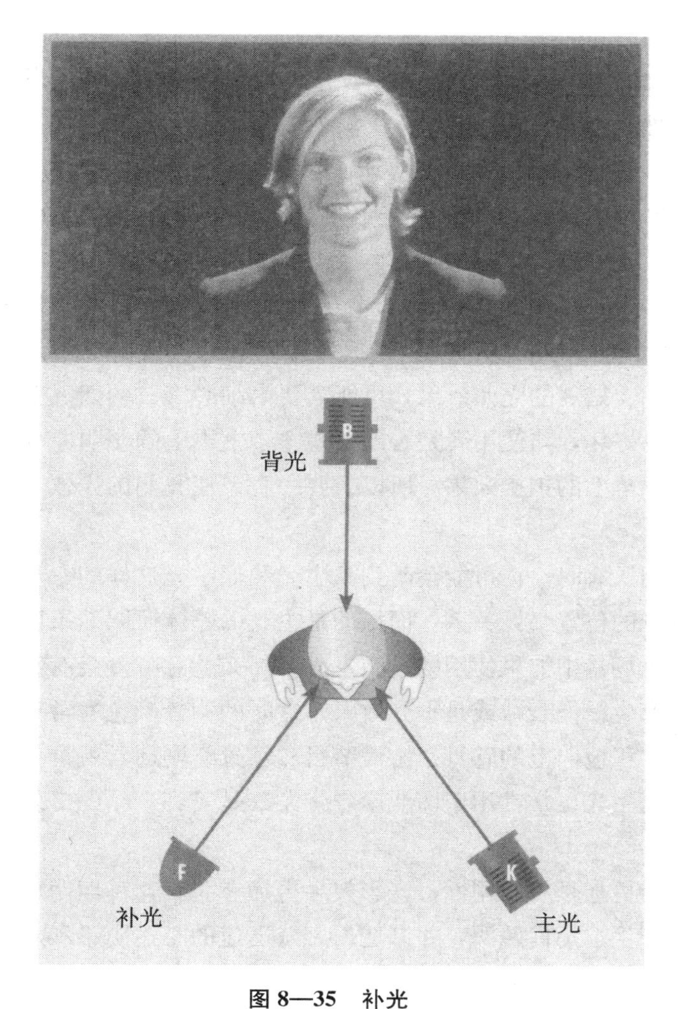

图 8—35　补光

补光将衰减减慢，并柔化阴影，使之变得更为透明。泛光灯经常用作补光光源。

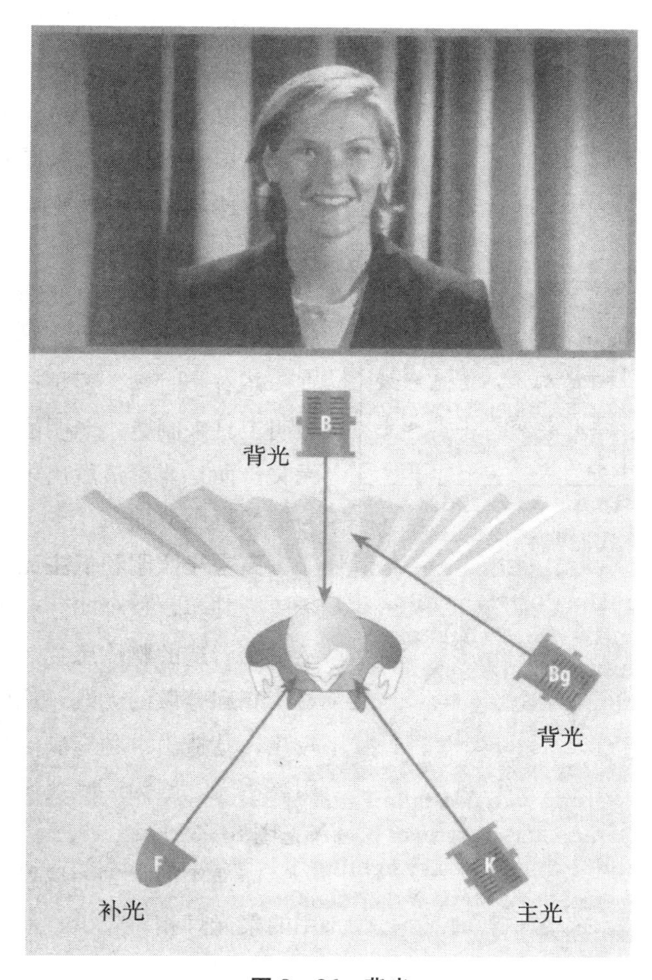

图 8—36　背光

背光为背景及各种场景提供照明。聚光灯或是泛光灯在同侧作为主光。

通过使用背光，使用者还可以在原本单调无聊的背景中制造一些有趣的视觉效果：你可以产生“一片”灯光，投下横切背景的阴影，或是“小甜饼”样的阴影。在设计内部布景照明时，若想制造晚间的效果，那么就需要保持背景整体为黑色，而只照亮一小部分。如果想要制造白天的效果，那么就将背景全部照亮。只要简单地在背景灯前面放置一片彩色片，就可以在原本灰色或是白色的背景上增添颜色。彩色光可以为你节省很多着色的工作。

调整照明三角　如果可能的话，调整布景以适应灯光的位置，而不是将灯移动到布景处。举个例子，如果要为演播室内一个简单的两人访谈提供照明，向上查看灯光的位置，并且找到主光、补光和背光的三点，然后将椅子放在中心位置。即便你无法为另一把椅子再找到一个照明三角的中心位置，你也做得很好了，因为已经有一半的照明工作基本完成。你会发现不可能总是有方法符合摄像原则，也即三个照明工具会形成规定中的三角。这是很正常的，要知道三角照明仅仅是一个基本原则而不是必须遵循的命令。

要尽量用最少的照明工具达到同样的照明效果。如果发散的主光的衰减足够缓慢，也就是说阴影面的对比度太大，那么就不需要使用补光。即便是在演播室内，你也会发现，要达到一种特定的光效，使用一个发射器为阴影部分提供补光比额外用一个补光灯要高效很多。（在本章后面的场地光照中，我们将会探讨反射器的使用。）有些时候，主光会发散到背景中，也就消除了使用补光则的必要性。

重点提示

评价光照是否良好的标准，是光照效果在显示器上看起来怎么样。

无论如何，不要被摄像原则束缚住。有些时候，若想要制造汽车内部的夜间效果，只须使用一个棱镜聚光灯对准汽车的挡风板，光照效果便可以极为逼真。还有些时候，要想产生一支蜡烛的光照效果，可能需要由细心安放的四五个照明工具来制造。照明的效果好坏，与使用者是否严格遵守了书本上的照明原理无关，而是要看最后出现在屏幕上的拍摄效果。所以，要一直记住我们的光效是为摄像机服务的。

高主光照明和低主光照明 有时，你可能会听到高主光和低主光这样的专业术语。其实，这种叫法和主光的位置毫无关系，而指的是主光的总体照明效果以及它所营造的整体感觉。一个场景中如果使用的是高主光，那么就意味着会有大量明亮和分散的光线，从而产生缓慢衰减或是平光效果。这时的背景颜色通常比较浅，营造出一种充满活力、积极向上的感觉。游戏节目和场景喜剧通常就会使用高主光。因为衰减缓慢，高主光也常常用于商业广告，尤其是美容产品的广告（见图 8—37）。

而使用低主光的场景则会更加具有戏剧性，光影效果更加夸张。这种照明使用的聚光灯相对较少，从而产生选择性照明，并制造出衰减迅速的相连阴影和对比度极大的投射阴影。大多数户外夜景使用的都是低主光。当然，这种照明方式还经常见于肥皂剧的戏剧性场景中，神秘节目和犯罪节目中，有时候也会在恐怖电影中使用（见图 8—38）。

图 8—37 高主光照明

高主光照明展示的是一个明亮的场景，有大量的分散光线，背景通常颜色浅淡。

图 8—38 低主光照明

低主光照明展示的是更加明显的光照效果。相连阴影的衰减迅速，同时投射阴影突出，背景通常较暗。

灯光布局图

除了常规的节目，在拍摄任何其他节目之前都要事先准备好灯光布局图。一些灯光布局图只是粗糙的素描，用来表明灯光大概所处的位置；箭头则表示这些灯光光束的照射方向（见图 8—39）。还有一些灯光布局标示在地板网格中，用来表示背景布景、主要活动区域和基本的摄像机所在位置。详细的灯光布局图还会显示出所需照明工具的位置、类型和功能（见图 8—40）。

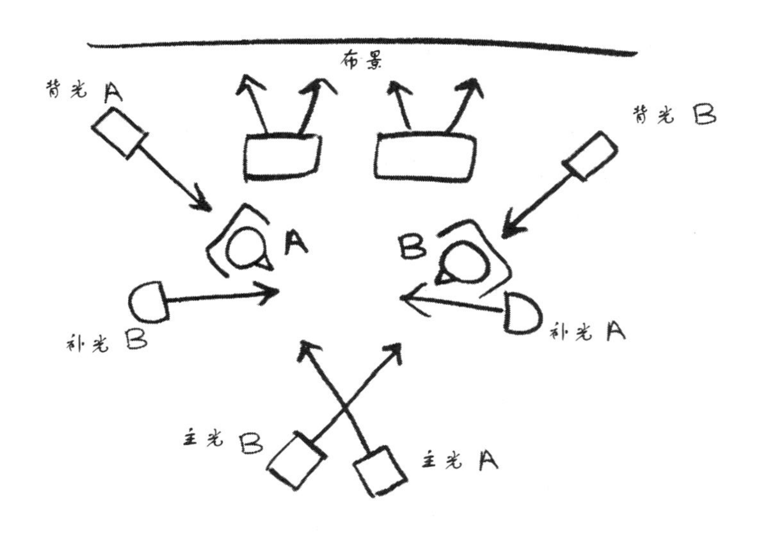

图 8—39　两人访谈的简单灯光布局草图

大多数的灯光布局图都十分简单。只是大体表示出所要使用的灯具类型、摆放位置和光束的基本方向等。

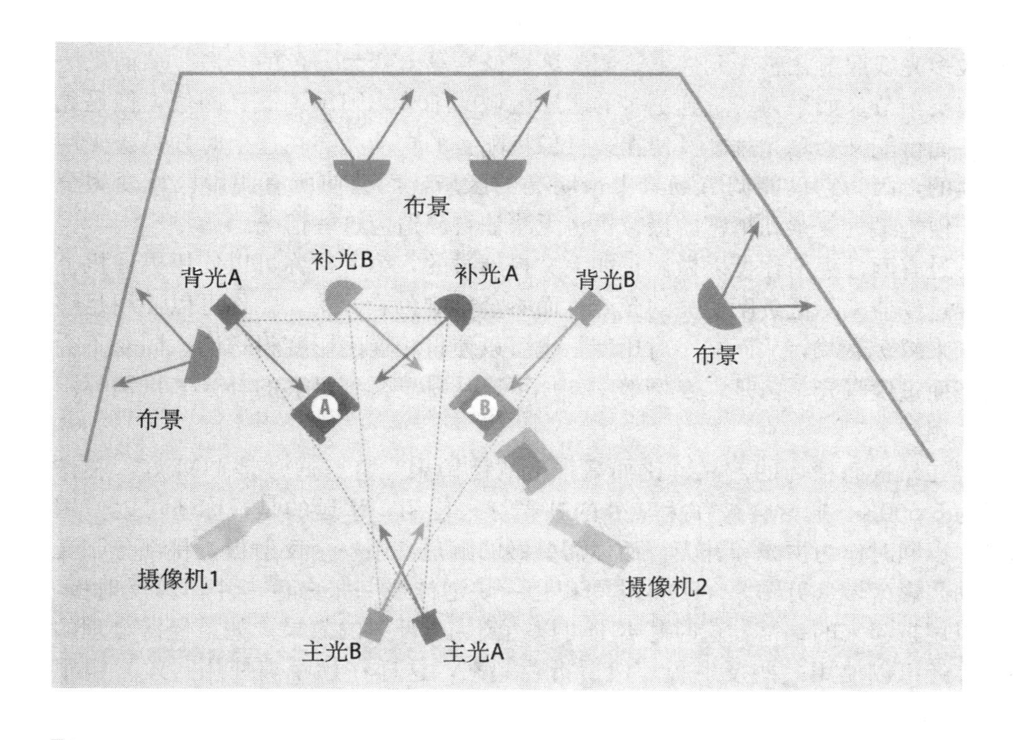

图 8—40　两人访谈的详细灯光布局图

这个灯光布局图标示出了灯具的类型、摆放位置和光束的方向。有的布局图还会详细到灯具的功率。注意这里有两个重叠照明三角，一个是 A，另一个是 B。

现场照明

和演播室照明仅由各种各样的照明工具来完成有所不同的是，在工地或户外进行拍摄时，照明的操作还会扩大到对能用光的控制和使用。在户外拍摄的时候，你会极其依赖可获得的自然光。而这时，你的任务就是去操控阳光，以便使之可以在某种程度上符合照明规则。而在室内拍摄的时候，你可以应用所有演播室的照明规则，只不过在小范围内规则会不适用。在室内工作的时候，窗户往往会成为一个问题，因为从外面射进来的阳光通常都会比室内的光线更加明亮，而色温也会更高。但是，从另一个角度来看，从窗户透进来的阳光也是一种重要的照明光源。

室外——多云的和阴暗的区域 雾天或是多云的天气是进行户外拍摄的最佳时刻，因为雾气和乌云可以成为巨大的散光过滤器，从而使得大量刺眼的阳光变为大量柔和的软光（soft-light）。这样，高度分散的光线就会产生缓慢衰减，而所生成的阴影也会显得透明。摄像机喜欢这样对比度较小的照明效果，因为可以拍摄到清晰而真实的场景色彩。场景的基本照明依靠的是高密度的主光。但是在拍摄之前，一定要记得先调节摄像机的白平衡，在阴天的时候，光线的色温会出奇的高。

巨大的阴影区域可以为你提供类似的衰减缓慢的照明。不论何时，只要可能的话，就让摄像机要拍摄的人站在阴影区域。除了柔和的阴影，你将不会再遇到任何色差的问题。但如果拍摄画面中还要有一块阳光照射的区域，情况就另当别论了。

明亮的阳光 如果不得不在明亮的阳光下进行拍摄，那只能说你运气不太好。明亮的太阳就像是一只巨大的高强度棱镜聚光灯，会使衰减变得极为迅速，从而产生浓重的阴影。光影两面区域的对比度在此时也会变得极大，而这种对比度则又会进一步产生可怕的曝光困难。如果你关闭了光圈（小口径、高 f 值）来防止太多光线照射在感光元件上，阴影区域就会马上变为一色的全黑，从而无法显示镜头细节。如果为了看到更多的阴影区域的细节，则须调低光圈值，但是此时光亮面可能又会曝光过度。便携式摄像机配备的自动光圈在这个时候是毫无用武之地的，因为它仅能调节场景中最明亮的区域，而会使所有阴影区域变为全黑。即便是最为复杂和精密的摄像机也无法让自己适应这些情况。

不过有两件事情你可以做。正如上文提到过的，第一，你可以使用摄像机上的光线过滤器来降低过度明亮的光线，而不会影响色彩。第二，你可以使用足够的补光来减缓衰减，从而减小对比度，也可以使得相连阴影变得透明，同时不会使明亮面过度曝光。但是，在场地中，你可以从哪里得到足够的补光来抵消掉阳光的作用？

现在昂贵而精巧的产品，比如高强度的棱镜聚光灯（通常是 HM 灯）工作色温为 5 600K，通常会被作为户外的补光灯来使用。幸运的是，你还可以使用阳光，以同时作为主光和补光，而你需要做的就是使用一个反射板，将部分阳光反射回阴影区域（见图 8—41）。你可以用一块泡沫或一张白色卡片作为反射板，也可以用折起来的铝箔，这时基本上可以达到完全反射的效果。如果经济合理的话，你还可以使用一些反射板，然后折叠起来，这样在远距离使用，效果也很好。你拿着反射板离物体越近，那么产生的补光就会越强烈。一些灯光师和摄像师会使用多重反射板，来将光线反射到远离光源的地方。在这种情况下，反射板就成为主要光源。如果使用好的反射板，比如镜子，你甚至可以把阳光反射进屋子里，从而为室内或是走廊提供照明，无须使用任何照明工具。

> **重点提示**
>
> 反射板可以代替照明工具。

避免使用明亮背景，比如不要在阳光直射的墙壁前或是海洋或湖面前进行拍摄。任何人站在它们面前时，都会变为剪影，除非使用巨大的反射板或其他的高强度补光。不论何时，都要尽可能地把拍摄主体安置在阴影处。如果要在湖边或

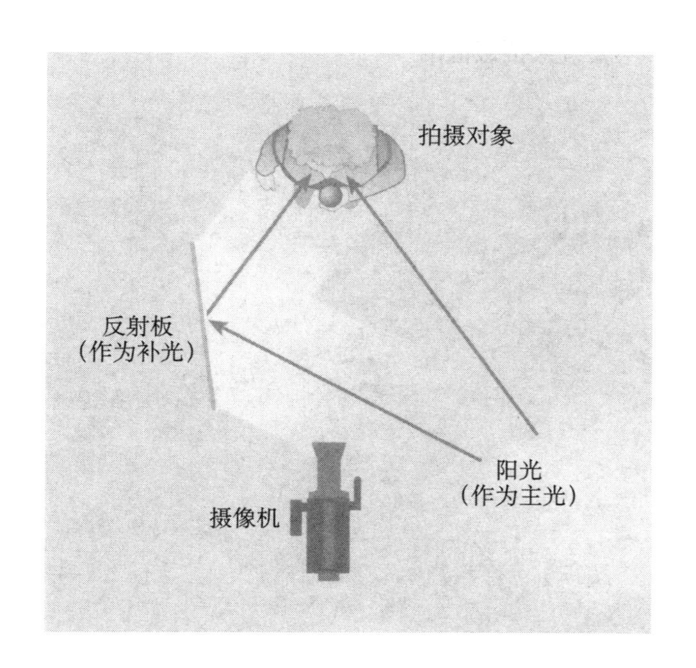

图 8—41　使用反射板

反射板可以作为补光使用：它可以将一些光线反弹回阴影浓重的区域，减缓衰减。

海滩进行拍摄，可以撑开一把大伞，提供必需的阴影区域。伞不仅可以使照明工作变得简单，还可以增加视觉乐趣。

没有窗户的室内　如果屋子里光线充足，那就先依靠已有的光线进行拍摄，然后看看在屏幕中的效果是怎样的。在上文我们曾探讨过，目前已经出现的高光感的便携式摄像机以及电子新闻采集/电子现场拍摄摄像机，可以在已有光线中给予摄像机比之前更多的拍摄空间。基本原理同样适用于有自然光的场合：如果看起来已经够好了，那就不需要额外的附加灯光。

记住，在每次开拍之前都要调节白平衡。大多数的室内照明都可以通过在适当区域安置背光灯而得到轻松的改善。而可能出现的问题是灯架可能会被拍到画面中，而背光灯也可能因为无法悬挂太高而被收入摄像机的拍摄范围。在这种情况下，把照明工具稍稍往边上移动一些，或是临时使用 1×2 的木板提供暂时的支持。要把背光灯移动至距离拍摄物体够近的地方，而且还要保证它在拍摄范围外。

在为室内位置不变的人提供照明时，比如在拍摄一场访谈时，你要遵循和在演播室内同样的摄像原则，只不过你现在需要在台上安放行灯。尽量让主光和补光的亮度为背光的两倍。尽量不要让拍摄对象显现出令人讨厌的偏红色或是白点，同时努力让光线看起来柔和，而要实现这些，可以在三个照明工具上都加上玻璃纤维滤光布。可以用木质布针把遮光布固定在挡光板上。

如果在为室内人物照明时，可以使用的灯只有两个，那么可以将其中一盏作为主光灯，另一盏作为背光灯，然后用一个反射板提供补光（见图 8—42）。你还可以使用一盏无影灯作为主光灯（光线由灯蓬分散），位置基本和人物直接相对，从而可以避免出现浓重的阴影面，然后用另一盏作为背光灯。

如果仅有一个照明工具，比如全向照明灯，你可以把它作为主光灯使用，然后用反射板提供补光。在这种情况下，你只能牺牲背光灯了。但是，如果你分散主光灯的光线，并将其放置在离摄像机稍近而距人物较远的地方（见图 8—42），则基本上可以直接照亮脸部。然后可以在后方使用反射板来提供重要的背光灯效果，当然反射板不要进入拍摄范围。

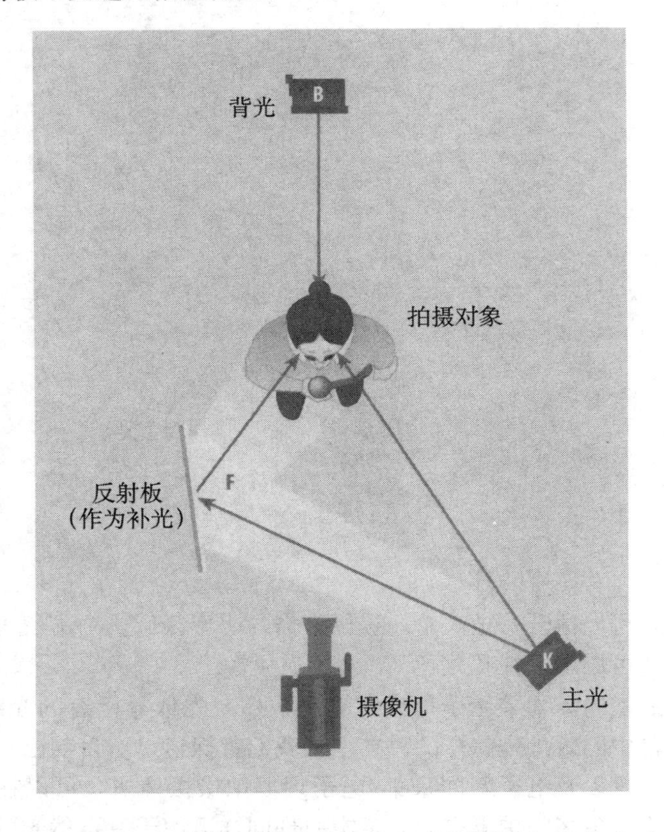

图 8—42　两点式室内照明

使用两盏灯也可以达到三角照明的效果：用其中一盏灯作为主光灯，另一盏作为背光灯，使用反射板来提供补光。

若要照亮一间普通大小的房间，以便可以跟踪拍摄在其中走动的人物，那么可以在泛光的位置安放行灯，然后通过屋顶和墙壁反射光线，或是使用滤光布散射光束。如果可能的话，可以使用散光伞。将照明工具对准散光伞，然后将伞口打开，并朝向场景或反射板，而不要直接对准活动区域。同样的照明技巧还可以用来照亮较大的内部空间，除非你还需要更多功率更大的照明工具。我们的目标就是尽可能使用最少的照明工具来得到最多的主光，也就是高度散射的全景光。

重点提示

在出外景的时候，照明是为了让物体可见，而不是提供艺术化效果。

带有窗户的室内　现在大家应该知道了，窗户可以使光照遭遇严峻的挑战。即便你不是对着窗户拍摄，高色温的光线也会从窗户透进来。如果要用色温为3 200K的室内照明工具去扩大偏蓝色，色温为 5 600K 的室外光线，那么摄像机就会难以把握白平衡。一种将 3 200K 室内色温与 5 600K 室外色温保持一致的最简单的方法，就是在室内照明工具上使用蓝色网胶。蓝色网胶会提高室内光线，直至与室外 5 600K 色温大约相当。即便不是最佳匹配，但摄像机这个时候却可以进行合适的白平衡，而这种白平衡可以同时针对从窗户射进来的室外光线以及室内照明光线。

最好的解决窗户问题的方法就是避开它们：拉上窗帘，使用一般的三角照明方式。但是，许多时候，你可以使用室外光线作为背光，甚至作为主光。例如，在使用窗户作为背光时，要使拍摄对象侧面和后面接受光线照射，然后再按实际情况，决定主光灯和摄像机的位置（见图 8—43）。显然，窗户要在拍摄范围之外。能够将窗户从一个照明中的阻碍变为帮手，在室内仅需使用一个照明工具，那么你就已经完成了专业的照明布置。那补光呢？从窗户透进来的光线以及主光散射的光线应该足以完成这项任务了。如果还不够，你总是可以使用一个反射板，反射部分主光作为补光。

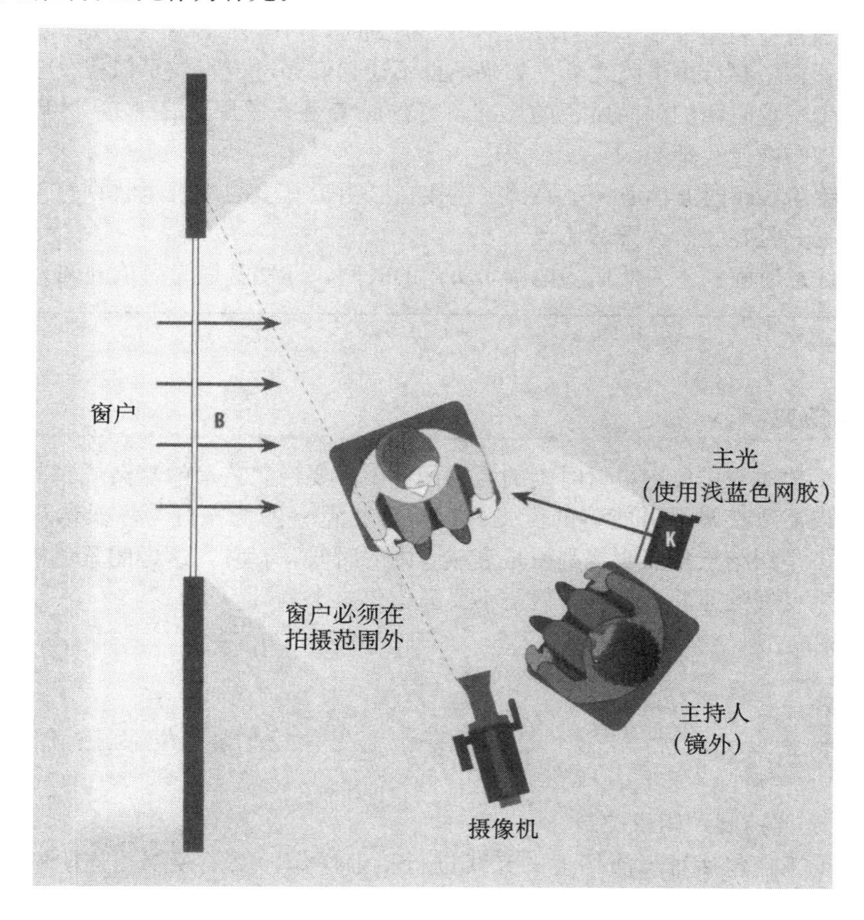

图 8—43　使用窗户作为背光

在这个访谈布置中，照明时只使用了一盏灯，作为主光，而背光是由不在摄像机拍摄范围之内的窗户提供的。

指导原则：现场照明

☑**提前检查：** 在正式开拍日期到来之前，先对场地进行考察，然后预估照明需求。安排一名联络人，要知道他或她的名字、地址和电话号码。检查开关箱，测量电量、输出电压和所需要的延长线路。为不同的输出电流准备好适配器。

☑**做好准备：** 以下几种物品要一直带在身上：几卷绝缘胶带、一卷铝箔、手套、一个扳钳、一些木钉（塑料的会融化），还有一只灭火器。

☑**不要使电线负荷过重：** 一旦进入场地，就不要使电线负荷过重。虽然普通的 15 安培的家用插座可以释放 1 500 瓦特的电量，但是不要在一条线路上连入功率超过 1 000 瓦特的电器。要意识到，数个不同的插座可能使用的是一条线路，虽然它们的位置可能在室内的不同角落。为了验证那些插座使用的是同一条线路，可以拿一盏灯，接入不同的插座，然后关闭插座开关。如果电灯也熄灭了，证明它所处的就是测试的线路；如果电灯还亮着，说明这个插座所连接的是不同的线路。记住，即便延长电线也会增加线路负担。

☑**延长灯泡寿命：** 只在需要的时候才将灯打开。因为配备在行灯上的白炽灯泡的寿命有限，所以，在不用的时候将灯关闭，不仅可以节约电量，还可以延长灯泡使用寿命以及减少拍摄现场的热量。

☑**确保灯架稳固：**在把照明工具放上灯架的时候一定要格外小心。确保所有的灯架都有沙袋坠重，这样当被人不小心撞到时，灯架才不会轻易倒下。将延长电线放置在主要行走道路之外。如果不得不让它们穿过走廊或是门槛，要在线上缠些胶带（这时我们前面所说的要准备好的胶带就有了用武之地），然后在上面放一块破布或橡胶地垫。

☑**移动线路时要小心：**不要拉扯连接在照明工具上的延长电线；灯架很容易翻倒，尤其是在完全撑开的情况下。

☑**注意时间：**不要低估场地调光所需的时间，即便是最为简单的调光。

临场照明技巧

如果你被安排负责最后时刻的照明任务，不要抱怨艺术的复杂或是时间的不足。仅仅需要打开尽可能多的泛光灯，然后放置一些背光灯为场景增添一些亮点。这不是纠结三角照明规则或是衰减规则的时候。有时，这样的紧急措施反而可以产生良好的照明效果——但是不要只指望这个。

主要知识点

▶ 光照控制和阴影控制

照明工作包括对表演场地的光线进行精确操作，以及控制相连阴影和投射阴影。

▶ 光照类型和光照密度

两种最基本的光照类型就是定向光和散射光。定向光光束集中，可以产生对比度极大的阴影。而散射光光束分散，产生的阴影比较柔和。光照密度的计量单位是英尺烛光，或是欧洲通行的单位勒克斯。两种单位之间的转化方式为 10 勒克斯相当于 1 英尺烛光。

▶ 对比度和测量照明

对比度指的是在拍摄画面中，最暗部分和最亮部分之间的不同光效。对比度通常用比例表示，比如 60∶1，意味着最亮区域的光照密度是最暗区域的 60 倍。许多摄像机可接受的对比度都有一个范围，一般是从 50∶1 到 100∶1。若要测量对比度，测光表需要测量反射光的读数；而在测量基本光强度时，测光表则需要显示入射光的读数。

▶ 阴影和衰减

阴影的类型有两种：相连阴影和投射阴影。相连阴影与产生它的物体相连，无法独立存在。投射阴影则可以离开原物而独立呈现。衰减指的是从光照到阴影的变化，以及光照区域和阴影区域之间的对比度。快速衰减意味着光照区域急剧过渡为阴影区域，而对比度很高。相反，缓慢衰减则指的是光照区域逐渐过渡到阴影区域，对比度很低。

▶ 色彩和色温

色彩是通过加色混合法得到的。所有色彩都是通过按一定比例混合三种基本色而生成的，三种基本色就是红色、蓝色和绿色。色温指的是白色光线的偏红或偏蓝的效果。白平衡就是调整摄像机，使其适应泛光的色温，从而摄像机可以将白色物体在屏幕上显现为白色。

▶ 照明工具

照明灯一般可以分为聚光灯和泛光灯，以及演播室灯和便携式泛光灯。聚光灯产生一种强烈而集中的光束，泛光灯发出的光则高度分散且没有方向。演播室灯通常悬挂在演播室屋顶，便携式泛光灯则相对较小，由灯架支撑。

▶ 摄像原则或称为三角照明

光照任务的完成通常需要遵循一个主要的照明规则：一个主光（主要光源）、一个补光（填充阴影部位），还有一个背光（将物体和背景分开，同时增加其亮点）。这个规则也称为三角照明。反射板经常可以替代补光。背光是额外添加的光线，用以为背景和布景区域提供照明。在现场或户外照明中，比起严格遵循三角照明，更为重要的是提供足够的光照。在现场照明中，泛光灯比聚光灯更常用。

▶ 高主光照明和低主光照明

高主光照明使用大量明亮而分散的光线，产生缓慢衰减或平光；高主光照明下的场景通常背景颜色较浅。低主光照明使用一些聚光灯产生迅速衰减的光照以及对比度极大的投射阴影，用来为指定区域提供照明，可以产生夸张的戏剧性效果。

▶ 窗户

在电子现场拍摄照明中，窗户可以作为主光或背光使用，只要保证它在摄像范围之外就可以了。所有的白炽照明工具都要使用淡蓝色遮挡媒介，以便与从窗外射入的光线色温相一致。

关键术语

宽高比（aspect ratio）：电视屏幕的宽度与高度的比例。标准电视的宽高比为4×3（4个单位长度宽乘以3个单位长度高）；高清电视的宽高比为16×9（16个单位长度宽乘以9个单位长度高）。可移动视频播放器有各种宽高比，包括纵向型播放器。

字符发生器［character generator（C.G.）］：专用于制作不同字体的字母和数字的电脑。它生成的字符可以直接融合到视频图像中。

色度键（chroma key）：使用一种颜色（通常是蓝色或绿色）作为主要背景键入色度。在键入过程中所有蓝色或绿色区域将被基础画面所取代。

数字视频效果［digital video effects（DVE）］：由特效制作人员用切换器或计算机特效软件制作的影像特效。用于制作DVE的电脑系统被称为"图像发生器"（graphics generator）。

电子静止帧存储系统［electronic still store（ESS）system］：将静态视频帧以数字格式进行存储的设备，方便随机存储。

可显区（essential area）：家用电视能够接收到的电视画面部分（少数接收装置的误差不作考虑），也称作标题安全区（safe title area）。

蒙板（matte key）：填充为灰色或其他颜色的图层。

叠加（super）：全称为superimposition，重叠展示两张图像，透过上面的图像，可以看到底部图像。

擦除（wipe）：是一种过渡方式，指一幅图像渐渐替换掉另一幅图像，而使得后者像被从屏幕上擦除。

第9章 图像和效果

既然我们已经知道了摄像机是用来做什么的，也学习了如何对镜头拍摄图像进行高效的组合，所以接下来就可以将我们的创造性努力应用于合成视频图像，这些图像是由电子操控的，或完全是由电脑生成的。这些合成图像可以很简单，像在背景图像上浮现出的电子生成的标题，或是电脑制造的景色，可以随着观看角度而变化。虽然摄像机仍然负责提供大多数的视频图像，但合成图像正在越来越多地被应用于视频制作之中。

重点提示

视频的图像既有来自于摄像机拍摄的，也有由电脑生成的。

本章将探讨模拟图像和电子图像的操控，以及合成图像生成的主要方面。

- ▶ **图像规则**

  宽高比、可显区、可读性、色彩、活动图像、风格
- ▶ **标准电子视频效果**

  叠加、变体和擦除
- ▶ **数字效果**

  数字图像操作设备、普通数字视频效果、合成图像制作

我们早已能够通过文字加工软件轻松地改变字体和它们的外形，现在这种技术已经扩大到了电视图像领域。标题中的字母有多种变换形式，你肯定对这个已经很熟悉了。比如一些字可以飞到屏幕上，或在屏幕上跳舞。气象地图不仅仅显示出气温，还会有乌云和雾气飘在上面，或是有雨和雪落下来。交通地图可以显

示出哪里有事故发生了，或是哪里又遇到交通阻塞了。我们已经对这些图像习以为常了，而不会觉得它们是什么特殊效果了，但是实际上，这些效果的产生需要极为复杂的制图软件和技能高超的工程师。

不幸的是，许多类似的炫目的表现方式有时却不利于高效的交流。即使你不打算成为一个图像师或艺术指导，你也需要懂得最为基本的图像规则以及最基本的模拟视频和数字视频效果。这些知识可以帮助你在作品中加入合适而效果明显的图像。

图像规则

视频图像的基本元素和规则包括宽高比、可显区、可读性、色彩、活动图像和风格。

宽高比

在第6章我们曾讲过，宽高比描述的是电视机的基本形状，也就是宽和高的关系。标准电视（STV）的宽高比是4×3，意味着电视屏幕宽度为4个单位，高度为3个单位（见图6—1）。这里所说的单位可以不同，比如可以是英寸，也可以是英尺或是米。而比例则表示为1.33∶1，也就是说，每一个单位的屏幕高度就对应着1.33个单位宽度。而高清电视（HDTV）的宽高比则是16×9，或1.78∶1，这就意味着屏幕被横向拉长，与电影院的大屏幕比较像（见图6—2）。手机屏幕，或可移动视频显示器，有许多不同的宽高比，比如4×3、16×9以及更宽一些甚至是垂直向的屏幕。在屏幕的整体纵横比之中，你可以使用不同的宽高比例来生成数码图像框架，甚至制造出变形的图像。

高清电视的优点就在于宽高比比较大，可以显示横向拉长的场景或标题，而这些在使用标准宽高比的时候，就需要进行裁剪或重新调整位置（见图9—1、图9—2）。高清电视可以显示宽屏幕的移动图像，而不会在屏幕上方和下方产生盲区（黑色长条）。但是，脸部特写则使用标准宽高比可以得到更好的显示。

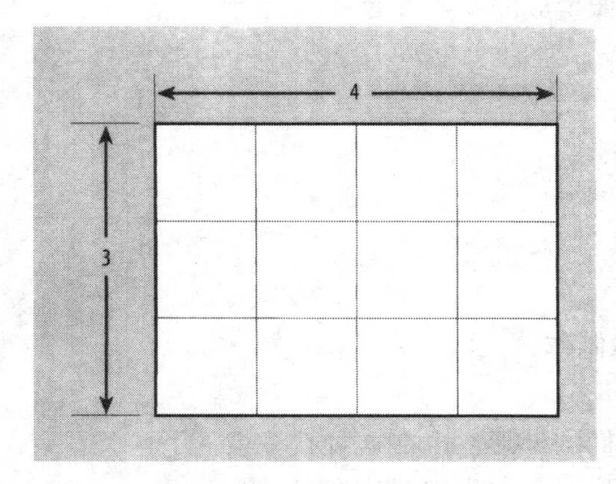

图9—1 标准电视宽高比

标准电视宽高比的宽为4个单位，而高为3个单位，或是1.33∶1。

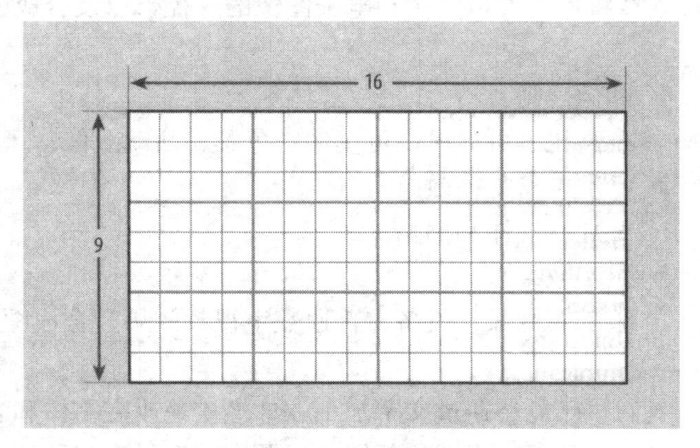

图9—2 高清电视宽高比

高清电视宽高比为16个单位宽，9个单位高，或是1.78∶1。

可显区

暂且不论宽高比，我们需要将所有重要信息全部放在可显区中，这个区域也可以称为安全区。一般的家庭接收器都可以显示这个区域，即便是在图像传输过程中稍有变化，或是电视机接收问题，或是宽高比在高清电视和标准电视之间有所转化（见图 9—3、图 9—4）。大多数演播室摄像机的录像器可以转换到二层框，以标示出可显区。

> **重点提示**
>
> 所有的必要信息都必须在可显区（或安全区）的范围内。

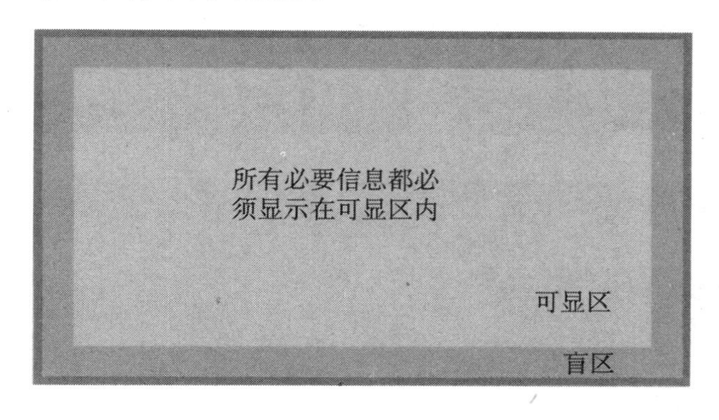

图 9—3　可显区

可显区或是安全区是电视屏幕中央的一块地方。所以必要的信息都必须在可显区的范围内。

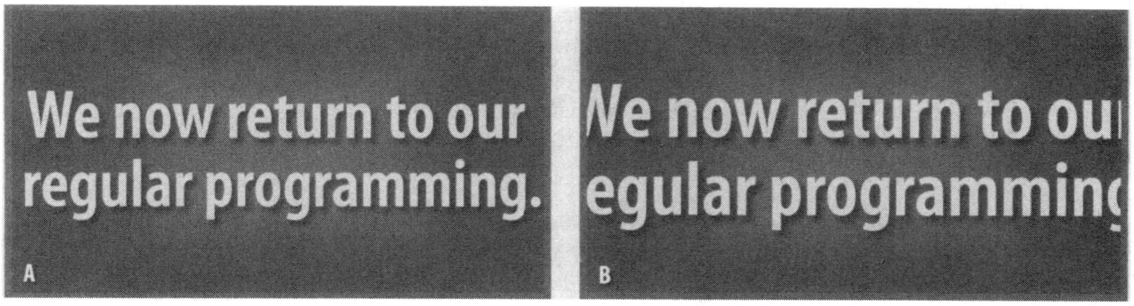

图 9—4　标题位于可显区外

A. 虽然我们在调整好的显示屏上可以看到整个标题……

B. ……但是家庭接收器就无法显示在可显区之外的信息。

可读性

即便摄像机的镜头可以部分记录质量极其高的图像细节，但摄像记录系统和播放时的电视机却不一定可以还原高质图像。在实际中，这就意味着你需要使用一些在屏幕中可以很容易辨认的文字。有时，标题跳动太快或是出现时间太短，只有高速解读器才能将其辨识。下面的意见可以帮助你制作高效的视频图像。

■ 将所有信息限定在可显区中。在宽高比为 4×3 的可显区中，所产生的图像必须在宽高比为 16×9 的屏幕上也可以清晰地显示。

■ 使用够大够粗的字体，这样即便当图像不太理想或是背景尤为模糊的时候也可以看清（见图 9—5）。

■ 限制信息量，将文字排列在固定模型内。信息应该形成显眼的组合，而不是随意散乱在屏幕上。模型设计对网页尤为重要，因为可显区严重受限（见图 9—6、图 9—7）。

■ 当屏幕需要分割以安放一些没有相关性的信息时，模型设计也很必要（见图 9—8）。

图 9—5　混乱背景上的大字母

虽然背景纷杂，但标题仍然很清楚。因为标题字母使用了大字体，以及和背景截然不同的颜色，这样保证了标题的可读性。

图 9—6　将标题按组织块排列

使用组织块排列标题会增加它的可读性。

图 9—7　杂乱标题

当信息没有整齐排列的时候，就会造成视觉杂乱。分散的信息块很难辨识，尤其当它们出现在电视屏幕上的时候。

图 9—8　多层模型

当不同种类的信息被安放于模型中，并且使用不同层次时，信息将会更加具有可读性。

色彩

我们已经讲过了，不论是摄像机还是电视机，所有色彩的产生都是基于三种基本色——红色、绿色和蓝色——的叠加。现在你需要学习如何对三种色彩进行排列组合，以便通过它们使特定的信息得以清楚而强烈地显示。我们略过烦琐复杂的色彩理论部分，直接进入对图像和场景中色彩的实际应用部分：不按色调，即不按实际颜色来区分它们，而是按照高能和低能来划分。

高能色彩就是我们通常所说的“华丽的”或是“明亮的”色彩，例如大红色、黄色和蓝色。而低能色彩则更显轻淡柔和，这些色彩有米黄色、粉红色、淡蓝色和灰色。若要将观众的注意力吸引到标题或是图像区域上，可以在主体上使用高能色彩，而背景则使用低能色彩（见图9—9、图9—10）。

重点提示

主体使用高能色彩，背景使用低能色彩。

图9—9 低能色彩

低能色彩不饱和，也就意味着其色彩力度很低。

图9—10 高能色彩

高能色彩饱和度很高，表明其色彩明显。而将高能色彩的物体置于低能色彩背景下的时候，反差将更为明显。

在前景和背景中同时使用高能色彩效果并不会很好，因为两者的强度相同，会争夺注意力。许多网页就因全部使用这种不加区别的高能色彩而效果不佳。这样的结果是，使用者很可能会跳过所有这些区域，而选择进入一个并不突出的页面。相反，如果前景色和背景色都使用低能色彩，那么整体的图像就会显得不突出。许多商业广告有意使用低能色彩，它们往往使用黑白效果，以给观众一种远离尘嚣的感觉，并刺激他们在脑海中调用自己的调色盘。

活动图像

为了吸引观众注意，标题通常是活动的，也就是说，标题会以一定方式移动。文字信息斜着穿过屏幕，从一边到另一边。还有些标题似乎是飞到了屏幕上，或是逐渐从侧边或是上方、下方出现在屏幕上。还有一些标题是淡入或淡出的，或是在屏幕上跳动或闪烁。虽然这样的标题可以立刻吸引眼球，但也容易很快被忽略。在使用活动图像的时候，要先想想它们是否与节目的内容和风格相衬。

重点提示

标题应与节目的风格相匹配。

风格

在图像设计上，风格指的是以视觉方式展现出符合所要表达信息的常规元素。开场标题的风格应该和接下来的节目特色保持一致。所以，如果要播出的节目讲的是人类的苦难，那么选择跳动的卡通字母作为标题就很不合适。同样的，用忧郁而正式的字母来介绍一部搞笑卡通也是不合适的。若要学习更多关于风格的知识，可以去阅读印刷和图像方面的书籍，观看发行报刊的配图，或是去看一些独树一帜的时尚杂志。

标准电子视频效果

达到标准电子视频效果需要两种设备：一是切换器（见第 10 章），二是特效发生器（SEG），后者通常是内置于或是连接在电子转换器上。大多数的后期制作编辑软件都可以生成多种特效，种类一般是超出所需的。一些特效变得非常普遍，以至于它们已经失去了“特殊”性，而转化为普通的视频部分，比如叠加以及各种各样的字体变体。

叠加

叠加（superimposition，简称为 super）展现出的是双重视觉效果。这种手法将两幅图像同时展示，让观众可以在同一时间看到两幅复杂的图像（见图 9—11）。

图 9—11　叠加

叠加同时展现两幅图像，并且双重曝光。

重点提示

叠加效果将两张图片重叠，同时展示。

叠加也可以简单地被看作进行到一半的溶解效果。在溶解还没到一半的时候就停止的话，在叠加效果下，基本图像会比较清晰；而在溶解进行到一半之后才停止的话，在叠加效果中，溶解图像会比较清晰。第 10 章中将会讲到如何用切换器来实现叠加效果。

叠加效果大多是用来显示内部事件的，例如思想或是梦。你肯定很熟悉这样的场景：在一个脸部特写上方，用叠加效果展现出梦境。为了展示芭蕾动作的复杂性和舞蹈的优雅，我们可以使用叠加方式，将远镜头和演员的特写同时显现。这样，合成图像就具有新的意义。正如你看到的，我们不再是单纯地拍摄一段舞蹈了，而是要共同创造它（虽然这样有时候会让排舞人员很沮丧）。

变体

变体是另一种使用电子手段将两幅视频图像混合在一起的方式。但是变体与叠加不同，在叠加效果中，我们是可以通过溶解图像看到下面的基本图像的，但是在变体效果中，一幅图像会遮住基本图像的一部分，从而给人感觉溶解图像在基本图像的上方。

要了解变体是如何作用的，可以试想一下一串白色字体显示的名字出现在屏幕上。字符发生器（C. G.）将白色标题呈现在深色背景下。背景图像通常是由电子静止帧存储系统来提供的，这个系统可以被看做巨大的电子图像储藏馆。另外，视频录像和实况摄像机也是常见的图像来源。标题被称为关键源，而背景图像则构成了场景的基本图像，或是背景。在变体中，关键源通过电子方式，将自己切入基本图像中，而这样做的结果就是字母会出现在场景上方（见图 9—12）。

图 9—12　键入标题

键入标题看起来似乎是粘贴在了背景图像之上。

当然，你可以将任何一幅电子图像切入基本图像中，例如将屏幕分割为不同部分的线条，或是屏幕上的一块盒状区域强调显示出不同的图像。电视新闻主播肩上的一块盒状区域就是这种变体的常见例证（见图 9—24）。

因为变体效果有无数种变化，所以名字也各不相同，甚至经常难以区分。你可能会听到如下术语：普通键、蒙板以及色度键，而且使用时经常不加区分。在这里，我们按照常见的使用方式将这些术语加以分类：普通键或叫做亮度键、蒙板、色度键。

普通键或亮度键　在普通键中，只有两种视频源：关键源和基本图像。普通键仅仅简单地替换掉关键源周围的黑色区域，例如标题，使得颜色较淡的标题出现在基本图像的上方。因为这个过程中，最为关键的步骤是通过标题字母和背景之间颜色的深浅对比来显现的，所以普通键又被称为亮度键（见图 9—13）。

蒙板　在使用这种键时，使用者要加入第三个视频源，而这个视频源或是由切换器生成的，或原本就是额外的视频源。大多数时候，蒙板指的是标题中具有不同颜色或是线条粗细不一的字母（见图 9—14）。

图 9—13　普通键或亮度键

普通键展示的是背景和切入背景中字母之间光影的反差。

图 9—14　蒙板

蒙板会在字母中加入灰色或是其他颜色。

> **重点提示**
>
> 关键源切入基础图像，使键看起来像是覆在基础图像上。

色度键 在使用色度键的时候，要接受变体的对象会被放置于单一颜色的背景之中，这个背景颜色通常是蓝色或是绿色，这样做的主要原因是这些颜色在外层色调下会消失。使用色度键的一个典型例子就是天气预报节目。气象播报员看似站在一个巨型气象图前，但是实际上她背后仅仅是单一的绿色（一种均匀的饱和适中的绿色）背景，而气象图则是由电脑生成的。在色度键变体中，气象图取代了绿色区域，使得播报员看似站在了气象图前。当她转身指向气象图时，她能看到的只是绿色幕布而已。为了协调她的动作以符合真正的气象图，她必须看着显示着整个变体效果的显示器（见图 9—15）。

假设你使用蓝色作为色度键颜色，所有蓝色的物体都会被气象图所取代，所以，播报员不可以身着蓝色服装。拍摄对象也不可以穿任何与背景颜色相近的颜色的服装。例如，如果图 9—15 中的播报员站在了蓝色背景中，在色度键调控中，她的蓝色牛仔裤就会消失，而被换之以一部分的气象图，那么我们也就只能看到她的上半身指着气象图中的高压区域。

图 9—15 色度键效果：气象预报

A. 在这个色度键中，气象播报员站在绿色背景前。

B. 在这个色度键中，背景已经被换作了电脑生成的卫星图像。

C. 气象播报员看起来似乎是站在了气象图之前。

色度键有时还会被用来制造特殊效果。例如，假如将舞者的上半身和头部用蓝色遮住，然后让她在蓝色背景下活动，那么通过色度键，我们就只能看到她的两条腿在跳舞。

> **重点提示**
>
> 在色度键中，所有的蓝色和绿色部分都会被键入的背景图像所取代。

色度键还经常被用来改变背景。举个例子，若要将办公室窗外的露天停车场背景转变为天空的全景图，那么可以简单地将桌子和椅子放置于色度键背景下，然后用一张天空的图像作为背景源。在色度键调控中，桌子后面的人就会出现在高高的窗子前。这样做的好处就是你可以避免在背对明亮窗子拍摄时所遇到的光照问题（见第 8 章）。

在电影制作中，色度键通常叫做蓝屏手法。

擦除

虽然严格说来，擦除是一种过渡手段，因为它经常连接着两幅图像。但是，因为这种方式即使不能说突兀也可谓是十分明显，所以通常人们会将其视为一种特效。在擦除时，一幅图像的部分或全部会逐渐被另一幅图像所取代。从视觉上来讲，就是一幅图像将另一幅从屏幕上擦除了。擦除的外观效果有多种类型，而这些类型通常都会表现在切换器的按键上，所以你可以在正式使用之前就预设好擦除的类型（见图 9—16）。

最常见的擦除类型是水平的和垂直的两种。在水平擦除中，第二幅图像从侧边开始，逐渐取代基本图像（见图 9—17）。

通过切换器形成的分割的屏幕就是简单地使用了水平擦除方式，然后在中途停止。更多时候，分割屏幕是由数字效果产生的，和模拟擦除方式相比，在这种情况下，使用者可以更多地控制分割画面的尺寸。在垂直擦除中，第二幅图像从上而下或是从下而上移动，逐渐覆盖住基本图像（见图 9—18）。

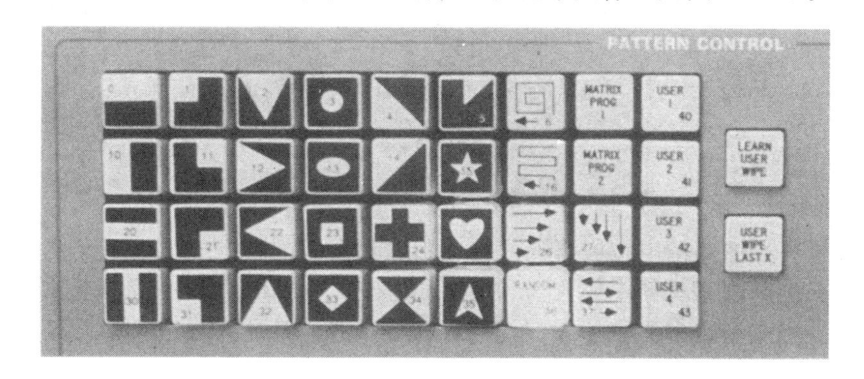

图 9—16　擦除类型

切换器上的一组按钮表示的是可以使用的擦除类型。精细的系统可以提供超过 100 种的擦除类型。

图 9—17　水平擦除

在水平擦除中，第二幅图像从侧边开始，逐渐取代基本图像。

图 9—18　垂直擦除

在垂直擦除中，第二幅图像从上而下或是从下而上移动，逐渐覆盖住基本图像。

其他一些十分常见的擦除有角落擦除，在这种情况下，第二幅图像从基本图像的一角开始出现；还有菱形擦除，也就是第二幅图像出现在基本图像的中间位置，然后以菱形的形状逐渐扩大（见图 9—19、图 9—20）。

图 9—19　角落擦除

在角落擦除中，第二幅图像从基本图像的一角开始出现。

图 9—20　菱形擦除

在菱形擦除中，第二幅图像出现在基本图像的中间位置，然后以菱形的形状逐渐扩大。

在柔和擦除中，两幅图像的分界线会被人为地模糊化（见图 9—21）。

不要仅仅因为擦除手法容易操作就过度使用。所有擦除效果都会十分明显，

图 9—21　柔和擦除

柔和擦除能够人为地模糊两幅图像之间的分界线。

尤其在宽高比为 16×9 的高清电视屏幕上。在使用擦除作为过渡方式时，一定要注意，这种方式必须与视频材料中的人物和情绪相适应。比如说，在报道一起凶杀案时，用菱形擦除来呈现出更多的细节就一点都不合适。但是，若是从春天繁花似锦的场景转换到芭蕾舞蹈演员时，用菱形擦除就很好。

数字效果

电脑的应用极大地提高了进一步改变镜头拍摄图像的质量的可能性。甚至，用电脑生成的静态或动态图像在任何方面都可以赶超镜头拍摄的图像。数字视频效果设备可以从不同的数字视频源（实况拍摄或视频录像）截取一个框架，然后储存起来，按照特效软件可以实现的效果进行编辑，最后再进行恢复。使用数字视频效果可以产生多种效果。

为了使这个话题具有可操作性，我们简要介绍三种数字图像的操作技巧和图像生成方式：数字图像操作设备，普通数字视频效果和合成图像制作。

重点提示

只在能使屏幕上的信息更加清晰或得以强化的时候才使用特效。

数字图像操作设备

如果配有数字视频效果软件的话，所有的台式电脑都可以进行图像编辑，只要它们有足够的内存和足够快的数据处理速度。辅助图像编辑的系统有四种：使用制图软件的编辑系统、图像发生器、电子静止帧存储系统和图像存储同步器。

使用制图软件的编辑系统　大多数高端台式机的编辑系统所含的特效制作方式很多，以至于很可能（理论上是应该）你只会使用它们中的一部分。将所有方式都尝试一遍会很有诱惑力，因为电脑已经为我们提供了，而且使用方法也比较简单，但是一定要把特效限定在最少。让节目变得有趣的不是特效，而是节目的内容。要意识到，所有的数字效果在视觉上都十分明显，所以其本身会吸引观众大部分注意力。问问自己，某种特效是否与节目内容相适应，以及使用这种特效会不会凸显节目信息，而不是歪曲之。例如，将新闻节目中的人物通过数字方式隐去可以做到，但却不符合规范。

如果你需要更多的效果，而编辑系统中却没有，那么你可以借助于数字视频效果软件，这种软件甚至可以满足恐怖电影那最具想象力的导演的需求。

图像发生器　大多数电视台和独立的制片公司或是后期制作公司都会使用数字图像发生器来编辑和制作图像。图像发生器是大容量高速运转的精密工具，可以根据软件配置的不同来完成不同任务。有些还会连接到硬件上，例如电子绘图板，人们可以在上面使用光笔绘图。每日气象图和交通路况图通常都是通过图像发生器制作的。

电子静止帧存储系统　使用电子静止帧存储系统，你可以捕捉到任何的视频图像，将其数字化，然后存储在硬盘中。这些系统可以存储上万视频图像，就像是一台超速工作的幻灯片投影仪，让使用者可以在瞬间找出并展示任何存储的图像。数字静态图像可以缩小、放大并和其他图像混合在一起使用。我们最熟悉的就是新闻主播肩上的盒状画面，那个就是一个嵌入基本图像中的数字图像，用以显示出新闻现场的情况。

图像存储同步器　数字图像存储同步器最基本的功能就是稳定图像，并将两种不同的视频源同步，以便在相互转换的时候，视频源不会滚动。但是，也有些同步器被用于制作简单的数字视频效果。通过使用图像存储同步器，你可以冻结移动的图像，然后将其变为马赛克，按照不同的速率一帧一帧地推进它，这个过程被称为推进（jogging），或是使其曝光，也就是把图像的正像和负像混合（见图 9—22、图 9—23）。

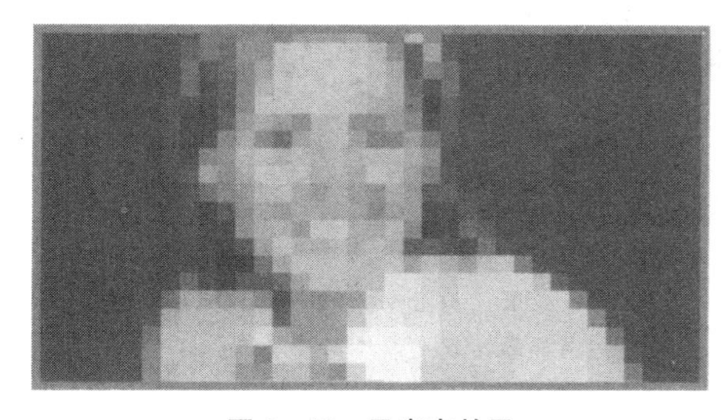

图 9—22　马赛克效果

在马赛克效果下，图像被抽象为大小相等的方块，这些方块被称为马赛克块。在电子的马赛克效果下，马赛克块的大小是可以调整的。

图 9—23　负感作用

负感作用是一种特殊的效果，通过部分反转物体的感光效果生成。

普通数字视频效果

为了了解从模拟到数字的转化过程，可以设想下一幅图像如何变为马赛克，正如图 9—22 所示。模拟视频图像展示出了形状、颜色和亮度的连续变化。在数字图像中，同样的图像被视为一系列的马赛克方块，每一块都代表着一个分离的图像元素，我们称之为像素。因为电脑可以单独地辨识每个像素，所以你可以将一些取出，移动或是用不同的颜色将其替换。就这样一直编辑直至自己满意为止，然后就可以将图像储存在硬盘中，留待后用。

这里，新闻主播肩上的盒状画面又可以作为一个很好的例子，来说明数字操控。在盒状画面中可以填充一整个静态场景，也可以展示通过数字化压缩而成的一系列动态场景（见图 9—24）。

精密的数字视频效果可以改变图像（以及文字或真实场景画面）的大小，将其压缩或拉伸，使其覆盖在立方体上，或是让其抖动、轻弹、旋转、跳动或是飞越整个屏幕（见图 9—25～图 9—27）。

图 9—24　新闻主播肩上的盒状画面

主播肩部上方的盒状画面可以形状各异、大小不一。盒状画面中的画面可以是静止的，也可以是运动的。

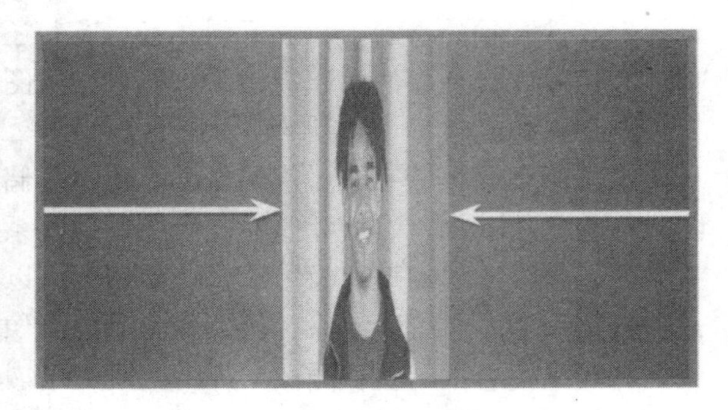

图 9—25　压缩

压缩或是拉伸可以改变镜头的形状，从而改变内部图像的形状。

图 9—26　立方体效果

在使用立方体效果时，画面似乎在立方体的几个面上滚动。

图 9—27　飞行效果

在飞行效果下，图像从一个点逐渐飞行变大，并最终充满屏幕，或是最终离开屏幕。

合成图像制作

合成图像范围广泛，从简单的标题文字到复杂的 3D 动画，而后者的效果已然不输于经过精心拍摄和编辑的摄像片段。

字符发生器　最常见的合成图像制作就是对于各种各样标题的制作。正如前面已经讲到的，字符发生器（C. G.）被用来制作不同字体和颜色的文字或是数字。假如你有合适的软件，那么一台笔记本电脑就可以作为一个高效的字符发生器。而更加精巧的字符发生器通常是经过特殊设计的电脑，能够提供更加丰富的菜单，供使用者来挑选文字和数字的背景、型号、风格以及颜色。你可以通过键盘将文字材料归类，为文字着色，将其放在屏幕上适当的位置，插入或删除部分文字，然后将文字材料在屏幕上卷上或卷下，或使其倾斜着横穿屏幕，而要做到这一切，仅仅需要简单的几个命令。字符发生器可以迅速地编辑标题文字和一些简单的图像，所以经常用于电视直播或网上直播节目（见图 9—28）。通过使用切换器，你可以将文字材料在编辑过程中直接嵌入节目录像，或是将其存储在硬盘中，留待后用。

图像发生器　正如我们刚刚学习过的，配有合适软件的图像发生器让使用者得以制作各种各样的图像，而无须借助于摄像机。绘图软件让使用者得以绘制地图、地板、灯杆和其他的设计，甚至还可以绘制简单的连环画（见图 9—29）。而若要修改或制作模拟不同风格和技巧的图像，则可以使用作图软件（见图 9—30）。

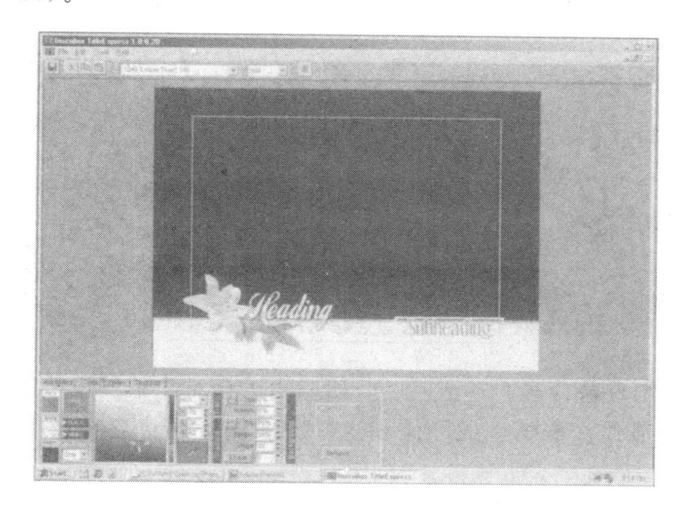

图 9—28　用字符发生器生成的视频

字符发生器是用来制作标题的。

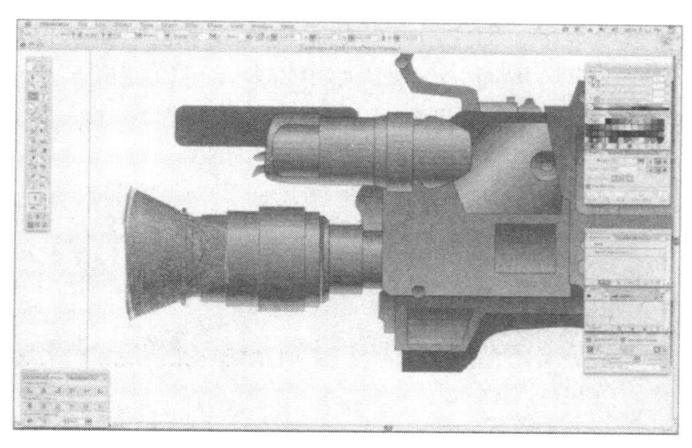

图 9—29　用绘图软件生成的图像

绘图软件可以用来绘制技术设计图，或是其他二维图像。

图 9—30　电脑修饰过的照片

这幅花的图像已经用电脑加上了水彩的效果。

你还可以模仿三维图像，从而填充在屏幕上的 3D 空间。这些可以模仿镜头拍摄的图像，可以展示出相同的特征，例如纹理、大概的体积、相连阴影和投射阴影，还可以展示出从一个特定视角观察物体时其特殊的形态。使用电脑程序

（我们将其称为分形 fractals），你甚至可以绘制形状不规则的图像，例如树、山和彩色的图形（见图 9—31）。

图 9—31 不规则风景

通过某些电脑程序，人们可以利用数学公式，“画”出不规则图像。

合成图像制作技术的使用日益普遍，甚至已经开始应用于相对简单的视频制作流程，或是互动性的电视节目。电脑生成图像和这些图像的应用将会在第 15 章进行更加详细的探讨。

这里，要进一步强调我们的基本注意点：不要被各种各样的数字效果迷惑。毕竟，物品的内容比其包装要重要很多。即便最好的数字视频效果也无法从根本上将没有意义的消息变得有意义。另一方面，合理地使用特效，可以使屏幕上呈现出的事件进一步得以清晰和强化，为其提供额外的意义，或是增加其感染力（例如音乐的使用）。

主要知识点

▶ 宽高比

宽高比指的是电视屏幕宽度和高度的关系。在标准电视中，宽高比是 4×3，也就是说宽度为四个单位，而高度是三个单位。而在高清电视中，宽高比则是 16×9，即宽高比为 16∶9。手机屏幕的宽高比则多种多样，其中还包括竖型的。

▶ 可显区

所有必要的信息都必须放置在一个可显区内，这块屏幕区域必须可以在家用电视机上重新显现，哪怕是在条件不利的情况下。可显区也被称为安全区。

▶ 标题

当需要在色彩纷杂的背景上使用文字的时候，要使文字够大够粗，以便于在家用电视屏幕上清楚地显现出来。在设计彩色图形的时候，尽量在主体上使用高能色彩（明亮而丰富的色调），而背景则需要低能色彩，即轻淡柔和的色彩。

▶ 特效

标准电子视频效果的实现需要两种设备，一种是切换器，另一种是特效发生器。电子视频效果包括叠加、普通键（亮度键）、蒙板、色度键和擦除。大多数色度键都会使用蓝色或绿色中的一种作为背景色。虽然从技术角度来讲，擦除效果更像是过渡方式，而非特效的一种，但它们所产生的效果十分明显，以至于可以看作一种电子效果。数字视频效果可以由切换器产生，当然也可以用配有合适的 DVE 软件的电脑生成。

▶ 字符发生器

字符发生器是一种电脑软件，用于设计并制作标题。图形发生器则是复杂的电脑系统，可以制作或编辑 3D 效果的静态或动态图像。

Tour
STORY
Pump
Kidnap

第四部分

图像控制：切换、记录、编辑

SHI PIN JI CHU

我们在看采访、新闻或球赛的直播时，经常会看见从长镜头到特写的切换、不同镜头之间的切换以及一些特殊的视觉效果，这些都是通过切换器来实现的。在直播节目中，导演会选取最有感染力的镜头，由技术导演按下切换器上相应的按钮，镜头就被编辑好顺序发送出去。很多技术导演觉得操作现场演出或记录现场直播是最振奋人心的。观众虽然不能参与其中，但他们有机会见证这每一瞬间都充满着无尽畅想的事件，并产生情感上的共鸣。体育赛事正是这种现场直播的理想素材。

虽然切换或瞬时编辑对于足球赛事的直播而言必不可少，但一个完整编排过的作品却并无必要。如果每个动作都被事先编为剧本，那怎么还能称其为直播呢？这样的作品不能带来联想，除非有人犯了明显的错误。你自然迸发的灵感无法从按部就班的制作中获得。这也是为什么我们看的很多节目是通过后期编辑制作产生的。在后期制作中，我们可以更有目的地选择编排最有感染力的镜头，同时还能纠正细微的失误。然而不幸的是，一些导演把后期制作看成修补漏洞的便捷工具，因而在制作过程中变得草率。如果你听见有工作人员说“别担心，我们会在后期改进”，那显然他们只是在开一个众所周知的玩笑。事实上，他们会马上就位，纠正先前的失误。

“后期改进”不仅耗成本，而且是关于后期制作的一个错误观念。后期制作不应该被看成一个便捷的修补工具，用来修复草率的作品；而应该被看成拍摄过程的有机延伸。拍摄过程中的每一个模块都有事先制定好的形式和顺序。

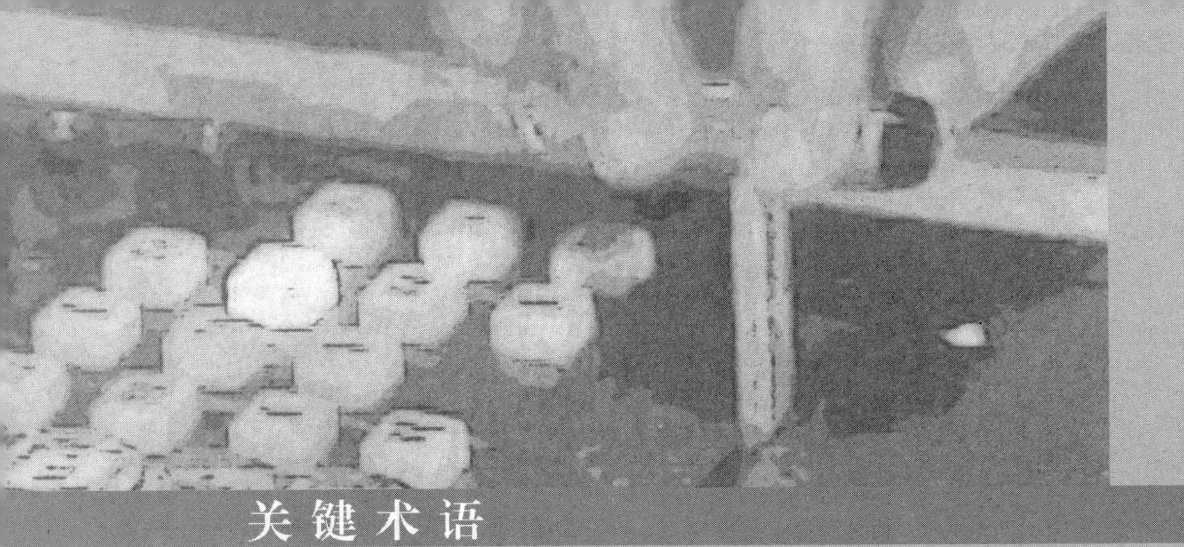

关键术语

下游加键器［downstream keyer（DSK）］：一种能使题目在离开切换器时键入（切入）画面（线路输出信号）的控制设备。

编辑总线（effects bus）：切换器上能为一个特定效果选择视频素材的几排开关。它通常与切换到效果功能的混合总线相同。

渐变条（fader bar）：切换器上的一个切换杆，用来激活总线，同时可以产生不同速度的重叠、溶解、渐入渐出、打字机以及擦除效果。

键母线（key bus）：切换器上的几排开关，用来选择视频素材，并为其插入背景图像。

线性输出（line-out）：输出最终视频或音频的线路。

混合/编辑总线（M/E bus）：切换器上用来制作混合和特效的几排开关。

混合总线（mix bus）：用来制作视频素材的混合、溶解或叠加的几排开关。

预览总线（preview bus）：切换器上的几排开关，直接把导入的素材传送到预览监视器，同时让另外的素材直播。也叫预置总线。

制作总线（program bus）：切换器上的几排开关，将导入的素材直接传送到输出线路。

切换器（switcher）：（1）控制板上布满的排列成排的按钮，通过各种各样的转化方式以及制造电子效果，可以选择和重组不同视频。（2）它同时还指操作切换器的工作人员。

切换（switching）：指从一个视频源转到另一个视频源上，以及在切换器的作用下，在制片过程中生成各种各样的转换和效果。也叫作瞬时编辑。

第10章 切换器和切换

第一眼看到切换器时，你一定会非常茫然，仿佛第一次看调音台时的感觉：一排排按钮根据不同的颜色排列着——你对任何一个按钮都一无所知。但是技术导演会向你保证，一旦你理解了控制按钮的功能，在一段时间之内你就可以操控切换器。为了帮助你完成任务，这一章会向你介绍切换器的基本功能和切换操作。

- **切换器**
  切换器是干什么的
- **切换器的基本功能**
  选择、预览、混合视频素材和制作特效
- **切换器布局**
  制作总线、预览总线、键母线、渐变条、自动转换、委派控制
- **切换器操作**
  切换、溶解、擦除、控键、操作下游加键器、色度键、特效
- **自动化制作控制**
  由总部控制的自动化新闻演播室

切换器

切换是指编辑可同步获得的视频素材。英文中 switcher 一词也可指操作转换的工作人员，尽管在通常情况下这一职位是由技术导演来担任的。你用切换器完成这一类“同期编辑”（editing on the fly）任务时，很像操作带按钮的收音机（pushbotton radio）。这种收音机可以让你自由选择电台，还可以通过不停地切换按钮从一个电台换到另一个电台。同样，切换器可以让你在制作的过程中整合各种视频资源，例如整合两台或者更多摄像机提供的图像、视频记录、文档，或者一台字符发生器等。然而，与按钮收音机不同的是，切换器提供了多种转换功能，如切换、溶解、擦除，你可以把这些功能应用到选中的图像中去。切换器自身也配备了一系列标准电子效果（见第 9 章）。庞大的切换器基本只用于多摄像机的演播室或者同步编辑的远程操控，很少用于配备多台摄像机的电子影院（见图 10—1）。

图 10—1 切换器

庞大的切换器有多排按钮和几个控制杆。按钮可控制视频素材的选择、切换以及一系列转场和特效。控制杆调整切换和淡出淡入的速度。

不足为奇的是，数字时代孕育了一大批形式多样的切换器。有些外形简约，有些则在其电脑屏幕上展示了虚拟操作按钮和其他功能（见图 10—2、图 10—3）。

在虚拟切换器上，真正的切换是通过鼠标来实现的。但用鼠标操作的问题在于它的速度太慢了，尤其是当你需要在两个或三个视频素材中切换时。只要去试一试通过点击虚拟字母表来输入单词，你就会意识到它有多慢了！即便你是一个专业的鼠标使用者，输入单词也会耗费你很长一段时间。这就是为什么我们会有键盘，以及为什么一些虚拟切换器会配备实际的操作平台作为备用。

> **重点提示**
>
> 切换器能够实现在多个视频输入信号之间的选择以及对转换和特效的即时应用。

不管型号与外形如何，所有切换器都可以实现两个镜头间的基本转换，例如切换（一个镜头被另一个镜头取代）、溶解（两个画面叠加在一起）、擦除（画面的一部分慢慢被另一个画面取代并移出屏幕）。切换器也提供一系列效果，我们在第 9 章中已有讲到。

图 10—2　小型便携式切换器

小型便携式切换器包含了非常多的附加功能。这款索尼 Anycast 切换器有两个混合/编辑总线，和一个允许六个视频输入并带有一系列切换和特效的键控；液晶显示屏上有线性监控器、小型预览窗口、六个立体声音频通道以及其他一些重要的功能。所有这些都在一个相对而言较小的手提箱里。

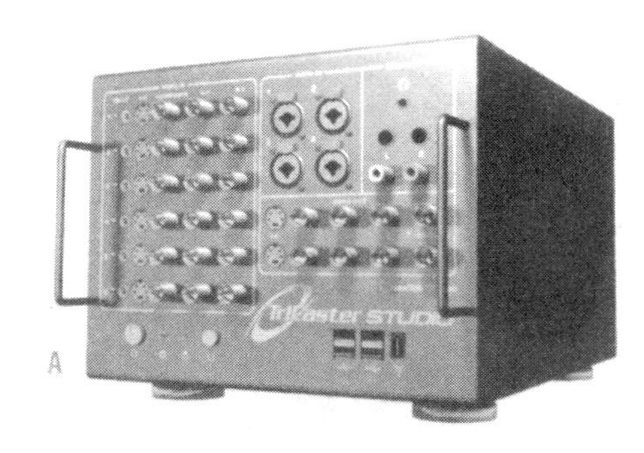

图 10—3　虚拟切换器

A. 这是一个奇妙的小箱子，你可以通过它切换六个输入信号、选取不同的转场和特效、制作标题，甚至通过色度键调整虚拟设置、混合四个音轨。

B. 它的软件通过电脑界面展示了所有主要功能。你可以通过键盘或鼠标激活各个功能。

切换器的基本功能

切换器的四项基本功能分别是：选择视频素材、预览视频素材或特效、混合视频素材、制作特效。

切换器上的一排排按钮叫做总线。素材选择是通过制作总线实现的，预览通过预览或预置总线实现。这两根总线也可以被用作混合总线，即你可以把两个视频素材混合在一起做叠加或者特效。如果你想在场景上加上一个标题，你需要让键母线静止。

让我们一起看一下一个相对简单的切换器是如何布局的（见图 10—4）。

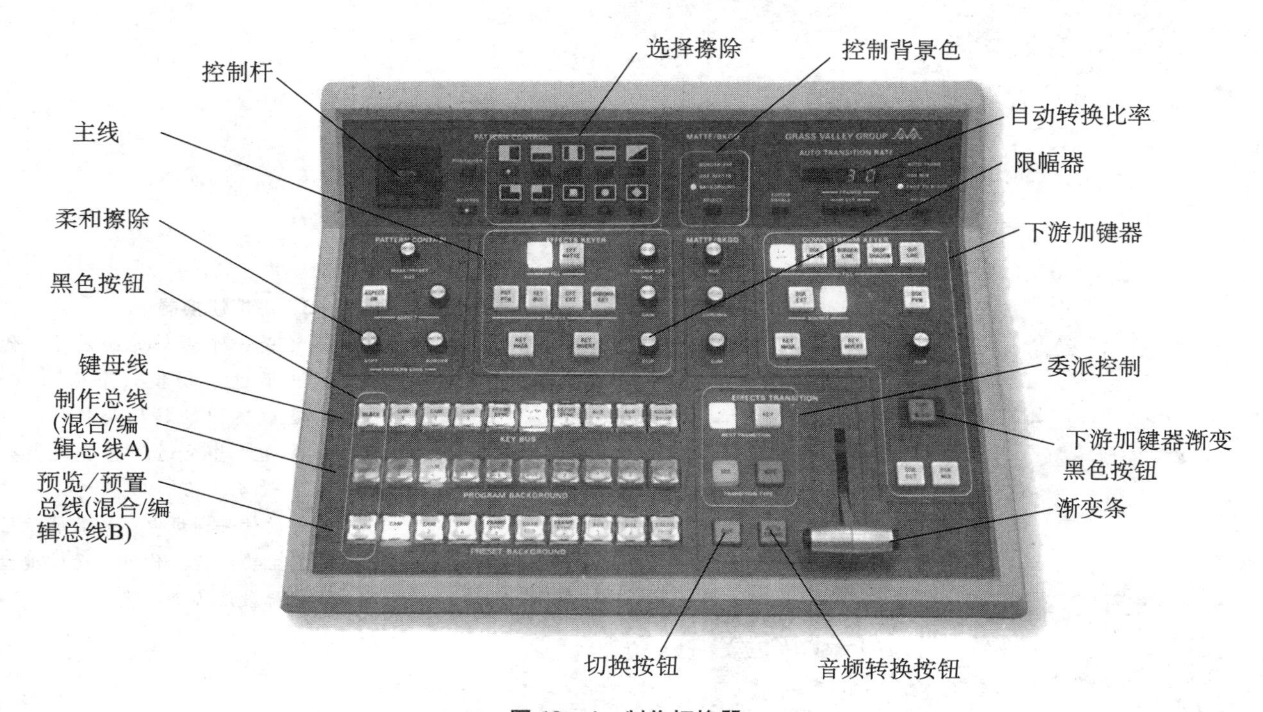

图 10—4 制作切换器

这个制作切换器只有三条总线：预览/预置总线、制作总线、主线。你可以通过控制预览和制作总线实现混合/特效功能。

切换器布局

不论切换器的类型是否一样，也不管它们是否为数字切换器，所有操作都基于一个基本的原则，即切换器布局。这一标准化的操作会在你运用不同的切换器时提供极大的帮助。

制作总线

你需要数个视频输入口来选择和连接特定的镜头。如果你只有两台摄像机，而你只想把画面从一个摄像机切到另一个摄像机，你只须按动两个切换按钮：一个激活 1 号摄像机，另一个激活 2 号摄像机。按动 C-1（1 号摄像机）按钮，1 号摄像机的画面会被“直播”；这就是说，画面会被输出——有一根总缆线会转载最终的视频画面到输出口——从那儿进入视频记录器或传送器。

你可能希望从其他的视频来源选取画面，好比说从视频记录器、字符发生器，或是一个远程的来源，那么你还需要切换器上的 3 个附加按钮：视频记录器（VR）、字符发生器（CG）、DOS 命令（REM）。为了快速地删除视频并“切换到黑色”，你需要另一个按钮——“黑色按钮”（BLK button）。

现在，切换器的一根总线上已经有 6 个独立的按钮。按其中的任何一个——当然不包括黑色按钮——设置好的视频源就会直播；黑色按钮切断直播（实际上，黑色按钮选取了黑色视频信号）。这根把选取好的视频源直接输出的总线，叫做制作总线（见图 10—5）。

重点提示

制作总线上的一切视频源都被直接输出到输出线。

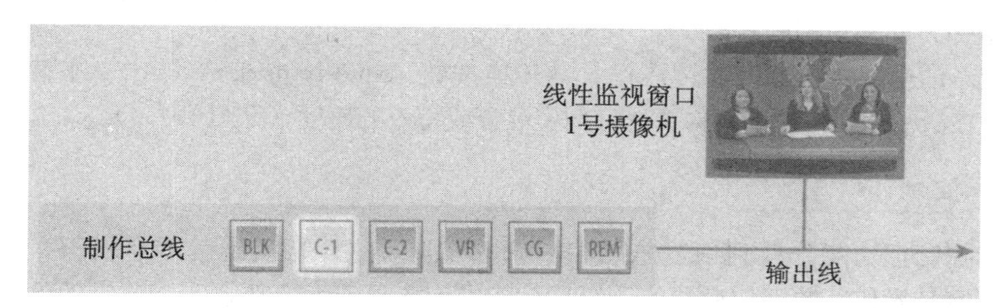

图 10—5　制作总线

制作总线上的一切视频源都被直接输出到输出线。

预览总线

在选取的镜头直播前，你肯定想看一下它们是否被合理地剪切——画面的排序是否满足美学上的连续性，是否符合编辑的要求（请参考第 13 章）。你可能也希望看一下重叠的画面是否到位，或者嘉宾的姓名是否输入正确。为了预览视频源，制作总线的内容在另外一根线上被简单地重复，这根线就叫做预览总线（见图 10—6）。因为预览总线也被用来预设复杂的效果，有时候也被叫做预置总线。

重点提示

预览总线上的视频输出到预览监视窗口，而非输出到输出线。

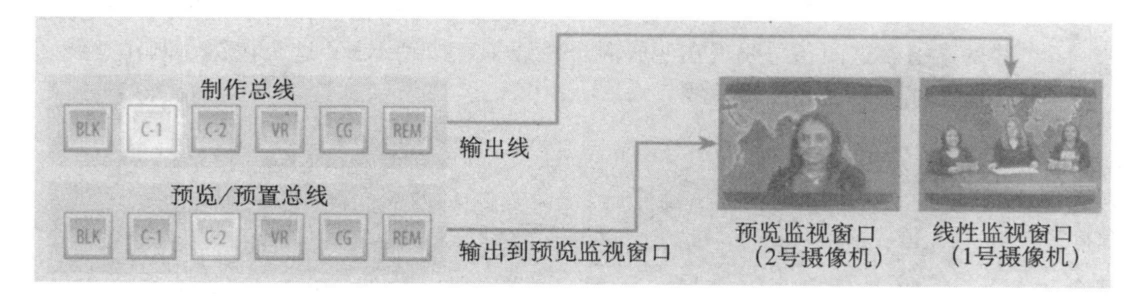

图 10—6　预览总线

预览总线允许你在直播前预览即将播出的素材和特效。预览总线的内容和制作总线一模一样，但是它的画面输出到预览监视窗口，而制作总线的画面则输出到输出线。

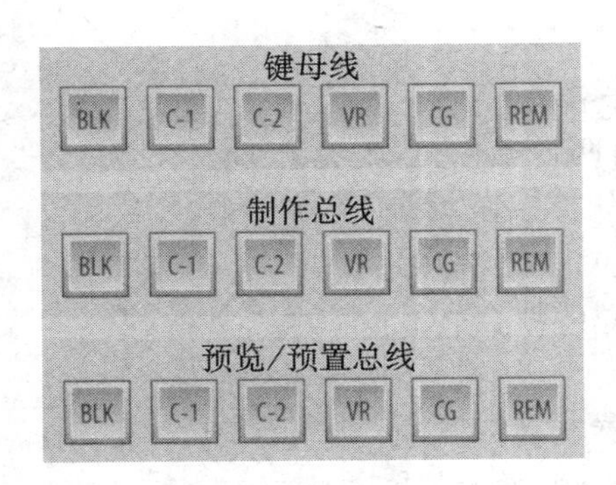

图 10—7 键母线

键母线上的按钮和预览总线、制作总线上的按钮一模一样。每一个按钮都可以激活一个关键素材——你希望在背景画面上突出的素材。

键母线

键母线复制预览总线和制作总线输入的视频，被复制的视频被用于选择关键素材——你希望在背景画面（由制作总线提供）上出现什么。举例来说，如果你想要一个特定的题目或者锁定一个人物或物件（在预览监视窗口或线性监视窗口出现），你需要在字符发生器这儿选择标题，然后按下键母线的 CG 按钮，准备实际控键（见 10—7）。

渐变条和自动转换

让画面从黑色淡出或者渐变为黑色，重叠两个画面，或者运用转换而不是切换，那么你需要用到渐变条或者自动转换。我们会在本章的后半部分提到如何操作这些按钮。渐变条激活并控制渐变和融合的速度。你从槽的一端越快地将渐变条移动到另一端，溶解或者擦除的速度就越快；如果停在中间，溶解的效果就会叠加在画面上，擦除会产生一个屏幕切割的效果。

重点提示

键母线选择关键素材。

渐变条的全部移动可以通过操作自动转换按钮（auto-transition button）来替代。但是在激活这一按钮前，你要选好期望混合或特效的速度（见图 10—4）。

委派控制

委派控制把功能分派到预览总线和制作总线上。这样切换器就不会变得太大，也更容易操作。数字切换器的总线总是能操作数量庞大的功能，因此它的外形就显得格外小巧。切换器的预览总线和制作总线也可以完成混合总线的功能，制作出溶解、叠加和擦除的效果。它们也可以实现编辑总线的功能，用作背景图像的关键帧。

重点提示

委派控制能将混合和编辑功能分派到制作总线和预览总线上。

切换器上的委派控制使这一切变得可能（见图 10—4）。实现制作总线和预览总线上的各种**混合/编辑（M/E）**功能，只须按动切换器特效/转换区域里的委派按钮即可（见图 10—8）。举例来说，按下渐变条旁的背景（BKGD）和混合按钮，你可以把混合功能委派给两根混合/编辑总线（制作和预览总线）。你可以把制作总线（混合/编辑总线 A）上的画面溶解切换为预览总线（混合/编辑总线 B）上的画面。按下混合按钮旁的擦除按钮，你可以把节目的素材转换为预览总线的素材。这两条总线现在变成混合总线了。按动 KEY 这个按钮，制作总线和预览总线就会变成编辑总线。

图 10—8 委派区域

委派区域让制作总线和预览总线实现各种功能，并激活键母线。

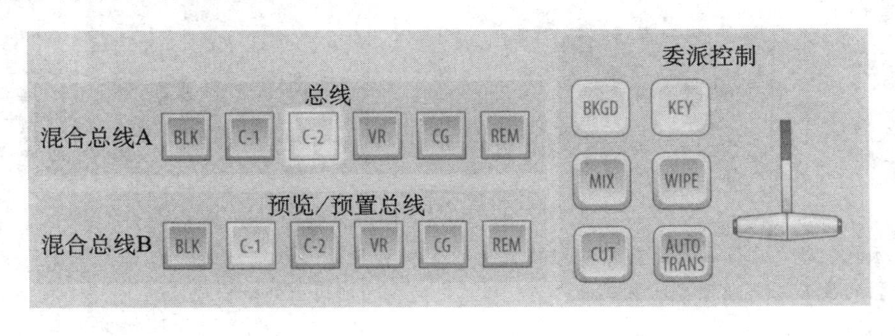

切换器操作

现在是时候按动按钮，学习如何切换了——也就是说，我们要学习选择视频输入，通过转换和编辑把它们按顺序排列。当然，想让你的切换技术变熟练，你需要一台切换器，或者至少有一个电脑模拟的切换器。先学习一些切换的基本原理，会让你的实际操作更有效。

如果你只是简单地阅读实现切换、溶解的说明，你会十分迷惑，就好像你当初阅读如何使用一个新的电脑软件的说明一样。因此，你要把插图想象成切换器的一部分，而你在实际操作按钮。

重点提示

制作总线将选取的视频素材直接输出到输出线。它是一个切换装置。

制作总线操作：切换

如果你还记得，制作总线最基本的功能就是为输出选取视频素材，那么打开切换器，它就可以实现这个功能。如果你现在想从一个视频素材，假如说 1 号摄像机 C-1 切换到 2 号摄像机 C-2，你只需按下 C-2 按钮。当然，我们假设 C-1 已经在直播（C-1 按钮在前面已经被按过了）。1 号摄像机的画面会立刻被 2 号摄像机的画面替代，这样你就完成了从 C-1 到 C-2 的切换（见图 10—9）。因为制作总线直接把信号送到输出线，因此你不能预览即将出现的画面 C-2。如果你只在制作总线上操作，预览监视窗口会一直呈现黑色。

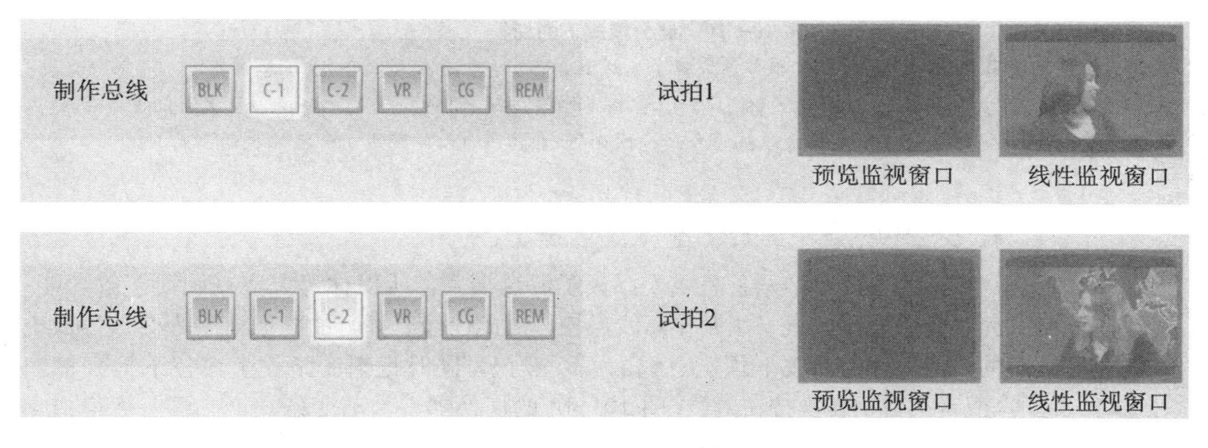

图 10—9　制作总线上的切换

在制作总线上转换时，只须转换。当 1 号摄像机直播时，你可以通过按 C-2 按钮切换到 2 号摄像机。

混合总线操作：切换

如果你想预览即将呈现的视频素材，或者你想溶解转换到 2 号摄像机而不是直接切换过去，你首先需要把混合功能调试到两条总线上去。如果你用的是 Gass Vally100 切换器（或者 ZVL 切换器），你可以按背景按钮和混合按钮实现以上功能。为了把 1 号摄像机切换到 2 号摄像机，你需要按预览总线（现在它是混合/编辑总线 B）上的 C-2 按钮，随后再按预览总线旁的切换或者自动转换按钮。2 号摄像机会一直显示在线性监视窗口上，1 号摄像机会自动地跳到预览监视窗口上。这时制作总线上的C-2按钮会特别亮，预览总线上的C-1按钮只会亮一半。如果你再按一下切换按钮，C-1的画面会转换到线性监视窗口，C-2的画面会出现在预览监视窗口中（见图10—10）。

在预览监视窗口里观看下一个镜头值得耗费这么复杂的转换工序吗？如果你只是简单地希望在两个显而易见的素材中切换，答案是否定的。如果你想在众多视频素材和特效中转换，或者你需要一系列的转换，答案是肯定的。让我们看看画面溶解如何操作。

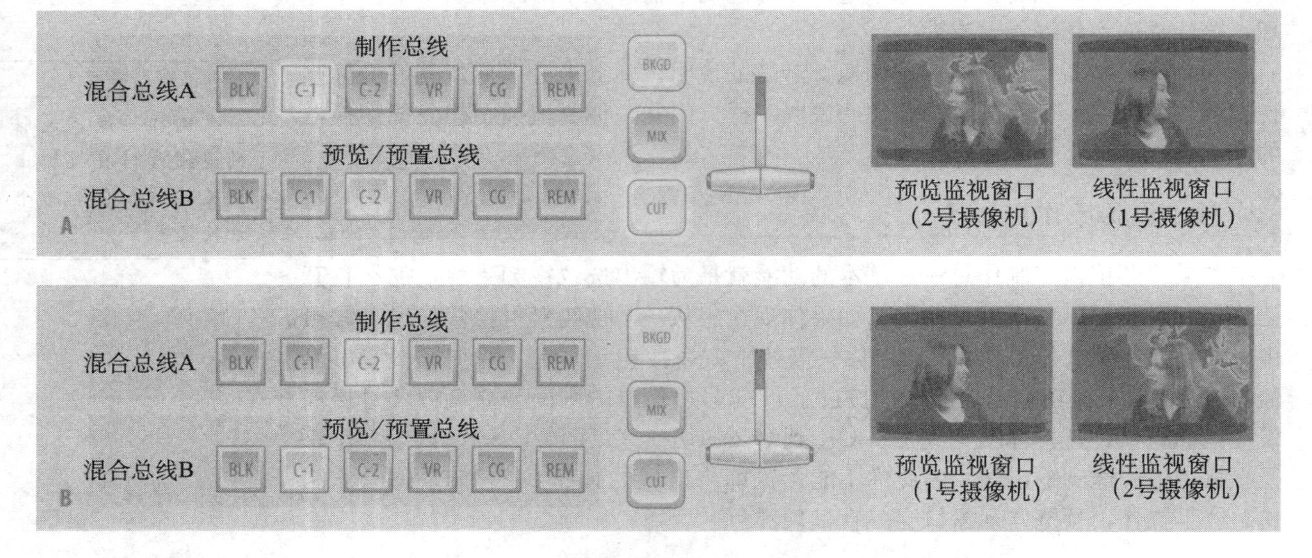

图10—10 混合模式下的切换

在调试功能下使用背景和混合功能，制作总线就会变成混合/编辑总线A和混合/编辑总线B。

A. 现在1号摄像机在总线A的操控下直播，一旦你按下切换按钮，2号摄像机就替换1号摄像机的画面。

B. 切换结束后，制作总线直播2号摄像机的画面，预览/预置总线自动转换成1号摄像机的画面。

混合总线操作：溶解

因为你已经把两条总线委派成了混合模式，所以你可以实现画面溶解功能。为了使1号摄像机（用制作总线操控，因此已经直播）的图像溶解为2号摄像机的图像，你需要按下预览总线的C-2按钮，同时把渐变条往上或往下推到槽底（或者按自动转换按钮）。在图10—10的切换器上，渐变条在最底端。你得把它往上推到最顶端才能达到溶解效果（见图10—11）。

> **重点提示**
>
> 混合总线（或者说混合模式的总线）能够实现切换、溶解、重叠以及渐变效果。

我们注意到如果渐变条推到了槽的另一端（目前的情况下，我们要向上推），结束C-1到C-2的转换，1号摄像机（原来在制作总线上）会被制作总线上的2号摄像机替换，此时1号摄像机的画面出现在预览监视窗口上，并且在预览总线上呈现低亮度状态。如果你想把画面溶解回C-1，你只需要把渐变条移到相反的位置，或者再一次按下自动转换按钮，这样C-2在输出线路上的画面就会渐变为C-1的画面。但是，如果你想从C-2渐变为其他的视频素材，比如C-3，你需要按下预览总线上的C-3按钮，然后推动渐变条到相反的方向。

就像你看到的，预览监视窗口和线性监视窗口看得出哪个摄像机正在直播，哪一个准备直播。一旦你多了一些实践，对这样的操作会很熟练。

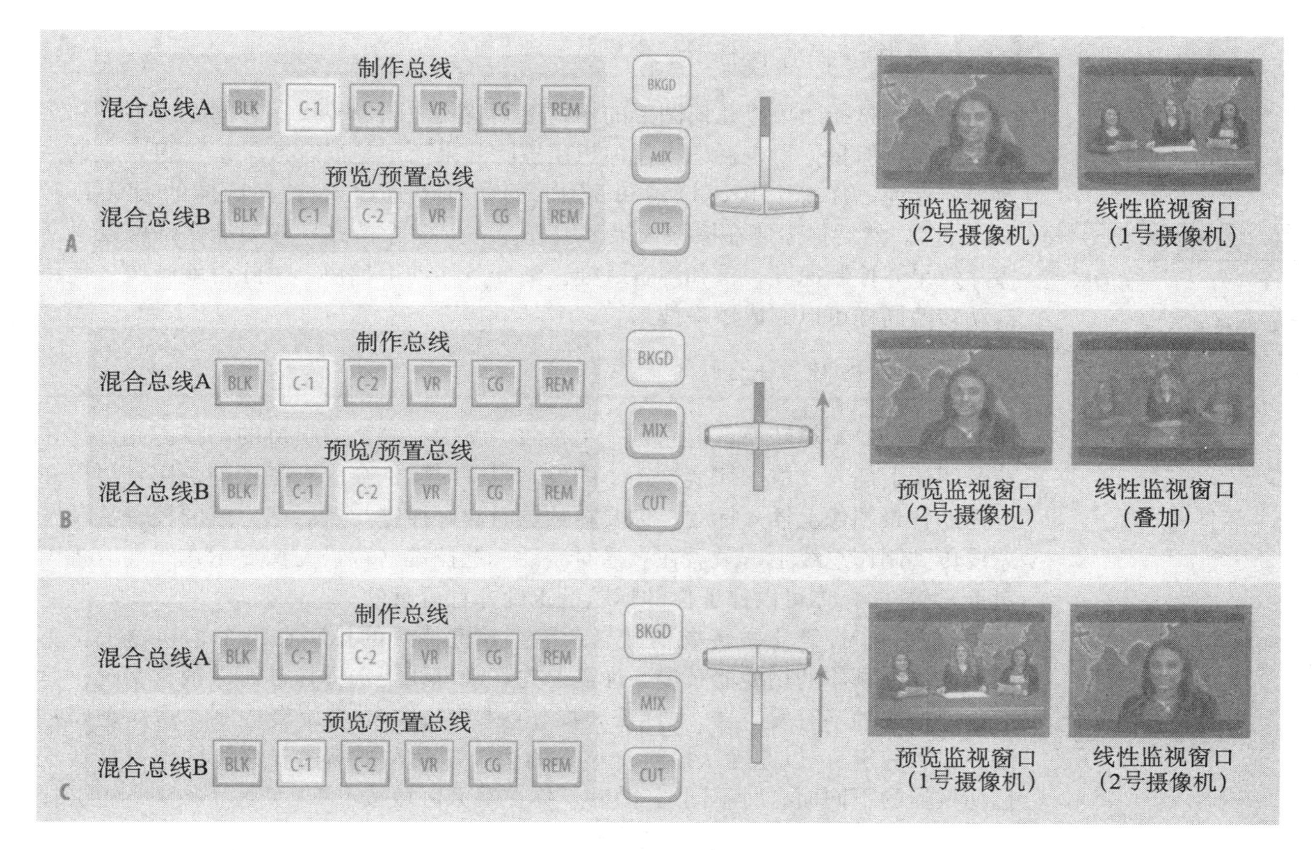

图 10—11 溶解

一旦你通过混合委派控制调试混合功能，就可以将 1 号摄像机的画面渐变溶解到 2 号摄像机的画面。

A. 假设 1 号摄像机在总线 A 直播，你需要预置总线 B 上的 2 号摄像机。

B. 当渐变条停在中间时，你可以得到叠加效果。

C. 把渐变条移到顶端，你可以得到从 1 号摄像机到 2 号摄像机的溶解渐变。溶解效果结束，2 号摄像机会在制作总线上替代 1 号摄像机的画面。

当 3 号摄像机在直播时，如何才能将之渐变为黑色呢？你只需要按下预览总线上的黑色按钮，并把渐变条移到相反的方向（朝制作总线或者远离制作总线推都是可以的），或者按自动转换按钮。只要将渐变条推到相反方向的底端（或者按下自动转换按钮），渐变为黑色的命令就会传送回制作总线（见图 10—12）。

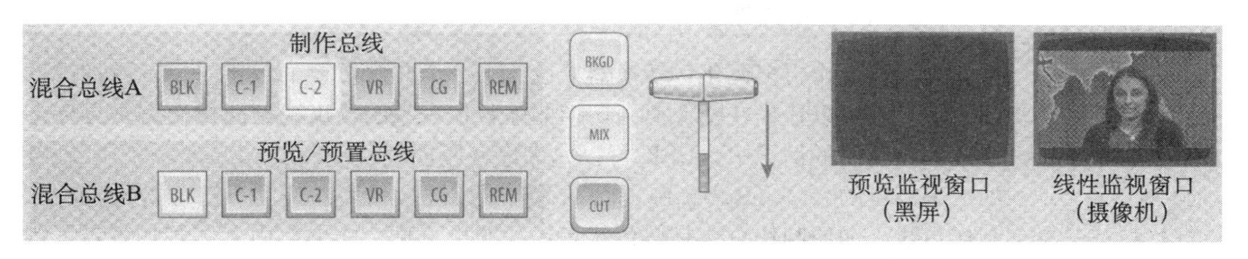

图 10—12 渐变

从 2 号摄像机渐变为黑色，你需要按总线 B（预览/预置）的黑色按钮（BLK 按钮），把渐变条移动到最顶端可以达到溶解效果。

编辑总线操作：擦除

擦除，是指图像以几何图形的样式逐渐被其他图像替换。它的完成方式和溶解很相似，但是你得告诉切换器你想用擦除效果而不是混合效果。要想完成这一效果，首先，你得按 BKGD 键和 WIPE 键（而不是效果/转换区域的 BKGD 和 MIX 键）。然后你需要在擦除效果区域选择一个擦除样式。移动渐变条可以激活擦除效果并控制速度，这和溶解一样。渐变条移动得越快，擦除得就越快。运用自动转换同样可以完成擦除效果。

> **重点提示**
>
> 控键是一种特效而非转换。

键母线操作：控键

控键特效不算转换，但它是一个特效。就像在第 9 章里讲的，控键允许你在背景图像上插入（电子切换）一个图像。很多时候你会用到亮度键，用它可以在直播的背景图像上插入标题。你要在预览时建好控键，然后把完成的控键从预览总线传到制作总线上，最后在直播时激活标题控键（背景图像显示在线性监视窗口上）。这样，你可以保证你的标题是正确并且可读的。

建立一个控键比做转场稍微复杂些。控键特效的排序在每个切换器上都不同。先不说具体的切换器布局，你需要先在键母线上选择控键源（通常情况下是有特定标题的字符发生器）。你需要操作一些按钮，或者旋转控制（也叫剪辑控制，或者剪辑），以此确认控键有整齐的边缘，没有被撕边（这种操作可能会根据切换器的不同而有所不同）。随后，你在委派区域按下 KEY 这个按钮。这会让总线的混合功能转变为效果功能——在这种情况下是控键功能。已经直播的图像（2 号摄像机上一个舞蹈家的图像）可以用作舞蹈家图像上标题的背景（“Palmatier 舞蹈公司”）。

> **重点提示**
>
> 下游加键器独立于制作总线。

如果 C-2 的图像已经直播，而你想在预览监视窗口里预设控键，你就必须在预览监视窗口上复制 C-2 的图像（把 C-2 传到预览监视窗口上，尽管 C-2 已经在线性监视器上），之后在控键区域选择控键源，并制作控键（见图 10—13）。

一旦你在预览时设置好完整的键控，你就可以按切换键（CUT），把背景图像和控键标题传送到输出线监视器上。

学习控键的最好的方法就是找一台真正的切换器，把诸多转换功能都练习一下。

操作下游加键器

为了让操作更多元化，切换器上设置了一个非常重要的控键——下游加键器（DSK）。它可以让你在图像离开切换器前，在完整的输出视频图像上编辑另一个标题。在我们的例子中，DSK 可以允许你在原控键（“Palmatier 舞蹈公司”）旁加上编舞者的名字（Robaire），而不影响原控键。我们注意到下游加键器独立于制作总线，即便制作总线是黑色状态，标题仍可见。如果你用了下游加键器，制作总线变黑时不会让 DSK 标题跟着消失：你需要用 DSK 黑色按钮删除这类控键。

色度键

如果你还记得，我们在第 9 章里讲过，色度键是用颜色（而不是亮度）为要

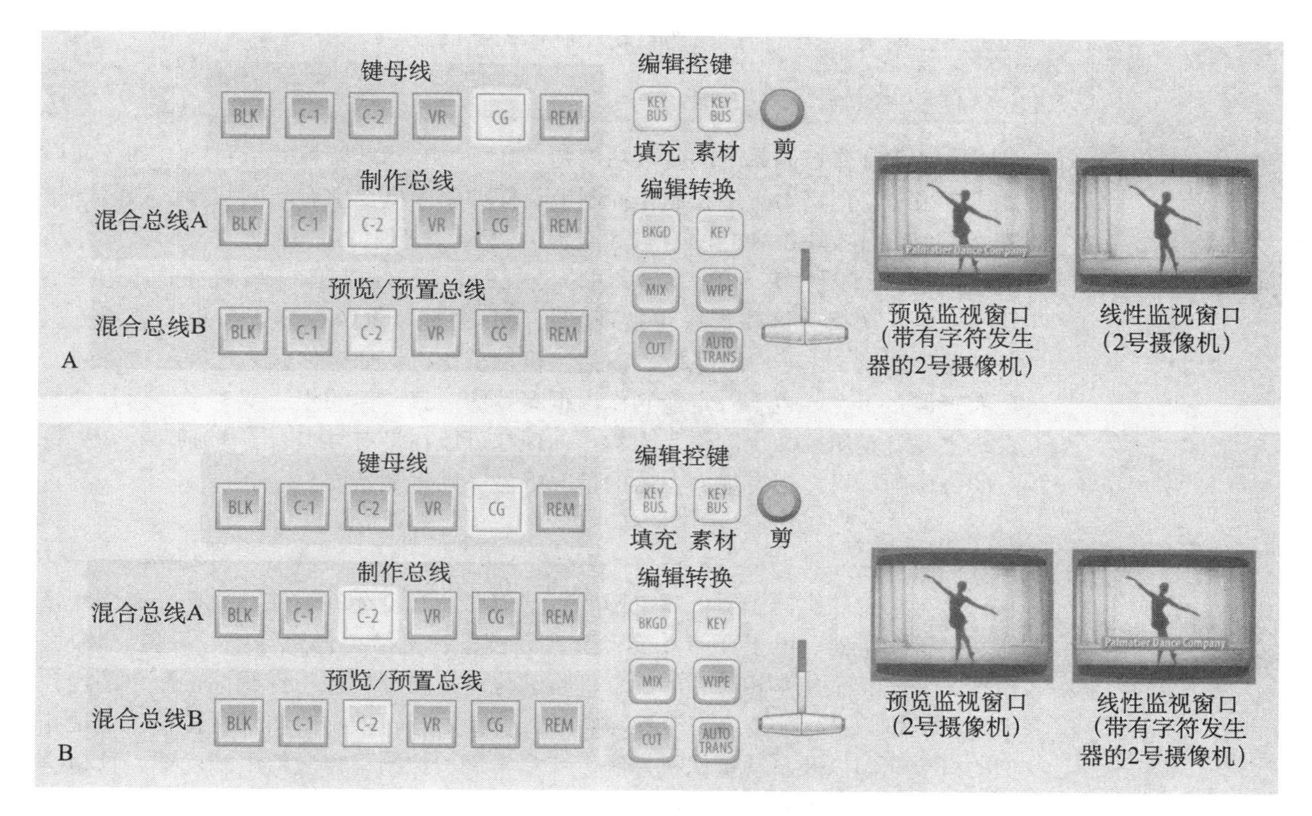

图 10—13　控键编辑

这个控键序列是根据预览监视窗口制作的，之后它会被传送到输出线。假设键母线已经调试好。

A. 2 号摄像机的长镜头同时出现在线性监视窗口（对外信号）和预览监视窗口上。按下键母线的字符发生器按钮，选取标题，使之出现在预览监视窗口上。

B. 按切换键（CUT）或者移动渐变条，可以把完整的控键传送到输出线监视窗口上。

素来引发控键效果的。我们通常习惯于在背景图像（气象图）前加一个前景物体（比如说一名气象播报员）。对于色度键而言，前景物体会被放在一个亮度适合的幕布前（通常是蓝色或者绿色）。在制作控键的过程中，所有的蓝色或绿色的区域都会被选择好的背景图像填充。实际上建立起一个色度键比建立一个普通的亮度键复杂许多，我们需要在一台实体切换器上演练才行。

特效

所有切换器都可以创作出特效并储存它们。数字切换器有较大的容量，因此可以存储数量庞大的复杂效果，并可以在需要它们时通过文件名或者文件序号调用。

自动化制作控制

通过自动操控新闻广播的众多技术，一种新型视频控制诞生了，那就是自动化制作控制（APC）。在一个极端的例子里，唯一的直播元素只有演播室里的新闻主播和控制室里负荷过大的自动化制作控制员。

自动化制作控制功能

自动化制作控制系统的基本功能是，在一场有标准模板的节目中，如新闻广播或者采访，把精力集中在制作控制上。假如新闻概要中有新闻故事、广告、过渡（两个节目板块中独立的音视频过渡），已经为自动控制编制好，那么操作员（有时候是技术导演）单独一人就可以边控制音频，边制作一系列特效，边在不同的板块中切换。这些板块包括现场报道、主播、气象、体育播报、音视频服务、视频记录、电子存储系统、演播室机械摄像机。如果你认为这样的任务对一个人来说多了点，也不一定能制作出很有效的节目，你的想法就对了。但是这个系统主要就是用来减少制作人力的：你现在可以在没有导演、音响师，有两人以上的摄像师，可能还有地面总监的情况下做一则直播新闻。

控制平台

这个神奇的机器主要依靠电脑，电脑需要装有复杂的软件，并且配有与切换器、字符发生器、电子存储系统、音视频设备、机械摄像机（摇、倾斜、移动、横移、变焦、聚焦）相兼容的配置。自动化制作控制员在一台看似很简单的操控平台上工作，平台主要有三个区域：导入音频的音轨控制、和素材转换区域很相似的概要控制以及自动摄像机控制。基本来说，控制平台激活电脑功能，这也会在触屏上显示（见图 10—14）。

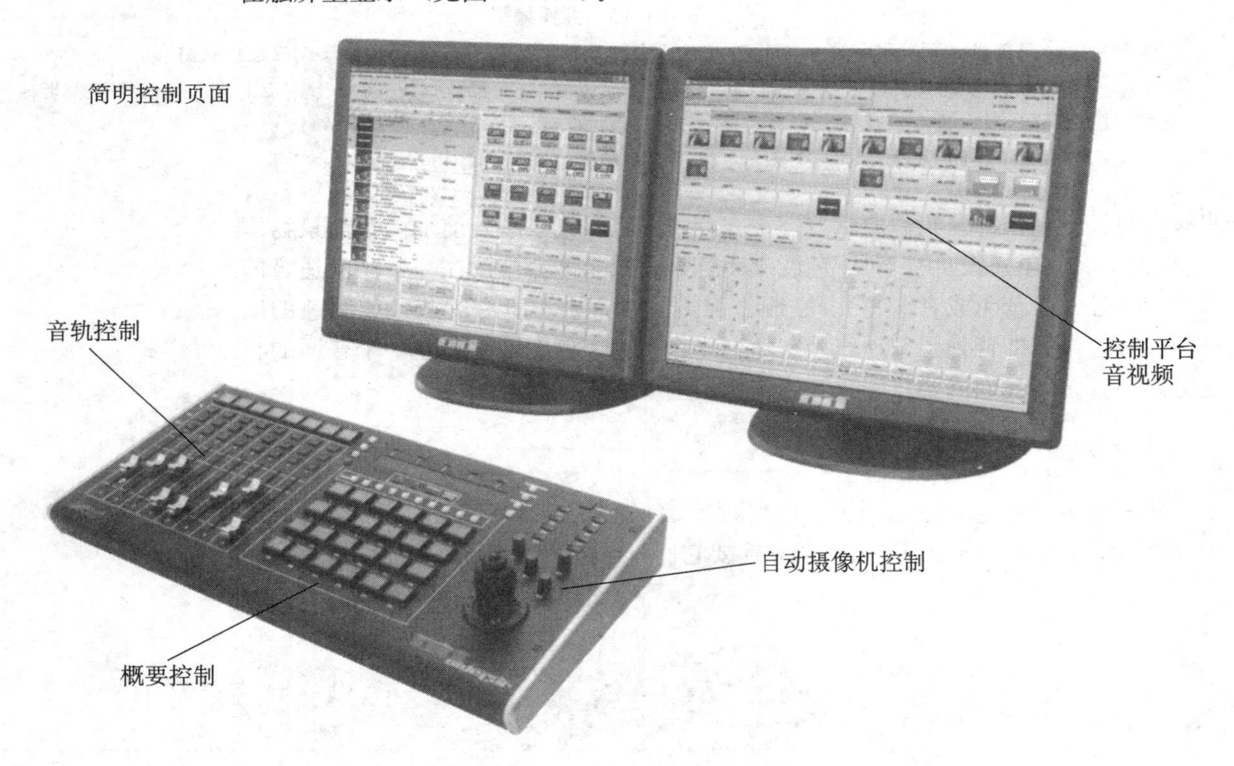

图 10—14　自动化制作控制系统

有了这个系统，一个操作员就可以激活并且控制很多制作元素，比如新闻报道、广告、过渡、音视频设备、特效、字符发生器、电子存储系统、机械摄像机。

主要知识点

▶ 切换器

切换是一种瞬时编辑。你可以选择各式各样的视频输入（摄像机、视频记录、字符发生器），用不同的转场把它们排序，在节目播出过程中制作出一系列效果。

▶ 切换器的基本功能

切换器的四个基本功能是：选择视频素材、预览视频素材或特效、混合视频素材、制作特效。

▶ 切换器布局

制作总线上的所有内容都会直接送到输出线。预览总线会把视频传送到预览/预置监视窗口。键母线允许你选择控键素材。渐变条和自动转换使得转场比切换更漂亮。

▶ 委派控制

委派控制可以把制作总线和预览总线调试得具有混合和编辑功能。键母线有自己的按钮，因此功能不变。

▶ 切换器操作

制作总线只允许切换。预览总线把即将播出的画面送到监视窗口中。如果把这两根总线调试为混合总线，你可以制作溶解、叠加、渐变效果。渐变条激活并控制溶解和渐变效果的速度，同时控制擦除的速度。渐变条的功能和自动转换一样。和混合功能一样，要实现切换器的效果功能也必须在委派区域调试。这样你就可以在控键区域里选择控键素材，并通过很多附加的控制激活一个控键。下游加键器可以在输出信号从切换器发出前添加额外的标题。它独立于制作总线。

▶ 自动化制作控制

大多数演播室里的制作功能主要集中在一个单独的控制单元——自动化制作控制（APC）。一个人（自动、制作操控员）就能设置摄像机的移动，在不同的演出/直播现场间切换、控制音频、使用设备特效。目前，自动化制作控制主要在新闻演播厅使用。

关键术语

音轨（audio track）：录像带上用于记录音频信息的区域。

混合视像（composite video）：将亮度（明暗黑白）和色度（红绿蓝）视频信息结合成一个单一信号的系统。

控制轨道（control track）：录像带中录制同步信号的区域。

场记日志（field log）：记录视频录制过程中所有操作的日志。

闪存记忆驱动器（flash memory device）：便携式固态读写存储设备，可用于下载、存储以及上传有限容量的数字音视频资料。也称闪存（flash drive）或存储卡（memory card）。

互动视频（interactive video）：由电脑控制，允许观众选择看什么以及怎么看的程序。通常被用作教育训练用途。

亮度（luminance）：视频信号中的亮度（黑白）信息，也称作灰度（luma），用以表示灰色部分。

多媒体（multimedia）：文本、声音、动态影像在电脑上的显示，通常存储在CD或DVD中。

非线性存储媒体（nonlinear recording media）：音视频信息以数字形式存储在电脑硬盘、闪存设备或读/写光学磁盘里。

美国国家电视系统委员会（NTSC）系统：通常指混合系统，包括Y信号和C信号。

无带系统（tapeless systems）：指通过电子存储方式来记录、储存和回放音视频信息，而不使用录像带。

时基校准器［time base corrector（TBC）］：录像机上的一个电子零件，使录像带回放保持稳定，同时可以使略有不同的浏览循环步调一致。

视频服务器（video server）：指一种大容量的电脑硬盘，可以存储和回放大量的视频和音频信息，可以同时供多个用户使用。

视频轨道（video track）：录像带上可以用以记录视频信息的部分。

亮度/色度组合系统（Y/C component video）：指将Y信号（光照或是黑白颜色）和C信号（色彩，即红、绿、蓝）分开，而在记录到一种特殊媒体上时，Y信号和C信号又会再次合成。

亮度/色度差异组合系统（Y/C difference component video）：指一种视频记录技术系统。在运用此系统记录和存储视频的过程中，亮度信号Y、无亮度信号的红色信号和无亮度信号的蓝色信号保持独立，分别记录。

第11章
视频记录

你肯定用过录像带或者电子音视频录制设备。你的家用录像系统和便携式摄像机利用录像带记录音视频信息。但是你的便携式摄像机也可以用小的光盘或者闪存设备存储电子数据。电视产业已经从模拟信号转变为电子设备操作，录像带也将被一并放弃。然而，单从经济角度来看，录像带作为记录载体，还是广泛存在并被利用。

由于录像带在手持或肩扛摄像机中还是一种重要的记录载体，因此你需要用录像机回放影片镜头，从而观看或者把传输到非线性编辑系统的硬盘上。尽管录像带可以用信号或者数字记录，但是仍有一些缺点：它是一个线性存储设备，这就意味着你不能随意观看录像带中间特定的信息。录像带需要一个复杂的驱动器和读取磁头才能完成视频捕捉和倒播，而且录像带在反复使用中本身也很容易导致信号丢失（图像会出现斑点）和破损。

但是现在你还是需要学习两种记录载体：录像带和无带记录载体。通过这一章的学习，你会了解主要的视频记录系统、录像带记录过程，也会掌握如何使用和存储视频记录。

▶ **视频记录系统**

录像带和无带记录系统、基本录像带轨道、混合系统、亮度/色度组合系统、亮度/色度差异组合系统、录像机的种类、时基校准器

▶ **视频记录过程**

重要的核对清单：“制作前期”核对清单、“制作中期”核对清单、“制作

后期”核对清单

▶ **无带记录载体**

硬盘和视频服务器、闪存、读/写光盘

▶ **视频记录的用途**

多媒体、互动视频、数字影院

视频记录系统

所有视频记录系统都按照同一个基本原则操作：所有的音视频信号均以模拟信号或数字信号的形式存储在录像带中，在回放时被重新转化成图像和声音。然而，这些系统在储存信号的方式上大相径庭。一些家用录像系统更注重操作便捷，诸如用于便携式摄像机和流行的盒式录像机的那些系统；另一些则更注重高画质的数字记录，其图像和声音在多次后期制作之后仍能保持画质和音质。

为了让你能了解这么多的视频记录系统，这一部分我们会讲解录像带记录系统，基本录像带轨道，混合、组合系统，录像机的种类和时基校准器。然后我们会讲解视频记录过程和无带记录系统。

录像带和无带记录系统

录像带记录系统可以录制并回放模拟信号或者数字信号的音视频，而无带记录系统需要运用大容量的电脑磁盘、读/写（可重复录制）光盘，或者闪卡，这些都是固态的U盘。无带记录系统可以记录数字音视频信号但是不能记录模拟信号。

以录像带为主要部件的系统也被称为线性系统，而以磁盘为主要部件的系统被叫做非线性系统。（你可以在第12章里了解到更多关于线性系统与非线性系统的区别。）

重点提示

录像机的基本模拟信号轨道系统由一个视频轨道、两个或更多的音轨和一个控制轨道构成。

基本录像带轨道

所有模拟信号型的录像机都有不同的轨道分开记录音频、视频、控制数据。很多录像机在录像带上至少设有四层轨道：视频轨道、两个或更多音轨、控制轨道（见图11—1）。

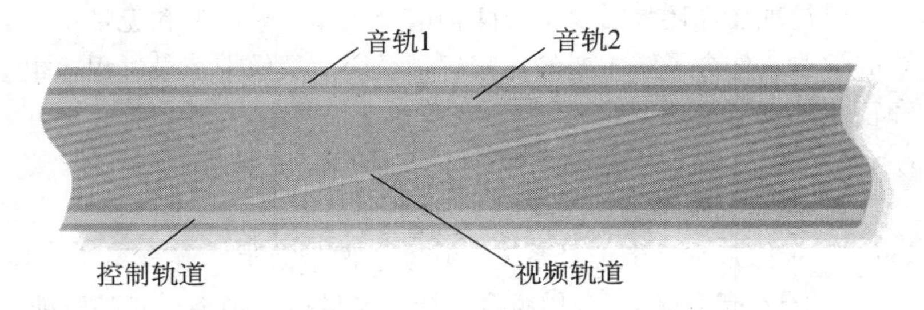

图11—1　录像带的基本模拟信号轨道系统

录像带的基本模拟信号轨道系统由一个视频轨道、两个或更多的音轨和一个控制轨道组成。

为了防止记录高频率视频信号时录像带旋转过快，同时为了在录像带上压缩最大量的信息，所有录像机，不管是模拟信号还是数字信号的，都会同时移动录像带和记录磁头。这样，录像带会绕着内藏记录磁头的磁头鼓移动。数字系统里的视频记录磁头以非常高的速度旋转着（见图 11—2）。

在模拟记录中，音轨的记录宽度经常和录像带本身的宽度差不多。控制轨道的记录宽度也有这么宽，上面平均分布着光点和突起，被称为同步脉冲(sync pulses)，它们用来保持扫描步调一致，同时控制磁头鼓的速度，记录每一帧完整视频。帧是录像带剪辑里的一个重要单位（见图 11—3）。

地址码信息记录在另一个轨道中——地址码或者时码轨道，或者与视频信号混合。一些数字系统，如 DVCPRO（由松下公司开发的一种专业级数字广播摄录格式）把每一个轨道都分为视频、音频和代码。模拟录像带的每个轨道都会记录完整的场景，而且一个完整帧只占用两个轨道。与此不同的是，在大多数数字系统中一个完整帧就要占用好几个轨道。比如 DVCPRO50 系统的单帧就有 20 个轨道。高画质记录系统的单帧可能需要更多的轨道（见图 11—4）。

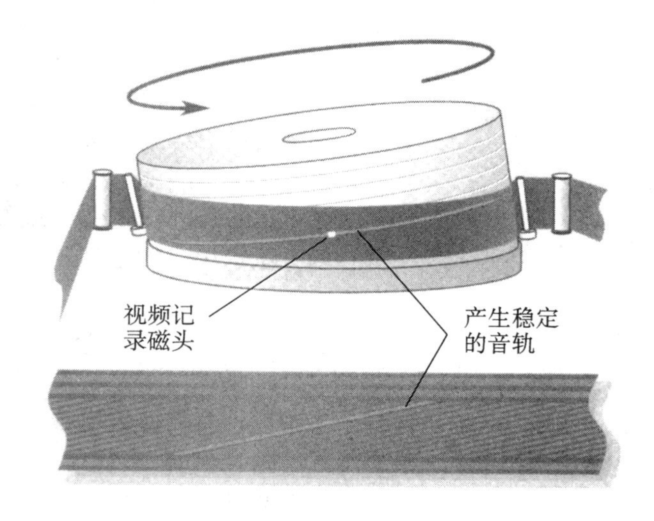

图 11—2　视频记录磁头

录像带沿着旋转的磁头鼓（或是在鼓里面的磁头）以一定角度移动，做出倾斜的视频轨道。

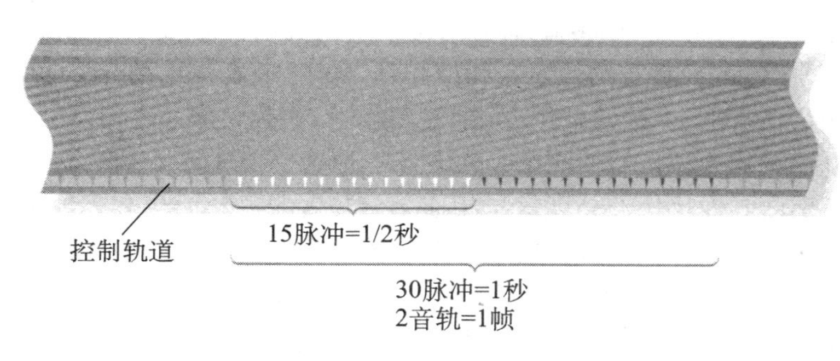

图 11—3　有同步脉冲的控制轨道

控制轨道由分布均匀的同步脉冲组成。30 个这样的脉冲组成了视频的 1 秒钟画面。

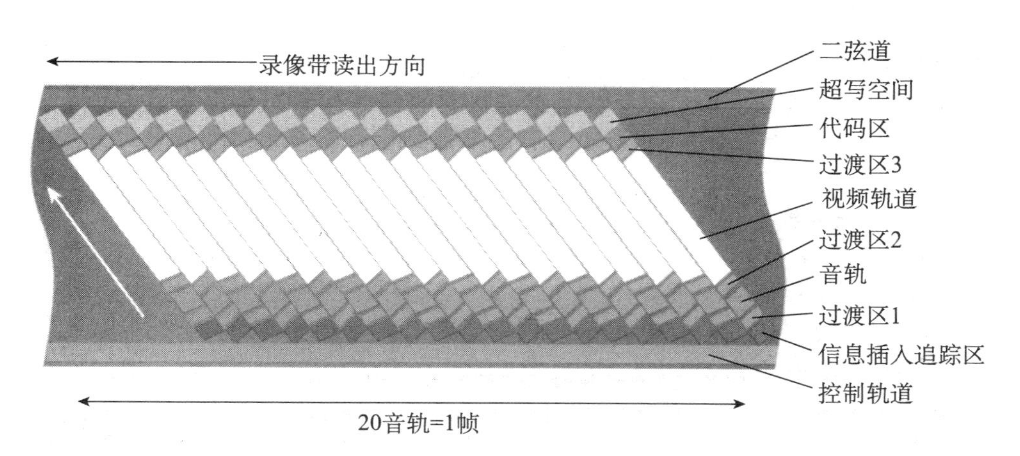

图 11—4　DVCPRO50 轨道

这个数字系统的单帧拥有 20 个轨道。每一个轨道都含有视频、音频、代码信息。

混合系统、亮度/色度组合系统、亮度/色度差异组合系统

由于输送信息的渠道的尺寸是有限的，因此你至少需要临时压缩视频信号，这样才能更快速地获取更多的数据，而不过多地损害画质。对电视传输来说，信号操控尤为重要。如果你觉得画质被压缩了，那你说对了。因为模拟信号不会像数字信号那样被压缩（就像我们在第 3 章所讨论的），人们开发了很多压缩数据的方法运用在数据的传输、存储过程中。这些方法即便在数字时代也被证实很有效。

混合系统（NTSC）是模拟视频和模拟广播的标准系统。它不能发出数字信号。如果你用一台老式的模拟电视机接收数字电视信号，你需要一台转换器把数字视频信号转换成模拟信号。你还可能用转换器把模拟广播信号转换成数字信号，这样你就可以享用数字接收器了。

亮度/色度组合系统和亮度/色度差异组合系统用来制作高画质模拟视频，以保证在传输过程中和多次后期制作后不被损坏。在数字视频中，这两个系统仍被用作基础技术信号模式。

Y 在这里代表的是亮度或灰度，两者均指视频信号中黑色和白色的比例。从技术角度而言，亮度（luminance）主要指画面的明亮程度，而灰度（luma），包括黑白之间亮度（灰度）的特定值。但是为了避免无谓的疑惑，我们还是用亮度来指代出现在你屏幕上的黑白画面。

C 代表的是信号的色彩部分。用专业术语来说，C 代表的是色度（chrominance or chroma），包括色调（真实的颜色）和饱和度（深色或者褪色部分）。为了简化（也让你保持头脑清晰），我们就用 Y 指代亮度，C 指代色彩。

混合系统　混合视频的模拟信号使用的是包含了三原色（红、绿、蓝）的色彩信号，并与包含了黑白画面比例的亮度信号相连。合并后的色彩信号和亮度信号在单一的电线上传送，并记录在录像带的一个混合轨道上。混合信号的插头通常是黄色的（见图 11—5）。不同于单帧就需要 20 个以上轨道的高端数字系统，混合系统每帧只需要两个轨道——每一个轨道都有扫描区域。

混合系统的模拟信号通常叫做 NTSC 信号，或者简单地称为 NTSC，因为美国国家电视系统委员会采用了混合系统作为所有美国视频和广播电视的标准模式。混合信号被选为标准信号不仅因为它画面的质量好（但是以今天的标准来看，它画面的质量其实非常差），还因为它在信号传输中节省了带宽。

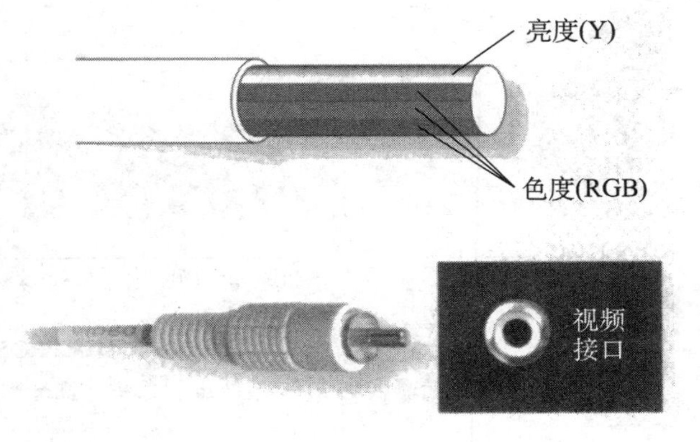

图 11—5　混合系统

混合系统，利用的是组合了亮度和色彩信号的视频信号。它需要一根导线作为单独的信号在录像带上传输记录。混合系统的插头通常是黄色的。

另外两个主要的电视系统，PAL（逐行倒相）和 SECAM（按顺序传送彩色与存储），与 NTSC 并不兼容。例如，要播放使用 PAL 系统的意大利录像带，或者播放使用 SECAM 系统的法国录像带，你就需要一个标准的转换器——一个会把信号转变为 NTSC 格式的电子设备。播放这些系统，你需要一台内置转换器的机器。

亮度/色度组合系统 为了削减混合系统里亮度信号和色度信号的互相干扰，亮度/色度组合系统，也叫做隔离视频诞生了。亮度/色度组合系统在传输信号时把亮度和色度信号分开，但是在记录时又将亮度和色度信号一起记录到录像带上。在播放的时候，两个信号又彼此分开。这一组合系统的电缆用两根导线来传递亮度和色度信号，同时还各有一根地线用于传输亮度和色度信号。使用这根电缆的时候要格外小心，不要用力拉它，因为插头上的金属片很容易弯曲或损坏（见图 11—6）。

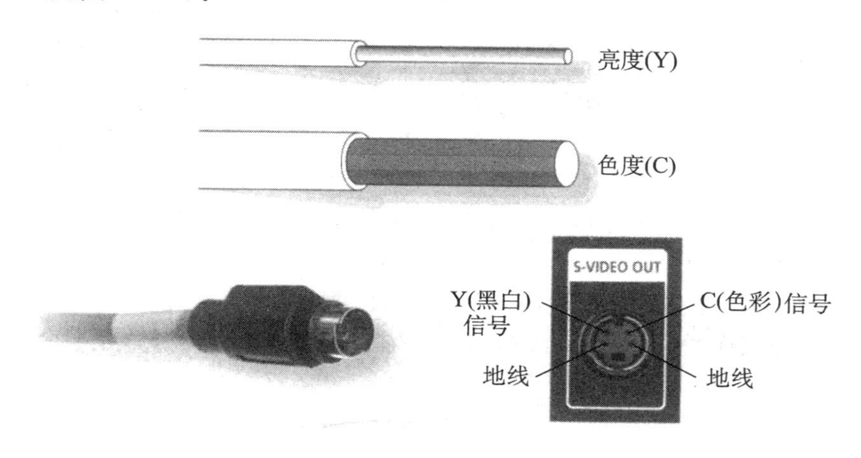

图 11—6 亮度/色度组合系统

亮度/色度组合系统，或者叫做 S 视频，分离了亮度和色彩信号，但是把这两个信号在录像带上重新组合。它需要两根不同的导线分别传输信号。

分离信号的好处在于保证了原始模拟记录和后续加工时的高清画质。为了使这一优势发挥到极致，你需要专门用来处理分离的色度信号和亮度信号的摄像机、视频监视器以及编辑软件。你可以在专门的家用录像机上放常规的录像带，但是你不用在常规的录像机上放专门的录像带。所以分离的家用录像系统只是部分兼容的。

亮度/色度差异组合系统 最理想的状态是在记录和传输数据时把三原色的通道分开。事实上，任何一款高端的录像机都是把三原色分开的。但可能你也猜到了，如此一来，大量信号的传导、记录，尤其在传动上会耗费过多的时间和带宽资源，而亮度/色度差异组合系统是个不错的选择。

它是这样运行的：首先，亮度/色度差异组合系统接收所有的三原色视频信号，并把它们按不同比例混合制造出亮度信号。众所周知，亮度信号（由三原色组成）承载了视频画面的明度（黑与白）信号。有时我们也把它叫做绿色信号，因为绿色占据了色彩混合的一大部分。

其次，红色信号和蓝色信号从亮度信号组合中又再一次被分离出来：红负值信号和蓝负值信号。在传导、记录、传动的过程中，色度信号以及两个颜色不同的信号会被隔离。亮度/色度差异组合系统经常会被标上 YPbPr，表示模拟信号，或者 YCbCr，表示数字信号。你可能偶尔会见到输入口用 YPbPr 传送模拟数字组合信号。这个系统的 RCA 插头通常用绿色代表色度信道，红色代表红负值信道，蓝色代表蓝负值信道（见图 11—7）。

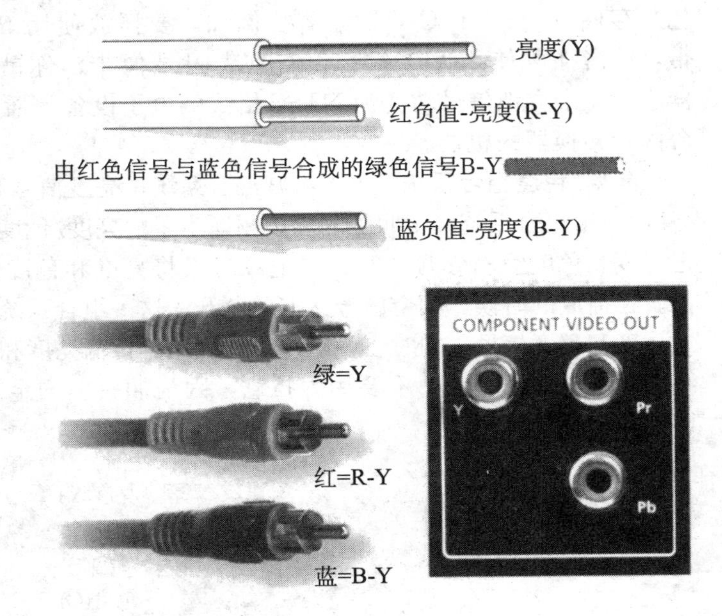

图 11—7　亮度/色度差异组合系统

亮度/色度差异组合系统像三原色系统一样，需要三根电线传输三个信号：亮度信号、红负值信号、蓝负值的信号。

这样的信号操作和单纯的三原色分离的效果一样好，而且还节省了可贵的带宽空间。但是在模拟亮度/色度差异组合系统中，你需要三根电线来传递三个分离的信号，而数字亮度/色度差异组合系统只需要一根电线。是真的吗？是的！三个不同的信号可以按序通过一根单独的电线，并在终点处重新组合。这是数字视频的妙处之一！

如果你已经被这些系统搞糊涂了，你只需要记住混合系统能把亮度和色度信号混合成单一的信号。另外两种把亮度与色度分开的系统，采用组合的模式，并且可以是模拟的或者数字的。亮度/色度差异组合系统产出的视频质量最好。不管你剪辑多少次，数字格式的视频不会有质量损坏。

录像机的种类

尽管视频产业一直以来都努力削减作为记录载体的录像带的数量，但录像带还是很流行。录像带使用期限长的原因在于它可以记录模拟和数字信号。和许多无带记录相比，录像带可以记录更多数量的数据。而且在图书馆、数据库、电视台新闻中心和几乎每一个家庭中，录像带都存储了大量的信息资料。在所有的录像带都转换为数字媒体前，它们需要由录像带录像机来播放。

模拟录像带录像机　目前的模拟录像带录像机多数用来播放现存的模拟录像带。它们从运用亮度/色度差异组合系统的高端广播级高清录像机，到分离组合视频录像机，再到低端的家用录像系统，不一而足。它们全部使用二分之一英寸的录像带。便携小巧、画质很高的 Hi8 录像机使用的是 8mm 录像带（比四分之一英寸略宽）。在高画质数字录像带这种独特的记录标准流行之后，Hi8 成了手下败将。所有录像带录像机的操作控制都一样，只是按钮的排列方式会根据品牌有所不同：停止、倒带、播放、快进、暂停、记录。

数字录像机代替了几乎所有的其他录像机，但是没能替代便携式摄像机中独一无二的模拟录像带录像机。

数字录像机　当你观看演播室的录像机时，你肯定判断不出哪个是模拟录像机，哪个是数字录像。它们的尺寸一样，操作控制即便不是一模一样，也非常相似（见图 11—8）。尽管它们看起来很相似，也有很多类似的操作，但是不论画质还是声音，数字录像机都比模拟录像机的质量要好。更重要的是，即便是家用便携式数字录像机也允许你多次使用录像带，而且并不会损害原始记录的画质。

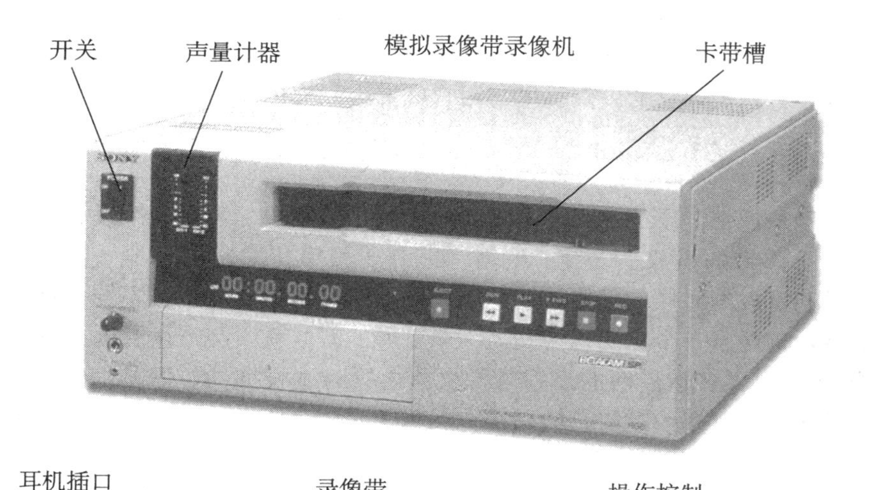

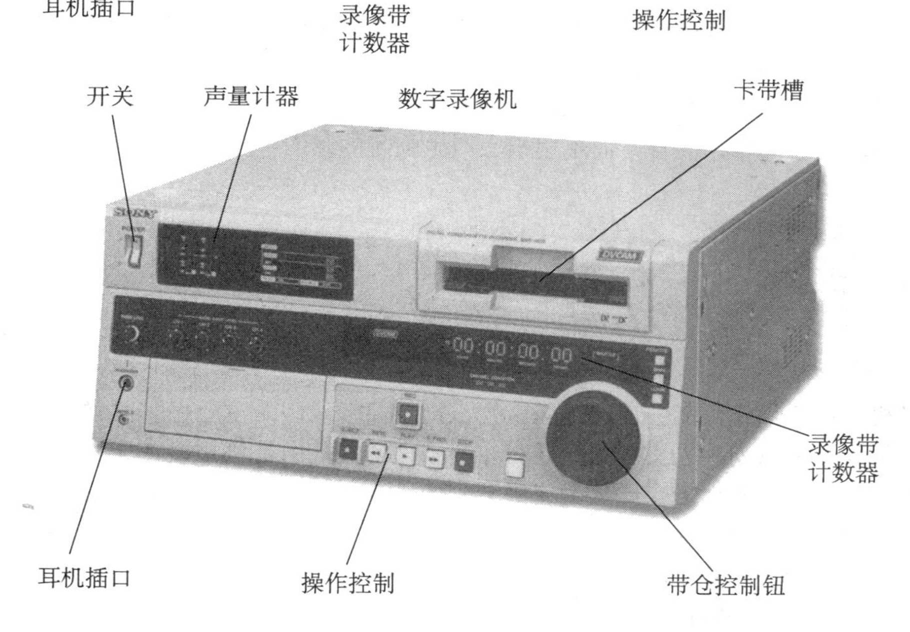

图 11—8　模拟和数字演播室录像机

模拟和数字演播室录像机在操作功能特点上很相似。

演播室的机型有很多，从 DVCAM 系统（索尼）、CVCPRO 系统（松下）到 HDV（高清视频）再到高端的 HDTV（高清电视）摄像机，比如 HDCAM 和 DVCPRO HD 型号。高端录像机不仅允许录像带被多次使用且不被损坏，同时还内设了电子智能系统通过不同的扫描模式（480p、720p、1080i）和帧频（24 帧以下/秒、30 帧/秒、60 帧/秒、更多帧数每秒）记录。在一些个案中，它们甚至能提升原始录像带的质量。但是它们花费昂贵，只有电视台和大型的后期制作公司才买得起。

让我们看一下大多数数字录像机中的一些共同点：

- 除了一些使用二分之一英寸录像带的高端摄像机，大多数数字摄像机都用四分之一英寸宽的录像带或者迷你 DV 录像带。

- 单帧需要读很多轨道。比如，DVCPRO50 系统每帧用 20 个轨道。
- 大多数数字录像机都带有火线或者信息电路接口（IEEE 1394），允许摄像机和非线性编辑系统之间音视频的双向传输。

再列更多的数字录像机种类只能适得其反，让你更加迷惑。概括地说，你可以直接用便携式摄像机为非线性编辑系统捕捉视频和音频，但是用它来选择镜头真的不是个好主意，它的系统不是为这样的操作而设计的。因此，建议你把素材录像带复制到一个稳定独立的录像机里，用它来选择和捕捉画面。

时基校准器

模拟转换和录像带记录的一个非常重要的设备是时基校准器。这个设备的主要功能是保证录像带的播放、复制、编辑都能趋于数字化稳定。为了做到这一点，它在记录和重放的时候与扫描周期的步调保持一些不同。它根据不同的视频源调整同步性，这样从一个来源切换到另一个来源的时候就不会产生暂时的同步滚动（图像中断）。大多数高端的模拟录像机有内置时基校准器。但是，低端的设备则需要连接一个时基校准器，特别是在编辑的时候。所有数字录像机都有内置的安全保证，不需要额外的校准器。

如果你想起了第 9 章中我们讨论过的电子静止帧存储同步装置，那么你的联想是正确的。在数字操作中，数字帧储存同步装置替代了模拟时基校准器。事实上，很多高端设备，比如数字录像机都内置有类似的同步装置，这样不同视频源的信号可以转换、编辑、混合，而不用担心产生临时的画面中断。

视频记录过程

摄像机的便捷操作可能会让你优先重视掌握录像带录制的重要性。这样的态度往往容易导致一系列令人头疼的问题。在电子现场拍摄中带错录像带无异于忘记带摄像机，也无异于你天真地认为演播室摄像机一定会在你需要的时候出现在你手中，后果非常严重，就好像假想你需要的时候就能用到演播室摄像机一样。正如在参与其他大型的制作项目时，录像带记录需要精心准备，在制作前期、制作中期、制作后期三个阶段中的每一个细节都要求一丝不苟。

飞行员每次飞行前一定会检查一遍所有的设备，我们也需要建立一个“制作前期、制作中期、制作后期”的记录核对清单。这样的核对清单在现场拍摄中尤为有帮助。尽管下面列举的核对清单主要是为录像带记录服务，但是很多条目也可以运用到无带记录中去。在任何情况下，你应该参照这些清单来对应所用的特定的录像设备和制作过程。

“制作前期”核对清单

☑**日程安排**　演播室或现场拍摄所用的录像设备是否到位？在很多情况下，都要准备多台录像机以备不时之需。你需要哪台录像机？提出的要求要尽量合理。你会发现在制作过程或者远程摄像中，某台录像机可以操作，但是当你有回放要求时，这台录像机往往就不能胜任了。如果你需要一台录像机只是为了能现场观看拍摄的画面镜头，那就不要选择高端的数字录像机：你可以把素材复制在普通二分之一英寸的家用录像系统的带子上，之后在家里的录像机中播放。你要确保手上有台录像机可以回放录像带。

☑**录像机状态**　录像机真的可以运作吗？一个小小的磁头问题可能就会导致最贵的录像机也不能运作。如果画面变得嘈杂，且在回放过程中不稳定，那你就需要检查清理一下磁头了。有时，录像机的一个小开关错位，就会影响你正常记录音视频的进程。在用数字演播室录像机播放迷你 DV 录像带时，需要一个适配器。检查记录保护按钮是否处于关的位置（见图 11—9）。真正录制前做一个简短的记录测试并回放，以保证录制时设备无误。

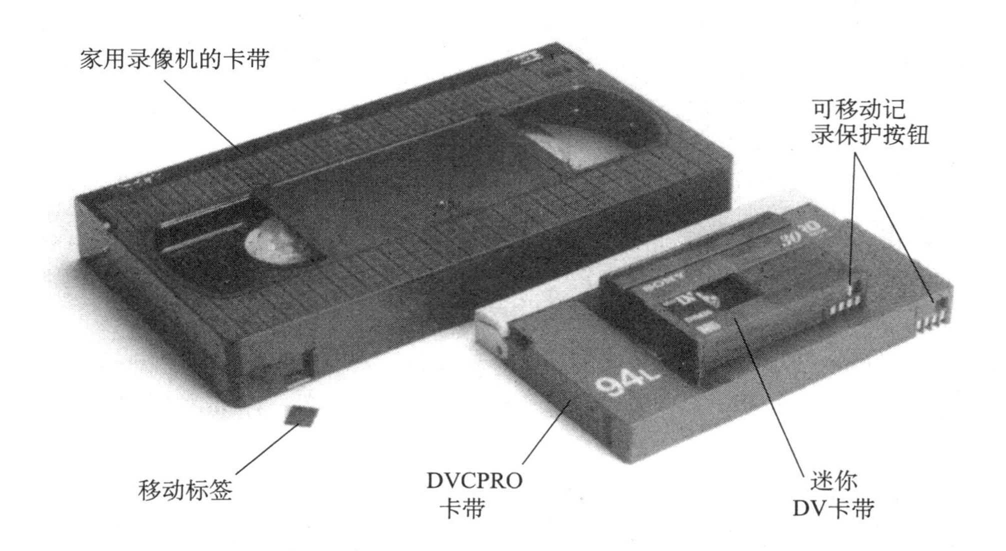

图 11—9　卡带记录保护

数字四分之一英寸卡带和迷你 DV 卡带有一个可移动的按钮，可以保护画面不被意外擦除。当按钮处在开的位置时，卡带会回放但是不会记录。二分之一英寸家用录像机的卡带和 S 家用录像机的卡带可以打开。

☑**电源供应**　当你在现场使用录像机，或者当你使用一台便携式摄像机时，你是否准备了足够的电池以保证整个拍摄过程顺利进行呢？这些电池都充满电了吗？电子图像稳定装置可以用来纠正摄像机微晃，但是十分耗电。折叠显示屏或者摄像灯光同样很快就使电池电量耗尽。如果你的电源使用的是家用电流，那就需要一个合适的适配器。检查一下电源的接口与电源供应的插座、摄像机的插口是否合适。如果不合适，不要把插头硬塞到接口上。即便你强行插入了插头，也可能导致短路或者更严重的后果。

重点提示

一定要检查卡带的规格是否与录像机相符，以及卡带上是否贴好了标签。

☑**录像带**　你有合适的录像带吗？录像带与录像机的型号、规格都相符吗？检查一下盒子里是否装有合适的录像带。不要仅仅一看录像带上贴的标签就作出判断。因为卡带可以装载各式各样的长度的录像带，核对一下供应卷轴以确保它里面放的录像带与盒子上显示的一样。

你是否为这期即将录制的节目准备了足够的录像带呢？录像带相对而言不是很贵，而且也占地很小。记住总是多带几盘录像带。在现场拍摄时突然没有录像带记录可不能让你赢得什么好名声。

卡带是在记录模式状态下吗？所有卡带都有配备一个保护功能，其目的是防止记录的东西被意外抹去，也就是说防止你在旧的带子上覆盖新的内容。所有卡带都有一个按钮，可以从记录保护状态切换到非保护状态。家用录像机系统的卡带和二分之一英寸家用录像机的卡带的这个按钮在带子背面左下角处（见图11—9）。当这个按钮处在开的位置，或者被损坏时，你就不能在卡带上记录画面。把按钮拨向记录的位置时，就可以录制了。如果这个按钮坏了，可以用一小片胶带盖住那个小洞眼。在用卡带录制之前要经常检查按钮的状态。但是无论是否有记录保护这一功能，卡带都可以回放。

☑**电线** 电线工作正常吗？已经受损的电线用肉眼是看不见的，这是问题所在。如果你没有时间事先检测电线，那就随身多带几根以备用。电线是否和录像机的插座型号相符呢？如果你记得的话，大多数专业录像机或者便携式摄像机用XLR插座（XLR jacks）作为音频输入，但是也有一些用RCA插座。视频电线有BNC、S-video、RCA插座（请参见图4—23和图7—25）。手上要有一些适配器，但最好让电线接到合适的插头里，因为每一个适配器都是一个潜在的问题。

☑**监视器** 大多数监视器可以用电池或者家用电流来充电。在现场拍摄使用这类监视器时，记得要带一根超长的绳子和两节充满电的电池。你可以通过两段带有BNC或者RCA插座的同轴电缆把录像机的画面直接输出到监视器上。

“制作中期”核对清单

☑**导片** 只要有可能，尽量在每一个录像带开始录制前加入一个导片，这个导片包括30～60秒彩条（color bar）的记录、音量响度测试（0 VU test tone）、鉴定识别（identification slate）、黑色或者导片数字（black or leader numbers）（从10到2，每秒在屏幕上闪现一个数字，一共闪8秒，在节目第一帧前的两秒是黑屏）（见图11—10）。

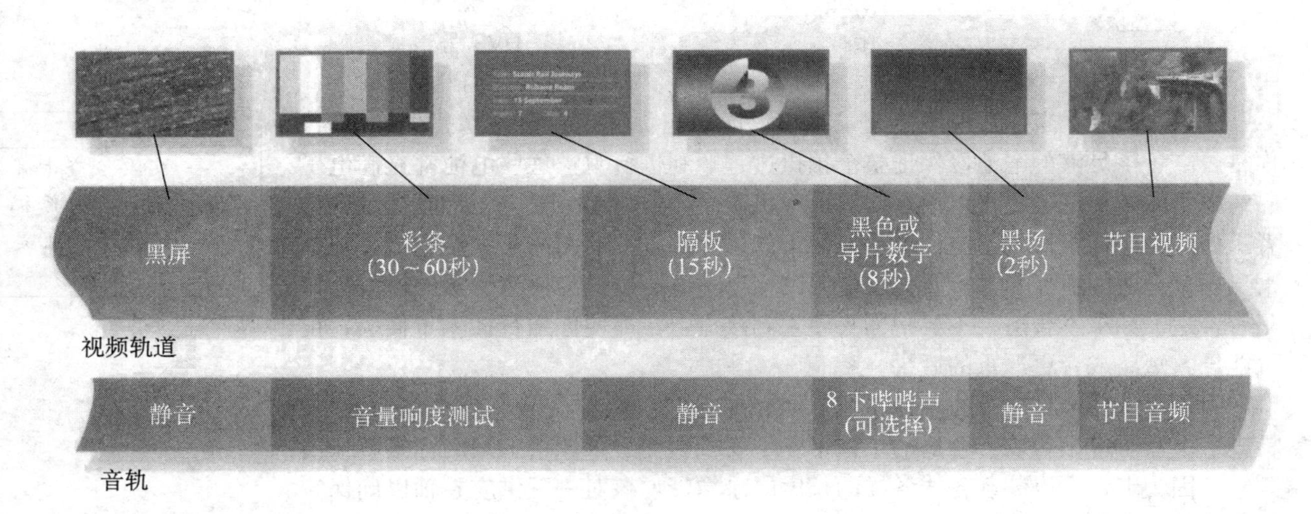

图11—10 导片

导片可以把回放机器调试到录制机器所记录的音视频上。

彩条可以用你使用的电子新闻采集摄像机生成，或者在演播室拍摄时，用摄像机控制单元生成。音量响度测试来自便携式混音器或者演播室切换器。

在回放的过程中，你可以使用彩条和音量响度测试作为参考，调整监视器上画面的色彩以及摄像机上的音频响度。但是有一点遗憾的是，很多大众使用的便携式摄像机不能生成彩条。

视频识别会显示重要的制作信息，比如节目标题、场景和拍摄数量、日期、时间、拍摄地点，以及通常情况下会显示的导演和制片人姓名。内容最少的视频识别也会显示节目的名称以及拍摄的数量。识别一般是用字符发生器（C. G.）或者摄像机里内置的打字功能完成的（见图 11—11）。

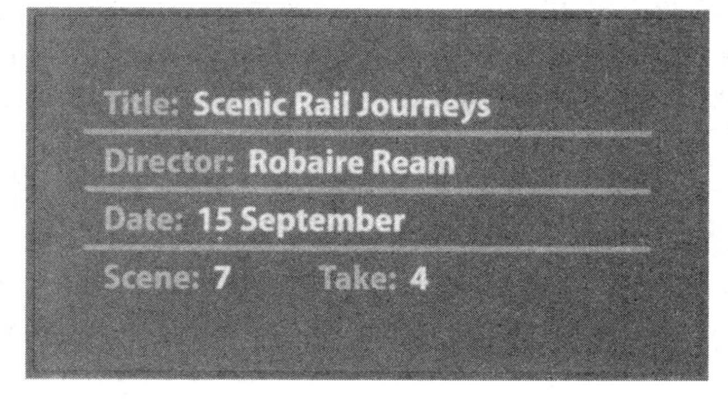

图 11—11　特征识别

识别会显示重要的制作信息，并在每一个镜头开始前记录。

在现场拍摄中，这些信息有时会被手写在一个隔板上，或者更简单，由地面总监、摄像师甚至演播人员通过麦克风读一遍。你每拍一个镜头，就要更新识别条上拍摄的数目。

如果识别用的是一个场记板，操作场记板从而发出声音。这样，你就制造了一个声音标识——两个都代表了短片中的第一帧。电影制作的延期、第一帧以及场记板发出的声音标识使得视频和音频可以同步，特别是在一个特别的场景下，你同时用很多摄像机记录了多个剪辑，这些标识就尤为有用（见图 11—12）。

图 11—12　场记板

场记板在每一个镜头中都会用到，里面包含了后期制作中定位剪辑的必要信息。拍下可移动的场记板，以保证每一个拍摄镜头中音视频同步。

导片中的倒数数字是由字符发生器制作的。这些倒数数字原来是用作电影提示的，现在在录像带回放时起提示作用。举例来说，你可以在录像带的导片上设置倒数 4，那你在视频节目第一帧出现之前就有 4 秒钟的预滚动时间。这些数字经常伴随着音频的“哔哔”声。我们注意到最后两秒经常出现黑屏，也没有声音。有些导片的数字会闪到 2，只有最后一秒留黑屏。导片数字在你需要用录像带但没有时间轴帮助的情况下显得特别有用。不然，SMPTE/EBU 时码以及另外一些地址码系统会让你更准确地截取录像带。（地址码系统以及它们如何操作这一部分内容将在第12章里讲到。）

重点提示

导片必须由那些在录像带录制过程中实际应用的设备生成。

☑**录像带计数器** 即使你在录像带上记录了一些地址码，你在开始之前也应该重置带计数器。这样做的好处是可以让你在回放的时候很快找到近似的起始点。大多数大众录像机会显示已记录时间的小时、分钟、秒钟，这对定位一段录制部分或者节目的开始有很大帮助。大多数专业录像机同时也会显示帧数。如果你希望用录像机剪辑，那帧数是必需的。

☑**预滚动** 当你刚打开一台摄像机时，不要录制任何东西——即使导片也不要录制——等到录像机达到操作速度时就可以开始记录了。预滚动需要一定的时间让录像带趋于稳定。大多数录像机在达到操作速度之后会有亮灯指示。为了给监视员提示录像机已经达到了操作速度并且对录制准备就绪，录像机会给出“速度”、“锁定”或者“记录中”的提示。如果你在录像机达到合适的速度前就开始录制，你记录的画面和声音就很有可能产生裂痕或者出现不连续的情况。

在编辑过程中，大多数便携式录像机支持录像带自动预滚动（请参见第12章），这个过程叫做退格。在回放的过程中，大多数高端录像机都会在一秒之内达到操作速度。即便你从显示了静止帧的暂停模式直接切换到播放模式，它们也可以输送很稳定的画面。

☑**录制水平** 仔细观察视频特别是音频的录制水平。你可能会太专注于观看监视器上的视觉画面而忽略了一些明显的问题。多数便携式摄像机会在取景器或者音量控制器里显示这些数据。你会注意到数字音频的音量标准比模拟音频的标准要略微低一些。在任何情况下，数字音频信号不应该超过0分贝，不然你会造成不可修复的声音损坏。

☑**为后期制作录制** 当你的录制是为后期制作剪辑做准备时，每一个部分都要记录足够的内容，这样前后场景的动作就可以重叠起来。这样的缓冲（也叫铺垫或者边缘处理）极大地提升了编辑速度。如果你有足量的录像带，把带机彩排的内容也记录下来。有时，你会在彩排过程中得到比真实记录更好的画面。每一个镜头结束前都记录几秒黑屏。这种无信号的镜头在剪辑时相当于铺垫，而在现场录制时则相当于回放时的一个安全缓冲。

☑**重拍** 作为录像机操作员，如果你觉得有理由再拍摄一遍画面，你要马上和导演沟通。重拍会比“后期修补”付出的代价小得多。准备把录像带倒回瑕疵镜头的开头时不要拖延。如果你有一个精确的场记日志，做这项工作就会容易得多。

重点提示

在录制过程中要有精确的场记日志，并认真地为所有媒体贴上标签。

☑**记录保存** 在录制过程中每一个镜头都要有精确的记录。你会惊奇地发现你很快就忘记了那些你认为难以忘记的镜头和场景在录像带上的位置。一个小心保管的现场记录可以在你寻找现场拍摄的镜头时节省很多时间，特别是在后期处理阶段准备更精确的视频记录时，场记日志能帮上大忙。场记日志应该包括拍摄视频的名称、制片人和导演姓名、记录日期和地点、媒体编号、场景以及拍摄数目和顺序——不管镜头好坏、视频记录计数器或者时间编码数字。你可以列举相关制作的细节，诸如演播人员犯下的错误或者特别严重的音频问题（见图11—13）。

视频名称　"impressions"　　制片人/导演：Hamid Khani

拍摄日期　4/15　　地点　BECA Newsroom

媒体编号	场景	镜头	好/坏	时码		事件/备注
				入点	出点	
C-005	2	1	NG	01:57:25	02:07:24	student looks into Camera CU-Z axis
		2	OK	02:09:04	02:14:27	monitor + L news anchor MS getting ready
		3	OK	02:18:28	02:34:22	Pan R to reveal anchor in news set
		4	NG	02:36:22	02:45:18	Rack focus from Floor Mgr to L anchor · OUT OF FOCU
		5	NG	02:48:05	02:55:12	Rack focus Both out of focus
		6	NG	02:58:13	03:05:11	Rack OK LOST Audio
		7	OK	03:12:02	03:46:24	Hurrah! Rack OK
	3	1	OK	04:16:03	04:28:11	MS Floor Mgr + camera op from behind
		2	NG	04:35:13	04:49:05	CU of R anchor Lost audio
		3	OK	05:50:00	06:01:24	CU of R anchor
		4	NG	06:03:10	06:30:17	CU of L anchor audio problem
		5	NG	06:40:07	07:04:08	LS of both anchors Floor Mgr walks through shot
		6	OK	07:07:15	07:28:05	Good! Floor Mgr silhouette against set
		7	OK	07:30:29	07:45:12	slow pullout
C-006	4	1	OK	49:48:28	51:12:08	MCU Marty talks to anchors
		2	NG	51:35:17	51:42:01	Lav comes off R anchor

图 11—13　场记日志

在拍摄过程中场记日志由视频记录师保管。现场记录包括拍摄视频的名称、制片人和导演姓名、拍摄日期和地点、媒体编号、场景以及拍摄数目和顺序——不管镜头好坏、视频记录计数器或者时码数字以及镜头相关的内容。在后期制作预览中，它极大地提高了定位各种媒体和镜头的速度。

"制作后期"核对清单

☑**记录核对**　在转换到另一个场景或者切换到演播室布景甚至外景之前，我们要先确认按照计划如实记录了场景。把带子倒到镜头的开始部分，然后以两倍或者三倍于正常速度的速率快进，快速核对整个记录。要特别注意声音。有时你会认为音频的扭曲是回放设备造成的，但是问题更有可能是由如下情况产生的：在录制过程中收入的声音信号被连接到错误的混合输入口（而不是麦克风输入口，反之亦然）；或者过量载入数字音频。

☑**贴标签**　给每一盘录像带（或者是其他录制的媒介）贴上标签，包括视频标题、拍摄日期、媒体编号以及视频内容。在盒子上贴上可识别的信息。尽管这样的标签很显眼，但还是有很多后期制作的宝贵时间被浪费在寻找录像带上，因为有些人只在录像带的盒子上作了标记，而没有在录像带上作标记。要让录像带的标记和相关的现场记录信息相符。把场记日志拍下来，并且把日志和其所对应的录像带都贴上一样的标记，这样你在整理视频记录时就可以把两者轻易对照起来。

☑**保护性备份**　只要有可能就尽快拷贝所有完整版的素材，这样你就可以有所有镜头素材的保护性备份。在拷贝过程中，你也可以做窗口拷贝——低质量的录像器材把时码插入每一帧里面。这样你就可以进入视频记录准备阶段。

重点提示

一定要为所有的镜头素材制作保护性备份。

无带记录载体

我们在前面也提到过，视频工业领域的发展趋势会向着放弃录像带而只用无带记录载体的方向发展。用无带记录载体的好处在于它可以很快地把内容传送到非线性编辑系统中，而它们本身也是非线性的。

不管存储在录像带上的视频信息是模拟的还是数字的，恢复之后都是线性的。这意味着你只能按顺序获取内容。比如，你要预览前 26 个镜头才能看到第 27 个镜头。

> **重点提示**
>
> 无带数字记录载体允许对每一帧视频进行任意的、即时的访问。

与线性录像带系统不同，非线性记录载体允许任意访问。如果数字信息存储在无带记录载体上，你可以直接跳到第 27 个剪辑。你不用等带子倒到需要的那一帧，而是可以直接跳到想看的帧数。看第 1 个镜头和看第 27 个剪辑或者第 191 个剪辑一样快捷。这种对每一个数字化帧数的任意访问当然也是非线性编辑的最大优势（在第 12 章我们会探索更多）。

使用非线性数字视频的问题在于一段高分辨率、实时全屏的视频需要很大的存储空间，特别是在处理运动的图像时。正如你所看见的，无带操作不仅仅依靠不断提升的无带记录设备，也依赖于更好的压缩工具。目前赢得全球认可的非线性数字记录载体使用的是硬盘驱动器和视频服务器、可读写光盘以及固态闪存设备。

硬盘和视频服务器

由于音视频信号都可以被数字化，你可以把它们存储在任何型号的电脑硬盘上。电脑不会知道它储存的磁性脉冲代表的是蒙娜丽莎的复制品还是你的支票收支簿。只要你存储的图像是静态的而非动态的，你就可以在一个相对较小的硬盘或者闪存卡里存上成百上千的图像。动态图像需要更大的存储空间。只要知道一秒钟包含了 30 个独立的帧，你就可以理解其中的原因。尽管有高容量的硬盘，一些图像压缩对于有效存储以及视频传输来说还是非常必要的。

硬盘　不断完善的压缩过程让你可以在相对较小的光盘上存放越来越多的信息。回忆一下我们在第 3 章里讨论过的关于有损压缩和无损压缩的内容。无损压缩只是单纯地重新打包视频信息，而有损压缩则删除了不必要的和冗余的信息。

有些便携式摄像机用小硬盘作为视频记录器。在数据压缩的帮助下，即使一个很小的硬盘也能记录相对而言大量的音视频信息。然而，我们也注意到相比于标准的数字视频，高清视频特别是高清电视需要更多的记录空间。不管你用什么样的无带设备记录视频，有一条规则普遍适用：你选择的录制方式中每一秒的帧数越多，你的媒介能够存储的数据就越少。在实际操作中，这意味着当你用一种高分辨率的模式，如 1080i、720p 或每秒 60 帧，肯定比你选择 480p 每秒 24 帧的模式记录容量小。

你可以通过连接一个大容量的外接硬盘视频记录器为摄像机扩展内存。这些可携带虚拟实境对于用电子新闻采集/电子现场拍摄摄像机来说特别方便（见图 11—14）。

图 11—14　外接硬盘视频记录器

这个无带外接视频记录器可以当做便携式摄像机的备份，或者高清视频 60G 的额外存储空间。你可以用火线把它和编辑电脑直接连接在一起。

视频服务器　由于电脑可以轻易获得操作数字信息，所以电视台基本只在直播回放和后期制作剪辑时才用视频服务器。视频服务器是一个大容量的电脑，可以在节目编排序列的状态下存储并回放大量的音视频信息。这个服务器的优势就在于电脑可以直接调入单帧编辑或者让整台节目空中回放。由于服务器用光盘排列的模式工作，它们可以同时容纳多个用户。只要素材存储在服务器上，几个编辑可以同时对不同的项目进行操作。

闪存

固态闪存，也叫闪存记忆驱动器或者内存卡，有多种型号和规格。但是它们的作用都是一样的：取代录像带在摄像机中记录载体的地位。它们的操作方式很像你可以放在口袋里作为快速备份或者存储设备的闪存盘，但是它们可以容纳更多的信息。它们最大的优势在于使用方便及快速的数据传输速度。因为这些内存卡没有移动的部分，所以它们很坚固，可以放在你衬衣的口袋里。

读/写光盘

这些激光操作的光盘让你可以“读取”（回放）事前记录的素材，并且“写下”（记录）新的素材，其功能就像硬盘驱动器。相信你对 DVD 各式各样的型号都已经很熟悉了，它取代了录像带成为最受欢迎的播放设备。

在摄像机中，这些光盘被安装在录音带盒里，录音带盒是用来保护激光设备的，使它显得相对牢固，不因热、潮湿、碰撞等而损坏。再重申一次，录制的最长时间取决于你是用 1080i 高清电视模式还是低画质的数字模式记录你的画面。如果你觉得摄像需要更多的时间，在任何情况下，你都可以携带一个空的光盘。

光盘拥有非线性记录和捕获的所有优点，除了一点：与闪存不同，它们有可移动的部分，可能随时会损坏。

视频记录的用途

视频记录最原始的目的是暂时存储一个不间断的现场电视节目而后不断重播，或者用来做参考和研究。然而，今天，视频记录被用到了各个方面：私人沟通、通过后期制作对视频材料加以编辑、用数字影院摄像机（这些是真正的高端高清电视摄像机）制作电子影片、储藏电视节目和教育素材。所有电视台都有一个为日常节目编辑服务的巨大的录像带图书馆。这些记录中的很大一部分被传输到光盘上以便更好地存储，也被传输到视频服务器上用作自动捕获。

视频作为拓展的一块领域已远远超越简单的广播制作或者有线电视节目。有着合理价位的高画质摄像机让视频记录成为人际交流的一种重要媒介。你在假期拍摄的录像带、拍摄家庭生活的录像带或者申请工作时展示的录像带就是最好的例子。电脑与视频的结合也带来了其他方面显著的进步，包括多媒体和互动视频。

多媒体

多媒体是指文字、声音、静态及动态图像的同时展示。尽管多媒体项目的很多部分是由电脑合成的，但是它的内容还是有赖于视频制作。多媒体节目在CD光驱或者DVD上记录分配，或者上传至网络。互动多媒体项目被广泛地应用在具有信息性、指导性、培训性的节目中，或者被应用到各种形式的展示、娱乐中。正如你所知道的，互动游戏正在成为一个巨大的产业。

互动视频

互动视频是指观众可以自行选择他们想看的节目和如何看节目的一种视频。观众不再是被动的，他们也成为交流过程中积极的一分子。

在最简单的一种形式中，这样的互动视频允许你从菜单上选择节目。如果一个节目有两个或者更多的结局，你也可以在一定程度上决定故事应该如何结束。家庭购物和视频游戏是另外一种有名的互动视频的形式。

泽特尔视频实验3.0的DVD光驱就是互动视频节目的一个很不错的例子。如果你用了这本书附带的DVD，你就知道它包括文本、图表、叙述、音乐、声音特效，以及静态和动态图像等各类素材。它也允许你作出选择并且立刻给出相应的回复。事实上，这种互动视频项目提供了一个制作实验室，在里面你可以在不同的情况下操作不同的设备，而不用涉及真正的演播室。它搭建了从书本学习制作和在演播室及现场真正动手操作之间的桥梁。

作为一种训练器材，互动视频可以展示一个逼真的交通场景。你作为一名司机，可能会被（出现在屏幕上的人或者一个画外音）问及如何做才能避免一场事故。一个扩展性的互动节目就会告诉你答案的结果。简单的节目至少也会立刻让你知道你的答案是对还是错。也有可能在让你看过一系列展示商店中不同购物者的场景后，互动视频会让你辨别小偷，然后电脑会告诉你哪个是罪犯，并且展示在真实作案前哪些行为是值得警惕、怀疑的。

互动视频发展史上最重要的里程碑就是电视和网络的结合。不像过去那样用两个不同的设备——电视系统是用来看电视剧的，电脑是用来接收信息的，现在你的电视机具备了一些电脑的功能，而电脑则拥有电视机基本的系统。只要有数字用户线路（DSL）或者宽带网络，你就能接受数字音频流和视频流，这样就能观看高画质的音视频。你现在可以掌握什么时候看新闻，而不是在早晨、中午、晚上等待传统的新闻播放时间。

数字影院

尽管忠实的影迷一直以来都反对数字影院，但它终究还是诞生了。高端数字高清电视摄像机就像传统电影摄像机一样被用来捕获镜头，现在的导演在录制后可以立刻回放镜头。与真实的胶片剪辑不同，高画质视频记录器可以直接被非线性编辑系统捕获。但是传统的胶片剪辑需要经扫描后转换成数字音视频才能剪辑。几乎所有的胶片后期制作都是用视频编辑软件和硬件完成的。

即便是电影院里电影作品的投影也需要高质量（非常昂贵）的视频投影仪完成。全数字电子影院中唯一需要进一步发展的就是通过卫星传输上传、下载在影院的公映的电影。

主要知识点

▶ **录像带和无带记录系统**

录像带记录系统可以记录、回放模拟和数字音视频信号，以及另外一些操作录像带时需要的信息。无带记录系统只能记录、回放数字信息，但是操作更灵活。

▶ **基本录像带轨道**

所有模拟录像机在记录音视频以及控制数据时都用分开的轨道。大多数模拟摄像机在一个录像带上至少有四条轨道：视频轨道包含图像信息、两条音轨包含所有的声音信息、控制轨道负责帧数同步。

▶ **混合记录系统和三原色记录系统**

NTSC 标准是一种混合视频系统，结合了视频色度（C）以及灰度（Y，或者黑白）信号成为一个单独的混合信号。亮度/色度差异组合系统把色度（C）信号和灰度（Y）信号分开。它也经常被叫做 S 视频系统。在这一系统中，信号会在记录中再一次组合。亮度/色度差异组合系统把灰度、蓝负值、红负值信号在传输、记录过程中分离开来。它的视频质量是最高的。

▶ **录像机的类型**

录像机最主要的两个类型是模拟录像机和数字录像机。尽管两种类型都用录像带作为记录载体，但是它们并不兼容：你不能在数字摄像机上播放模拟录像带，也不能在模拟录像机上播放数字录像带。

▶ **导片**

导片必须由实时录像的摄像机设备来生成。

▶ **场记日志**

场记日志记载了录制过程中的所有镜头。

▶ **无带记录载体**

无带记录载体只处理数字数据，包括硬盘和视频服务器、闪存和光盘。和线性录像系统不同，所有非录像带系统都是非线性的。这意味着无带系统允许任意访问特定的帧数或者剪辑。内存卡相比于录像带和其他非录像带媒介的一个优势是没有可移动部分。

▶ **多媒体和互动视频**

多媒体指文字、声音、静态及动态图像的同时展示。这些互动节目散布在 CD 光驱、DVD 或者互联网上，应用广泛。互动视频允许观众选择后获得及时回复。

▶ **数字影院**

数字影院运用高端视频设备（高清电视摄像机和复杂的后期音视频制作设备）制作主要的动态图像。

关键术语

组合编辑（assemble editing）：在线性编辑中，按照连续顺序将镜头画面组接到一盘母带上而非事先录制好控制轨道。

捕获（capture）：用非线性编辑软件将视频和音频从录制媒介上导到电脑硬盘上。模拟视频信号必须在导入电脑前转化为数字信号。

数字化（digitize）：捕获信息前将模拟信源的模拟信号转化成数字信号的必要一步。

编辑控制器（edit controller）：辅助各种线性编辑功能的机器，如标记编辑起点和编辑终点、展开素材、录制录像，以及整合效果。编辑控制器可为带编辑软件的台式电脑，也被称作"编辑控制装置"（editing control unit）。

编辑决策列表［edit decision list（EDL）］：包括以时间代码表示的编辑起点、编辑终点以及镜头间切换的类型。

编辑母带（edit master）：记录编辑好的最终版节目的录像带或光盘。副本均由编辑母带中刻录。

插入编辑（insert editing）：为线性编辑工作制作的高稳定性剪辑。这种编辑方式会事先在母带上录制一段纯黑色录像，即编辑的控制轨迹。

线性编辑系统（linear editing system）：用录像带作为编辑媒介。不允许任意访问镜头。

非线性编辑系统（nonlinear editing/NLE）：允许任意访问镜头。音视频信息以数字形式存储在电脑磁盘中，通常有两个外部显示屏、多个小型扬声器和一个混音器。

脱机编辑（off-line editing）：在线性编辑中，指尚不能播放的粗剪辑。在非线性编辑中，以低分辨率拍摄的镜头来节省电脑空间。

联机编辑（on-line editing）：在线性编辑中，可播放的精剪辑镜头。在非线性编辑中，以高分辨率拍摄的镜头。

脉冲计数系统（pulse-count system）：一种地址代码，会计算控制轨道脉冲并把计数转换为时间和帧数。脉冲计数系统的帧数并不精确。也叫做"控制轨道系统"（control track system）。

粗剪（rough-cut）：初步编辑。

SMPTE 时码（SMPTE time code）：指一种特殊生成的路径编码，在每帧视频图像上标记特殊数字（小时、分钟、秒和帧数）。它由电影与电视工程师学会命名，这种时码的官方叫法是 SMPTE 或者 EBU，后者还是欧洲广播联盟的简称。

视频录制记录（VR log）：源媒体中对于每个电影镜头的记录。也叫做编辑记录（editing log）。当记录媒体是录像带的时候，镜头记录也可以称为 VTR log（录像带录像记录）。

窗口拷贝（window dub）：将源带复制为质量较低的录像带，并将地址代码键入每卷带子中。

第12章

后期制作：线性和非线性编辑

后期编辑是制作过程的第三阶段也是最后阶段。在后期制作中，各种各样的视频和音频元素被赋予了结构和意义。编辑让你有最后的机会澄清并强调你想表达的信息。假如预制作和拍摄阶段都如计划进行，你现在就可以运用你对节目宗旨的理解和创意建立一个节目，让节目层次清楚、有影响力。

大多数编辑感觉后期制作编辑是视频制作中最具有创意的部分。它与写作有很多相同之处，是一项精确、辛苦的工作。为了把故事讲得动人、有感染力，你不仅需要理解节目宗旨、导演脑中的视角、节目的总体风格，还要掌握复杂的技术程序。

尽管高容量的硬盘驱动器（即便是手提电脑里的硬盘）的快速发展和编辑软件的普及已经奠定了非线性编辑作为大众广泛接受的工具的基础，但是线性编辑的基础知识还是很重要，这不仅因为很多线性编辑是作为非线性编辑的模型存在的，也因为你有可能被叫去做线性录像带编辑。

因此，这一章会把重点同时放在非线性编辑和线性编辑的后期制作系统与过程上。

▶ **非线性编辑**

非线性编辑系统和基础编辑程序

▶ **线性编辑**

单信号源线性系统、多信号源线性系统、脉冲计数和地址码、组合编辑、插入编辑

▶ **后期制作准备**

连贯镜头、制作保护性备份、增加时码、制作一份窗口拷贝、回放素材带并做好场记、记录音频文本、铺置控制轨道

▶ **脱机编辑和联机编辑**

线性脱机编辑和线性联机编辑、非线性脱机编辑和非线性联机编辑

▶ **后期制作设备**

编辑平台和联机套装

非线性编辑

所有非线性编辑系统的基础只是一台拥有着大容量硬盘驱动器和快速中央处理器的电脑。这台电脑主要的功能是帮助你选取剪辑片断（镜头或者镜头序列）并把它们按特定顺序排列，随后在回放的时候按照这个顺序播放。尽管目前市场上有一些高端的编辑软件能把电脑硬件和编辑软件结合到一起，但是对于一般的编辑工作，你只要用手提电脑就能把简单的编辑项目做得很好。

> **重点提示**
>
> 非线性编辑的基本原则是进行文件管理。

与线性编辑相反，在非线性编辑中，你要把选取的片段从一个带子复制到另一个带子上。与线性编辑不同，非线性编辑的基本原则就是数字文件管理。每一个文件夹都包含了单独的一帧，或者为了实用的目的包含了一系列组成一个片段（镜头）的帧数。你现在可能知道了为什么这个系统叫做“非线性”：你可以随时以任何顺序随意进入任何一个文件夹（帧数或者片段）而不用关心信息存储在非线性编辑硬盘驱动器的哪个地方。之后，电脑就会标出选取的片段，这样就可以按照你安排的顺序播放了。我们注意到视频文件本身不会从原本在硬盘上存储的位置移动到另一个位置。你的编辑只是告诉电脑该以什么样的顺序播放剪辑（见图 12—1）。

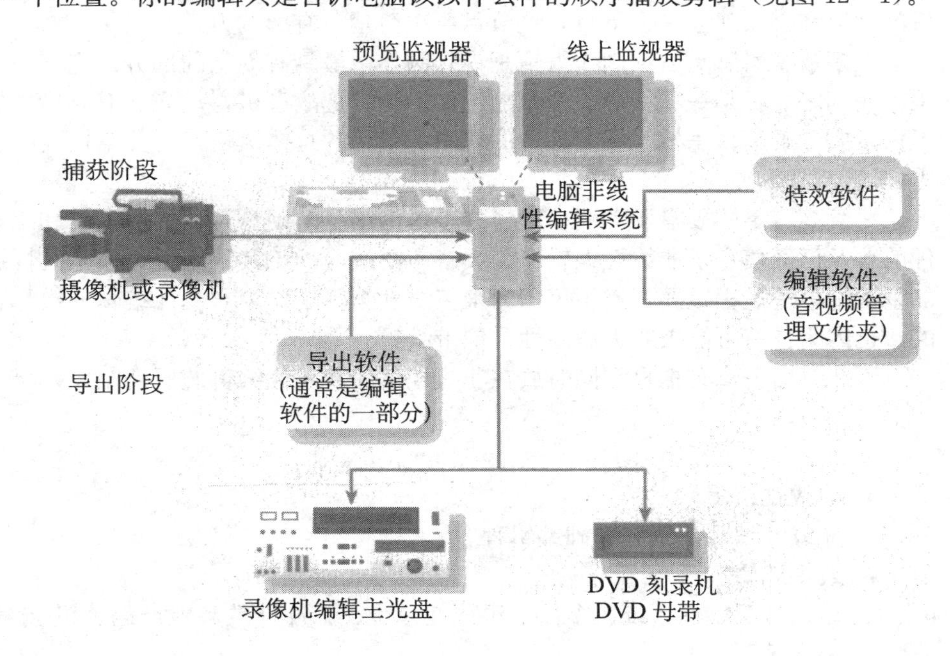

图 12—1　非线性编辑系统

摄像机或者外接录像机把音视频素材导入非线性编辑系统——捕获阶段。电脑编辑软件则充当了整个剪辑阶段编辑控制员的角色——编辑阶段。一旦完成最终剪辑，节目就会被传输到录像带或者光盘上——导出阶段。摄像机制作编辑主带，DVD 刻录机制作 DVD、编辑主光盘或者编辑主媒体。

非线性编辑系统

如果你已经开始配备你的编辑套装，那就选一台具有高端桌面、大容量硬盘驱动器以及高速中央处理器的电脑。典型的非线性编辑系统应该包含两个较大的外置监视器——一个作为电脑输出，另一个用来显示你编辑的进程——还需要两个小的播放器。用两个分开的屏幕工作比用一个屏幕显示两个窗口容易得多。如果你想控制额外的声音素材的音量，或者在把声音素材导入非线性编辑系统前事先混合其中的几个音轨，那你还需要一个小的混音器（见图 12—2）。

用来剪辑的电脑必须有相应的软件来完成非线性编辑的三个步骤——捕获、实时编辑、导出，也需要有其他的特效软件制作转场、图像和标题。

大多数编辑软件允许你直接从摄像机的视频记录设备中把音视频导入非线性系统电脑中。这代表了捕获阶段。

一旦信息到达硬盘驱动器，你就可以选择片段并把它们按顺序排好播放。你可以添加新信息，比如另一个场景或者素材中的短片或音频片段，来改进你的作品。特效软件让各种转场和标题成为可能。这是实时编辑阶段。

如果你想在非线性编辑系统以外的地方播放你的作品，那你需要复制最终的剪辑版本到编辑主带或者光盘上。这就是导出阶段。

让我们仔细地看一看各个阶段。

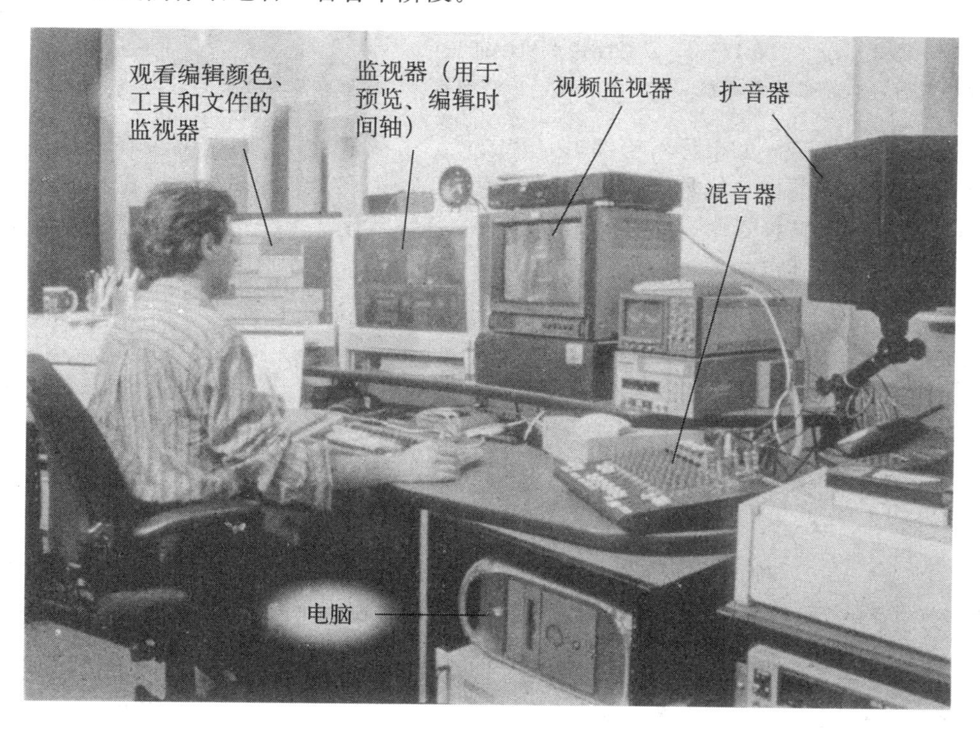

图 12—2　非线性编辑站

非线性编辑站由如下器材组成：一台电脑，一个键盘，一个显示各种编辑工具的巨大的电脑显示屏幕，用来观看预览、线性窗口以及时间轴的第二台监视器，回放剪辑场次的第三台监视器，混音器，把源录像带导入电脑的数字摄像机（经常被服务器替代）。

非线性编辑阶段 1：捕获

在你做任何非线性编辑之前，你需要把媒体源的内容传输到非线性编辑电脑的硬盘驱动器上。媒体源可以是录像带、硬盘驱动器、储存卡或者光盘。

数字源录像带　你可以直接把便携式摄像机的数字录像带导到非线性编辑的硬盘上。但是，如果你想选取一些录像带素材源中的镜头以节省硬盘空间，你应该用一台独立的录像带记录器来捕获。在这里就需要用到你的现场记录。别认为你标记的捕获镜头没有任何好处，就像演播人员在和某作者的访谈中拿错了书。（我们会在本章后半部分讨论预览和记录源录像带。）

选取镜头总是需要反复运行录像带，包括反复快进和倒退，这在小的便携式摄像机中就很难实现。在这种情况下，你应该把录像带从摄像机中取出来放到一个更耐用的独立摄像机中，然后再进行选取、捕获的工作。独立数字摄像机非常适合这样的工作，让录像带来回运行是它功能的一部分。相比于便携式摄像机，你也能更快地找到想要的镜头。

一旦你往更耐用的摄像机里插入源录像带，你就可以把它与带有 RCA 声子或者 S 视频电线，或者更好的——火线（IEEE1394）的非线性编辑系统连接（见图 12—3）。

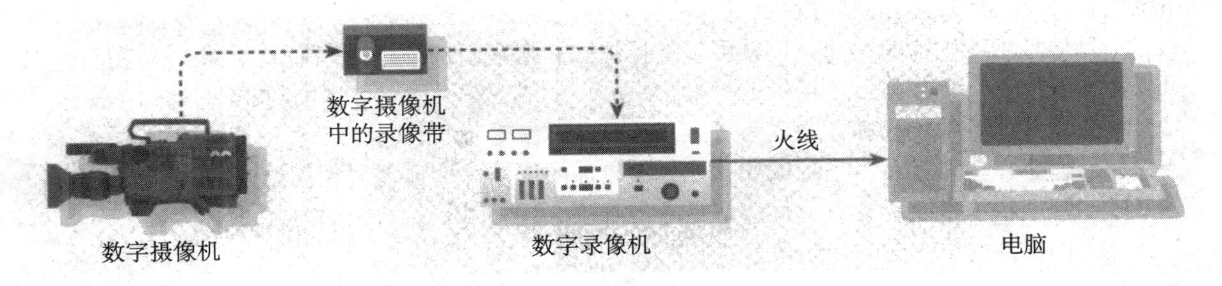

图 12—3 从数字摄像机中捕获

在数字摄像机上播放时，数字视频和音频素材可以通过一根双向的火线电缆直接导入电脑上。

模拟源录像带 如果你希望编辑一些老式的模拟带子，你首先需要在非线性系统捕获镜头之前把它们数字化。你可以用 RCA 声子或者 S 视频电线把模拟摄像机连接到一个转换箱中，转换箱会把模拟内容数字化。火线可以让你把转换箱和非线性编辑的硬盘连接在一起（见图 12—4）。

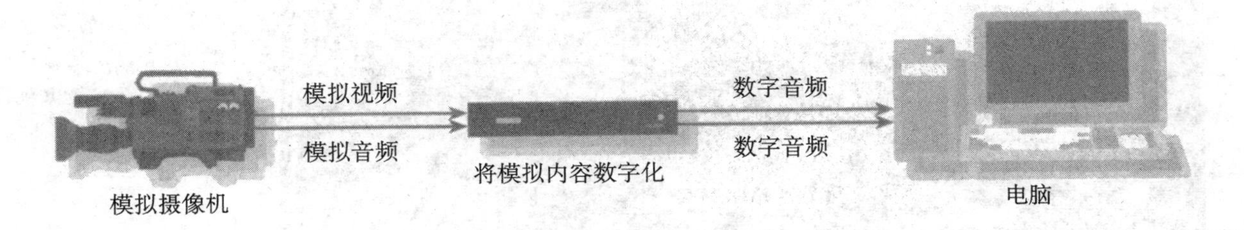

图 12—4 从模拟摄像机中捕获

摄像机的视频音频输出与转换箱相连，转换箱把模拟信号变成数字信号，之后数字信号被输出到电脑。

其他数字源媒体 如果数字摄像机用非录像带的记录载体录制，你也可以把源数据直接传送到非线性编辑的硬盘驱动器中。通过 RCA 声子、S 视频或者火线把非录像带摄像机连接到非线性编辑系统上。你也可以使用一个兼容的存储卡，把卡直接插入非线性编辑系统的槽中。

非线性编辑阶段 2：编辑

这一阶段包括编辑导入视频的最主要的几个步骤：文件识别、镜头选择、镜头排序、转场和特效。这一阶段也包括了音轨的建立：选取可取的声音成分、导入新声音源、混合声音、与视频同步。

即便是相对简单的剪辑软件也提供了多种效果，有了这些选项，你或许就不用更复杂的特效了（见图 12—5）。复杂的软件可以把一个手提电脑也变成一个强有力的专业非线性编辑系统。

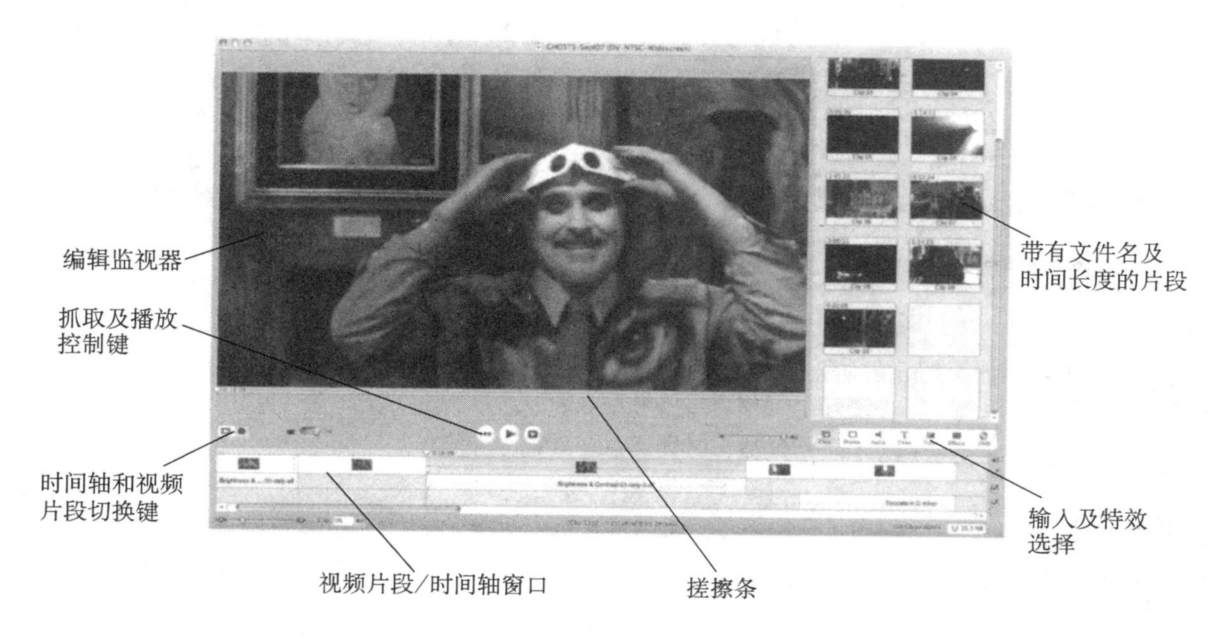

图 12—5 简单的非线性编辑界面

在这个 iMovie 高清界面上，剪辑（文件）被安排在“架子”上，旁边有滑条。你可以在可显区里观看视频剪辑或者把它们在时间轴上排序。在巨大的编辑监视器底下是源媒体的控制区，可以实时编辑剪辑短片，也可以播放编辑部分。我们注意到每一个剪辑都有一个独特的文件名。

所有非线性编辑系统都会显示它们的界面——展示编辑工具的窗口——或是类似的操作特效的布局（见图 12—6）。

所有系统都可以展示多帧以及多场景，这叫做短片。这样你就能预览编辑，看看它们剪辑在一起是否合适。电脑同时也会显示一个时间轴，里面包含了剪辑中的所有视频和音轨。（这个时间轴和作品的时间轴无关。作品的时间轴会显示作品某一天所有活动的间隙。）

在我们进入编辑环节之前，首先给你一条忠告：尽管手提电脑有最好的非线性编辑功能，导入阶段也很不错，但如果你要进行比较复杂的编辑，最好还是要有额外的设备。你应该找一台高画质的平台显示器作为编辑界面，而不是让所有东西都挤在一个小电脑屏幕上。大一点的画面能防止你产生视觉疲劳，同时也让你对如何编辑图像有更好的想法。同样，最好能找一个全屏的视频播放显示器。这在你犹豫该看剪辑源还是部分已剪辑过的场景时能减少很多疑惑。它在审查复杂的效果时也非常有用。

如果你的音频要求不是特别简单，你还需要一个混音器和一个高质量的喇叭作为监督音频的设备。不要依赖于手提电脑上的小喇叭，除非你戴上耳机。好的喇叭或者耳机可以立马揭示音频的问题所在，并且告诉你是否需要对声音进行处理。

组件	也称为	功能
1. 项目栏	浏览器、剪辑条、组织者	存放所有视频、音频源剪辑。
2. 源监视器	预览监视器、观看窗口、监视器栏	显示要编辑的源剪辑。
3. 记录监视器	节目监视器、帆布、监视器栏	显示选取编辑的序列（活跃的时间轴）。
4. 滚动控制：源素材和记录素材	传输控制、滚条	让你以任意速度甚至慢动作快进或倒退剪辑或者编辑的场景。
5. 搓擦条		提示你剪辑或者剪辑序列播放时播放指示器的位置。
6. 播放指示器		指向移动的位置确定一个帧。它的速度取决于你用鼠标移动它的快慢。
7. 时间线	场景线	编辑过程的主地图。由播放指示器、视频轨道、音轨组成。显示所有视频、音频剪辑彼此之间的顺序。
8. 视频轨道	剪辑观看器	如果有多于一个的视频轨道，轨道 1 总是最接近音轨，其余的轨道往上叠加。
9. 音轨	音轨	两个轨道或者更多轨道。轨道 1 在最上方，其余在下方陈列。显示色条或者每一个剪辑的波形。
10. 工具栏	工具箱、效果栏、任务栏	包含了音视频的特效和操作选项。

图 12—6　非线性编辑界面

这一类界面展示了非线性编辑系统的基本元素。但是它没有显示菜单，菜单中会提供一大串非线性编辑功能的选择。

标记导入的源素材　非线性编辑的电脑部分充当的是一个巨大的图书馆，你可以从中选取特定的剪辑，这些剪辑其实也是简单的动画系列。电脑屏幕可以展示选取的镜头。但是该选哪一个呢？如果给予它们正确的标识，找到正确的剪辑就没什么可烦恼的。如果图书没有正确记入目录以方便获取，那么世界上最好的图书馆也是没有用处的。对文件夹来说，这个道理同样适用——你需要给所有导入的剪辑取一个独特的文件名或者编一个号码。所有编辑项目都会有空间留给导入剪辑的文件名以及它们的附加信息，这有点像现场记录。事实上，你应该用现场记录上的名字给捕获的剪辑命名。（我们会在本章后半部分给大家讲标识以及编辑日志的创建。）

镜头选取和排序　镜头选取、镜头排序、制作转场和效果的特定技巧会根据你使用软件的不同而不同。所有专业的非线性编辑软件都有全面的用户手册，同时在你用惯它们之前需要有一段耐心的适应期来进行大量的操作练习。

非线性编辑是文件管理。你需要选择剪辑并安排它们的次序。电脑会依据你的指令安排每一帧，让它们排列好准备回放。剪辑的随意访问不仅在镜头选取上赋予你极大的弹性自由，在排列它们时也让你游刃有余。

你会发现一旦你掌握了实时编辑的技巧，最大的挑战将会是选取最有感染力的镜头，以及排列它们的方式，从而把你想传递的信息清楚、准确地表达出来。（本章结尾处的后期制作准备的核对清单会给出一些提示，让选取镜头的过程更有效并且没有这么大压力。第 13 章会探讨后期制作编辑的基本审美原则。）

非线性编辑阶段 3：导出到录像带或者光盘

一旦你完成了镜头选取并把它们通过转场按照预期的顺序排列好，就到了把你的杰作导出电脑输入录像带或者光盘上的时刻了。基本上，你需要把你文件的顺序导出到一个记录载体，你会把这个媒介用作回放的编辑母带和成品的存放地。等到作品拷到编辑母带媒介上，你的节目就编辑完了。

因为软件程序各不相同，你需要核查非线性编辑系统的输出要求，比如特定的代码（压缩的类型和程度）。如果你想要把你的节目拷到 DVD 或者网络流上，你压缩时的编码必须能被日后的用户设备解码。

线性编辑

只要你用录像机播放录像带源或者用来复制选取的镜头到编辑母带上，不管录像带上的信号是模拟的或者数字的，你都需要线性编辑系统。编辑母带是包含着剪辑好的节目的第一个录像带，其他的拷贝版本都是由编辑母带复制而来的。之所以称之为“线性”编辑是因为你不能随意访问素材源。举例来说，如果你想在镜头 3 之后编辑镜头 14，你必须滚动中间的 11 个镜头：为了看镜头 3 必须先滚动最前面的 2 个镜头，看镜头 14 的话还得再滚动中间的 11 个镜头。你不能简单地调用镜头 3 和镜头 14。线性编辑最基本的原则就是从录像带源上把选取的镜头按编排好的方式复制到编辑母带上。

> **重点提示**
> 线性编辑最基本的原则就是从录像带源上把选取的镜头按编排好的方式复制到编辑母带上。

单信号源线性系统

最基本的线性编辑系统由一台信号源摄像机（放像机）和一台录制摄像机（录像机）组成。我们用放像机来选择各种镜头，用录像机来复制这些选定的镜头并通过切换将它们组合到一起。录像机进行实际的视频和音频剪辑。

放像机和录像机都有各自的监视器。放像机监视器显示用来编辑的源素材，录像机监视器显示经过编辑的视频和音频内容（见图 12—7）。

由于你只能有一台放像机，因此单信号源的录像机编辑系统通常只能完成切换的转换方式。当剪辑速度成为首要考虑时，只用切换的转换方式的编辑器便派上了用场，新闻编辑就是很好的例子。还有一些十分易于携带的只用切的转换方式的编辑器，包含了两个大的监视器显示屏，以及基本的编辑控制器——所有这些器材都被紧紧包裹在一个小套装中。你可以在新闻采访时随时携带它们，并在现场进行新闻故事编辑（见图 12—8）。

重点提示

单信号源的录像机编辑系统通常只能完成切换的转换方式。

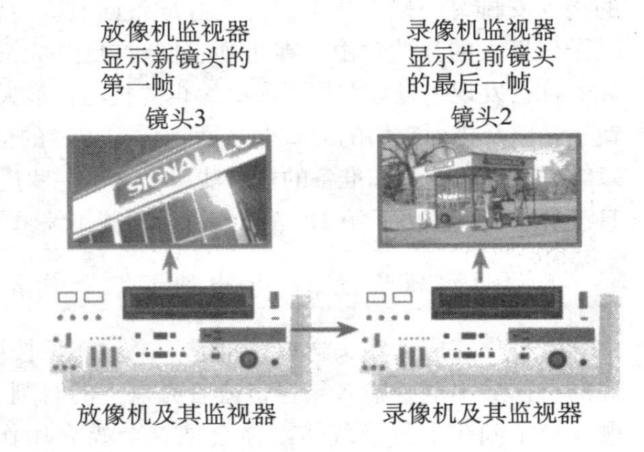

图 12—7 基本的单信号源系统

放像机提供原始录像中的选定部分，把它提供给录像机。录像机复制选定的部分并通过切换把它们组合到一起。放像机和录像机都有各自的监视器。

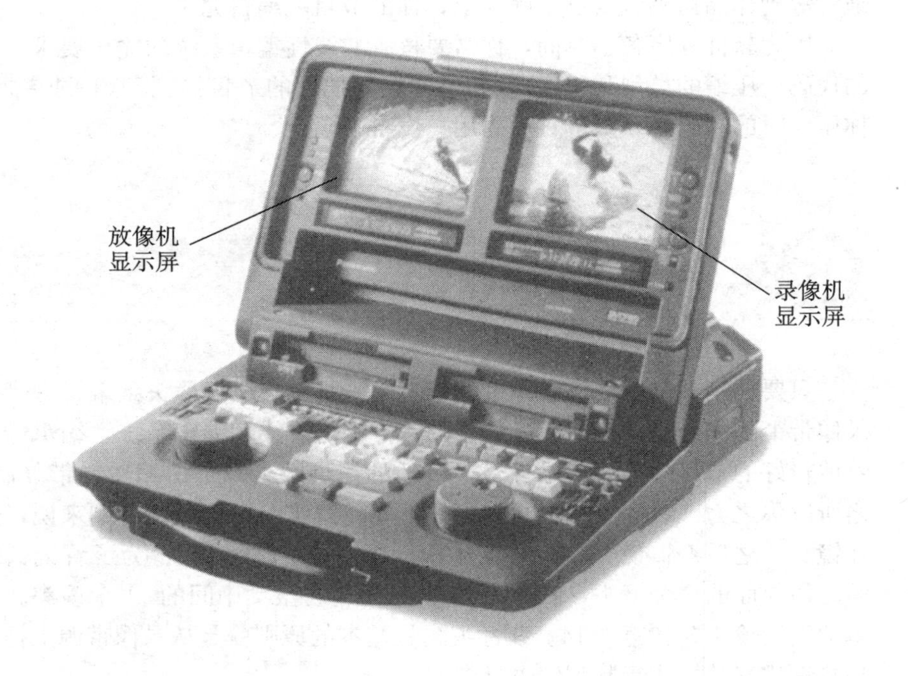

图 12—8 可携带的数字切换编辑器

编辑器包含有两个数字放像机，两个液晶显示监视器，音频扩音器、编辑控制器——所有这些器材都被紧紧包裹在一个小套装中。

编辑控制器 编辑控制器也叫做编辑控制装置，扮演着既有能力又十分有效率的编辑助手角色。这个电脑化的机器会标识并记忆母带和复制带上帧画面的位置，同时还能预卷录像带使各录像机同步。除此之外，它还能让你决定音频是应该同视频一起处理还是分开处理，告诉录像机什么时候转换到录制模式——以便进行编辑。高级编辑控制器还能启动切换器和调音台来完成各种视频音频特效。通常情况下，编辑控制器分别对放像机、录像机以及各种常用编辑功能进行控制

（播放、快进、回卷、以不同速度搜索）。编辑控制器最好的一点在于，这位编辑助手从不抱怨长时间地进行编辑工作（见图 12—9）。

图 12—10 展示了编辑控制器是如何适应单信号源编辑系统的。我们注意到单信号系统中加入了一个混音器。正如你所看见的，混音器的输出经过编辑控制器直接导入录像机。如果你想在作品传送到录像机前调整录像机源的音量，或者你想从其他源头（如音乐）中加入母带上没有的声音素材，那么你需要一个混音器。

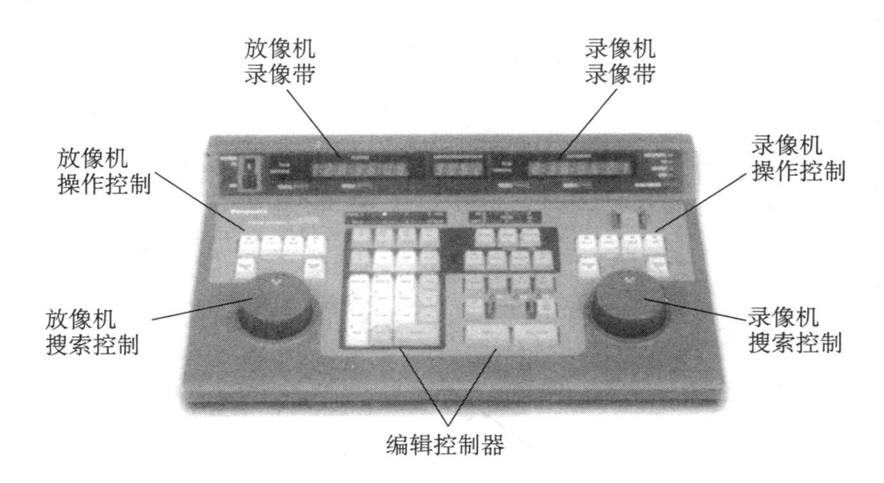

图 12—9　编辑控制器

编辑控制器对放像机和录像机分别进行控制，如搜索和变速控制。位于中央的控制键能激活预卷和编辑功能。

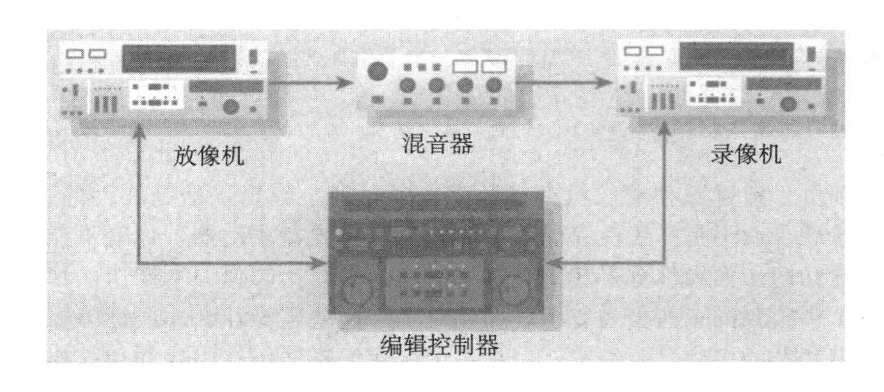

图 12—10　单信号源系统中的编辑控制器

单信号源系统中的编辑控制器能启动放像机和录像机，使它们同步，并确定两台录像机上的入点和出点。

多信号源线性系统

该系统用两台以上录像机作为放像机，通常用字母标识（A 放像机、B 放像机、C 放像机等），用一台录像机做记录。

有了多信号源录像机系统，你就能编辑来自 A 和 B（或 C）录像机的镜头而且不用换带。该系统的最大好处是，你不用再受只能切换的局限。现在，你能在 A 带（在放像机 A 中的素材）和 B 带或 C 带（在放像机 B 或放像机 C 中的素材）之间进行不同的转换、溶解和擦除。若想在 A 带和 B 带（或 C 带）之间实现这种转换，必须将录像素材输送给实际发挥切换功能的后期现场切换器，之后它的输出信号再被录制到录像机上。当然，你也可以用切换器提供的特效来做各种转换。

重点提示

多信号源录像机系统能够实现溶解擦除以及其他特效形式的转换。

这种多信号源系统的编辑控制器通常是基于电脑的。电脑不仅能记住你的各种命令，如从 A 带或 B 带上选择镜头、转换的种类和长度或特效，也能让放像机、切换器以及特效发生器发挥各自的功能。在大型节目制作的过程中，多信号源线性系统通常会加上一个大的调音台而不是一个小的混音器（见图 12—11）。

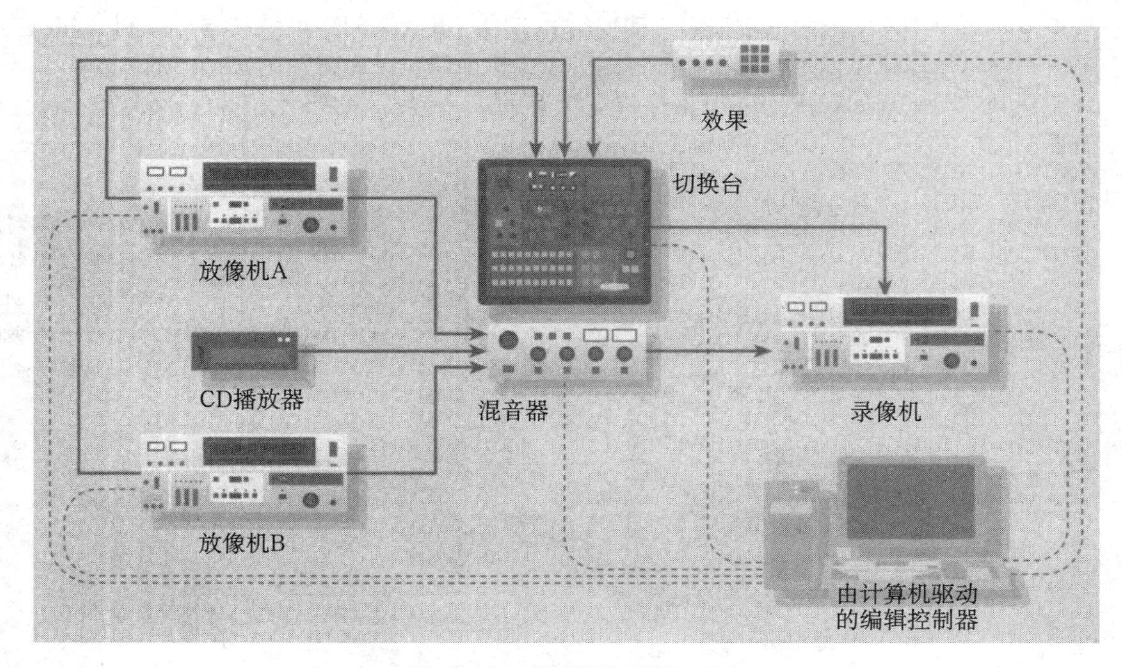

图 12—11　多信号源编辑系统

在多信号源编辑系统中，两台放像机（放像机 A 和 B）给一台录像机提供源素材。两台源素材的放像机的视频输出通过切换器进行各种转换，如各种溶解和擦除。两台放像机的音频输出则经过调音台（或混音器）。多信号源编辑系统通常由电脑驱动的编辑控制器加以控制。

我们注意到尽管素材源和录像机都是数字化的，但是编辑仍然是线性的。只要你用的是录像带而不是非线性存储装置，如大容量硬盘驱动器，你就不能对镜头进行任意访问。如果你觉得我们在这里讨论的内容比起你原本期望从视频制作“基础”中得到的东西更为复杂，那就对了。这就是为什么非线性编辑基本替代了所有复杂的多信号源编辑。但是对于线性编辑你仍有一些知识需要了解。

脉冲计数和地址码

编辑控制器会显示时、分、秒、帧数，它的作用和录像机上的录像带计数器一样（见图 12—12）。这些数字会帮助你在素材源或者编辑母带上定位一个镜头或者帧数。而数字本身是由脉冲计数系统或者时码系统生成的。

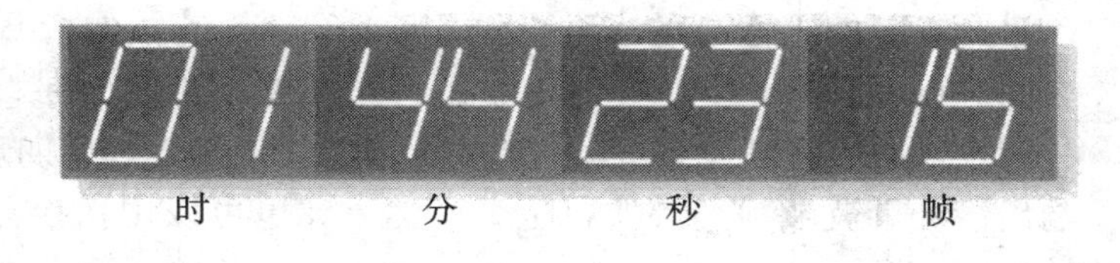

图 12—12　脉冲计数和地址码显示面板

脉冲计数器和地址码显示面板显示录像带经过的时、分、秒和帧的计数。帧转到 29 之后为一圈（计时 1 秒），秒到分、分到时是在 59 之后进位，小时数转到 24 之后归零。

脉冲计数系统　脉冲计数系统也叫作控制轨道系统，采用控制录像带中的轨道脉冲来计算帧数（见图 12—13）。控制轨道上的每一个脉冲对应一帧画面，因此我们可以通过计算控制轨道上的脉冲来搜索录像带上特定镜头的位置。每30帧构成一秒，所以每29帧之后相当于卷了一秒录像带。每一分钟为60秒，同样，每60分钟进位为一小时。

脉冲计数系统并没有精确到帧数，这就意味着即使每次录像带走到同一个特定的脉冲计数码，你也不会得到同一帧画面。其原因就在于，在录像带的高速运行过程中，有些脉冲被漏掉或错过了。举个例子，如果你要在一条街上找10间房子，你不会有什么麻烦；但是如果你要找3 600座房子，可能就会费很大周折才能找到。如果你能想到3 600个脉冲只能录两分钟的录像带，也许你就能理解为什么计数器会在查找20分钟或者更长时间之后的某个镜头时丢掉几帧了。

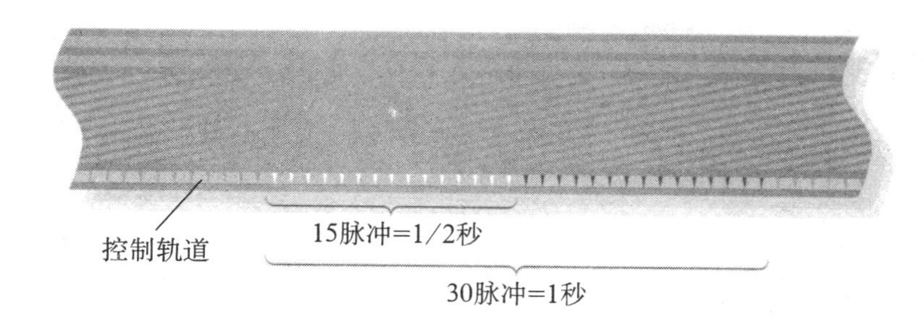

图12—13 脉冲计数系统

脉冲计数或者控制轨道系统，通过计算控制轨道的脉冲数查找录像带上的某个特定镜头。每30个脉冲构成一秒录像带的时间。

不管录像带从开头运行或者从中间的某一个地方开始录制，当你插入这盘录像的时候，系统就会清零。如果你想在录像带上找到某一个镜头，让时间和帧数都显示在录像带的计数器上，那么你必须把录像带回卷到头，并在记录或者编辑之前把计数器设为0。

脉冲计数系统的优势在于其速度，但是它的高速是以牺牲精确度为代价的。

时码系统 若想进行更为精确的编辑，那就必须使用时码系统或者地址码系统。该系统利用不同的数字和特定的地址来标注每一帧画面，编辑控制器可以通过时码将你精确地带到第10间房子或者第3 600间房子那儿。要到达第10间房子，编辑控制器不必从1数到10，而只要找编号10就可以；而要找到第3 600间房子，也只需看看房子的编号即可。

> **重点提示**
>
> 时码为视频的每一帧画面提供了一个独一无二的地址。

应用最广的地址码系统是SMPTE时码（SMPTE time code，读作sempty time code）。其全称为SMPTE/EBU（即电影电视工程师协会/欧洲广播联合会，Society of Motion Picture and Television Engineers/ European Broadcasting Union）。时码给每一帧画面分配了一个特定的数字，这个数字可以通过时码阅读器看见（见图12—14）。

图12—14 时码系统

时码系统给每一帧画面分配了一个独一无二的地址。

尽管市面上有相似的时码系统，但是它们却无法与SMPTE时码兼容。因此，你必须在整个编辑过程中选取同一个时码系统。而且，如果用不同的时码系统来标注音频和视频上的帧，就无法让不同的视频、音频做到同步。

无论从录像带的哪个点开始，时码都会精确地帮你找到所需要的画面。你可以将同一时码用于录音带，通过电脑同步视频音频的帧数，使它们匹配。所有电子新闻采集摄像机都可以生成自己的时码，或者从一个时码生成器中导入一个时码。

你可以一边录像，一边记录时码，或者（像小型拍摄和电子现场拍摄中常用的那样）过后在录像带的某条提示轨道或者音轨中加上时码。由于录像带上的节目很少超过一小时，因此表示小时的数字通常还用来表明录像带的编号。比如，时码 04：17：22：18 表示你要搜寻的镜头在 4 号带的第 17 分钟 22 秒 18 帧这个位置。这种标签无疑是一种附加保护，即使录像带上的实物标签脱落了，或者——也更常见的是——从来没有往录像带上贴过标签，你也能找到自己想要的那卷录像带。

所有的线性编辑系统都让你在组合编辑模式和插入编辑模式中作出一个选择。你应该选择哪一个模式呢？让我们来了解一下。

组合编辑

一般来说，组合编辑（assemble editing）比插入编辑的速度更快，但是编辑过程不够稳定。其主要缺点是，组合编辑无法独立地对视频和音频进行编辑（也叫分开编辑）。

在组合编辑中，录像机在复制素材带上的视频、音频素材之前会将编辑母带上的所有信息（视频、音频、控制轨道和时码轨道）都抹掉，将录像带变成空白带备用。在转录过程中，录在素材带上的所有选定信息都会复制到编辑母带上。录像机把复制到编辑母带上的素材片段分配到一个新的控制轨道上。为了使编辑稳定，录像机会校正和排列各种素材片段的同步脉冲，以便它们形成连贯的控制轨道（见图 12—15）。

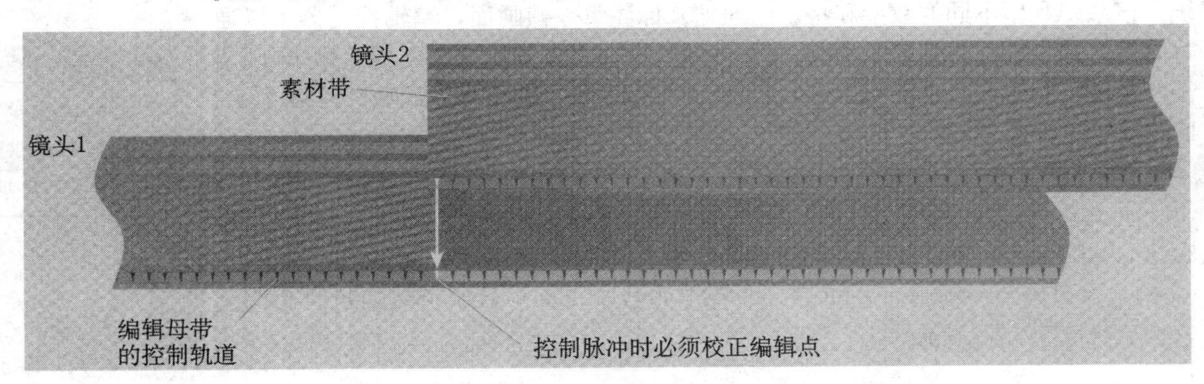

图 12—15 组合编辑

在组合编辑中，录像机会根据每个编辑后的镜头的同步信息设置一个新的控制轨道区域。在本案例中，镜头 2 的第一个同步脉冲和编辑母带上镜头 1 的最后一个脉冲被精确地间隔开了。来自两个区域的同步脉冲形成了一个连续的轨道。

遗憾的是，即使是质量相当高的录像机，也不可能永远都成功地完成这个任务。比如，如果录像机将 2 号镜头第一帧的控制轨道加到 1 号镜头的最后一帧上，将该编辑点上的同步脉冲分开了一点或紧贴在一起，那么，这个轻微的偏差也会导致画面的“撕裂”，也就是说，在回放过程中，这段画面会在这个编辑点出现断裂或瞬间卷动的现象。

由于在从素材带上复制新镜头之前编辑母带上的所有轨道都将全部抹掉，因此，你不可能先复制音轨，然后再回头加上相应的视频；你也不能先录下视频部分，回头再配上合适的声音。你只能将整段视频和音频一起从素材带上添加到编辑母带上。

插入编辑

插入编辑（insert editing）是一种被大众喜爱的线性编辑手段。它可以制作出质量高、画面稳定的成品，并且允许你对音频和视频独立地进行剪辑。但是，插入编辑需要你首先保留先前录制在编辑母带上的连续控制轨道，这样同步脉冲在所有的编辑点上都会以相同的间距隔开。

录制一段连续控制轨道的最常用的做法是在编辑母带上录制黑场——把你在素材录像机上选取的镜头复制到录像机的录像带上。录制黑场可以提供一个连续的控制轨道，不用在其中插入图像。请注意黑场的录制在实际录制时完成，也就是说，若要铺 30 分钟的控制轨道，你就必须让空白编辑母带走 30 分钟。只有这样，才能给编辑点提供真正的连续引导（见图 12—16）。

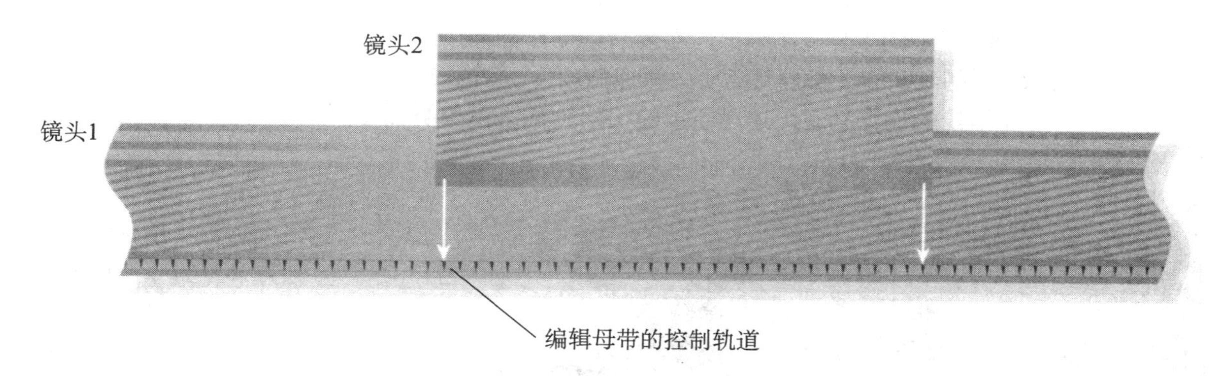

图 12—16　插入编辑

在插入编辑模式中，素材在转录到母带上时会去掉自身的控制轨道，然后根据编辑母带上事先录制的控制轨道放在编辑母带上。

在插入编辑过程中，录像机不加入新的控制轨道，但会在编辑母带上加上新的镜头来配合现有的控制轨道。这就意味着即使在编辑母带中插入一个新的镜头，编辑也会高度流畅，不会出现撕裂或者断裂的画面。

与组合编辑不一样的是，插入编辑允许你对视频和音频进行分开编辑。你会发现在除了最简单的编辑工作外的所有其他项目中，你需要把音频从视频中分离开来，单独编辑画面和声音。举例来说，很多新闻节目和纪录片的编辑喜欢先录制音轨，然后再配上与音轨上说到或听到的内容相匹配的图像，这样视频就与音频同步了。这样的分离编辑就是插入编辑最大的一个优势。

> **重点提示**
>
> 在进行插入编辑前，必须首先在编辑母带上录制黑场。

为了加快编辑速度，你往往需要在手边备几盘已经录有控制轨道的黑场录像带，让它们充当插入编辑的编辑母带。不过，我们得注意，我们不需要在素材录像带上录制黑场。便携式摄像机里的录像机会在它自己的控制轨道上提供这样的镜头。

后期制作准备

和所有其他制作活动一样，编辑也需要细致认真的准备。对准备工作要求最低的是新闻编辑，因为你根本无法预测每天到底会编辑多少新闻事件，都是些什么性质的新闻事件，也没有多少时间来制定周密的编辑决策。你所能做的就是尽量选择最有力的镜头，将它们编辑成可信、可靠的新闻故事。

若想充分利用现有的、并不充分的后期制作时间，你心里应该对以下必要的编辑准备工作有个大体的框架：脑海中要有一组连贯镜头；制作保护性备份；给素材带加上时码；进行窗口拷贝；回放素材带并做好场记；转录音频文本；铺置控制轨道。

连贯镜头 听起来似乎很奇怪，但后期制作过程确实始于拍摄阶段，有的时候甚至始于前期准备阶段。好的导演和好的摄像师不仅能从视觉上构想每个镜头并将它们组织起来赋予它们意义，还能事先想到那些镜头该如何剪裁到一起，以及该以什么样的顺序编排。在复杂的制作活动中，比如电视剧或者精心设计的电视小品和广告，编排顺序是由分镜表（storyboard）来决定的。分镜表不仅是主要场景的视觉呈现，还是主要镜头序列的表示（见图 12—17）。

图 12—17 情节串联板

带着图像下的画面与声音信息，分镜表显示主要场景的视觉呈现和重要串联点。它既可以手绘在事先印好的分镜表上，也可以由电脑生成。

如果你没有时间或不具备充足的条件去准备分镜表，你可以利用下面所列的制作技巧来为后期编辑提供便利条件。你可能注意到其中的一些要点在先前的讨论中我们已经探讨过。但是由于它们能给后期制作编辑带来很多益处，因此我们还是把它们重新罗列在这里。

使后期制作更容易的制作秘诀

☑给每个镜头贴上标号 给每一个镜头确定一个视觉上的（或者至少是声音上的）标号。在演播室里，标号的工作通常由字符发生器完成。在拍摄现场，你应该有一张手持镜头号码牌，上面至少应该标上拍摄日期、录像带号、场景号和镜头号。如果没有直观镜头号码牌可用，也可以用声音给不同的镜头标号。读完镜头号之后，从 5 开始倒数到 0。这种倒数有助于确定标号之后镜头开始的大概位置。

☑给编辑留出空间 在录制的时候，不要镜头一结束就马上停止录制——应该在停止之前多录制几秒钟的时间。比如，如果某软件公司的总裁刚刚描述完最新的非线性视频系统，在停止拍摄录制之前让她在原地不出声地待上几秒钟。在开始拍摄下一段视频的时候，在喊“开拍”之前先让摄像机走一小段，拍完之后，在停止录制之前，让所有人都待在原地几秒钟。这种铺垫，或者说间隙处理，可以使你在决定确切的入点和出点时多一些灵活性。

☑录下背景声 即便你决定在后期制作的时候重新建一个音轨，但是在换场或者完成录制之前还是记住一定要录制几分钟背景声（如房间的基调、交通工具的声音、静寂的声音）。这种环境声可以在编辑或者镜头中掩盖寂静的片段。你甚至也可以考虑最终使用这些声音强调画面的现场感。

☑做好现场记录 给自己录制的东西做好精确的现场记录。给所有的录制媒体（录像带）、录像带盒都标上录像带号和节目的标题。场记将会在你第一次放映时帮助你确定所录制的素材的位置。

☑录制切出镜头 给每个场景录制一些切出镜头。切出镜头是指一小段能改进或者建立两个镜头间视觉连贯性的镜头。切出镜头通常和事件相关，如看游行的旁观者或者听证会期间记者的摄像机等等。切出镜头的时间一定要足够长——至少 15～20 秒。如果切出镜头太短，对于编辑来说就如同没有切出镜头一样让人沮丧。此外，如果切出镜头太短，看上去更像是拍错的镜头而不是连贯的镜头。在拍摄切出镜头时，一定要让摄像机运转的时间略微超过你认为的必要时间的长度，这样，切出镜头对编辑来说可能才会刚好足够长。

重点提示

一定要为所有的镜头素材制作保护性备份。

制作保护性备份 如果将素材带弄丢了或者弄坏了，那么你为制作节目而付出的努力就全都白费了。正如前文所指出的那样，经验丰富的制作人员在录制完毕后都会尽可能地给所有素材带制作保护性备份。在复制成数字录像带时，画面质量是不会有所损失的。这些复制品的质量和编辑母带的质量一样好。

增加时码 除非在录制过程中录上了时码，否则一定要在所有素材带上加上时码。有两种方法：一是将时码发生器所产生的时码“铺在”录像带的地址轨道上；二是将时码“铺在”某一条音轨上。

制作一份窗口拷贝 在铺置时码时，你可以同时做另外一个拷贝，叫做窗口拷贝（window dub）——一种质量较低、级别降低了（通常是 VHS）的复本，它有一个“刻入”的时码——嵌入每帧画面上的时码。每帧画面都会显示一个方框，叫做窗口，窗口上会显示画面的时码地址（见图 12—18）。

图 12—18 SMPTE 时码窗口拷贝

时码可以直接嵌入源素材带的复本，以便进行脱机编辑，每一帧显示各自的时码。

即使你知道哪些镜头需要重拍（不够好），但是用窗口拷贝所有图像的做法通常更省事，不管这些镜头好坏与否。偶尔在有些情况下，起初感觉不太好的镜头在实际剪辑过程中会成为宝贵的切出镜头或者替代镜头。你可以在捕获过程中把真的很糟糕的镜头给删去。

窗口拷贝还能充当所有记录镜头的精确场记，能为你准备一份编辑决策列表（edit decision list，缩写为 EDL），列表上列有每次剪辑的入点和出点。你甚至还能在线性编辑中进行粗编——编辑母带的初级低画质版本。

回放素材带并做好场记 现在是时候给录在素材带上的所有内容列出一份清单了，不管这些镜头是否曾经在现场做过镜头标号，也不管这些镜头可用与否。这里的场记——叫做录像机场记（VR log）或者编辑场记——是一种基于非线性编辑剪辑显示的窗口拷贝或者时码的手写文件。请注意有些后期制作人员即使在镜头被录制在无带记录载体的情况下也会使用术语录像机场记。这种场记有助于你查找具体镜头的位置以及这些镜头所在的屏幕的方位，而不用一遍又一遍地翻看预览源素材带。

尽管场记初看起来好像在浪费时间，但是一个精确的、周密的场记在实际剪辑中会替你节省下大量的时间、金钱和精力。除了常用的数据，诸如节目名称、导演名字、节目编号和日期，录像机场记还应该包括以下信息：

- 媒体号（录像带、存储卡、光盘）
- 场景号
- 镜头号
- 每个镜头的起点和终点
- 镜头是 OK（好的）还是 NG（不好）（如果没有指定 OK/NG 栏，你可以在第三栏圈出好的镜头）
- 重要的音频信息
- 备注（关于场景或者事件的简短描述）
- 向量类型和方向

虽然你可能不能在市场上能买到的录像机场记或电脑显示面板上找到向量

栏，但向量栏却能提供非常重要的记录信息。正如我们在第 6 章中所讨论的那样，向量显示了某种指向或正向某个特定方向运动的线条或类似的东西（我们会在第 13 章对向量进行更加深入的阐述）。向量指向的好处在于你可以不看素材带就轻松快速地辨别某个镜头的方向。

比如，你需要找这样一个镜头：镜头中物体的移动方向和前一个镜头中物体移动的方向是相反的。你所需要做的只是看一眼向量栏，找寻一下 m 标志（表示运动向量）的箭头指向相反方向的镜头即可。如下图所示，向量符号用 g（图形 graphic）、i（指向 index）、m（运动 motion）表示，它们的箭头表示主要方向（见图 12—19）。

⊙表示有人朝镜头方向看或靠近摄像机，· 表示有人与摄像机同方向朝远处看或者离开摄像机。现在不用太担心向量栏。但是在学习完第 13 章之后，你应该回过头来再看一下图 12—19，再研究一下向量栏，看看它是否能帮你将录像机场记中的镜头序列用视觉形式表现出来。

节目名称：交通安全　　节目编号：114　　脱机编辑日期：07/15

制片人：Hamid Khani　　导演：Elan Frank　　联机编辑日期：07/21

录像带号	场景号	镜头号	入点	出点	好/坏	声音	备注	向量
4	2	1	04 44 21 14	04 44 23 12	NG		mic problem	m ←
		②	04 44 42 06	04 47 41 29	OK	car sound	car A moving Through sTop sign	m ←
		③	04 48 01 29	04 50 49 17	OK	brakes	car B puTTing on brakes (Toward camera)	⊙m
		④	04 51 02 13	04 51 42 08	OK	reacTion	pedesTrian reacTion	→ i
5	5	1	05 03 49 18	05 04 02 07	NG	car brakes ped. yelling	ball noT in fronT of car	⊙ m ← m ball
		2	05 05 02 29	05 06 51 11	NG	"	Again, ball problem	⊙ m ← m ball
		③	05 07 40 02	05 09 12 13	OK	car brakes ped. yelling	car swerves To avoid ball	⊙ m ← m ball
	6	①	05 12 03 28	05 14 12 01	OK	ped. yelling	kid running inTo sTreeT	→ i ← m child
		②	05 17 08 16	05 21 11 19	OK	car	cuTaways car moving	⊙ · m
		3	05 22 15 03	05 26 28 00	NG	sTreeT	lines of sidewalk	↔ g

图 12—19　录像机场记

录像机场记，或者叫做编辑场记，包含了涉及所有素材带所录制的音视频的必要信息。注意向量栏中的符号：g、i、m 分别指图形、指向和运动向量。箭头显示指向和运动的主要方向。Z 轴的指向和运动向量用⊙（指向摄像机）或者 ·（远离摄像机）加以标示。

很多编辑软件可以让你输入特定的场记信息。在某些情况下，还能插入剪辑第一帧和最后一帧的图像，这在很大程度上有助于你确定镜头的具体位置。在这种情况下，你可以略过向量栏，因为现在你能清楚地看到不同镜头的起始帧和结束帧的主要向量。

电脑场记的优势就在于你只需要输入场景的名称或时码数字，就能很快找到想要的那个场景。然后，你还能让它自动输入最终的剪辑决策列表中，由它来指导编辑母带上的最终编辑顺序。

> **重点提示**
> 在视频录制场记日志中，设备上的向量标记能指向特定的方向。

转录音频文本 用书写纸将所有对话记录下来，这是编辑之前另一件耗费时间但又非常重要的事情。但是一旦完成记录，它绝对会加快编辑进度。比如，假如你要编辑一个时间很长的采访，或者剪辑一段对话，使他们与给定的时间段吻合，那么，打印稿便能让你快速浏览一遍而不用反复去听录像带的音频。因为打印稿比录像带灵活得多，你可以在文本中快速往前或往后跳着看。当然，在新闻报道中，你没有时间来做这样的记录。你能做的就是运行素材脚本，记录下自己需要保留的那一部分以及需要做裁剪的部分。

铺置控制轨道 如果你还记得的话，在运用线性插入编辑之前，你必须在用作编辑母带的录像带上录制一段黑场信号。而在录制黑场信号的同时，你也记录下了一个连续的控制轨道，让分离编辑和保证编辑点的稳定成为可能。当然，在非线性编辑中你不需要担心控制轨道或者该做组合编辑还是插入编辑。你只需要在硬盘上捕获剪辑，再给它们取好文件名，以便日后轻松获取。

脱机编辑和联机编辑

不论你进行的是线性编辑还是非线性编辑，脱机编辑通常是指初级的低画质的编辑版本，目的是为了看最终成品是什么模样；而联机编辑的目的是为了制作广播或者其他播出形式的最终编辑版本。然而，联机编辑或者脱机编辑的方式与线性和非线性编辑的方法还是大不相同的。

线性脱机编辑和线性联机编辑

> **重点提示**
> 线性脱机编辑的结果是一份编辑决策列表或者一个粗剪。联机编辑的结果是创造和输出最终的编辑版本。

线性脱机编辑的结果是一份编辑决策列表或者一个粗剪。粗剪是一种低画质的录像带，它会按顺序显示镜头，但是没有特殊的转场、特效或者音频润色。一旦你和顾客对粗剪都表示满意，你就要用手头最好的设备重做脱机编辑，用你的脱机编辑决策列表或者粗剪作为指导。这个版本会成为你最终的联机编辑版本。

非线性脱机编辑和非线性联机编辑

在非线性编辑中，脱机编辑意味着选取的素材首先在低分辨率（低画质视频）的机器上捕获，用作脱机编辑。那这是不是就要求你已经做完一个初步的选取和剪辑排序呢？是的，在某种程度上，确实对你有这样的要求。但是由于你是在低分辨率的机器上捕获的剪辑，因此通常情况下你在硬盘驱动器上还有足够的空间导入大多数剪辑，不管它们的标签上写的是好还是不好。

一旦素材资料在非线性编辑硬盘驱动器上，你就可以进行剪辑的选取以及排序——真正的剪辑。由于你操作剪辑和排序的相对便利，你可以制作出几个版本，然后挑选一个你最喜欢的。用这个版本生成电脑化的编辑决策列表。你可以用编辑决策列表在联机编辑中用尽可能高的分辨率再一次捕获选取的镜头（见图12—20）。请注意你还是需要添加所有的转场和特效以及混音。一旦上述工作都完成了，你就可以把这个最终联机版本输出到编辑母带媒介（录像带或者光盘）上。

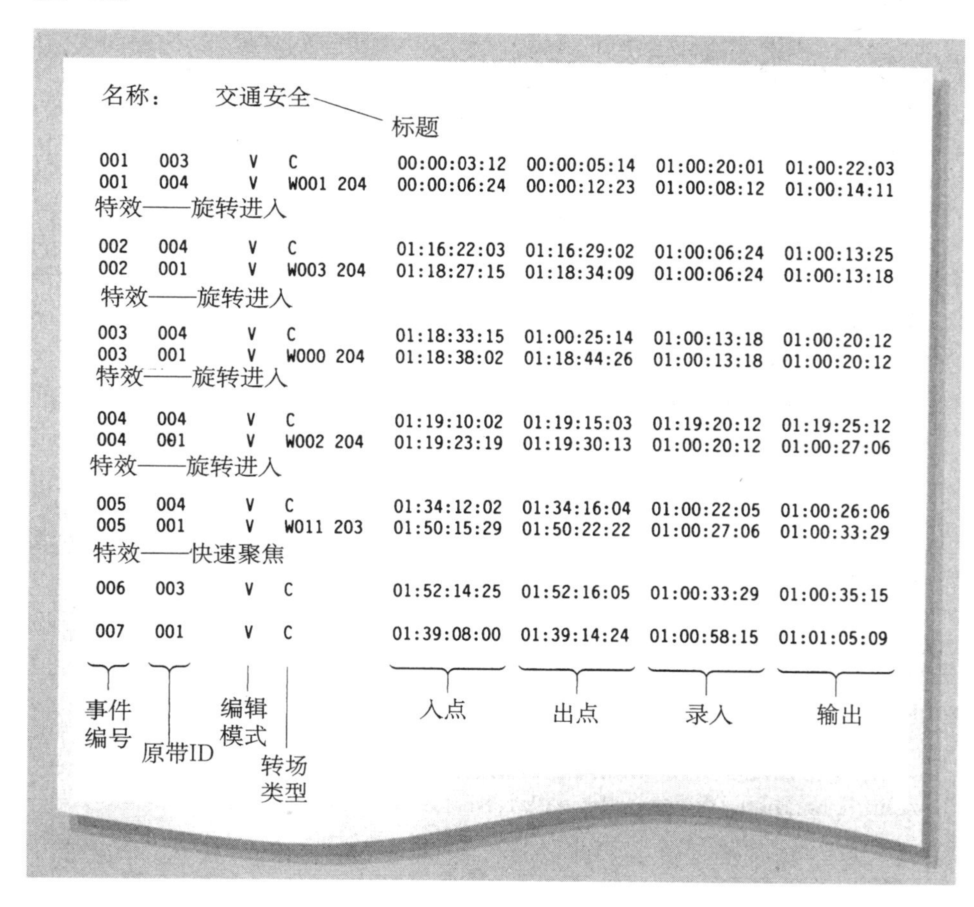
名称：　交通安全　标题

001　003　V　C　00:00:03:12　00:00:05:14　01:00:20:01　01:00:22:03
001　004　V　W001 204　00:00:06:24　00:00:12:23　01:00:08:12　01:00:14:11
特效——旋转进入

002　004　V　C　01:16:22:03　01:16:29:02　01:00:06:24　01:00:13:25
002　001　V　W003 204　01:18:27:15　01:18:34:09　01:00:06:24　01:00:13:18
特效——旋转进入

003　004　V　C　01:18:33:15　01:00:25:14　01:00:13:18　01:00:20:12
003　001　V　W000 204　01:18:38:02　01:18:44:26　01:00:13:18　01:00:20:12
特效——旋转进入

004　004　V　C　01:19:10:02　01:19:15:03　01:19:20:12　01:19:25:12
004　001　V　W002 204　01:19:23:19　01:19:30:13　01:00:20:12　01:00:27:06
特效——旋转进入

005　004　V　C　01:34:12:02　01:34:16:04　01:00:22:05　01:00:26:06
005　001　V　W011 203　01:50:15:29　01:50:22:22　01:00:27:06　01:00:33:29
特效——快速聚焦

006　003　V　C　01:52:14:25　01:52:16:05　01:00:33:29　01:00:35:15

007　001　V　C　01:39:08:00　01:39:14:24　01:00:58:15　01:01:05:09

图 12—20　最终编辑决策列表

最终编辑决策列表通常会列出镜头名称（或者在非线性编辑中的剪辑名称）、镜头时间的入点和出点数字、每个镜头的时长、主要的转场类型和特效、音视频轨道的数字定位，以及一些其他的技术信息。

重点提示

非线性脱机编辑的结果是在低画质视频上进行捕获和编辑，最终形成一份编辑决策列表或者一个粗剪。联机编辑的结果是在高画质视频上再一次捕获选取的镜头，最终输出到编辑母带上。

脱机编辑步骤

由于大多数基本的脱机编辑步骤都需要事先掌握选取镜头（为什么选择这个镜头而不是另一个）的基本标准，所以我们现在先讨论一下这部分知识。这些标准是第 13 章的内容主体。到目前为止，你需要知道脱机编辑步骤的最初几个程序，因为在一定程度上来说它们会影响你在决策阶段的剪辑选择。

回放　除非你是在新闻播报前的半个小时才把新闻编辑脚本拿到手，一般情况下你需要再想一遍自己想告诉观众什么。这意味着要回到你最初提议的节目基本目标和角度（交流意图）上。毕竟，如果连你自己都不知道故事要讲什么，那你又如何选择并组合事件元素呢？实际的视频记录脚本可以对原有的主体目标做轻微改动或者是原始版本的忠实再现。但是千万别让花哨的镜头淹没了原始信息的初衷。

再尽己所能回忆一遍大多数相关的剪辑。如果你不能记忆起特定的场景，那就重新看一下片段。非线性编辑最大的一个好处就是你可以在一秒之内随时回放任何一个剪辑，不管这个剪辑被储存在非线性编辑硬盘驱动器的哪个位置。这样的回放无疑暗示了一种既定的顺序，更重要的是，它能让你确认你一定不会用的镜头。（但是别着急把这些镜头都删除——你还是有可能会决定用它们的。）

重点提示

纸笔编辑是创造初步编辑指南的一种好方法。

纸笔编辑 尝试制作第一版非线性编辑的最简单的方法就是纸笔编辑（paper-and-pencil editing），或者简称为纸张编辑（paper editing）。它是这么运作的：

1. 再查看一遍你需要使用的剪辑素材，看一下哪些相关的或者有画面感的镜头特别令你震撼。不管这种方式多么不直接，这样一种回放方式暗示了既定的镜头编排顺序。

2. 完成回放工作后，需要周密地考虑一下剪辑的顺序。在编排的时候要随时谨记节目的宗旨和可以运用的脚本，准备一个大概的分镜表。这时候可以好好看一下编辑日志，以锁定主要的剪辑。如果有好几个剪辑在某个特定的场景里都同样有震撼力，那就把它们通通列出来。

3. 通过时码入点和出点的数字来定位选取的剪辑，把它们加入到你手写的最终编辑决策列表上。有时候是由音频决定了顺序而不是由剪辑的视频部分决定的（见图 12—21）。

节目名称：交通安全　　节目编号：114　　脱机编辑日期：07/15

制片人：Hamid Khani　　导演：Elan Frank　　联机编辑日期：07/21

录像带号	场景号	镜头号	入点	出点	转场	声音	备注
1	2	2	01 46 13 14	01 46 15 02	cut	car	
		3	01 51 10 29	01 51 11 21	cut	car	
	3	4	02 05 55 17	02 05 56 02	cut	ped. yelling—brakes	
		5	02 07 43 17	02 08 46 01	cut	brakes	
		6	02 51 40 02	02 51 41 07	cut	ped. yelling—brakes	

图 12—21 手写的编辑决策列表

编辑决策列表是联机编辑的线路图，上面列出了录像带号、场景号、镜头号、每个镜头的出入点计数、转场以及重要的声音信息。这种编辑决策列表包含了最终编辑所需的必要信息。

粗剪 如果你有充足的时间，可以用原始的编辑决策列表把从一台录像机窗口拷贝选取的部分复制到另一台录像机上。不用担心入点、出点的精确性或者编辑点的断裂。目前这个阶段，你需要找到的就是一种对于事件流的感觉。不用担心音频——在你之后根据最终的编辑决策列表做了更多精确编辑后你可以修复它。这就是非线性编辑系统的好处：你可以在一段时间内先编辑出好几个最初的版本，而这段时间可能只能允许你做一些最基本的从放像机到录像机的编辑。如果你不喜欢其中一个版本，那就重新排列一下剪辑。如果你对镜头的总体排序满意了，你就可以考虑一下最终联机版本的转场、特效以及音频要求。

联机编辑步骤

不管采用的是线性编辑系统还是非线性编辑系统，联机编辑都能生成最终的编辑母带（录像带或者光盘）。在某种程度上，联机编辑比脱机编辑要容易些，因为编辑决策在脱机阶段已经做好并罗列在编辑决策列表上。从这一刻开始，编辑决策列表便会指导大部分联机编辑过程。

在线性编辑中，编辑控制器会读取入点和出点的数字，帮助你为最终编辑设定素材。在非线性编辑中，编辑决策列表会指导你或者电脑文件应该以什么样的顺序播放，以及在编排过程中该用哪些转场和特效。

尽管在目前这个阶段还是可以做最后的改变，但是要尽量避免变化。通常情况下，这种最后的决定会让剪辑不如原先的版本有震撼力。

后期制作设备

后期制作设备包括较小的编辑平台和一到两套联机编辑套装。

编辑平台

我们都知道，非线性编辑不需要太大的空间，特别是当你用手提电脑或者台式电脑操作的时候。每一个制作设备都有几个编辑平台，而且经常可以运用更多的平台。它们被安放在一个狭小的、隔离的编辑室里，或者被安放在有隔间的大房间内。每一个编辑平台都包含了一个非线性编辑系统（电脑、小型扬声器、耳机、混音器、连接视频录像机和服务器的回放接口）。

当使用一套有指令的设备时，把编辑平台放在一个房间里有好处。如果进行一个类似或者一模一样的项目，学生们就可以互相咨询，而不用在房间中来回跑。同样，指导员可以更轻松地指导一个班的同学，在需要的时候给他们提供帮助。这样摆放的坏处就在于音频要从一个平台分离到另外一个平台上，这样编辑员必须戴耳机而不是通过扬声器来监督音频。

联机套装

这些编辑室其实是对原来的线性编辑平台的延续，高端的联机设备都用强大的功能完善。通常情况下，在制作设备中只有一个这样的工作室——不一定能让编辑人员感到舒适，但是可以吸引客户。

还有两点需要提及：编辑所花费的时间总是比你预想和筹划的要多；尽管有编辑控制器和非线性电脑的大力协助，但最终还是由你来决定哪个镜头应该放在哪里。而如何做出正确的选择将是第 13 章的重点。

主要知识点

▶ 非线性编辑

非线性编辑的基本原则就是文件管理。非线性编辑系统利用高容量的硬盘驱动器来存储、获取、排列音视频文件。最终编辑版本输出到编辑母带。

▶ 编辑的三个阶段

非线性编辑的三个阶段是：捕获、编辑、导出。

▶ 线性编辑

线性编辑系统用录像机，不管记录是模拟的还是数字的。线性编辑的基本原则是把源素材带上的部分按编排好的顺序复制到编辑母带上。后续的复制都从编辑母带上获得。

▶ 单信号源线性系统和多信号源线性系统

典型的单信号源线性录像机编辑系统只能用于切换转场。溶解、擦除以及其他的特效效果转场只有在多信号源线性系统里才能实现。

▶ 编辑控制器

编辑控制器也叫编辑控制装置，在线性编辑中用于复制各种功能，如标注入点、出点、回放、卷动素材带、在放像机的录像带中录制，以及合成特效。

▶ 脉冲计数和地址码

脉冲计数系统不是一个真正的地址，因为它会计数但是不会给每一帧各自的地址。地址码（比如 SMPTE 时码）用特定的地址标注每一帧画面——一个时码数字包含了时、分、秒和帧数。

▶ 组合编辑和插入编辑

在组合编辑中，素材带上选定部分所记录的所有信息都会被转录到编辑母带上。镜头可以在编辑母带上一个接一个地被组合，不管这是一个空带还是有先前的记录画面在上面。插入编辑要求事先在编辑母带上铺置控制轨道（通过录制黑场实现）。连续的控制轨道让编辑非常稳定，也不会出现编辑断裂的现象。

▶ 后期制作准备

有效的后期制作编辑中最重要的准备包括连贯镜头、制作保护备份、增加时码、制作窗口拷贝、回放素材带并做好场记、转录音频文本；而对于线性插入编辑来说，在编辑母带上铺置控制轨道也很重要。

▶ 脱机编辑和联机编辑

线性脱机编辑制作的是一份编辑决策列表或者一个粗剪。线性联机编辑制作的是一个最终的编辑母带。在非线性编辑中，脱机编辑指的是在低分辨率的机器上捕获素材和管理文件；联机编辑指的是根据编辑决策列表在高分辨率的机器上重新捕获脱机脚本。编辑的结果会被输出到一个录像带或者 DVD 上以录制编辑母本。

▶ 后期制作设备

非线性编辑设备通常安放在一个狭小的、隔离的编辑室里，或者被安放在有隔间的大房间内。在非线性编辑中，联机套装指的是特别配备的、装饰过的编辑室，主要是用来吸引客户的。

Tour opens
of Pump
ALL-STAR
Kidnap
Smoking

关键术语

复杂编辑（complexity editing）：通过精心挑选和形成并列的镜头来构建屏幕事件。不需要遵循连贯编辑原则。

连续向量（continuing vectors）：彼此向对方延伸的图形向量，或向同一方向指向和运动的指向向量和运动向量。

连贯编辑（continuity editing）：保留镜头间连续性的编辑方法。

会聚向量（converging vectors）：指向对方的指向和运动向量。

切换镜头（cutaway）：与整个事件不存在内在直接联系且相对静止的某个物体或事件的镜头。常用于延续性不强的两个镜头之间。

背向向量（diverging vectors）：双方指向相背的指示和运动向量。

慢进（jogging）：录像带一帧一帧地向前走，其结果是画面停顿式前进。

跳切（jump cut）：从一个场景切换到另一个场景时画面出现轻微跳动，或者镜头间切换时画面出现的视觉不连贯。

构想图（mental map）：告知我们物体在什么位置或应该在什么位置入/出画。

轴线（vector line）：想象中通过延伸会聚向量指向轴线或运动向量方向而形成的一条线。也称“对话动作线”（line of conversation and action）、“180”（指 180°），或简称“线”。

第13章 编辑原则

既然你现在已经了解了线性和非线性编辑系统的基础知识，也明确了它们在后期制作中的用途，你会发现编辑的真正挑战不一定在于是否熟练掌握设备，而在于如何有效地呈现故事，特别是如何挑选出能产生流畅镜头段落的镜头。一位真正的编辑大师必须懂得美学而不仅仅是机器。但这是什么意思？本章将阐明一些基本的编辑美学原则。

- **编辑目的**

  为什么要编辑

- **编辑功能**

  组合、压缩、修改、建构

- **连贯编辑的美学原则**

  构想图、向量、画内画外位置以及动作切换

- **复杂编辑的美学原则**

  强化事件与赋予事件意义

编辑目的

编辑指从一个或几个事件中选择一定的部分，将它们组合成有意义的序列。这种排列的性质取决于具体的编辑目的：是将一个20分钟的重要新闻报道剪辑成20秒以适应编排需要，还是将一系列特写细节镜头组接起来，使其具有一定意义并保持视觉上的流畅？或是将一些镜头并列在一起使其产生附加意义？

> **重点提示**
>
> 编辑是指选择重要的事件细节，将其排成具体的序列，以便简洁而有效地呈现故事。

基本上，编辑是为了将故事呈现得有意义而又有影响力。所有编辑设备的设计都是为了选择镜头，以及借助各种过渡手段将镜头的组接变得尽量简单有效。但是，无论你使用的是简单的只是“切”的录像带编辑设备，还是高度复杂的非线性编辑系统，它们的编辑功能和基本美学原则基本相同。

编辑功能

编辑的具体功能是：组合、压缩、修改、建构。尽管这些功能常常会彼此重叠，但往往会有一种主导的功能决定编辑方式和风格——镜头的选择、长度以及镜头间的过渡方式。

组合

最简单的编辑方式是将节目段落组合在一起。比如，你可以对自己在假期拍摄的片段进行组合编辑，使它们按时间顺序排列在同一盘录像带上。如果你在拍摄时做了详细的场记，那么你在众多素材带和各种镜头中查找时，这些场记会帮大忙。由于你只是将不同的录像片段简单地连接在一起，因此没有必要用过渡技巧，只需“切”即可。在实际拍摄过程中，你对预定剪辑顺序的意识越强，在后期制作阶段就越容易组合镜头。

压缩

通常你做编辑只是简单地压缩素材——缩短节目的长度或者减少节目的组成部分。压缩幅度最大的编辑要数电视新闻。作为新闻素材编辑，经常有人要求你将一些不同寻常的故事缩短成简短得不合理的片段。被迫将半小时的演讲缩成10秒钟，将20小时的营救行动缩到只剩20秒，将冒险拍到的50分钟生动的战争素材减到不到5秒，这些都不是什么稀奇事。臭名昭著的“声音片段”就是这种大幅度压缩的直接后果。官方发言被裁剪成若干简短易记的警句，而不是有见地的论述，真是深得广告口号的要领。

> **重点提示**
>
> 编辑的压缩功能要求编辑人员认识事件的本质，选择最能表达这一本质的镜头。

但是即使在压缩幅度不大的编辑中，你也会发现要舍弃某些素材，特别是那些花了很大力气才拍到的素材，这往往也很困难。作为编辑，应该尽量让自己从前期制作和拍摄所付出的辛苦中脱离出来，只专注于自己想要展示和表达的内容，而不是手头有什么。如果只用一个镜头就能表达同样的信息，就不要用三个镜头。压缩要求你找出事件的本质，只用那些最能传达这一本质的镜头。

修改

在编辑过程中修改错误是最困难、最耗时、成本最高的后期工作。即使是简单的错误，如公司总裁在月度报告中念错一个字，也会使旧镜头中（出错前）的身体位置、音量大小与新镜头中（出错后）的身体位置、音量大小在匹配上出现问题。优秀的导演不会在正好念到错字的地方做修改，而会在演讲中引入新观点而切换镜头的地方开始修改，以使镜头中的变化有充足的理由。从不同的视角（推、拉或不同角度）开始“切”（新镜头），可以使切换和音量中的细微变化看上去像有意设计的，使整个片段衔接流畅。

更大的制作难点，如调节不均匀的色彩和声音，才是真正让编辑头疼的事。在每一个新的照明环境中调节白平衡，边观察音量表边仔细听声音的拾取状况，当然比“到后期再修补”更容易。

对那些看似表面上的疏忽，如演员站着时衣服纽扣没扣好，坐下时却扣上了这样的疏忽，即便是最有经验的编辑也无法在后期制作中进行补救，而只能通过耗资巨大的重拍来纠正。在此必须重申，小心对待预制作阶段的每个细节，密切监视拍摄过程的每个方面，能在很大程度上消除这些代价高昂的“后期补救”工作。

> **重点提示**
>
> 密切关注预制作及拍摄中的细节可以减少补救性编辑工作。

建构

如果能从大量精心拍摄的镜头中建构出一个节目，那么，这次编辑无疑非常令人满意。有些后期制作人员认为，前期拍摄的素材带只是提供了砖和泥，而要建造房屋、赋予这些原材料以形状和意义，则必须靠编辑，这不无道理。不管编辑的目的是为了尽量清楚地呈现事件，还是为了揭示事件的激烈程度和复杂性，抑或兼而有之，都必须遵循两条重要的编辑美学原则：连贯性和复杂性。

连贯编辑的美学原则

连贯编辑（continuity editing）是指顺畅地从一个事件细节过渡到下一个事件细节，从而使故事显得流畅，即使在这一过渡中有大量信息被有意省略掉。连贯性编辑的美学原则与故事的逻辑和叙述的流畅没有太大关系，却与画面和声音的转换过渡方式紧密相关。

与画家或者静物摄像师不同，作为一名电视编辑，你不能只关心某一画面的构图效果，你必须将两幅画面中的美学元素加以比较，看它们在连续观看时是否能从上一幅流畅地过渡到下一幅。电影制作经过多年的发展，一些实现视觉连贯的方法已经确立了自己的地位，已经从惯例发展成了原则，并被移植到了电视制作当中。

连贯编辑主要有以下原则：构想图、向量、画内画外位置以及动作切换。

构想图

每次看电视或电影时，我们都会不由自主地想搞清物体到底处于什么位置，它们应该从什么方向出画和入画。实际上，我们会在脑中构思一幅关于物体在什么位置、从什么方向出/入画的构想图。比如，如果你发现某人在双人特写镜头中向画面左侧看，那么他在单人特写中也应该向画面左侧看（见图13—1）。

如果在中景镜头中看到一个人在双向交谈中看着画面的右侧，那么你的构想图就会暗示另有一人应该位于右侧的画外空间（见图13—2）。根据已建立起来的构想图，下一个镜头必须是显示对方看向左侧的镜头，同时第一个人移至左侧的画外空间（见图13—3）。如果在连续镜头中表现出两个人都看向同一方向，则与构想图不符，让人感觉是两人在与第三者交谈（见图13—4）。

> **重点提示**
>
> 连贯编辑意味着在一系列镜头中要保持物体的位置和运动方向不变，以帮助观众建立并保持关于物体应该所处的画内外位置的构想图。

如果在一个三方交谈中，你在中景镜头中看到一人先是朝画面右侧看，然后又朝画面左侧看，你会认为她的两侧都坐着人而不是另外两人都坐在她的同一侧（见图13—5）。但是如果你在中景中看到主播在三方谈话中一直朝画面右侧看，你就会认为其他两个人都坐在她的右侧，虽然我们根本看不到她们（见图13—6）。将谈话三方都包含在内的三人镜头证明你的构想图是正确的（见图13—7）。

图13—1 构想图

为了在心里构想出物体在画面外的位置，人物的视线方向必须一致。

A. 如果人物在中景中看向画面的左侧……

B. ……他在特写中也必须大致看向同一方向。

图13—2 右侧画外位置的构想图

如果中景镜头中展示的人物A看着画面右侧说话，我们就会假定人物B位于右侧的画外空间，并在向左看。

图 13—3　左侧画外位置的构想图

当我们看见中景镜头中的人物 B 看着画面的左侧说话时，我们就会假定人物 A 在左侧的画外空间里。

图 13—4　另一种画外位置构想图

在连续镜头中显示人物 A 和人物 B 都看着同一方向，使人感觉两人都在与第三者谈话。

镜头1

镜头2

图 13—5　朝画面左右侧看的人

如果中景镜头中的人物在镜头 1 中朝画面右侧看，然后在镜头 2 中朝画面左侧看，我们就会认为其他人坐在她的两侧。

图 13—6 谈话伙伴位于画面右侧

当三人交谈中某人一直朝画面右侧看，我们会认为其他两人坐在她右侧的画外空间里。

图 13—7 实际画面位置

在全景镜头中，画外空间的构想图与三人的实际位置相吻合。

正如你所看到的，构想图不仅涉及画内空间，也涉及画外空间，构想图一旦形成，就必须遵循它，除非你有意想动摇观众的预期。运用连贯原则能保持构想图的完整。

向量

正如你在第 6 章所了解到的，向量是指那些指引着我们的视线由屏幕上的某一点移至另一点甚至离开屏幕的具有方向性的力量。它们会因暗示或移动的力度不同而表现出不同的强弱。保持构想图的完整要求向量具有适当的延续性。

图形向量的连贯性 如果拍摄的风景中有突出的图形向量作为水平线，如地平线、海洋、沙漠或山脉，那么必须保证这条水平线在随后的镜头中处于同一高度，不能时高时低（见图 13—8）。要想保持向量的连贯性，只须在取景器上用一条胶带标出第一个镜头的水平线位置，随后的所有镜头根据胶带调准即可。

图 13—8 图形向量的连贯性

为防止水平线在后面的镜头中时高时低，必须保证镜头与镜头之间形成连续的图形向量。

指向向量和运动向量的方向　指向向量与运动向量既可呈连续状，也可呈会聚或发散状。

连续向量（continuing vector）　在同一个方向上彼此相随或朝向同一个方向运动或指向（见图 13—9）。连续向量必须是“连续的”——指向屏幕的同一方向——即使出现在分开的镜头中（见图 13—10）。如果在特写镜头中让其中一人朝相反方向看，就会打破原来建立的连续性。此时，与两人朝同一方向看相反，构想图会告诉我们她们的位置一定是互相对视的（见图 13—11）。

会聚向量（converging vector）　彼此向对方靠近或指向彼此（见图 13—12）。为保持脑中的构想图，后面的单个镜头必须保持它们的方向性（见图 13—13）。

图 13—9　单镜头中的连续向量

连续向量指向或朝向同一方向或指向运动。这两人的连续向量暗示她们在看着同一目标物体。

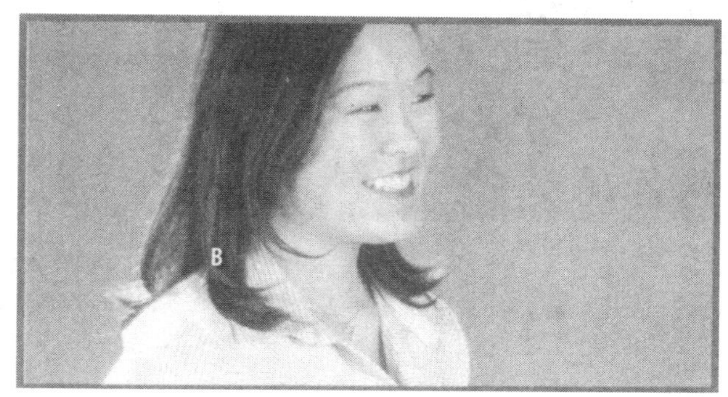

图 13—10　连续镜头中的连续向量

即使在两个连续特写镜头（镜头 1 和镜头 2）中，这些连续向量暗示两人（A 和 B）在看着同一个目标物体。

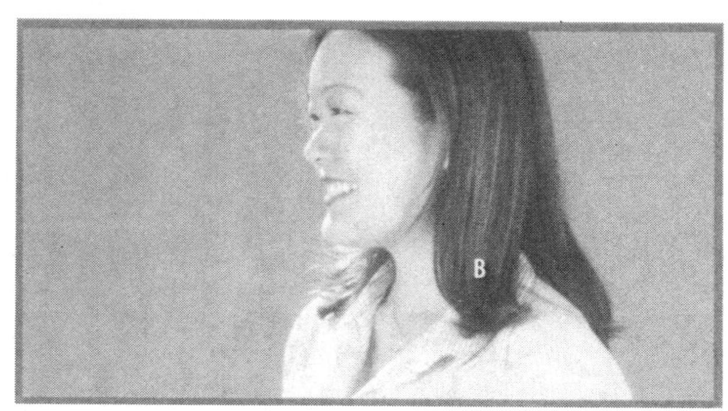

图 13—11　连续镜头中的背向向量

将一个指向向量（镜头 2）反转过来，我们就会觉得这两人（A 和 B）在相互对视而不是看着同一个目标物体。

背向向量（diverging vector）　背离彼此而运动或指向相反方向（见图 13—14）。同样，后面的特写镜头必须保持这种背向向量的方向（见图 13—15）。

当然，向量可以在单个镜头中改变方向。在这种情况下，接下来的镜头必须保持切换前的指向向量或运动向量。比如，如果镜头中表现某人先向画面的左侧跑，然后在画面的中间掉头向画面的右侧跑，那么下一个镜头也必须让这个人继续向画面的右侧跑。

图 13—12　单镜头中的会聚向量

会聚向量必须指向彼此或向对方靠近。互相对视的两人（A 和 B）的指向向量是会聚的。

图 13—13　连续镜头中的会聚向量

在连续特写镜头中（镜头 1 和镜头 2），A 的指向向量必定会与 B 的指向向量会合。

图 13—14　单镜头中的背向向量

如果两人（A 和 B）在双人镜头中看着相反方向，那么他们的指向向量是背向的。

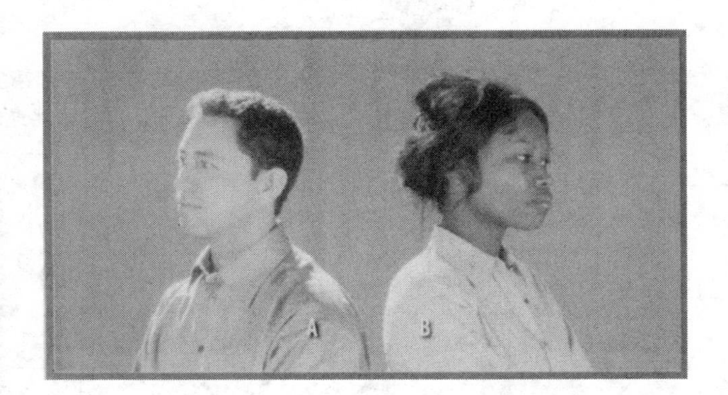

图 13—15　连续镜头中的背向向量

为在连续特写镜头（镜头 1 和镜头 2）中使指向向量呈背向状，A 的指向向量必须与 B 的指向向量朝向相反方向。

如果有人直视摄像机镜头，或者靠近或离开摄像机，我们说这是 Z 轴指向向量或运动向量。你应该还记得，Z 轴是指纵深的维度，或者说是从摄像机伸向地平线的一条假想线。我们构想出来的一系列 Z 轴镜头到底属于连续、会聚还是背向向量，取决于整个活动的背景。如果在一个两人彼此对视的双人镜头后连续接两个二人分别直视摄像机的特写镜头，我们会认为这两个连续的 Z 轴线向量是会聚的：两人仍处于对视位置（见图 13—16）。

> **重点提示**
>
> 在建立和保持镜头之间的连贯性上，图形、指示和运动向量发挥着重要作用。

如果背景（双人镜头）显示两人看向不同方向，我们会认为同一 Z 轴的特写镜头指向向量是背向的（见图 13—17）。

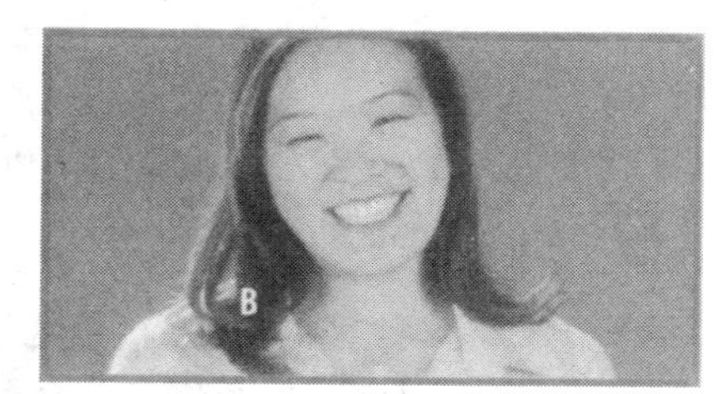

图 13—16 会聚的 Z 轴指向向量

镜头 1 建立的 A 与 B 指向向量呈会聚状。如果建立了会聚向量（镜头 1），后面镜头 2、镜头 3 中 A、B 两人的 Z 轴特写也是会聚的。

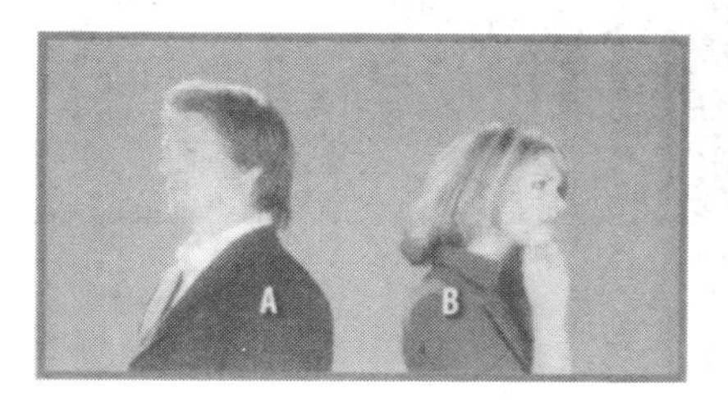

图 13—17 指向向量呈背向状的双人镜头

如果镜头 1 的背景关系确定了两人（A 和 B）各自看向不同的方向，那么接下来的 Z 轴镜头（镜头 2 和镜头 3）的向量仍然是背向的。

画内画外位置

如图 13—1 至图 13—7 所示，我们倾向于在脑中形成一幅图画来帮助自己判断人物的位置，尽管我们看不见他们。这种画外图有助于保持视觉的连续性，并最终使画面环境稳定。按向量的术语来说，画内向量指向哪里，我们就把画外人物放在哪里。画内位置也是如此，如果我们把人物 A 放在画面左侧，人物 B 放在画面右侧，我们期望即使从不同视点切换，他们仍然保持原来的位置关系。这种位置连续性在过肩镜头和交叉镜头中尤为重要（见图 13—18）。在镜头 1 和镜头 2 中，人物 A 一直在画面左侧，人物 B 一直在画面右侧。如果我们在接下来的镜头 3 中看到 A 和 B 交换了位置，我们脑中的构想图就会遭到破坏——我们会觉得他们是在玩抢座游戏（见图 13—19）。

> **重点提示**
>
> 图形向量、指向向量和运动向量在构造和保持镜头之间的延续性上发挥着重要作用。

轴线 帮助保持画内位置和运动连续性的导航图被称为轴线，即“对话动作线”、“180”或“线”。轴线是会聚向量的延伸，或运动方向上某个运动向量的延伸（见图 13—20）。

图 13—18 保持画内位置

当 B 在镜头 1 中先出现在画面右侧时，我们会想象在下一个不同角度的过肩镜头（镜头 2）中，她仍会在原先的位置。

图 13—19 对调画内位置

如果 B 在过肩镜头（镜头 3）中出现在画面左侧，我们脑中的构想图就遭到破坏。

图 13—20 轴线的形成

轴线通过延伸会聚向量或运动向量而形成。

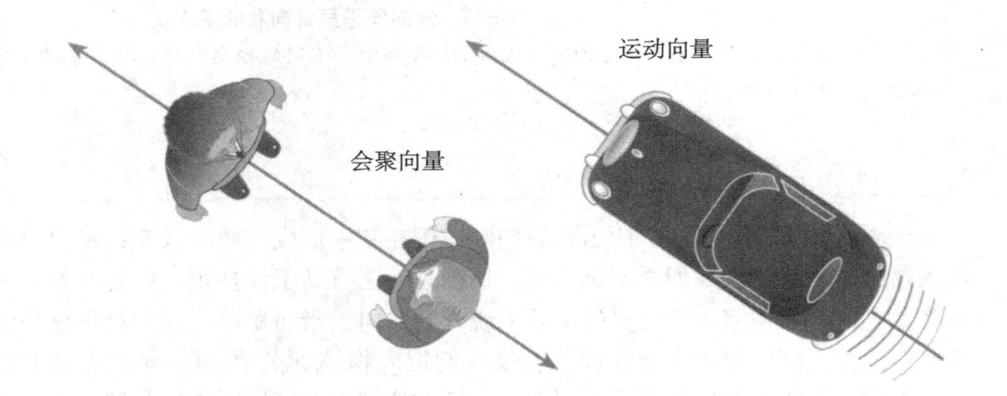

> **重点提示**
>
> 为了保持画内位置和向量的连续性，两台摄像机必须架设在轴线的同一侧。

为了在过肩拍摄中保持镜头中的画内位置（A 在画面左侧，B 在画面右侧），必须将摄像机架设在轴线的同一侧（见图 13—21）。如果越过了轴线，就会导致类似抢座游戏的那种结果，看上去 A 和 B 像是交换了位置（见图 13—22）。就算你认为即使屏幕位置关系发生改变自己也不会混淆 A 和 B 的相对关系，但越线肯定会干扰观众脑中的构想图，导致构图的不连贯，至少，这会妨碍信息的最佳传达。

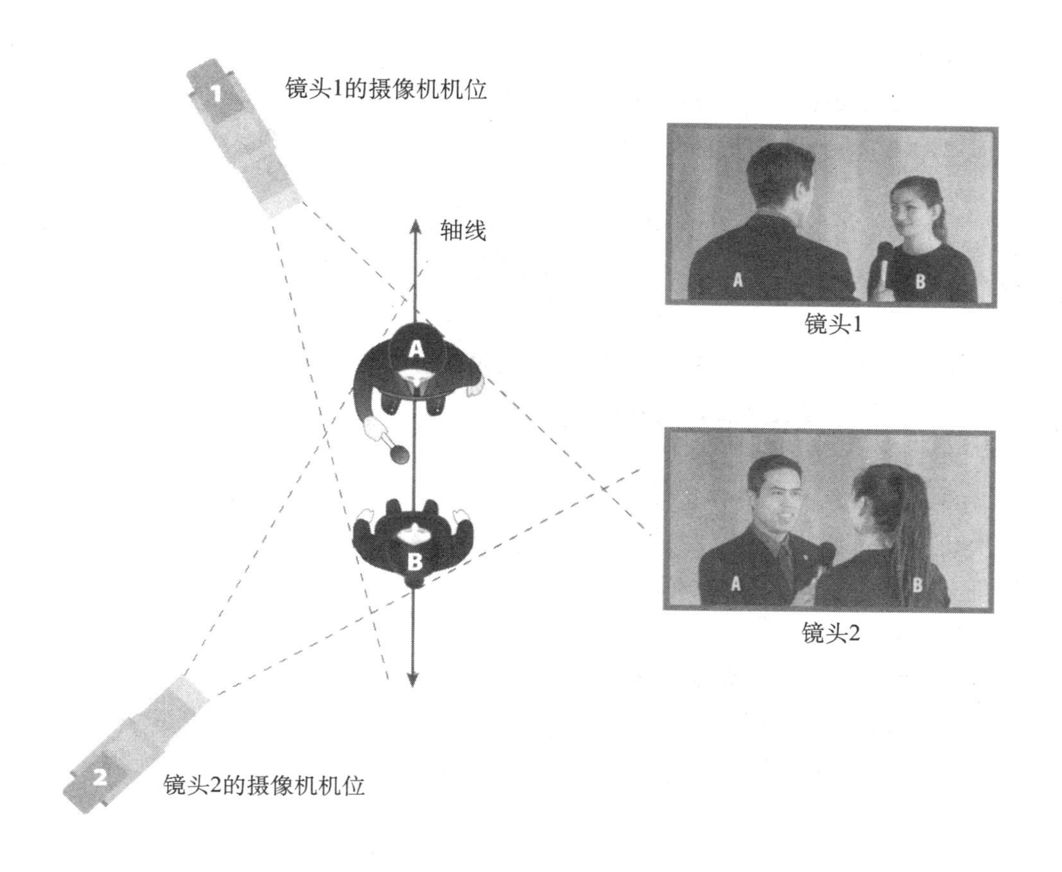

图 13—21　轴线及正确机位

为了在过肩镜头中保持 A 和 B 的相对位置关系，摄像机必须架设在轴线的同一侧。

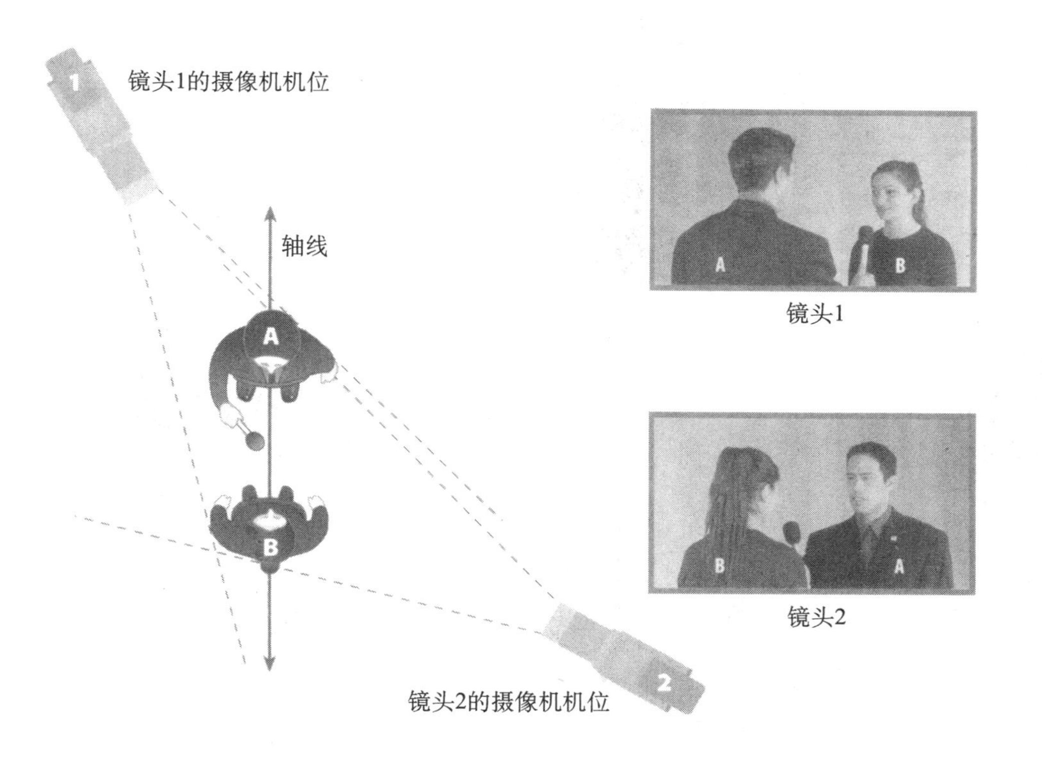

图 13—22　越过轴线的后果

如果两台摄像机中的一台越过了轴线，则会导致 A 和 B 对调位置，看上去就像在玩抢座游戏。

类似的问题还会发生在沿着Z轴从前面和后面拍摄双人并排镜头时。这种排序问题在拍摄婚礼的过程中非常普遍：你先拍了新郎新娘的正面，然后再拍他们背面，当这两个镜头剪接到一起时，新郎新娘却换了位置（见图13—23）。

为了避免出现这种位置交换问题，可以在这对夫妇走过时，和摄像机一起挪到一边，看着他们在镜头中交换位置。这样，在切后面拍的镜头时，他们就已经换好了位置。

在交叉拍摄时，如果越过轴线，则会使原本恰当的会聚向量变成不恰当的连续向量。这时，两人不是看着对方交谈，而是变成了像在同第三者交谈（见图13—24）。

如果将摄像机分置在运动轴线的两侧，那么物体的运动方向就会随着每一次切换而对调（见图13—25）。为了保持物体的运动方向不变，必须将摄像机全部架设在运动轴线的同一侧（因此，从足球场的两侧拍摄一场比赛并非好主意）。

如果两个相连的镜头显示物体在朝相反方向运动，而你却想制造出物体沿着一个方向运动的假象，这时便可以插入一个切换镜头——一种与主题相关、可以将两个运动向量相反的镜头隔开的非运动性镜头（见图13—26）。

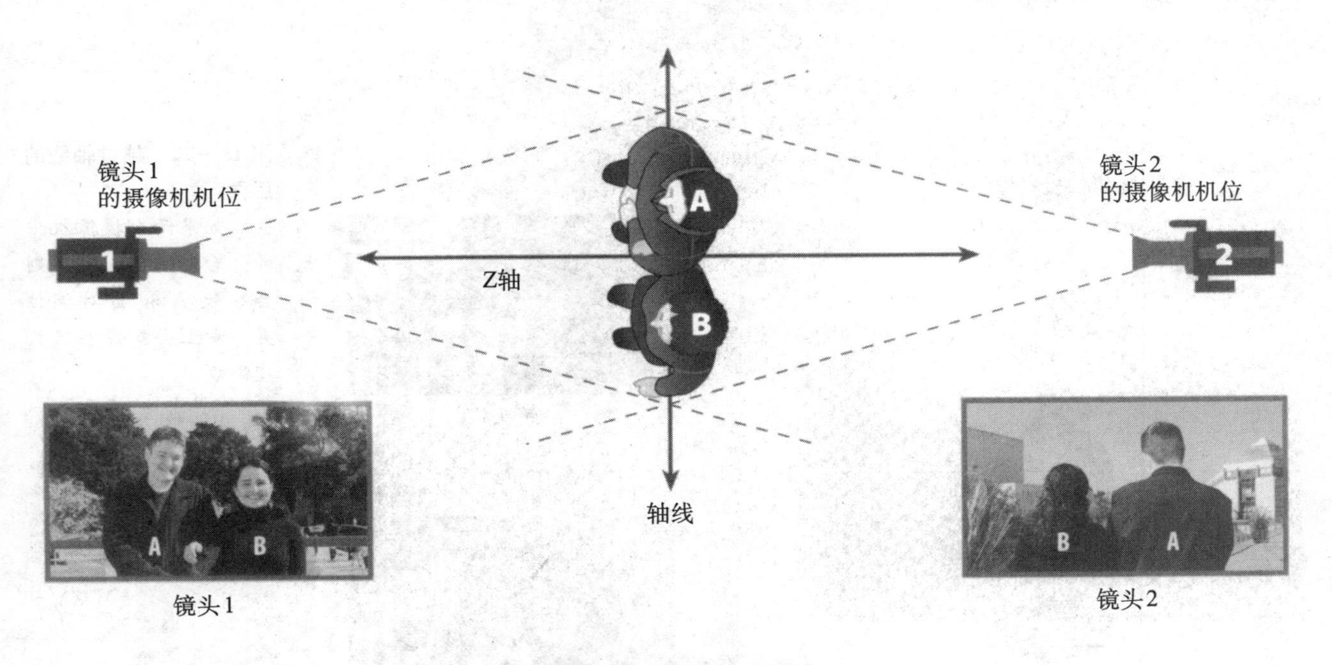

图13—23 Z轴位置的变化

如果沿着Z轴分别从正面和背面拍摄两人并排（A和B）的镜头，那么在将两个镜头剪接到一起时，两人的位置会对调。

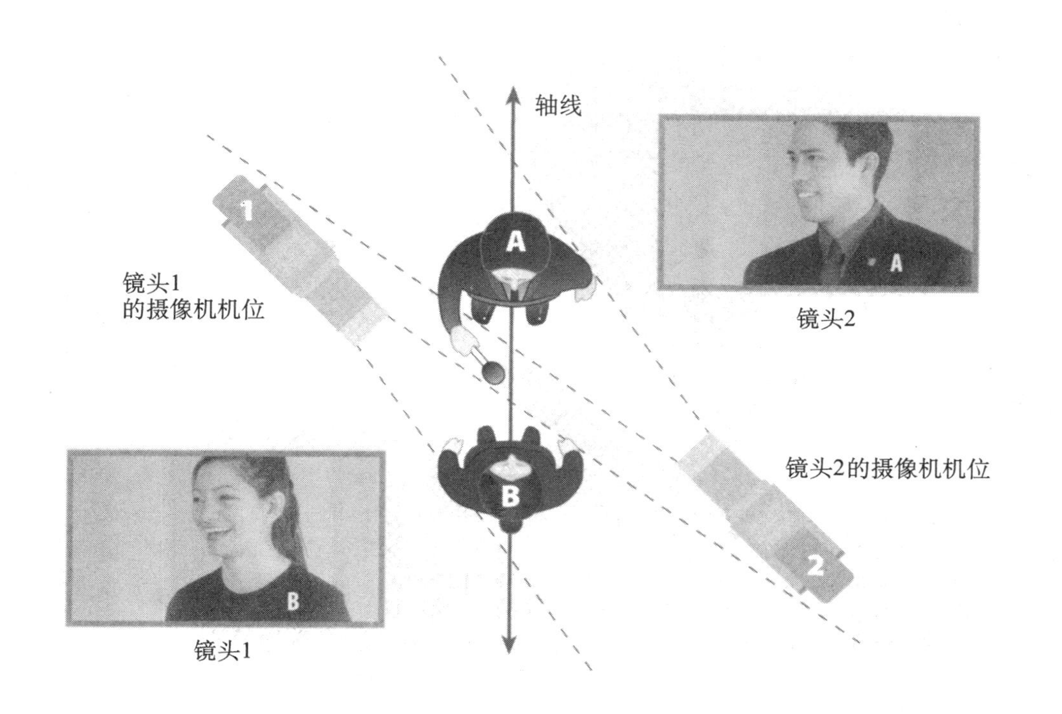

图 13—24　在交叉拍摄中越线

如果在交叉拍摄中越线，A 和 B 看上去就会看着同一个方向，会聚指向向量就会变成连续向量。

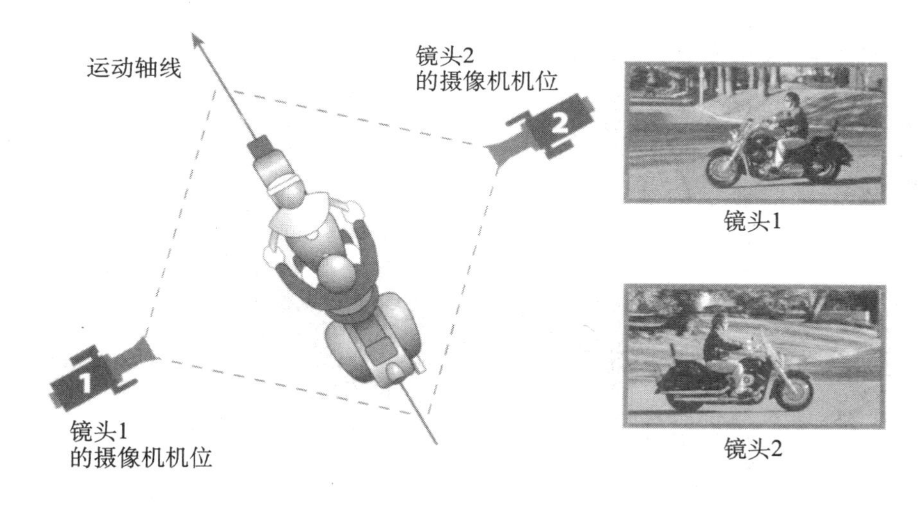

图 13—25　越过运动轴线

如果越过运动轴线，物体的运动方向将在每一次切换时发生对调。

图 13—26　切换镜头

即使在相连的镜头中物体朝相反方向运动，但如果你希望展示物体一直在同一方向运动的话（镜头 1 和镜头 3），可以插入一个方向不确定的切换镜头（镜头 2），以此来建立连续的运动向量。

动作切换

一定要在动作发生时切换，而不是在此之前或之后切换。比如，如果你要从一个特写镜头切换到中景镜头来拍摄一个人从椅子上站起来，那么要等到他准备站起来，然后在他站起来之前切换到中景。这会比你从他坐着切到他准备站起来，甚至切到他已经站了起来的场景会流畅得多。

复杂编辑的美学原则

复杂编辑（complexity editing）的主要目的是强化事件或赋予事件意义——帮助观众更深入地了解事件。在这种编辑方式中，你不一定非遵循连贯编辑原则不可，而是可以有选择地进行编辑以加强情感冲击力，甚至不妨冒着与观众的构想图相冲突的危险。事实上，扰乱观众的构想图是强化画面的方法之一。但是，只有当画面背景有助于实行这一特殊效果处理时，你才可以应用复杂编辑。

强化事件

尽管我们刚刚建议你不要同时从轴线两侧拍摄运动物体，但越过轴线进行拍摄确实是一种比较常用的强化手段。比如，如果你想突出一辆赛车的马力，可以先从街道（代表运动轴线）的一侧拍摄，然后再从另一侧拍摄。汽车的会聚运动向量会相互冲突，从而增加镜头的美学表现力。因为这是这两个镜头中的唯一一辆车，我们不会觉得方向发生了转变，不会误认为有两辆车向彼此驶去（见图13—27）。

镜头1

镜头2

图 13—27　通过会聚向量达到强化效果

将涉及同一主要物体——如一辆马力强劲的赛车——的两条会聚轴线并置，可以既突出拍摄对象的动态，同时又不破坏其向量的连续性。注意，此时画面中汽车生成的与其说是运动向量，不如说是指向向量。

越线　许多MTV片段都呈现画面方向的急速变换，如歌舞演员从看向或移向一个方向，快速转向相反的方向。你也许已经注意到了，这种效果是通过摄像机的有意越线实现的。如果从轴线的两侧进行拍摄，每次切换镜头时歌手的指向向量和运动向量都会改变。越线的目的是为了加强镜头的表现力，但仅限于高音量的声音、强节奏的灯光和歌手上跳下跃仍无法满足你想要的效果时。转换越迅速，镜头序列的冲击力越大。

跳切（jump cut）　如果你先拍摄一个人站在画面左侧边缘，然后在下一个镜头中他又站在了画面右侧边缘，看起来人物像是很神奇地从左边跳到了右边。这种强烈的位置变动就很恰当地被称为跳切。你可能是一不小心跳切到了一个细微的位置变化。这往往会发生在你拍下一个镜头时想以同样的位置调整摄像机和物体的时候。不幸的是，摄像机和物体都不可能在完全相同的位置，非常轻微的改变总是会不可避免地出现。当两个这样的镜头剪接在一起时，这个微小的变化看起来就像是一个突然而又显眼的跳切（见图 13—28）。为避免出现跳切，要记得改变一下角度或视角，拍一个远一点或者近一点的镜头，或者插入一个切换镜头（见图 13—26）。

镜头1

镜头2

镜头3

镜头4

图 13—28　跳　切

A. 跳切是由从镜头 1 到镜头 2 剧烈的位置变化造成的。

B. 从镜头 3 到镜头 4 一个相对轻微的位置变化导致了同样显眼的跳切。

尽管跳切有违连贯编辑原则，但它们已通过新闻播报流行起来。当电视新闻编辑在编辑采访节目时没有时间插入合适的切换镜头时，他们便在音轨上找几个有趣的片段，将它们拼接在一起，而不考虑这些片段是否与画面吻合。因为大多数新闻采访采用单机拍摄，镜头始终对准采访对象，因而采访的最终编辑版本会出现大量跳切画面。虽然从传统意义上讲，跳切有违美学原则，但由于它们能显示出采访被修改的地方，因而最终还是为观众所接受。现在，甚至连广告和戏剧情境都用到了跳切——不是出于压缩时间的目的，而是为了增强刺激。和越线的做法一样，跳切使我们的感知受到刺激。

慢进（jogging） 慢进对视觉的连贯性产生类似的刺激，它是一帧接一帧地慢速播放动作画面，通常用于确定具体帧的位置。当一组高强度镜头中突然出现慢进镜头，可以将观众注意力集中到运动本身，从而增强场景的戏剧效果。

音轨（sound track） 音轨是最有效、应用最广泛的一种强化手段。比如，除了刹车时轮胎发出的尖锐声音外，很少有飙车场面不配高能量、快节奏音乐的，而长篇大论的对话通常伴有低沉、有韵律的节拍声或者持续背景声。

正如你在摇滚音乐会或者其他音乐演出中体验到的一样，音乐的基本能量主要是靠音乐的节奏和音量来实现的。我们会在脑中把这种基本声音能量转移到电视节目中。

赋予事件意义

你不仅可以通过场面本身的内容来产生意义，还可以通过一系列镜头的顺序来实现。比如，如果我们在第一个镜头中看到一个警察正在与另一个人搏斗，然后在第二个镜头中看到这个人横穿街道跑时，我们便会推测疑犯已经逃跑；但如果我们看到的是这个人先跑，然后再是警察与之搏斗，我们便会推测警察抓住了疑犯。

> **重点提示**
>
> 蒙太奇是指将两组或以上的非相关性画面经过精心编排后并置，当这些画面组接到一起时，就会形成一个更大、更强烈的整体。

你可以通过将主要事件与相关事件或对立事件并列的做法来产生额外的意义。例如，在表现无家可归者在城市广场上寻找栖身之地时，紧接着将镜头转到豪华轿车驶过身边，优雅的人们穿过街道走进歌剧院。这样，你不仅强化了无家可归者的困境，还暗示了社会的不公。这样的并列被称为对比蒙太奇（collision montage）。蒙太奇是指将两组或以上的非相关性画面经过精心编排后并置，当这些画面组接到一起时，就会形成一个更大、更强烈的整体。

你还可以使用音频或视频蒙太奇，表现出声音与画面基本主题平行或者对立的形式，如给慢动作打斗场面配交响乐，使之看上去就像一段编排优美的芭蕾舞。复杂编辑并不意味着没有编排规律。无视连贯编辑习惯和规则，并不会使事件自然而然地得到强化，反而更容易给观众造成困扰。至于到底应该在什么时候、如何为了达到复杂编辑的好效果而去打破连贯规则，需要你首先对这些规则进行彻底的了解，再辅之以审慎的判断。

只有扎实地掌握轴线概念，你才会超越那些多少靠直觉进行剪辑的编辑。如果一切进展顺利，依靠直觉也并没有什么错。但一旦出错，直觉就无法解决问题。在任何情况下，编辑美学基础知识会在你选择最佳镜头和最好的编排序列时给你信心。

主要知识点

▶ 编辑目的与功能

编辑是指选择重要的事件细节，将其排成具体的序列，以便简洁而有效地呈现故事。基本的编辑功能是组合镜头、压缩素材、纠正拍摄错误并利用各种选出的镜头制作出一个节目。

▶ 连贯编辑

连贯编辑指从一个事件细节（镜头）流畅地过渡到下一个事件细节（镜头）。你需要运用一些特定规则来使过渡流畅。

▶ 构想图

剪辑必须帮助观众在大脑中形成并保持事物处于什么位置、应该在什么位置以及正在向什么方向运动的画面，即使出现在连续镜头中的只是整个场景的一部分。

▶ 向量

图形向量、指向向量和运动向量在建立和保持镜头之间的连贯性中扮演着重要角色。指向向量和运动向量既可以是连续的（指向或移向同一个方向），也可以是会聚的（指向或靠近对方），还可以是背向的（指向或移向相反方向）。

▶ 轴线

轴线通过延伸会聚指向向量或运动向量而形成。为了保持位置和方向的连续性，摄像机必须从轴线的同一侧拍摄；若是多机拍摄，所有的摄像机都必须在轴线的同一侧拍摄。

▶ 复杂编辑

复杂编辑经常违反连贯原则，比如越线，以强化画内事件。跳切、慢进和音轨也是常用的增加表现力的手段。

Tour
STORY
Passes Bill
Kidnap

第五部分

SHI PIN JI CHU

制作环境：演播室、现场拍摄、后期制作与人造环境

当你看见一个新闻制作团队在你家乡报道一个事件时，你再看看你在家里用摄像机拍的片子，你可能会想为什么我们还要用演播室。毕竟，高度便携式摄像机、灯光还有无线麦克风可以让我们无论在哪里都能创作一个电视节目，不管是室内还是室外——甚至是外太空。随着便携式传输设备和卫星传送技术的发展，你不必在演播室的角落里重现街角的场景——你可以到真正的街角去，将它作为你拍摄的背景。那么，为什么我们还需要演播室呢？答案很简单：因为演播室可以提供最佳的制作控制。无论如何，不同种类的现场拍摄、高效的后期制作以及电脑生成画面技术都有助于推进电视制作工作。

下面两章将解释演播室和现场拍摄环境的各自比较优势，并简要介绍后期制作设备以及人造电脑生成画面。

关键术语

弧形背景幕布（cyclorama）：一种用作布景或表演背景的帆布或薄棉布，呈U字形。内墙幕布长期安装在演播室的一面或两面墙壁前，也简称为cyc。

布景板（flat）：一块充当背景或者装饰房间墙壁的落地式布景板，分软硬两种。

地面示意图（floor plan）：一种在网格中画有布景、道具、布景装饰等的图解。

可中断回馈系统（I. F. B.）：interruptible foldback/feedback的缩写。一种能让导演或制片人在播出时与演员进行沟通的通信系统。演员佩戴的小型耳麦传送节目的声音（包括演员自己的声音）和制片人或导演的指令。

吞咽（ingest）：在大型服务器上对各种节目回馈的选择、编码和解码。

内部通信系统（intercom）：即intercommunication system的简称。所有参与拍摄的制作人员和工程人员都会用到这个设备。用得最多的一种系统配备有电话耳麦，借助多条有线或无线信道进行声音联络。还有其他一些系统，如I. F. B和移动电话。

主控室（master control）：控制即将播出节目的输入、存储和检索。同时从技术上对所有节目素材进行质量监控。

监视器（monitor）：用于演播室和控制机房的高级视频接收机。监视器不能接收广播信号。

专用线路/电话线（P. L.）：private line/phone line的缩写。演播室内主要内部联络设备。

道具（props）：properties的简称。指演员和主持人用于表演或用作布景装饰的家具和其他物品。

演播室播音系统（S. A.）：studio address system的缩写。从控制室向演播室讲话的一套播音扩放系统。也称为演播室对讲系统或播音系统。

演播室控制室（studio control room）：紧挨着演播室的一个房间，导演、制片人、制片助理、技术导演、音频工程师，有时还有灯光师在这里完成各自的制作工作。

第14章 制作环境：演播室

演播室可以提供不受天气情况和外部地点限制的环境，可以使你最大限度地控制整个制作过程。工作人员在演播室内可以协调并有效使用各种主要的制作元素——摄像机、灯光、声音、舞台布景，以及各种制作人员和主持人——最终提高制作节目的效率。

在参观过一些电视台的独立制作公司和大学的演播室后，你很快就会发现尽管它们的大小和布局不同，却都安装有相似的设备。电视演播室的设计目的是方便设备和团队人员交流各种节目制作工作。了解演播室及其设备功能有助于你最大限度地使用它。

▶ **电视节目演播室**
物理布置与主要设备

▶ **演播室控制室**
画面控制与声音控制

▶ **主控室**
监督技术质量与控制节目输入、存储和检索

▶ **演播室辅助区**
布景与道具储存、化妆间和更衣室

▶ **布景、道具和布景装饰**
软、硬背景幕布，布景模块，垂幕和场景，布景和道具，布景装饰

▶ **布景设计**

节目目标、地面示意图、道具清单、布景

电视节目演播室

演播室的设计目的不仅是为了方便多机拍摄和团队合作，同时还能为单机拍摄和数字影院制作提供更理想的拍摄环境。大多数演播室都是长方形的大房间，地板光滑，天花板很高，上面吊着照明设备。演播室内还有其他一些适应不同录制需要、能提高录制工作效率的技术设备（见图14—1）。

> **重点提示**
>
> 演播室可以最大限度地对录制过程进行控制。

图14—1 演播室

设计得好的演播室可以为多机和单机拍摄提供理想的控制环境，便于团队合作和协调主要录制要素。

物理布置

评价一个演播室的好坏，不仅要看它拥有什么电子设备，还要看它的物理布置——面积大小、地板和天花板、门、墙和空调。

面积大小 如果只是做采访节目，或只有一名主持人在特写镜头中向观众讲话，一间小小的演播室即可。但是，如果你策划的节目比较大，比如大型小组讨论，或者录制一场音乐会或戏剧表演，那就需要比较大的演播室。不过你很快就会发现，大型演播室往往比小演播室更难控制。从某种程度上讲，在大型演播室里进行拍摄比在小演播室里需要更多的能源、更长的视频/音频线、更多的照明设备，有时甚至还需要更多的工作人员。如果可以选择的话，尽量选择最适合节目要求的演播室。

地板和天花板 好的演播室地板坚硬平坦，以便摄像机在地面上自由而平稳地移动。大多数演播室都是抛光的水泥地面，或者覆盖着硬塑料或无缝油地毡。

好的演播室里一个最重要的设计特点就是足够高的天花板。天花板必须高得能放下普通的10英尺高的布景，同时为灯具和支架提供足够的空间。尽管某些天花板的最小高度为 14 英尺的小演播室也能满足你的要求，但大多数专业演播室的天花板与地面的距离都在 30 英尺以上。如此高的高度，为往非常高的布景上悬挂灯具提供了条件，同时还能为灯具留出了足够的散热空间。

门和墙　如果不是因为要进进出出地搬运布景、家具和大型设备，你也许还意识不到演播室的门的重要性。尺寸太小的门不仅让剧组人员沮丧，而且还经常毁坏设备和布景。好的演播室门应该有良好的隔音效果，即使有很大的噪音也无法传入演播室内。

演播室的墙和天花板一般采用吸音材料做成，以使演播室“死一般寂静”。吸音良好的演播室还可以将回音减到最低限度，也就是说，声音碰到墙壁后无法反弹回来。

通常演播室至少有两到三面墙上会覆盖有**弧形背景幕布**(**cyclorama**)，即挂在一根钢管或幕布架上的整块帆布或棉布。淡灰色或淡蓝色的背景幕布能给各种布景充当合适的中间色背景。地面压条是放在背景幕布前方地面上的一块弧形布景，目的是帮助将垂直的背景幕布压进演播室地面，从而合成一个天衣无缝的背景（见图 14—2）。

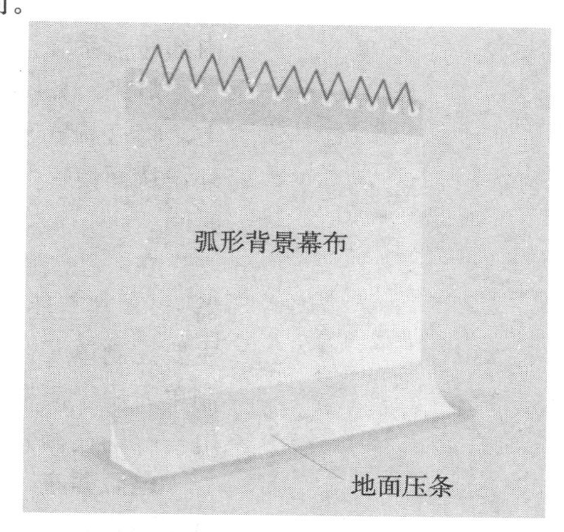

图 14—2　地面压条

地面压条是放在背景幕布前面地上的一块弧形布景，其用处是将两者融合成一块完整的背景。

有些背景幕布从两根轨道上垂下来，前面一轨用来支撑各种附加幕布，被称为垂幕（drop）。最常见的垂幕是由一大块蓝色或者绿色幕布组成的**抠像垂幕**和用于特殊照明效果的黑色垂幕。

很多演播室内还有硬背景幕布，直接嵌在演播室墙上。而地面压条则是硬背景幕布的一部分（见图 14—3）。硬背景幕布的好处在于，即使长时间使用也不会褶皱或撕裂，容易重新粉刷。但缺点在于声音的反射率高，容易产生不必要的噪音，而且占据的空间相当大。

空调　许多演播室都会遇到空调问题。由于灯具会产生大量热量，因此空调系统必须超时工作。在全力运转时，即使是最昂贵的空调系统也会产生噪音，而敏感的演播室麦克风将不可避免地拾取到这些噪音，并通过调音台将其放大。因此，你必须决定是让空调继续运行产生噪音，还是关掉它却让演员、剧组人员和设备大汗淋漓。现在也有能以低速率输送大量冷气的静音空调，但它们对大多数演播室来说都昂贵得使人不敢问津。

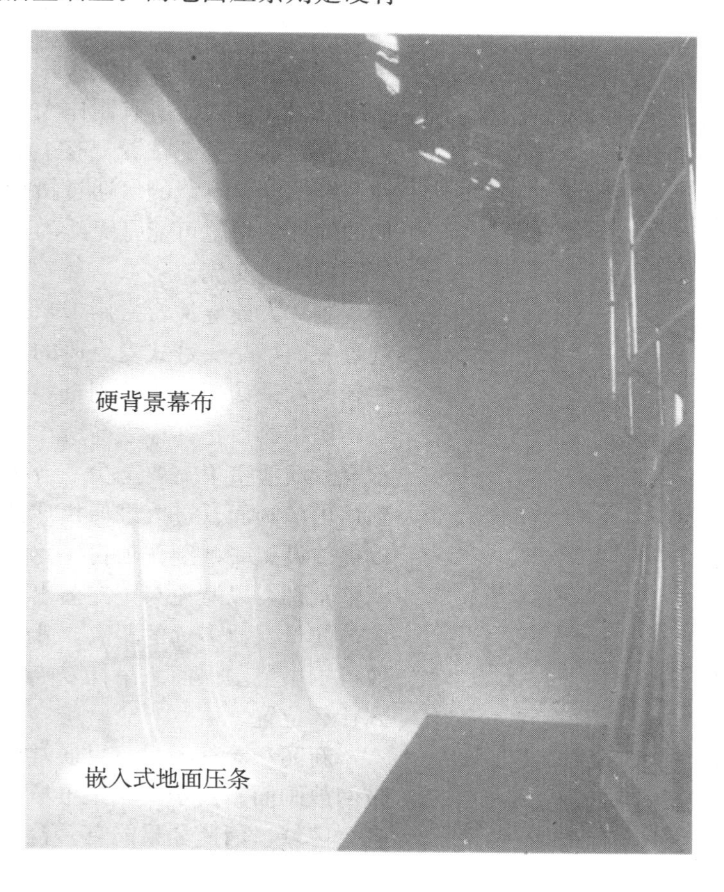

图 14—3　硬背景幕布

硬背景幕布由纤维板做成，放在演播室的墙前面，地面压条嵌在上面。

主要设备

无论面积大小，所有演播室的基础设备都大同小异，包括灯光、电源插座、内部通信系统、监视器和演播室扩音器等。

灯光 如图14—1所示，大多数用于演播室的灯具都固定在灯架或活动支架上。将灯具置于舞台布景和表演区的上方可以使灯具处于摄像机的活动范围之外，从而使摄像机和人员得以自由移动，而且对固定布景来说也缩短了照明时间。

在一些演播室中还有物理照明配电盘（由它将各个灯具的线路归到一个调光器上），甚至还有真正的调光控制装置。如果采用电脑照明控制单元，你会发现主要控制单元在主控室里，而演播室里还有一个额外的遥控单元。控制室里的控制单元用于演播室实拍，而演播室里的控制单元则用于布景和彩排。灯具的配电——即在调光器上指派灯具运作——通常由电脑软件完成。

电源插座 如果不是因为发现电源插座不够用或者位置不对，你或许根本就意识不到它们在演播室设计中有多重要。演播室的四面墙上一般都应该分布有几组用于摄像机、麦克风、监视器、内部通信系统耳机以及常规交流电的插座。如果所有电影插座都集中在一面墙上，拍摄时就不得不拉着很长的电源线和延长的电线在演播室里到处走，才能使设备在布景周围的预定位置上自由活动。

所有电源插座都必须清楚地加以标示，以免插错插座。如果电源在弧形背景幕布后面，这种标示就更为重要，因为那里通常比较暗，而且调整空间比较狭小。

内部通信系统 性能可靠的内部通信系统是演播室中最重要的技术配备之一。演播室内部通信一般采用P.L.（专用线路）和I.F.B.系统（可中断回馈系统）。P.L.可以让所有制作人员和技术人员彼此保持连续的声音交流。每个制作人员和技术人员都戴着配有小型对讲麦克风的头戴式麦克风以进行有效沟通。这种系统可能是有线的（通过摄像机电缆或单独的内部通信线路），或者在一些大型的演播室里也可能是无线的。大多数P.L.系统至少有两个信道，以便同时与不同的小组交流。

制片人或导演常常用I.F.B.系统，这个系统可以让他们在实录时与戴着微型耳塞而不是头戴式麦克风的演员直接交流。这种主控室和演员之间的即时沟通在新闻和采访节目中特别重要。

监视器 正如你之前所了解到的，监视器是不能接收广播信号的高质录像显示器。演播室里需要至少一台比较大型的监视器，以便让现场的每个工作人员看到输出的画面（进入录像机或发射台的画面）。通过看输出的画面，制作人员可以提前设想一些制作项目。比如，摄像师可以让还没进入播出状态的摄像机趁机调整景别，以避免与正在播出的摄像机重复同一景别；现场导演可以判断自己应该与演员保持多远的距离，才能既拾取到必要的信号又不至于让演播人员闯入摄像机拍摄范围；而拿吊杆麦克风的人则可以测量麦克风在不入画的前提下可以低到什么位置。

新闻和天气预报节目通常需要多台监视器来显示输出信号、外来信号和录像带回放画面。由于天气预报员经常站在嵌入背景屏前面，指着虚拟的气象图上的各个区域，因此如果能有一台监视器显示包括气象图的完整嵌入效果，则对指导演播人员的手势至关重要。如果有现场观众参与节目，就必须动用若干台监视器来显示节目播放到屏幕上的效果。

演播室扩音器　演播室扩音器之于节目声音就像监视器之于节目画面。演播室扩音器可以将节目声音和其他音响——音乐、电话铃声、碰撞的噪音——送入演播室，使之与动作同步。扩音器也可以用于 S. A.（演播室对讲）系统，它也叫 P. A.（演播室播音）系统，可以让控制室中的工作人员（通常为导演）向没有戴耳机的演播室工作人员喊话。S. A. 系统显然不能在实拍中使用，但在召集全体人员回来彩排、提醒大家彩排所剩时间，或者通知他们戴上 P. L. 耳机时却非常有用。

演播室控制室

演播室控制室（studio control room）是紧挨着演播室的一个独立区域，专门供录制过程中负责决策的人用，同时也用来安放录制过程中对视频、音频进行控制的设备。

在控制室里工作的人通常是导演、制片人和他们的助手、技术导演、字符发生器操作员、音频工程师，有时还有灯光师甚或录像操作员。

控制室中的设备是专为配合整个录制过程而设计和安排的。具体而言，它们有助于对视频画面的即时编辑（选择和组接），有助于选择和混合各路输入声音，以及控制灯光。有些控制室有窗户，可以让控制室内的人看到演播室内的情况。不过，更多时候，你主要还是通过看监视器里不同角度的摄像机拍摄的内容来了解演播室内的情况。但是，主要用来教学的演播室还应该有一个大窗户，这个窗户可以极大地帮助学生将控制室监视器内看到的转化为实际的演播室交流。

> **重点提示**
>
> 控制室是为协调演播室的录制过程而设计的。

画面控制

画面控制部分包括用于选择和组接不同视频输入，协调视频与音频，与制作人员、技术人员和演员交流沟通所必需的设备。

监视器　回忆一下视频切换器（在第 10 章中介绍过）。制作总线上的每一个键都代表一个独立的视频输入。但你怎么确定从这么多输入中应该选哪一个画面？你是不是觉得每一个主要视频输入都需要一个独立的监视器？是的，的确需要。这就是为什么即使一个普通的控制室也要求有一大排监视器（见图 14—4）。

即使是一个小规模的控制室，也需要配备相当数量的监视器。让我们来清点并认识一下它们的功能（见图 14—5 和表 14—1）。

这些监视器以各种形式排列在导演或技术导演面前。预览（或预置）、输出和播出监视器通常体积稍大，为彩色监视器，并排放置。它们通常是 16×9 宽屏高清电视宽高比。所有其他预览监视器则比较小，可能还是传统的 4×3 标准电视宽高比。如果监视器架比较简单，一些控制室就会只将一面平面显示器划分为各种监视器屏幕。这些多视点在屏幕上会有各种排列组合。

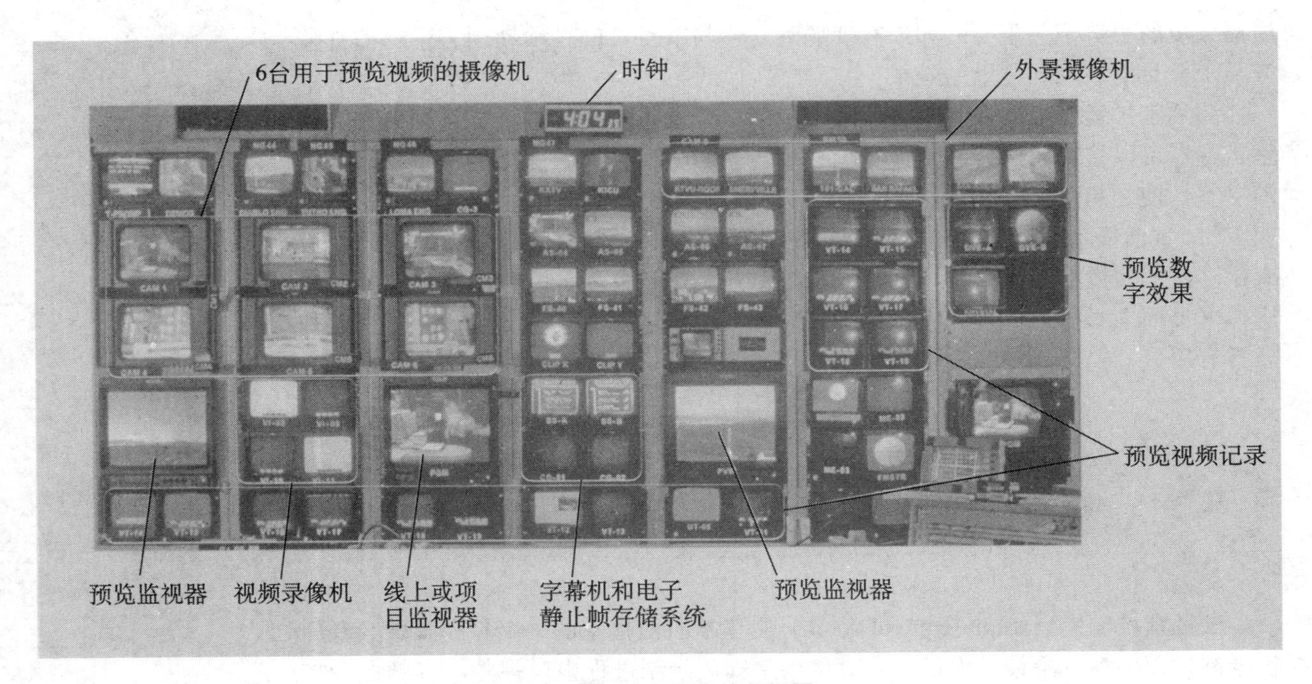

图 14—4　控制室内的监视器

控制室内的监视器显示出所有的可用图像信号，比如演播室摄像机、外景摄像机、录像机、字符发生器、电子静止帧存储系统分别输出的图形以及特效效果等。大型彩色监视器显示预览视频（即将切入的镜头）以及输出画面（正在传送入录像机或者切换器的镜头）。

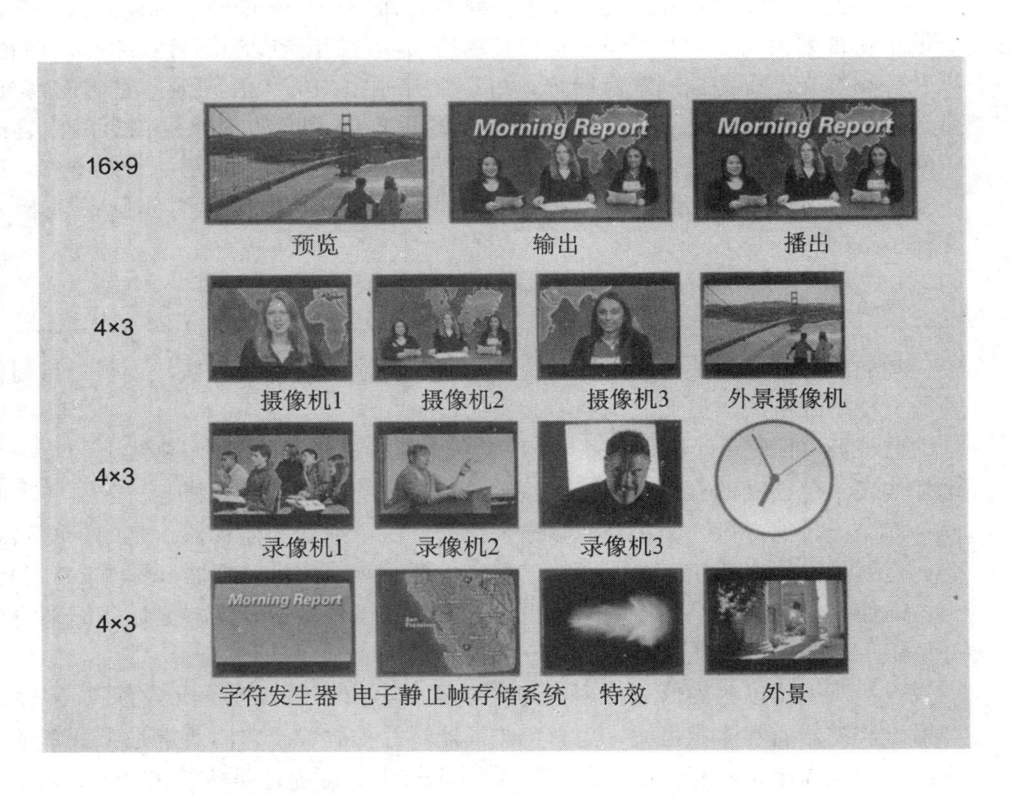

图 14—5　简单的监视器架

即使是简单的控制室，也需配备 14 台监视器，具体分配如下：用于预览、输出和播出的 16×9 大型彩色监视器 3 台；摄像机预览 4 台，其中 1 台可转至外景；录像机 3 台；字符发生器 1 台、电子静止帧存储系统 1 台、特效 1 台、外景 1 台。除了用于预览、输出和播出的监视器是 16×9 外，其他所有的监视器都是 4×3 黑白显示。

表 14—1　　小型控制室监视器的配备

功能	数量
预览	1
输出	1
播出	1（如果是直播或有线电视的工作室，该监视器还会显示观众在家中收看到的内容）
摄像机	4（每部摄像机 1 台；4 号摄像机可转至外景）
录像机	3（每台回放的录像机 1 台）
字符发生器	1
电子静止帧存储系统	1
特效	1
外景	1（外景信号输入，也可用于额外的摄像机）
总计	14 台监视器

你也许会问，一个人怎么能同时看所有的监视器呢？实际上，你不必一直都全神贯注地看着所有监视器，只需留心显示最重要图像的那几台。尽管如此，你必须知道其他监视器的显示内容。这种总揽全局的本领必须经过训练才能获得，就像指挥家在指挥整个乐队的同时还能看复杂的乐谱一样。

内部通信　导演同样熟悉内部通信系统的各个切换开关，这些切换开关用来控制 P. L.、S. A. 和 I. F. B.。坐在导演旁边的副导演也用这些内部通信切换开关。而坐在导演身边或者后面的制片人则另外有一套完全相同的内部通信切换开关；这套附加装置可以使制片人在不打扰导演的情况下，与各部门的制作人员及出镜人员进行沟通。

> **重点提示**
>
> 性能可靠、灵活方便的内部通信系统对在演播室内执行多机拍摄任务的团队合作至关重要。

节目音响　除了观看预览监视器，给各制作人员下达指令以及留心 P. L. 的声音外，导演还必须监听输出的声音，以便让画面与声音同步。独立的音量控制装置可以让导演调整控制室扩音器（也叫监听器），而不影响输出音频的音量。你会发现，百忙之中还要同时监听节目声音对于新导演来说是一件很难的事。（我们将在第 17 章详细讨论导演工作。）

切换器　你已经知道视频切换器就在导演身旁。但是为什么呢？因为距离上的接近使得技术导演（通常负责切换画面）可以与导演使用同一台监视器，并能紧挨着导演坐。这样，导演不仅可以通过 P. L. 同技术导演交流，还可以用手势命令技术导演采用多快的速度溶解或擦除画面（见图 14—6）。

如果需要快速切换，某些导演更愿意亲力亲为（但必须征得工会的允许），或打个响指指挥切换人员，而不是等到镜头已经准备就绪时才发出切换命令。这种肢体指令比口头指令更迅捷、准确。在小型制作中，导演可以自己切换，而这种做法显然不适于复杂的节目制作。

> **重点提示**
>
> 在控制室里，导演与技术导演必须坐在一起。

字符发生器　字符发生器和字符发生器操作员也在控制室里。虽然大部分字幕在录制前就已经准备好，但制作中总会有些改动。特别是在直播节目或实况播出节目的录制过程中，例如在体育节目中，字符发生器操作员必须更新比分并准备各种比赛数据；或者导演或制片人有时会要求打出事先没有准备的字幕。如果让字符发生器操作员坐在控制室里，这种改动便容易沟通，问题也能很快解决。

时钟与秒表　这些计时工具对于以秒为计划单位的广播操作来说至关重要。但即使是为后期制作录制素材，时钟也能使你知道录制过程是否在按计划进行，

图 14—6　导演与技术导演近距离工作

切换器就在导演旁边，以便导演和技术导演之间沟通顺畅。

而秒表则会引导你在哪个时间插入录好的素材。数字秒表——其实是一种小型时钟——可以让你选择是从节目开始计时，还是从节目结尾倒计时。如果选择倒计时，秒表显示的是节目剩下的时间。有些导演更愿意用有长短针的时钟和秒表，以便通过观察指针的移动“提前准备”，让剩下的节目同时间配合得更准确。

照明控制与摄像机控制装置　有些控制室还配有照明调节装置（调光器），并/或为每台摄像机配备了摄像机控制器。在控制室内配备这些附加设备的好处是：所有的影像控制集中在一个地方，便于各方人员的交流；缺点是，控制室会因这些附加设备和人员的存在而变得拥挤不堪。

声音控制

录音间是附属于控制室的一间小音频工作室。通常情况下，录音室和视频控制室分开，以便音频工程师不受别人谈话的干扰。大多数录音间都有窗户，音频工程师可以通过它看到控制室内的活动，甚至在理想状态下还能看见导演的预览监视器。配备良好的录音间有一台预览监视器和一台输出监视器。预览监视器有助于音频工程师在紧急情况下发出和执行音频指令。如果有标记好的剧本或者节目安排，音频工程师的工作将能更轻松，因为这些台词的提示能帮助音频工程师提前准备下一段音频，使他/她更快地对导演的指示作出反应。

录音间通常由调音台、接线板、电脑、数字卡带和其他录音设备、CD 机等组成。音频工程师通过专用耳机或小型提示扩音器接收导演的声音，通过 P. L. 和 S. A. 系统与控制室和演播室沟通。节目声音则可通过高质扩音器监听（见图 14—7）。

图 14—7 音频控制室

电视音频控制室包括各种音频控制设备，如调音台、接线板、CD 机、扩音器、内部通信系统和视频输出监视器。

主控室

如果演播室只用于制作录像节目，那就不需要主控室，只要在控制室内放一台摄像机控制装置即可。但所有电视台和大多数非广播性的大型制作机房内都有一个设备与通信中心，即主控室。如果要通过有线系统、网络或者无线网络播出节目，那么主控室就成了关键的电子神经中枢。

主控室主要包括演播室摄像机控制装置、录像带、视频服务器、电子静止存储系统和各种程序转换器及用来监控每一秒钟送入发射器和有线电缆的节目技术质量的监视设备。非广播制作的主控室包括摄像机控制装置、录像机和视频服务器以及各种监视器和内部通信系统。

在电视节目制作中，主控室的基础功能是监控所有节目素材的技术质量，并控制节目的输入、存储和检索。

节目输入意味着主控设备必须跟踪所有输入的节目，不管它们是通过卫星、电缆、网络还是邮件输入。由于电视台所需处理的信号形式千差万别，因此，这一输入过程很贴切地被称为“吞咽”（ingest）。作为负责“吞咽”的主控技术员，你要负责记录每一个输入的节目信号，为每个节目加上识别代码（即常说的“内部识别号”），并在视频服务器上记录输入节目信号的优先顺序。

这种“吞咽”工作算不算视频捕获的一种？确实是。但视频的捕获更多的是指将摄像机素材脚本转化到一台非线性编辑器上的硬盘中，而“吞咽”则是指从各种节目信号输入中选择相关素材，将之转化为特定的数字文档，并录制到视频服务器的大容量硬盘中。

重点提示

主控室负责检查所有节目的技术质量并协助完成节目的输入、存储和检索。

节目检索意味着对节目素材进行挑选、排序和发送（直播、有线或卫星传输）。

节目时间表能为节目检索提供线索，并能决定节目的播出时间。它上面列出了每一天每一秒要播出的节目以及其他一些重要信息，如每个节目的标题、类型及其来源（本地直播、录像带、服务器、电视网或卫星信号）。节目时间表通过电脑屏幕显示在电视台的每一个地方，同时也打印分发给各相关人员（见图 14—8）。

大多数节目与节目之间的真正切换由电脑执行。不过，为了防止电脑出现问题，设有专人监督电脑的自动切换，并随时准备启动主控室的人工切换（见图 14—9）。

HSE NUMBER	SCH TIME	PGM	LENGTH	ORIGIN VID	AUD
N 3349	10 59 40	NEWS CLOSE	015	VR4	VR4
S11	10 59 55	STATION BR	005	ESS	CART20
E 1009	11 00 00	GOING PLACES 1	030	VR5	VR5
C5590	11 00 30	FED EX	010	VR2	VR2
C 9930-0	11 00 40	HAYDEN PUBLISHING	010	VR18	VT18
C 10004	11 00 50	SPORTS HILIGHTS	005	ESS	CART21
PP 99	11 00 55	STATION PROMO SPORTS	005	SVR2	SVR2
E 1009	11 01 00	GOING PLACES CONT 2	1100	VR5	VR5
C 9990-34	11 12 00	HYDE PRODUCTS	030	VR34	VR34
C 774-55	11 12 30	COMPESI FISHING	010	VR35	VR35
C 993-48	11 12 40	KIPPER COMPUTERS	010	VR78	VR78
PS	11 12 50	RED CROSS	005	ESS	CART22
PP 1003	11 12 55	STATION PROMO GOOD MRNG	005	SVR2	SVR2
E 1009	11 13 00	GOING PLACES CONT 3	1025	VR5	VR5
C 222-99	11 23 25	WHITNEY MOTORCYCLE	020	VR33	VR33
C 00995-45	11 23 45	IDEAS TO IMAGES	010	VR91	VR91
PS	11 23 55	AIDS AWARENESS	005	ESS	CART02
E 1009	11 24 00	GOING PLACES CONT 4	100	VR5	VR5
N 01125	11 25 00	NEWSBREAK ***LIVE	010	ST1LV	ST1
C 00944-11	11 25 10	ALL SEASONS GNRL FOODS	030	VR27	VT27
N 01125	11 25 40	NEWS CONT***LIVE	200	ST1LV	ST1
C 995-89	11 27 40	BLOSSER FOR PRESIDENT	020	VR24	VR24
PP 77	11 28 00	NEXT DAY	010	VR19	VR19

图 14—8　节目时间表

节目时间表逐秒显示一天中所要播出的所有节目。它显示预计开始时间、节目标题和类型、视频和音频源（服务器、录像带、直播或外来信号）、内部识别号以及其他相关的播出信息。

图 14—9　主控室切换区

主控室在节目播出或以电视台转换器、卫星或有线系统等发送前，对节目素材进行最后的视频和音频控制。电脑执行所有的主控功能，同时主控技术员监看自动执行的情况，一旦有必要，他会在电脑系统失灵时进行人工切换。

演播室辅助区

没有辅助区，演播室便很难正常运转。辅助区包括储存布景和道具的区域、化妆间及更衣室。但遗憾的是，即使是一些大型的和相对比较新的演播室，通常也缺少这样的辅助区。结果不得不占用演播室的一部分场地用来存放布景，甚至充当化妆间和更衣室。

布景与道具储存

布景与道具储存的一个最大特点在于是否容易检索。现场辅助人员必须能找到并取出每一块布景片，而不是将它从别的什么东西底下翻出来。道具区和道具箱必须清楚地加以标示，尤其是当这里面放有各种不同的小道具的时候。

化妆

无论什么时候用到化妆，都必须在与演播室相同的照明条件下进行。大多数化妆间都必须有两种照明方式：3 200K 的标准室内色温和 5 600K 的标准室外色温。因为室内标准的光线色温比较暖、比较偏红，而室外标准的光线色温比较冷、比较偏蓝。彩排前一定要在真实表演区用摄像机检查化妆效果，然后在正式表演之前再检查一次。

布景、道具和布景装饰

你可能会问，为什么电视网会有这么巨大的新闻布景提供给单人出镜的主播，他们通常在整个节目里都出现在中等特写镜头中。尽管你只在节目开始和结束时有几秒钟能看到整个布景，但这标志着该新闻制作部规模很大、设备精良、技术先进。是的，你当然也可以在较小的布景前把同样的新闻播报做得很成功。

不过，布景和道具的用途不仅在于为表演创造特定的环境，它们还能体现出事件的本质。在一个访谈的布景中摆放书柜可能已经很俗套，但这能立刻体现出这是一个律师的办公室。在电视制作中处理布景与道具时，必须始终牢记一点：是摄像机而不是剧组人员或临时探班的人在看舞台环境。因此，布景必须非常细致，必须经得起（高分辨率）摄像机特写镜头的审视；同时还必须简洁，以避免画面杂乱无章，转移观众对主持人或演员的注意。当使用高清电视摄像机拍摄时，小心处理布景细节更显重要。高清电视的高分辨率会使背景细节更加清晰。布景设置必须保证摄像机的最佳运动路线和拍摄角度、最佳的麦克风摆设和活动空间、最恰当的照明以及最大幅度的演员动作空间。这些都是布景设计必须加以考虑的重要因素。

> **重点提示**
>
> 布景必须创造出一个特定的演出环境，同时兼顾照明、声音拾取和摄像机的移动。

布景

虽然设计和搭建布景要求经过特殊的训练和技巧，但你仍然应该了解标准的布景组建有哪些，了解如何利用它们搭建出一个简单的环境。这里，我们将讨论：（1）软背景幕布；（2）硬背景幕布；（3）布景模块；（4）无缝壁纸和彩绘垂幕；（5）特殊布景片、平台和滑轮车。

软背景幕布　背景幕布是一块无需支撑的布景，用作背景或模拟房间的墙壁。软背景幕布属于背景用品，由轻型木框搭成，上面覆盖着薄棉布。木框用

1×3的木板粘在一起，边角处用1/4英寸厚的胶合板加固。为防止木框变形，可以再用交叉撑条和衬杆进一步加固。如果演播室地面坚硬，可以在背景幕布的底部加上金属滑轮，这样在移动时不至于损坏背景板地板（见图14—10）。

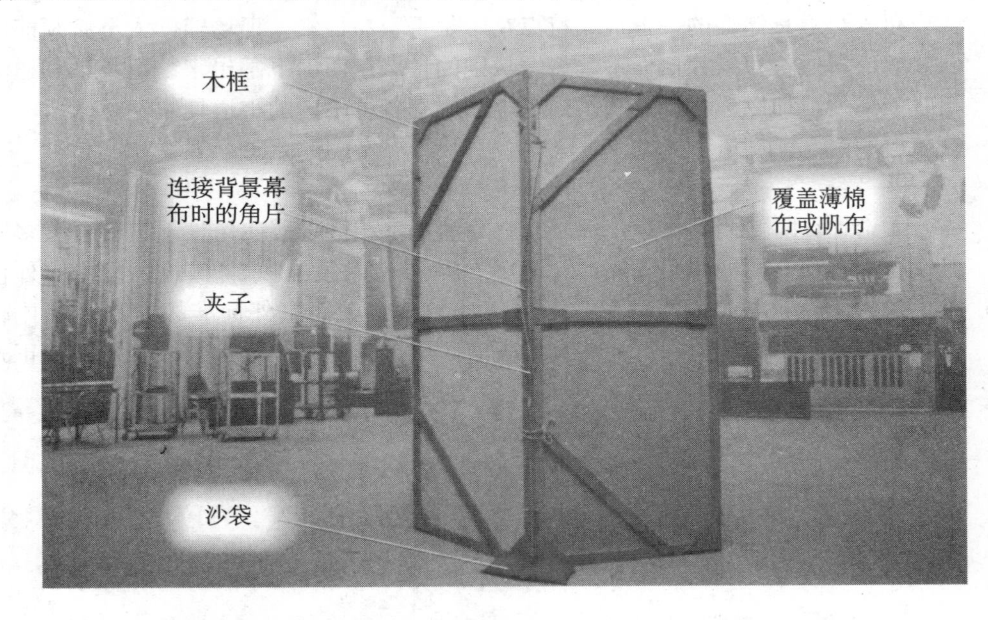

图14—10　软背景幕布

软背景幕布由覆盖棉布的1×3木板制成。这些背景板必须由一个交叉木撑条支撑，木撑条由沙袋或者金属重物压住底部。

传统的方法是用绳子将软背景幕布绑在一起，这种方法现在依然是最实用的一种方法。在连接两块背景幕布时，用固定在背景幕布木条上的晒衣绳把两块背景绑在一起，将绳子穿过固定用的角片，如同系鞋带一样（见图14—11）。背景幕布由木架支撑——木架通过C形夹连接和加固背景幕布，然后用沙袋或金属重物压住底部以保持稳定。

标准的软背景幕布有统一的高度，但宽度各异。软背景幕布高度通常为10英尺，也有8英尺的，主要针对小布景或天花板较低的演播室；宽度从1英尺到5英尺不等。如果两块背景幕布连在一起，我们称之为两折板或书形板（因为它们能像书一样打开）；如果三块背景幕布绑在一起，则称为三折幕布。

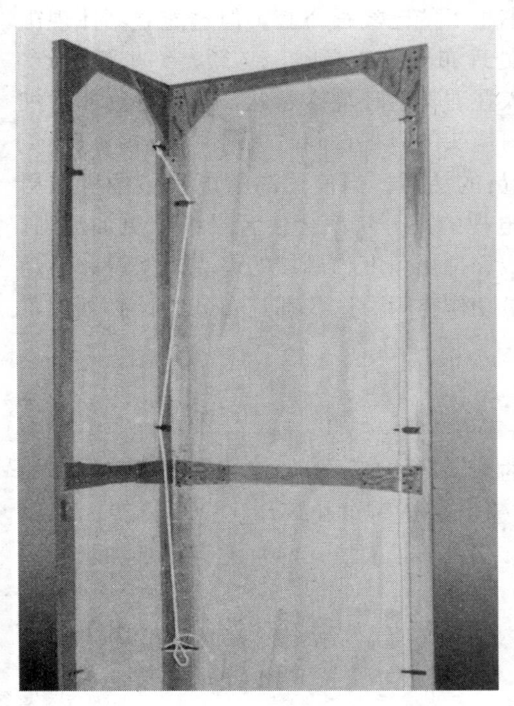

图14—11　用绳子连在一起的背景幕布

软墙板由一条晾衣绳绑在一起。这根绳子交错地穿过间隔的金属角片，并用一个活结固定。

软背景幕布易于移动、组装和储存，但它们的简单构造同时也是一个缺陷。在关门窗或者有人或有东西碰撞它们时，容易摇晃。软背景幕布适于排练和要求不太严格的制作。

硬背景幕布　大多数专业电视制作的布景采用硬背景幕布搭建。它们往往是专门为某个具体的节目而制作的，因此不一定能与标准尺寸的软背景幕布匹配。尽管硬背景幕布的制作并没有标准的方法，但大多数背景幕布都采用坚固的木框或带沟槽的钢架搭成（看上去像一个大型装配设备），上面覆盖着胶合板或纤维板。多数硬墙板都依靠装在其内部的脚轮移动，靠螺栓或C形夹连在一起（见图 14—12）。

图 14—12　硬背景幕布

硬背景幕布由坚固的木框或铁框做成，上面覆盖着胶合板或纤维板。大多数硬背景幕布靠内置脚轮或放在小型移动车上移动。

硬背景幕布的长处在于其牢固性：如果有一场戏要求你使劲关门，你尽可以大胆地关，无须担心整个布景是否会摇晃。你也可以像在真正的墙上那样粘图像或海报。硬背景幕布的不足是它们的制作成本高，难于移动和搭建，更难于储存。还有，硬背景幕布容易反射声音，产生不必要的回声。

布景模块　小型影像制作公司经常采用布景模块，其布景的要求仅限于新闻、采访、办公室场景或某种产品陈列和展示环境。一套模块由一系列硬墙板和三维景片构成，不管是垂直使用（正面向上），还是水平使用（侧面向上），它们的尺寸都与其用途相匹配。它们能以不同的组合方式组装起来，就像搭积木一样。比如，你可以在一次录制中将硬质模块用作硬墙板，而在下一次录制中用作平台。你也可以将一个桌子的模块拆开，用它的盒子（代表抽屉）和桌面做成一个展台。模块的式样繁多，经济实用。

无缝壁纸和彩绘垂幕　你应该还记得，弧形背景幕布是一块充当浅色背景的巨大无缝垂幕（见图 14—1）。如果找不到背景幕布，那么只需将一卷无缝壁纸（通常为 9 英尺宽，36 英尺长）展开，把它水平钉在软墙板上即可搭建出一块中性表演区，尽管其大小有限。无缝壁纸卷有各种颜色，而且比较便宜。与此同时，彩绘垂幕通常指画有仿真或者风格化舞台背景的纸卷或帆布。同样，你还可以用电子手段创造出逼真的背景（合成场景将在第 15 章中讨论到）。

特殊布景片、平台和滑轮车　布景片包括落地式三维物体，如圆柱、三角柱、扇形屏风、折叠式屏风、台阶以及三角体。三角体是一个有着三个面、类似大型三角柱的物体，通过滑轮来移动或转动（见图 14—13）。布景片常常做成各种尺寸，这样它们就能以各种方式进行组合。有些布景片，如圆柱和三角柱，多

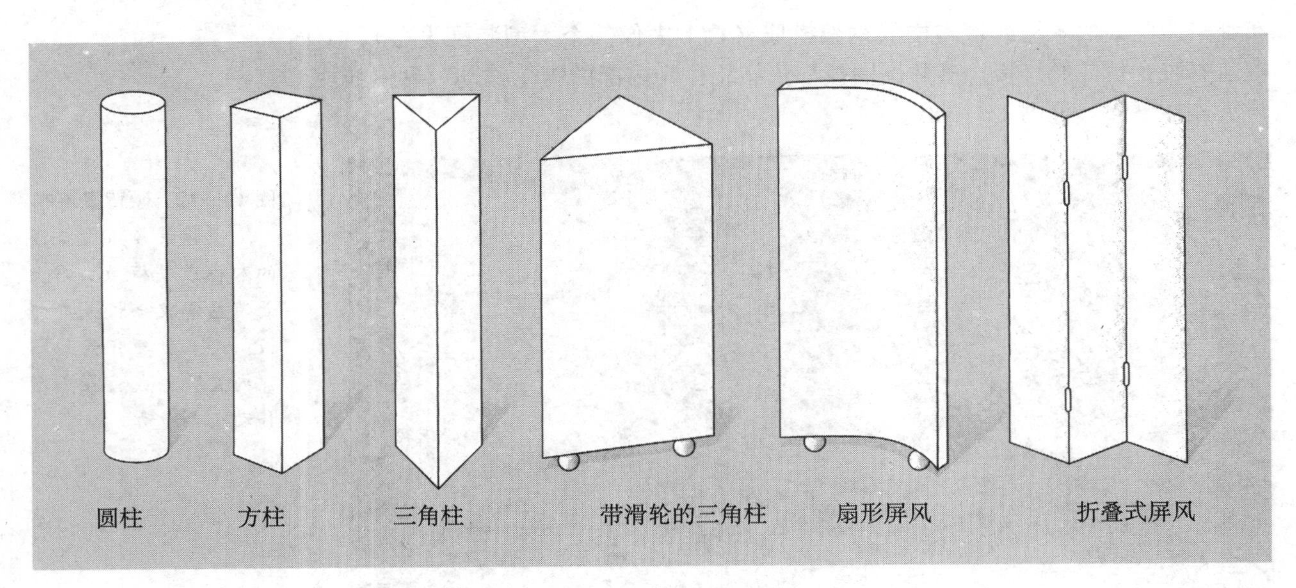

图 14—13 布景片

布景片是落地式三维布景物体，用作背景或前景。

少有些不稳定，需要加固，以免被剧组人员、演员和设备碰翻。在加固这个问题上，宁可让布景稳当过头，也不要不够稳定。

平台具有一定的高度，常见的平台高度为 6 英寸、8 英寸或 12 英寸高，可以摞在一起。平台通常用于采访和小组讨论的场景，这样，摄像机便可以从视平线的角度拍摄节目的参与者，而无须俯拍。如果在采访节目中使用平台，整个平台上都应该铺上一层地毯。地毯不仅可以使场景显得更好看，还可以吸收人们在平台上走动时发出的空洞声。还可以在平台内塞入泡沫橡胶或泡沫塑料，进一步减弱噪音。某些 6 英寸高的平台带 4 个可承重的脚轮，于是平台变成了滑轮车，可以支撑布景和布景片。

道具

在电视制作中，道具和布景装饰在强调某一特定环境时发挥的作用往往比背景更大。道具分为两类：固定道具和小型道具。

固定道具 固定道具包括在布景中所用到的家具，如采访用的椅子、小组讨论用的桌子、某公司经理发表每周讲话时用的讲台、办公室场景所需的书柜和档案柜、情景喜剧中必不可少的沙发等。

在选择固定道具时，应该找那种可以用在各种场景中的多功能家具，比如，小巧简单的椅子要比配有软垫的大椅子实用，用途更广泛。多数常规沙发都太矮，演员在坐下和起身时都得尴尬地仰视镜头。可以通过垫高座椅或将整个沙发升高来纠正这个问题。某些固定道具，如新闻发言人用的讲台或讨论用的大桌子都是定做的，不要过多使用这类定做道具，尤其是在大多数镜头都是演员的中景和特写的时候。

小型道具 小型道具实际上是由演员操作的物件，如电话、台式电脑、盘子、银器、书、杂志、玻璃杯和花等。小型道具必须能用，而且必须是真的。如果瓶子到时打不开，就会耽误代价高昂的制作工作。由于小型道具是演员手势和动作的延伸，加上摄像机特写的近距离审视，假道具根本不可能蒙混过关。纸板做的高脚杯在舞台上看起来也许很华丽，但在屏幕上就会显得很滑稽可笑。同样可笑的是背着一只空箱子却要装出很费力的样子。虽然剧场里的观众会对你的劳动表示几分同情，但电视观众却会认为这是一种喜剧套路，或者是一个制作失误。

如果你要使用手枪，切忌用真枪，可以用一把道具枪。近距离地使用真枪，即使是空弹射击，也和装了子弹一样致命。你可以用刺破气球的声音来替代枪声，而不是真的扣扳机。气球爆破的声音也能和枪声一样吓人，而且能比事先录制的声音更准确地和动作同步。如果在后期制作的时候再加上声音，你会很难把爆破声和动作很好地结合起来。

如果拍摄时要用到食物，一定要确保其新鲜，盘子和银餐具都要非常干净。酒通常用水（替代透明的烈酒）、茶（替代威士忌）或软饮料（替代白葡萄酒或红酒）来替代。从写实的角度来看，这种替代完全可以接受。

布景装饰

布景装饰包括为了使自己的生活空间更加漂亮或为了表达自己的品味个性而摆放的一些物件。尽管背景幕布还与在其他节目中的一样，但装饰却会赋予每一个布景突出的个性特点，营造环境风格。布景装饰包括窗帘、相片、雕塑、招贴、灯、室内植物、桌上和书架上的食物或童年时最喜爱的玩具等等。二手商店或跳蚤市场可以提供无数这样的东西。在紧急情况下，你甚至可以搜一搜自己的房间和办公室。与道具一样，布景装饰也必须真实，这样才能经得住高清电视的近距离审视。

> **重点提示**
>
> 道具和布景装饰决定了环境的特点和风格。

布景设计

也许永远不会有人叫你去设计布景，但你必须告诉设计师自己心目中的环境是什么样子，为什么是这个样子。不仅如此，你还必须知道如何说明布景设计，这样你才能对照节目目标和技术要求（如灯光、拾音、摄像机和演员走位等）来对布景进行评估。

节目目标

再次重申，对节目目标的清晰表述将在设计布景时为你提供指导。例如，如果访谈节目的目标是要让观众尽量深入地了解嘉宾，探察他/她的感情和态度，那么这时你需要哪种布景呢？由于在节目的大部分时间里你要近距离拍摄嘉宾的特写，因此不需要精心制作的采访布景。在整洁的背景前放上两把简单的椅子即可。

但是，如果节目目标是要让观众看嘉宾如何使用自己的办公室，以此来反应他/她的能力，那么最好要求主持人在嘉宾的办公室进行采访，或者在准确按照其办公室来设计布景的演播室里进行采访。

与所有其他媒体的要求一样，在设计或评估布景时，必须非常清楚自己想让观众看到、听到或者感觉到什么。一旦根据舞台布景要求理解了节目目标，就必须学会如何评估布景设计（场地设计），学会如何将其转换成真实的演播室布景。

地面示意图

地面示意图是画在一种模拟演播室可用空间的方格纸上的布景和道具平面图。为了便于灯光师确定灯光在演播场地上的位置，照明设计图通常叠加在地面示意图上面，或像地图上的方位区域那样画在地面示意图上面。利用照明设计纸，地面示意图也可以用来画照明设计图。

精致的场景设计通常按一定的比例尺来画，如 1/4 英寸＝1 英尺，然后将常规的布景片模型按一定的比例画上去，如桌子、沙发、椅子、床或衣柜等。当然，你也可以利用市面上销售的电脑程序软件来进行建筑设计或场地设计。

如果场地相对简单，艺术指导只须绘制一张显示背景布景和固定道具并标出大致位置的草图即可，然后将它交给现场导演，让他去落实这些摆设的具体位置（见图 14—14）。地面示意图必须标明所有的布景，包括门窗以及固定道具和主要小型道具的类型和位置（见图 14—15）。

绘制地面示意图时，要注意使陈设配合摄像机的操作，给各个拍摄角度提供充足的空间。没有经验的设计师普遍犯的一个错误是，不为固定道具和演员的动作留够空间。另一个常见错误是场地设计超出演播室内的可用空间。正如前文提到的，幕布和演播室内储存的物品已经占用了不少空间，因此地面示意图必须标明实际上可以利用的这部分空间。为了帮助布置灯光的人避免将演出区后排的灯放到太偏的位置，同时避免背景板上不必要的阴影，所有的活动家具（演员实际会用到的家具）必须离背景板 6～8 英寸远（见图 14—15）。

一些地面示意图体现的是一种典型布景（见图 14—16）。这种布景设计包括了情景喜剧中所有的典型元素：客厅中央必定放着沙发，一扇通往另一个表演区域的门（在这一场景中是厨房），又有另一扇门通往其他什么区域（走廊或前院），客厅后面是楼梯，通向另外什么区域——通常是卧室。在一个典型布景中，基本的布局大致相同，却又有不同的道具和布景设计将其个性化。注意图中楼梯后面的“逃生通道”，这可以帮助演员走回演播室正门，而两边的垂幕显示的是虚构的延伸空间，比如右边是走廊或者前院，左边是露台。

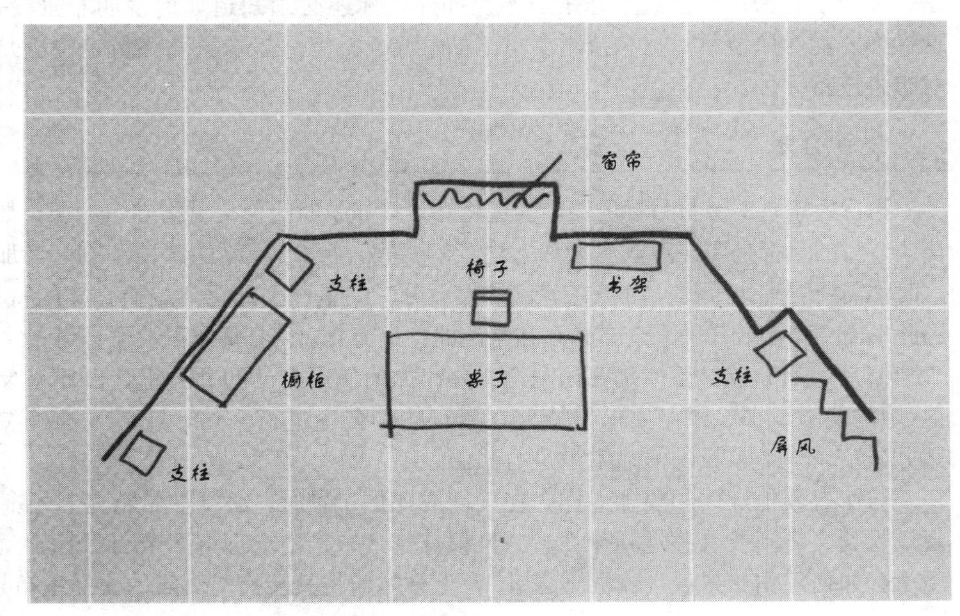

图 14—14 简单的地面示意图

地面示意图（通常也充当照明设计图）可以帮助确定布景和固定道具的位置。

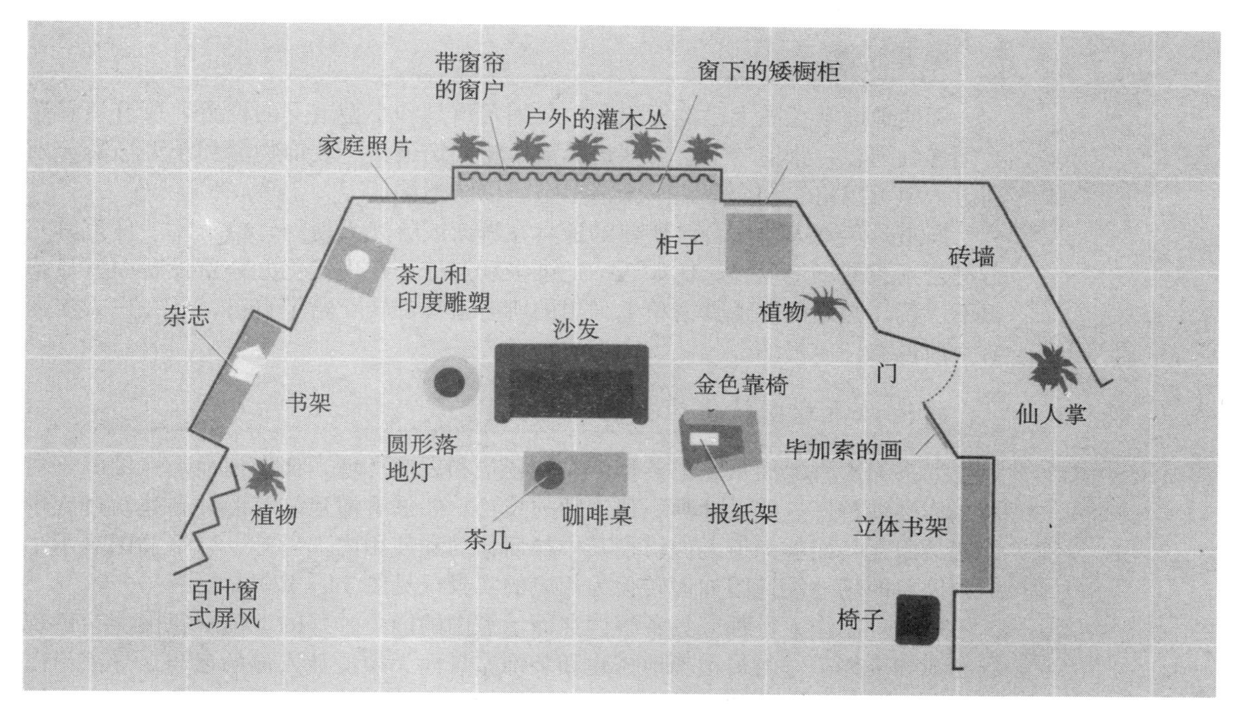

图 14—15　带布景与小型道具的地面示意图

更细致的地面示意图应该标明固定道具（家具、灯、雕塑、绘画）和主要小型道具（报纸、茶具、杂志）的类型和位置。

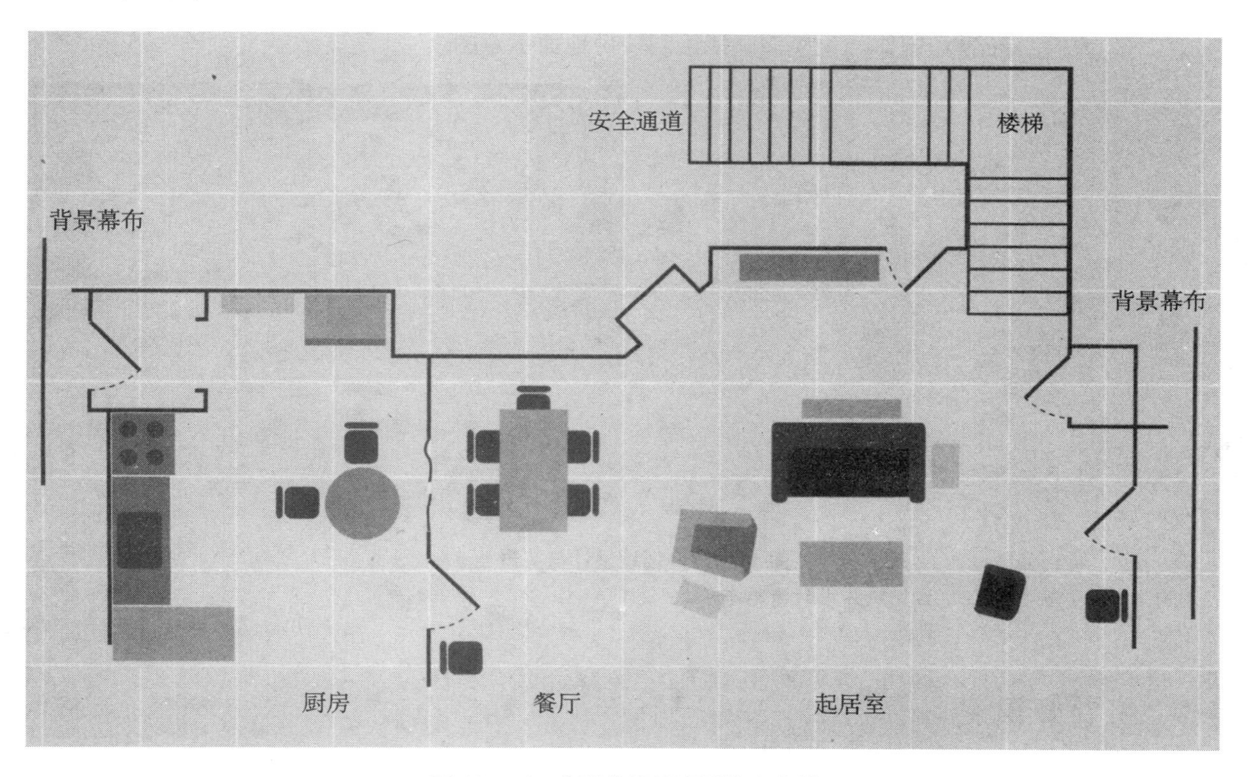

图 14—16　典型的情景喜剧住宅布景

这一布景的设计使并列放在前面的四台摄像机能捕捉到表演动作。通过使用不同的布景道具，还能很容易地变换成其他场景。

道具清单

即使地面示意图上已经标出了主要固定道具和小型道具的位置，所有道具还必须详细列在一张清单上。有些道具清单将固定道具、装饰物品和小型道具分别列出，但可以将它们合写在一张清单上，以防遗漏。

向道具负责人落实自己所要的道具在哪天或哪几天使用，检查每一件道具是否符合预想的场地设计。比如，一把维多利亚椅子在现代化办公室设备中就显得很不协调。必须确保道具清单上列出的所有道具都转交给了自己，并在进入演播室之前没有任何损坏。

将地面示意图转化为布景

如果无法将地面示意图转化为实际场景和表演环境，那么地面示意图等于白做。你必须掌握一些设计师、建筑师的技巧：能够看懂建筑草图并在建筑过程中使之具象化，能够知道人们将在其中如何移动和使用内部设施。以下插图展示了一幅简单的场地设计图如何转化为相应的实景（见图 14—17）。

每一位制作人员都应具备解读地面示意图的能力。好的地面示意图能帮助现场导演和全体工作人员精确地搭建和装饰布景而无须设计人员的参与。导演可以圈出主要演员的位置和活动区，在进入演播室实拍之前设计出主要的景别、位置和运动。灯光师可以设计基本的灯光摆布，音响师可以决定麦克风摆设的位置。通过学习如何解读地面示意图，你可以预先发现并解决一些制作上的问题。由于场地设计在保证制片效率中发挥着如此重要的作用，因此，即使只是一次简单的布景和制作，也应该坚持绘制一份地面示意图。

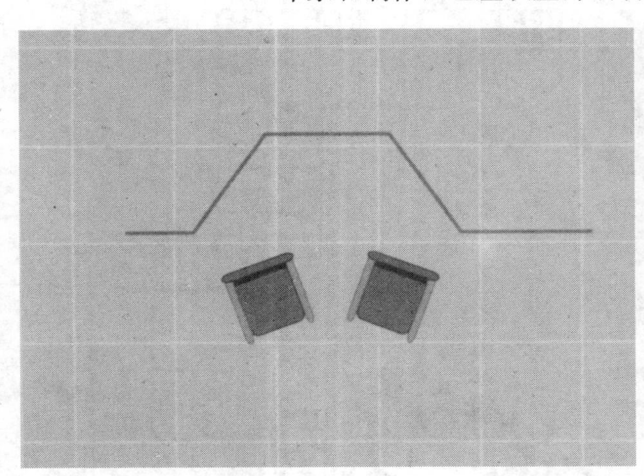
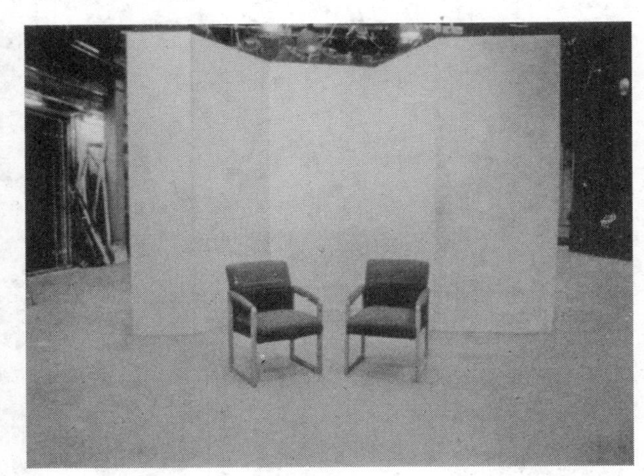

图 14—17 场地设计与实景

左侧地面示意图转化成了右侧照片中的简单布景。

主要知识点

▶ **演播室**

演播室是为多机拍摄和团队合作而设计的，其主要特点是有充分的地面空间，光滑的、适于摄像机移动的地板，适于悬挂灯具的天花板高度，宽大的门，经过声学处理的墙壁，以及相对安静的空调。

▶ 演播室主要设备

演播室主要设备包括灯光、电源插座、内部通信系统、监视器以及扩音器。

▶ 演播室控制室

控制室的设计目的是为了协调整个制作过程。通常分为图像控制（切换器和字符发生器）、监视器、内部通信系统线路，有时还有照明控制和声音控制（包括调音台、录音和回放设备）。

▶ 导演与技术导演

导演与技术导演必须紧挨着坐在一起，以便于共用观看监视器并迅速地对肢体信号作出反应。

▶ 主控室

主控室是电视台的神经中枢，其基本功能是质量检查、节目输入、节目储存和节目检索。大多数主控室配备有摄像机控制单元、各类联机录像机、视频服务器和传输连接系统。有时，非广播性的制作公司也有主控室，包含设备有摄像机控制设备、录像机、视频服务器和各种通信系统。

▶ 演播室辅助区

演播室辅助区包括布景和道具储藏室、化妆间和更衣室。

▶ 布景、道具与布景设计

布景包括软背景幕布、硬背景幕布、弧形背景幕布和各种垂幕、布景片、平台以及滑轮车。道具包括固定道具（如家具）、小型道具（通常为演员使用的物品）以及布景装饰（艺术品、灯具和装饰性植物）。布景必须营造出一定的表演环境，同时兼顾最佳的灯光、拾音和演员及摄像机的运动。

▶ 地面示意图

地面示意图是布景和道具的图示，不仅能说明布景要求，还有利于前期策划工作。

关键术语

大型实况转播（big remote）：在演播室外现场直播或现场录制事先计划好但尚未进行的大型事件作为电视节目，如体育赛事、游行、政治集会，以及审判或政府听证会。也叫“实况拍摄”（remote）。

联络人（contact person）：指那些熟悉并容易接近外景地和关键人物的人。也叫“联系人”（contact）。

电子现场拍摄［electronic field production（EFP）］：指在演播室外进行的录制工作，通常是为后期制作而拍摄（非现场直播）。

电子新闻采集［electronic news gathering（ENG）］：指利用便携式摄像机、照明设备和音响设备拍摄非计划性日常新闻事件的做法。电子新闻采集的目的通常为直接转播或快速后期制作。

现场拍摄（field production）：指在演播室外进行的任何影像拍摄活动。

实景勘察（remote survey）：主要制作人员和技术人员对外景的勘察活动，以此来决定如何搭景、如何使用拍摄设备。也被称为“外景调查”（site survey）。

转播车（remote truck）：载有控制室、音频控制、录像单元、视频控制单元以及传输设备的车辆。

人造环境（synthetic environment）：通过嵌入技术或电脑等电子手段生成的布景。

上传转播车（uplink truck）：将视频和音频信号传给卫星的小型卡车。

虚拟现实（virtual reality）：由电脑模拟出来的环境。可与用户互动并可根据用户的要求变换环境。

第15章

现场拍摄、后期制作与人造环境

现场拍摄并不意味着你必须将自己的制作班底带到外景地，而是指在演播室以外进行拍摄。现场拍摄还包括在外景地拍摄的纪录片以及记录体育盛事或感恩节游行的直播节目。

如果将设备搬到演播室外面，那么整个世界都可以成为你的舞台。不过，将拍摄从演播室内搬到演播室外无疑会增加控制的难度。在现场拍摄中，你很难营造和控制特定的环境，而只能去适应它。如果是在室外拍摄，天气往往是一个潜在的危险；如果是在室内，房间有可能不讨你喜欢或不利于有效画面的拍摄和声音的获取。但通过一些手段，你完全可以让环境为你服务而不是与你作对。

本章将介绍一些提高现场拍摄效率的手段，包括电子新闻采集、电子现场拍摄和大型实况转播。

从实地中，我们最终将走进一个由电脑扮演核心角色的拍摄环境：后期制作与人造图像制作。

▶ **电子新闻采集**

新闻的电子采集与传输

▶ **电子现场拍摄**

预制作，包括实景勘察和地面示意图；制作，包括设备清点和室内外拍摄；后期制作

▶ **大型实况转播**

转播车与现场传输

- **后期制作室**
  视频后期制作室与音频后期制作室
- **人造环境**
  电脑生成布景、虚拟现实与电脑控制环境

电子新闻采集

从本质上讲，大部分的新闻事件发生的时间、细节和地点都无法预料。对这种事件的报道——**电子新闻采集（electronic news gathering/ENG）**——也无法提前计划。你所能做的，就是追踪突发性新闻事件，尽最大努力去报道它。但这并不意味着你应该放弃对制作程序的控制。ENG 的前期制作意味着你必须随时准备好自己的设备奔赴任何地方，而且无论在哪里，在哪种情形之下，都必须保证自己的设备能正常拍摄。

电子采集

作为一名新闻摄像师，你不仅要拍摄新闻报道的内容，还必须决定如何表现这些内容。在突发事件中，你必须对形势作出判断，操作设备，抓住事件的本质——所有这一切都要在几分钟之内完成。你很难有时间去问自己的新闻制作人或其他人发生了什么或应该如何拍摄。不过，即使情况紧急，有经验的摄像师也能给后期制作编辑提供出色的镜头，使他们剪辑出流畅的视频。

如果你和一名记者一起报道，这多少可以减少新闻采集过程中的忙乱。在安排记者的报道位置和选择报道的最佳镜头上，你一般都拥有一定的灵活性，你可以选择能够突出主要情节的地点作为记者的报道背景（如市政大厅、大学校园、县医院）。

> **重点提示**
>
> 如果可能，尽量让记者站在阴影区，避免站在强烈的阳光下。

如果可能，尽量让记者站在阴影区，避免站在强烈的太阳光下或更糟的反光建筑物前。正如在第 8 章中所说的，强背景光将加快光的衰减，产生浓重的阴影，而且明亮的背景也将使记者呈现出剪影的效果。尽管你可以用反光板减弱逆光，但将记者转换到阴影区总比与过强的阳光作斗争来得容易。千万不要忘记在每一种新的光照条件下调节白平衡。注意观察记者的身后，防止路标、树木或电线杆看上去像从记者头上长出来的那种情形。

留心所有的音频要求。不要让记者在风大的街角进行报道；找个相对避风的地点。小房间或墙壁光滑的走廊一般会产生回声，使记者的声音听上去像从桶里发出的一样。每次拍摄之前都应该先调整音量。在往录像带第二信道或其他录制媒介上录制环境声时，要始终打开摄像机麦克风。在报道的最后，至少录一分钟的环境声，以帮助编辑人员在剪辑点顺利地进行声音的切换。

传输

正如你很熟悉的，一些重大新闻报道拍摄以后可以只通过一部手机就能传回电视台或电视网。在这些情况下，内容比画面和声音质量更重要。当然，你还可以在笔记本电脑上捕获原始视频素材，然后通过互联网传回电视台。不过，在一般的新闻报道过程中，你可以用一辆带录制和传输设备的转播车，通过它将视频和音频信号传回电视台，最终送往发射器或卫星（见图 15—1）。

信号可以通过普通摄像机电缆或与摄像机相连的小型微波发射器从摄像机直接传送到转播车上。更稳妥的方法是把摄像机连到三脚架微波发射器上，然后再从转播车上通过微波将信号传送到发射器。如果信号必须直接上传给某通信卫星[位于距地面 23 300 英里的高空（1 英里约为 1.6 千米）]，就会用到带卫星传输设备的卡车，即上传转播车（见图 15—2）。然后卫星将信号放大，发射回地面接收站，即下传。

尽管信号的传输通常由有资质的工程师来完成，但你至少应该知道需要什么设备才能将信号从摄像机传送到发射器上。如果演播室中的主持人要和处在世界各个角落的嘉宾聊天，必然会动用大量的技术设备和知识。

图 15—1　电子新闻采集车

在电子新闻采集和常规拍摄中，大型汽车和 SUV 车可以发挥转播车的作用。如果信号必须传回电视台进行现场直播或录像，则要动用带录像机、字符发生器和微波传输设备的转播车。

图 15—2　卫星上传转播车

卫星上传转播车犹如一个活动电视台，可以将视频与音频信号直接上传给某一卫星。

电子现场拍摄

电子现场拍摄（electronic field production/EFP）包括除新闻和大型现场直播外的所有演播室外制作活动。相比于单机室外拍摄，电子现场拍摄更接近于多机演播室拍摄。在室外拍摄的纪录片、杂志新闻、调查报道、旅游节目和运动节目等，这些都属于电子现场拍摄节目。

由于所有室外拍摄活动的实现都经过计划，因此你可以在预制作阶段做一些准备。电子现场拍摄的预准备工作越充分，成功拍摄的几率就越大。实际上，电子现场拍摄所要求的准备工作最细致。与在演播室内你所需的大多数设备已经安装完毕不同，电子现场拍摄必须带上拍摄时所需的每一件设备。哪怕只是弄错或忘记带一根电线，都可能使制作延误几个小时，甚至要取消整个拍摄。

预制作：实景勘察

在电子新闻采集中，你可能会随时被派到一个你从来没去过的地方；但在电子现场拍摄中，则需要认真、全面的前期计划准备。由于必须适应具体的环境，因此必须在演员、制作人员和大量设备到达拍摄现场之前先去看一看。

现场勘察或实景考察称为**实景勘察（remote survey）**。即使外景制作比较简单，如在饭店里进行的采访，你也应该进行实景勘察。事先察看饭店房间将有助于你判断让嘉宾和记者坐在哪里，将摄像机架设在哪里。与此同时，勘察还能给你提供一些重要的技术信息，比如是否在照明和声音上有什么特殊要求。

举例来说，一张小桌子和两把小椅子就足以得到记者和嘉宾的理想镜头，但桌子后面的大块玻璃将会造成照明问题。如果对着窗户拍摄，那么嘉宾和记者都将变成剪影；但如果放下窗帘，就要求在采访区域增加便携式照明设备。

那里是否有充足而方便的电子照明设备电源？也许你可以将桌椅从窗前移开，那么新的布景对记者和嘉宾，特别是摄像机来说，是否仍然合适？背景的趣味程度是否合理？是否会对拍摄造成什么影响？在房间内听一听，是否比较安静？能不能听到来自门窗外或空调的噪音？是否可以切断电话线使之不在采访期间作响？即使是这么简单的室外制作，前期考察工作也大有助益。

如果是比较复杂的拍摄，那么对实景的认真勘察便成了一项至关重要的前期准备工作。你必须了解是什么事件，将在哪里发生，怎样调整环境使之适应媒体的要求，必须采用什么技术才能拍摄和播出这个事件。如果是比较简单的现场拍摄，考察小组通常便由导演和制片人组成；但如果是复杂的现场拍摄，则必须再增加一位技术专家、技术指导或工程专业人员。如果可能，在做第一次考察时不妨带上一位联络人。

联络人 **联络人（contact person）**或**联系人（contact）**是指熟悉外景地并协助你将环境调整到符合各种制作要求的人。以饭店内的采访为例，联络人不是你即将采访的嘉宾，而是了解并有权使饭店里的工作人员做某些事的人。如果照明设备造成电路超负荷，联络人应该能迅速使饭店工程或维修部门恢复电路。为防止电话在采访期间作响，联络人应该能让饭店工作人员拦截打进的电话，或让维修人员暂时切断电话线。否则，联络人就应该能找到更适于录制采访的空房间，而不只是嘉宾住的那间。

如果现场拍摄设计报道一些你无法真正控制的计划内事件，如游行或体育赛事，那么联络人必须对全局非常熟悉，能向你提供重要信息，比如入场的游行队伍的名字和顺序。更重要的是，联络人应该帮助你获得进入禁区的权利，应该在正常封闭期间帮助你进入封闭区。一定要得到联络人的全名、职务、邮箱和电子邮箱地址、呼机、手机、传真、单位和住宅电话。另外，还要有一位候补联络人。在第一次勘察实景时应该让他们中的一位陪同前往。如果电子现场拍摄定在休息时间或者周末进行，这就更加重要了。

实景勘察　如果可能，尽量在与拍摄相同的时间段勘察拍摄场地，这样才能看见太阳的具体位置。如果是在户外或在装有大窗的室内拍摄，太阳的位置将最终决定摄像机的位置。

与演播室内场地设计相同，你要准备一张地面示意图。户外拍摄的地面示意图应该标明主要街道和建筑物以及主要室内特征，如走廊、门、窗和主要家具。即使在外景地拍摄，场地图也应该画出拍摄场地的大致面积、主要交叉路口以及太阳的位置，另外还应该包括停车场、电子现场拍摄车或转播车的位置以及最近的厕所的位置（见图 15—3 和图 15—4）。实景勘察表上还应该列出主要考察事项和需要提出的关键问题（见表 15—1）。

重点提示

对除电子新闻采集外的所有现场拍摄而言，实地勘察都是一项重要的前期准备活动。

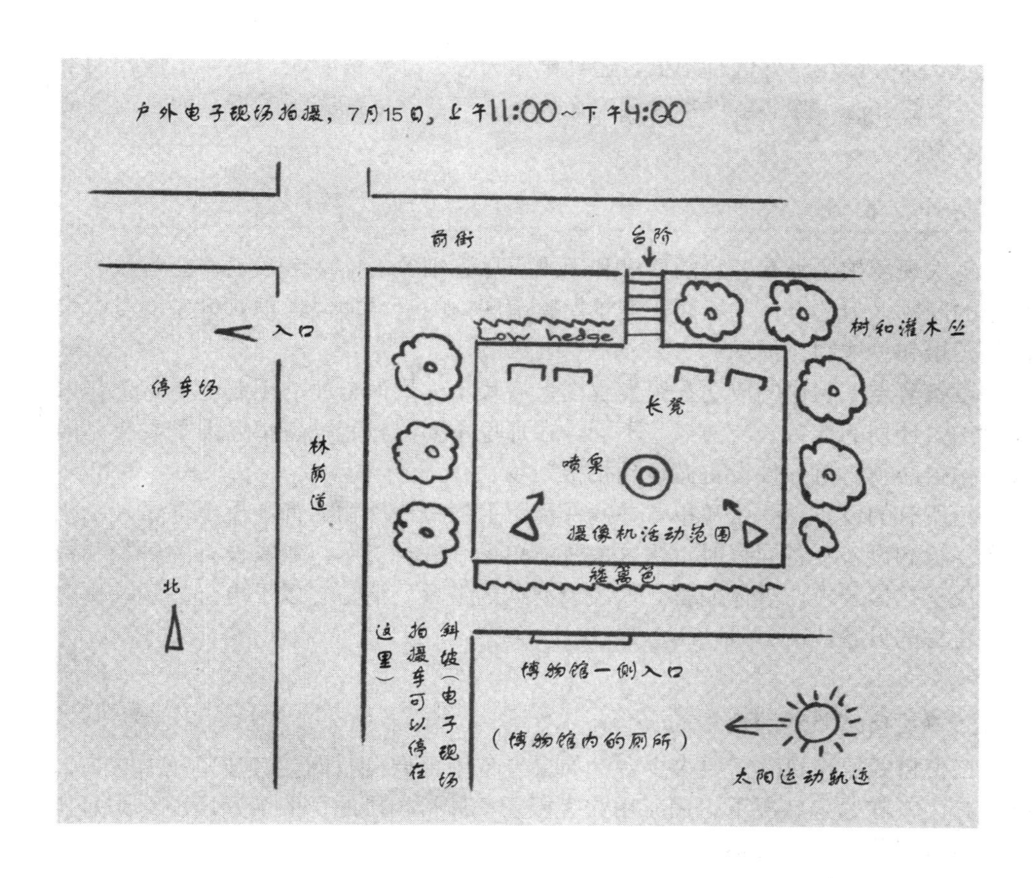

图 15—3　户外拍摄场地图

户外拍摄场地图应该标明主要街道、建筑物以及与制作相关的其他地区。同时还应该标明电子现场拍摄车的停车位置和最近的厕所位置，标出拍摄期间太阳的位置。

图 15—4　室内拍摄场地图

室内拍摄场地图必须标明主要制作区域（房间、走廊）、窗、门和主要家具，如桌椅、植物和文件柜的位置。

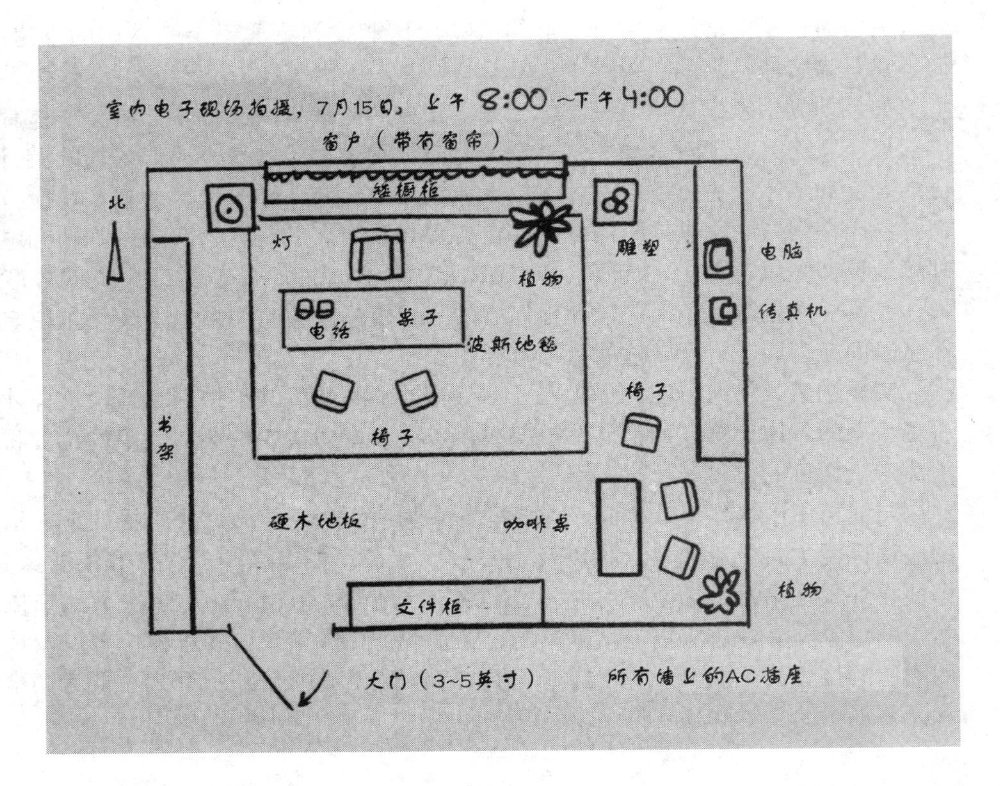

如果你打算在户外进行拍摄，遇到雨雪天怎么办？很明显，更换拍摄日期不失为一个好办法，除非事件本身无论在什么天气条件下都必须进行，如足球赛或感恩节游行。

制作：拍摄

每次现场拍摄都有各自的要求和困难。尽管细致的前期考察工作能避免大量潜在的问题，但还有一些不属于实景勘察范围内的事须加以考虑：设备清点、户内外拍摄和总体制作提示。

设备清点　制作的成功在很大程度上有赖于大量而全面的预制作准备工作以及对拍摄计划的准备。与演播室不同，在那里主要器材和设备都已准备妥当，而现场拍摄必须将每一件设备搬运到拍摄现场。

给所有的设备开一张清单，并确保清单上的每一件物品都装上了电子现场拍摄车。拆卸设备准备回程时也用这一张清单逐一进行对照。所需设备的种类和数量取决于拍摄要求，具体而言，取决于前期的考察。请检查以下电子现场拍摄时应该考虑的设备。

现场拍摄设备清单对照表

☑**便携式摄像机**　需要多少台？如果有备用摄像机，即使其质量稍差也应该将它带上。在紧急状况下，用家用数字摄录一体机拍摄的、照明适度的采访总比根本没有摄像机拍摄好得多。

表 15—1　实景勘察

考察项目	重点问题
联络人	谁是最主要的联络人？全名、邮箱和电子邮箱地址、名片、手机、家庭住址、寻呼机、传真号码。谁是候补联络人？全名、邮箱、电子邮箱地址、名片、手机、家庭住址、寻呼机、传真号码。
位置	拍摄的准确地点是哪里？街道地址、电话号码。哪里能拍摄？哪里可以停车、用餐？最近的洗手间在哪里？
时间	现场拍摄什么时候开始？拍摄开始和结束时太阳的位置在哪里？
事件	你预期的人物行为是什么？行为会在哪里发生？
摄像机	摄像机的主要位置在哪？当进行多机现场拍摄时，你需要多少架摄像机？尽量少用。摄像机应该置于什么位置？不要把摄像机放置在人物的反面，也不用从反面拍摄。通常，摄像机离彼此越近，后期剪辑时就越容易。顺着阳光的方向拍摄，不要逆光拍摄。在整个拍摄过程中，尽量保持太阳位于摄像机后面或侧面。在身后使用遮光伞或大卡片遮住阳光，以防阳光照到监视器。有没有大型物体遮挡住摄像机的镜头，例如树木、电线杆或广告板？在拍摄过程中，你所需的外景是否一致？即便在勘察时视野很好，实际拍摄时，周围观众也可能挡住摄像机镜头。是否需要安放摄像机的平台？多高？放在哪里？平台能放在哪里？如果摄像机需要连接外部电源，摄像机可移动的范围有多大？你需要多长的连接线？你需要什么摄像机支撑器？哪台摄像机需要？
照明	如果你需要额外光源，需要哪种？哪里需要？你能否用反光器？照明工具能否轻易设置？能否使用位于摄像机镜头之外的背光？是否有窗户能引入日光？这些光线是否能被遮挡，以防产生剪影或色温问题？每条电线需要多少瓦特的电量？
音频	你需要哪种拾音器？麦克风需要放置在哪里？哪种麦克风是最合适的？拾音的准确半径是多少？哪些麦克风是单独摆放的，哪些是需要演员佩戴的？是否需要无线麦克风？或者，麦克风线需要多长？你是否需要为音频效果做些额外安排？比如是否需要监听系统、扩音系统等。你是否需要使用麦克风去拾取远距离的声音？这些麦克风需要安置在哪里？
电源	用什么作为电源？即便你的摄像机使用电池，那灯光怎么办？联络人是否有办法找到电源？如果他不能，谁能？在安置远距摄像机以及实际拍摄时，确保联络人能联系到。你是否需要延长电线或是电源线？在拍摄现场，延长线是否与电源接口相匹配。你是否需要发电机？
内部交流	你需要哪种内部通信系统？在多机拍摄中，你需要建立起与演播室相似的内部交流系统。你需要多少 I. F. B. 信道？你是否需要使用通话器协调摄制组成员？你是否需要手机？
转播车的位置	如果你需要一辆大型制作车辆，比如现场拍摄卡车，车可以停在哪里？停车位是否与事件发生地离得近？转播车是否会阻碍交通？确保有足够的车位留给转播车和摄制组成员用的车。
其他	你是否需要当地警方或其他安保人员的协助，以控制车辆和行人，或确保停车安全？

☑**摄像机支撑物** 即使你打算将摄像机扛在肩上工作，也应该带上三脚架。你是否需要特殊的摄像机支撑物？如三轮移动车、吊杆或沙袋？

☑**录像带** 你手头的录像带是否与摄像机和录像设备相匹配？并不是所有的1/4英寸数字带都能适合所有的数字摄像机。如果发现一卷新的60分钟录像带在备用卷轴上只剩一点磁条，那这盘录像带的录制时间肯定不会像标签所说的那么多。如果你使用的是记忆卡或者光盘，你带的是否足够加录？如果你用的是摄像机里的硬盘，你是否需要多备一个外接录像机？

☑**电力供应** 你打算怎样给摄像机供电？电池是否充满了电？多带一些电池。如果采用交流电作为电源，你的电线是否够长，能够得着交流电插座？你还应该给便携式照明设备和现场监视器准备延长线。如果监视器由电池供电，你的电池是否合适？是否充满了电？是否给监视器准备了备用电池？是否需要发电设备？

☑**音频** 除项挂式麦克风外，至少还应该再带一支枪式麦克风和一支手持麦克风。如果想将电子现场拍摄做得更好，麦克风的位置就必须和声音的位置相符。麦克风线是否够长，足以到达摄像机和混音器？所有现场麦克风都需要挡风外膜，枪式麦克风还必须再加一个阻风袋。是否需要支撑设备？如夹子、立架或吊杆？是否需要混音器和备用录音机？如果你用的是无带数字录音机，你是否有备用的记忆卡？别忘了给麦克风操作人员和录音技术人员准备耳机。

☑**电线和连接插头** 电线和连接插头是否合适？大多数专业设备的视频线采用BNC插头，音频线采用XLR卡侬插头（见图7—25）。有些家用设备音频线则采用RCA插头和迷你护套（见图7—25）。带上一些视频和音频线适配器。再三检查所有的插头和适配器。如果要将摄像机与遥控单元相连，那么摄像机的电线是否够长？

☑**监视器和检测设备** 一定要带上供回放的监视器，如果用切换器进行多机电子现场拍摄，那么每一路摄像机输入都各自需要一台预览监视器。如果需要一位解说员来描述整个活动，那么还要为他准备一台监视器。如果现场拍摄在画质上要求高，就必须为每台摄像机准备一台遥控单元和特殊检测设备，如波形监视器和向量观察仪。通常情况下，这些设备由技术人员主管（通常是技术导演）负责，但你必须保证它们都在设备箱中。

☑**照明** 通常情况下，你需要至少一两个便携式灯具箱，每一个灯具箱内都有若干照明设备、挡光板、保险丝、灯架以及备用灯泡。若是对大面积场地进行照明，可以采用泛光灯（柔光灯）或柔光篷、柔光伞。备用灯泡是否与照明设备匹配？它们发光时的色温是否符合要求（3 200K或5 600K)？如果需要提高或降低色温，用淡蓝色或淡黄色滤光片放在照明设备上，除非照明设备上本身已经附带了色温过滤装置。白色柔光材料常用于减少阴影。反光材料（白色卡片、泡沫粒、铝箔或者折叠式反光板）对室外拍摄来说至关重要。即使在室内拍摄，操作反光板也比增加照明设备来得容易。

灯具箱里通常还有：一块覆盖摄像机镜片上的软布、一块阻挡多余反光的黑布、柔光伞、光尺、备用灯架，以及固定灯架的夹子和豆子袋。除非你能弄到高级伸缩支架，否则就带1×3的木条，用它们来固定小型灯具。包一卷铝箔，用它来制作反光材料、隔热伞或折叠式挡光板。你可能还需要一些木质夹子来把柔光材料或滤色片夹到照明设备的折叠板上。带上充足的、能与各种室内电源匹配的交流电延长线和插头。

☑**内部通信系统**　小型实地制作根本无需精致的内部通信系统，但必须在基地留一个电话号码，以便情况紧急时能找到你。如果你的大部分时间都在做电子现场拍摄，那么手机必不可少；如果是做大型现场拍摄，则需要一只低功率的扩音器或步话机，以便让分散在四处的工作人员听到你的声音；如果使用多机拍摄或切换系统，那就建立一个固定的专用内部通信系统。

☑**其他**　每次电子现场拍摄时都应该携带以下物品：备用剧本和用来张贴的拍摄日程表；现场日志表；场记板或拍板；雨天时能为设备和剧组人员挡雨的几把大雨伞和“雨衣”（塑料布）；调白平衡用的白色卡纸；在直播或录制时给演员写提示或其他信息的报纸叠和记号笔；必要时，带上带电池和电线的远程提词器；电工胶布和化妆胶条；白色粉笔；用来固定东西的木质夹子，即使你不使用任何照明设备；化妆盒；一大瓶水；一只小塑料碗；纸巾；扫帚和垃圾袋；大量沙袋。

在将上述设备装上电子现场拍摄车之前，逐一检查每一件设备。至少应该用摄像机简单地试录一下，看看视频和音频部分是否能正常工作。如果没有电池检测器，可以将电池一个个放入摄像机里检验它们是否都充满了电。装车前检查每一支麦克风和每一件灯光设备。你也许觉得所有这些检查都是在浪费时间，但如果看到由于自己疏于检查而出现故障，导致摄录机、麦克风或灯具无法使用，你就不会这么想了。

重点提示

准备一张设备清单，务必在将所有设备运到演播现场之前对它们进行检测。

户外拍摄　如果是在户外进行拍摄，拍摄环境取决于电子现场拍摄的具体地点，你所能做的就是决定拍摄哪一部分的环境。

天气　户外拍摄受一些因素的制约，因此应该始终防备坏天气。前文提到为摄像机带雨衣（紧急情况时用一块塑料防水布也可以），为剧组准备防雨设备。尽管这些做法看着老套，但大雨伞却是使工作人员和设备免受雨淋的有效办法。

如果从寒冷的室外移到室内，应该让摄像机预热一下。温度的急剧变化会造成录像带记录的停滞，甚至自动关机。这一关机必然会影响拍摄计划的完成。在极冷空气条件下，变焦镜头甚至录像带转动都有可能卡住。如果摄像机暴露在冷空气里，为了防止镜头和机械构造被冻住，可以将摄像机放在车内，然后运转一小会儿。如果可能的话，带上一个车用电吹风来加速解冻。在极低的温度条件下，麦克风也可能无法正常工作，除非有阻风袋的保护。一定要准备一份备份方案，以防碰上雨雪天气。

最重要的一点是，观察天气，这样才能保证拍摄的一致性：如果录像的主场景是两个人的谈话，而这段拍摄大概要持续一小时左右，在最初的几次拍摄中，背景可能是一片无云的天空，而到最后背景却可能变成有云的天空。这种夹在一问一答中云的变化自然不利于背景的一致性。如果你知道有可能出现这种问题，就要努力去找一个不容易泄露时间进程的背景，或者设法改变拍摄计划，使时间的变化不至于为难后期编辑。

前景　如果镜头中有主要的前景——比如树、篱笆、邮箱或交通标志，那么场景便可以得到极大的改观，使构图更加生动，更有立体感。如果现场没有天然形成的前景，也可以种上一棵树。如果找不到一棵大树，也可以用手拿着或伸出一根树枝，让它进入镜头。观众会凭借自己的想象力将树的剩余部分补足。

背景　不要只注意主要活动的前景，还应该同时注意观察其背景，以免出现前景与背景并列的现象。必须在后期制作中注意保持背景的一致性。例如，如果镜头 1 中的背景有一棵显眼的大树，而在接下来的镜头中，同一场景中少了这棵树，那么当两个镜头剪辑到一起时，这棵树看上去就会像神秘消失了一样。敏感的编辑肯定不会认可这样的镜头剪辑。

无论是前景位置的轻微改变还是背景的调整，都会导致跳切。为了避免背景的跳切，一定要尽量保持一条主要水平线或一个特别明显的背景物体，比如让远山上的一棵树在连续镜头中始终处于屏幕上的相同位置。

> **重点提示**
>
> 在户外拍摄中，观察天气和背景以保持镜头的一致性。

室内拍摄 室内拍摄也许要求对家具和（更多的是）墙上照片的位置进行调整，以获得理想镜头。在开始移动物品之前，请务必先记录室内的原样，画一张草图或拍一张快照或用摄像机拍下来。这样的记录可以在物归原处时给你帮很大的忙。

照明 一定要格外留心具体的照明要求。同样的，检查所有可用的插座。在室内布灯时要极为小心。不要让电路超负荷。在不需要时，请将灯关掉。用沙袋固定所有的灯架，并在铝皮外加一层隔热板，尤其是当灯具靠近窗帘、沙发、书籍或其他易燃材料的时候。

即使多云或有雾的天气，从窗外投射进来的室外光的色温也比室内光线的色温高。在这种情况下，你必须决定是提高室内光的色温，还是降低从窗户投射进来的室外光的色温。通常前者比后者要简单。

音频 除简单的采访外，良好的音频效果似乎比良好的视频效果更难获得。这是因为麦克风通常是在对室内声学条件或具体拾音要求考虑不足的最后时刻才开始布置的。因此，你应该在电子现场制作计划表中纳入音频排演这一项，这样，在拍摄前就可以检查音频的拾取情况。如果带的麦克风类型比较多，可以选择在这一环境下声音拾取效果最好的麦克风。

你应该还记得，在现场时将主声和环境声分别记录在录像带的不同轨道上要比将它们混在一起更好。但是，你会发现在电子现场拍摄中，这样的分别录音很困难，尽管不是不可能。在这种情况下，试着在拍摄好场景之后，录制没有主声的背景声。必要时，你可以在后期制作中将背景声混入场景中。如果要求将前景声与背景声仔细地合在一起，在后期制作中做会更容易。如果在现场进行混音，就无法在后期制作中更好地进行调整。

总体制作提示 与演播室内的惯例大同小异——撤掉布景，盘电线，将摄像机放回固定的“停车地点”，打扫地面等——电子现场拍摄也有一些总体的规矩。

爱护财物 不论什么时候进入别人的领地，必须注意自己是客人，是自己带着摄像设备和拍摄人员闯入了他人的空间。从事影像拍摄工作并没有赋予你进入民宅、打扰他人正常生活或对他人提出不合理要求的特权。如果在别人精心管理的花园中拍摄纪录片，千万不要为了得到一个好机位就去践踏那些被精心呵护的花草树木。在打过蜡的地板和高级地毯上拖拽设备车或摄像机箱是不会受到主人欢迎的。即使受时间所迫，也不能因制作活动陷入困难而忘记常识。

安全 就像在演播室一样，在电子现场拍摄中也要时时留意安全防备问题。不要大意对待加长的电线，尤其是不要将它们拉到潮湿的室外环境中。将所有插头用胶带包裹起来，以便防水和避免被扯掉。如果不得不在走廊或过道上铺设电线，就将它们用电工胶布固定在地上，然后在上面盖一层橡胶垫。当然，最好将它们固定在地面上方，这样人们就不致被绊倒。在高速路和商业区拍摄时，可以向警方寻求帮助。

场记 拍摄期间，无论拍摄的镜头好坏，都应该做一份准确的场记。在录像带和盒子上做好标签，将它们放在专门传送录像素材的箱子里。打开录像带保护装置，以防素材带无意间被人抹掉。硬盘录像带和记忆卡应当远离磁场。

物归原处和现场清理　将所有物品放回原来的位置。在物归原处时，看看你之前所记录的物品方位。取下所有用来固定电线的电工胶带，将所有延长电线、沙袋，特别是喝完的软饮罐和其他餐后残余物品收拾干净。曾经发生过这样的事情：有一个电子现场拍摄剧组经过制片人几个星期的苦苦哀求才获准进入一个古老庄严的私人庄园进行拍摄，拍摄完成后，主人微笑着邀请他们下次还来这里拍摄，就因为剧组带了一把扫帚并将现场打扫得干干净净。

重点提示

拍摄结束后，要确保现场的所有物品都物归原处并将自己带来的所有物品带回。

装载设备　拍摄完成后往转播车上装载设备时，务必取出设备清单进行对照。检查所有物品是否都上了归程的车。若有遗漏，应立即寻找遗失物品，这总比几天或几星期后再来查找容易得多。检查所有素材带的标签是否正确，检查场记是否与标签相符。在回到基地前，这些都应该放在自己身边。

后期制作：包装

后期制作的第一步是给所有素材制作保护性拷贝，尤其是在你无法立刻用非线性编辑系统捕获素材时。检查所有素材源是否能显示出时码。如果不能，你需要添加上去。你可以在用非线性编辑系统传输素材到硬盘的同时制作窗口拷贝。

现在，你需要检查一遍素材，同时准备一份详尽的录像场记。记得在上面标明所有镜头的入点和出点数字，标明镜头的好坏和主要轴线关系，列出与每个镜头相对应的主要声音。然后由后期制作人员将所有素材合成最终的综合信息，如果顺利的话，它就能传达出预定的节目目标。

大型实况转播

虽然我们已经学了视频制作的基础知识，但你可能还没有机会参加一次大型实况转播，不过，对什么是现场转播以及在现场可能用到哪些主要设备，你现在至少心中有数了。大型实况转播是指按计划制作的大型的现场直播制作或无间断的实况转播。

大型实况转播主要用于重大事件的报道，这些事件并不是专门（至少不是刻意安排）为了录像才发生的，比如游行、体育赛事、重大国际事件，以及政治集会等。无论从哪个方面来讲，大型实况转播都与演播室内的多机拍摄很相似，只是将演播室换成了直播现场——如市政大厅前的广场、运动场馆或参议员立法厅。

所有大型实况转播都采用高级现场摄像机（带变焦镜头，可以从极端的远镜头拉至大特写）和高级电子现场拍摄用摄像机；所有摄像机通常都通过电缆与转播车连接。**转播车（remote truck）**实际上相当于一个压缩的演播控制室和设备室。车内装配有：一个带预览和输入输出线路监视器的图像控制中心；一台带特效功能的切换器；一台字符发生器；各种内部通信系统（P. L.，P. A.，以及高级 I. F. B. 系统）；一台带大型调音台、录音机和回放设备、监听扩音器以及内部通信系统的音频控制中心；由可以完成常规录像功能、连续回放、做慢速与静帧运动的高级录像设备组成的录制中心；以及一个由摄像机控制单元、技术支持设备以及连接摄像机、音频、内部通信系统和灯光线等的接线板组成的技术中心（见图 15—5）。

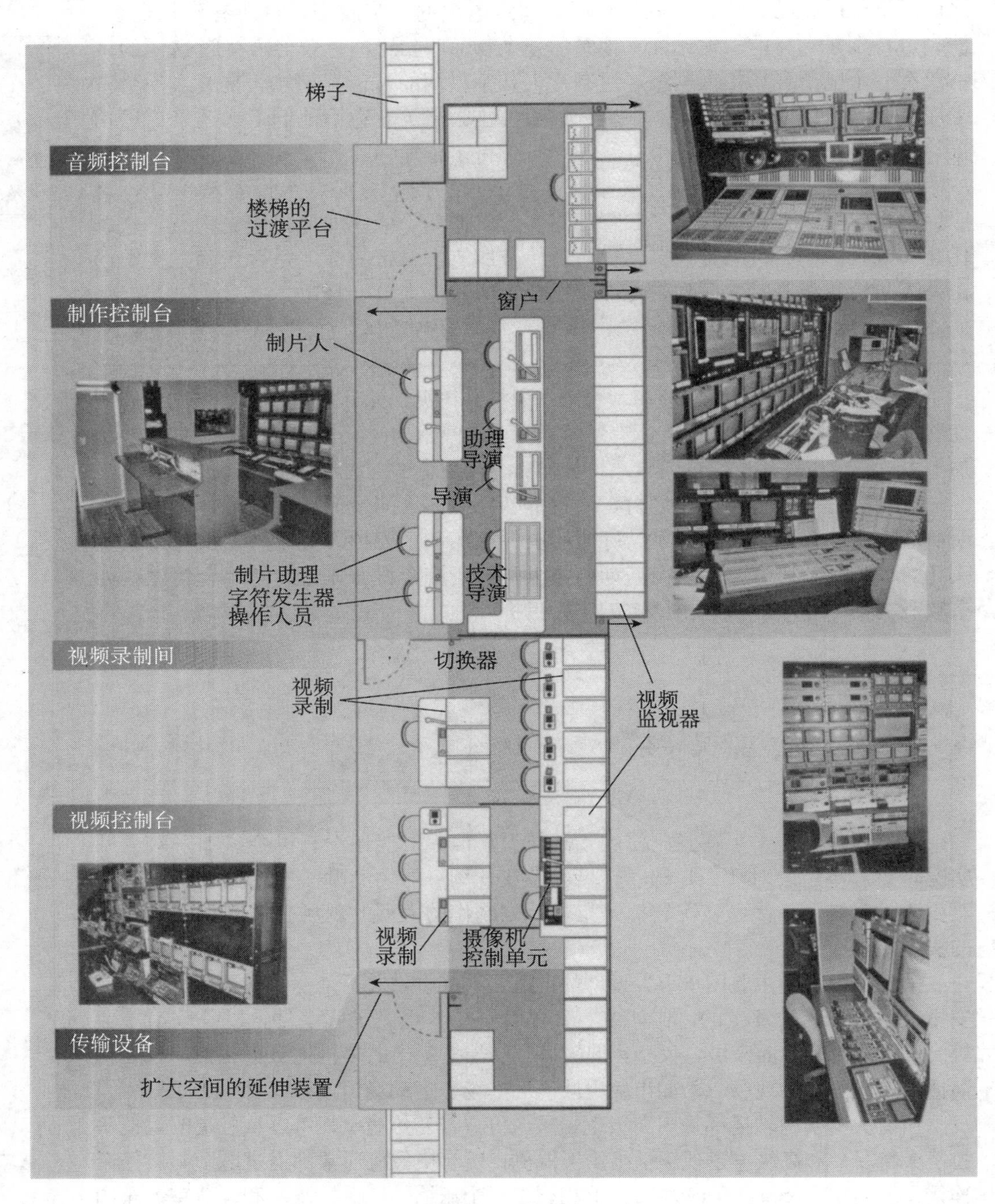

图 15—5 转播车

转播车实际上是一个有轮子的演播室控制中心，它包含了节目、音频和视频控制中心，以及一定数量的录像和传输设备。

虽然转播车可以通过高容量的电源获得电能，但大多数工程师仍然更愿意使用便携式发电机。由于大型实况转播通常为直播，因此转播车上通常都带有各种微波传输设备，小到连接摄像机和转播车的连接杆，大到将信号从转播车发送到发射器的发射装置。有些大型转播车甚至还有自己的卫星上传系统，另外一些则在需要将信号直接送入卫星时与上传转播车连接。如果是更大型的转播，有时会增加一辆或几辆备用拖车，以备辅助制作和控制设备之需，例如慢动作和即时回放设备。

> **重点提示**
>
> 大型实况转播与多机演播室拍摄相似，只是拍摄在演播室外进行，而控制室在转播车上。

后期制作室

想必你也知道，很多视频拍摄并非在演播室或现场进行，而是在一些有供视频和音频后期制作的电脑和设备的小房间里进行的。甚至有些制作环境专门用于制作人造动画和声音。因为这些活动高度专业化，我们只能大致介绍一下这些制作环境，并鼓励你在掌握了视频制作的基本知识后再去了解更多。

视频后期制作室

一般来说，视频后期制作室包括一个线性或非线性编辑系统（见图 12—2）。正如在第 12 章所说的，在一个成熟的情况下，多个这样的编辑工作台会在一间房间里并排放置，共同制作由一个服务器提供的同一段素材。

音频后期制作室

正如在第 7 章所提到的，音频后期制作室里的特定设备取决于一家视频制作公司打算做什么样的音效，也取决于音响师或音频编辑喜好在房间里用什么设备。通常来说，音频后期制作室包括一个混音器及其辅助设备、录音机、扩音器以及由复杂音频软件驱动的数字音频工作台（见图 7—32）。

人造环境

并非所有的环境都由镜头生成（即由摄像机拍摄），它们也可以由人工制造。**人造环境（synthetic environments）**由电子设备生成。

通过嵌入技术，你可以制造出各种各样的背景，你应该记得，嵌入程序采用一种特定的颜色（一般为蓝色或绿色）作为嵌入各种静止图像或活动图像的背景。这样出现在屏幕上的实际活动看上去就像在嵌入的背景中活动。由于可以采用任何照片、录像带或电脑特效作为嵌入的背景源，因此对背景的选择也无穷无尽（见图 15—6）。

图 15—6　嵌入技术

A. 这一背景图像的来源是电子静止帧储存系统（ESS）中的博物馆外景中的一帧。

B. 演播室摄像机集中拍摄在蓝色嵌入背景幕布前扮演游客的演员。灯光必须与背景环境相匹配。

C. 所有蓝色区域被背景图像所取代；这位游客看上去就像站在博物馆里。

电脑生成布景

虽然我们现在已经掌握了诸多技巧，可以使现实环境适应电视拍摄的需要，但电脑仍然给我们提供了一种新的选择。室外环境可以通过电脑生成，这你已经在很多梦幻的背景中看过很多次了。但是，即使电脑合成的高度仿真布景也比在演播室内搭景来得容易。

正如你在图 15—7 中所见，穿着红色风衣的演员站在一幅蓝色嵌入背景幕布前（见图 15—7A）。在将演员嵌入电脑生成背景中时，所有蓝色区域（背景幕布和木框）都去除了，被一幅电脑图像所取代。因为她正好站在虚拟背景中相应的准确位置，现在她看起来就像正站在灯塔平台上，手搁在栏杆上，向外看着海（见图 15—7B）。

图 15—7

A. 嵌入背景幕布的蓝色区域，包括扶手，都将被去掉，由电脑生成的灯塔的图像所取代。

B. 完成的效果把演员放在逼真的位置上。

如果这一切都是可能的，那我们能否让演员在嵌入背景幕布前活动，然后将他们嵌入灯塔平台上？是的，这当然可以。但是，在变化的活动中，当真正的前景人物（演员）在静止的背景前活动时，问题就出现了，尽管精妙的电脑程序可以补偿这一视觉变化。在这种情况下的真正问题并不是技术性的，而是人为的：即使是极为老练的演员，也很难在一片没有范围、模糊的区域前表演，仅仅是踏进这一片没有边界的蓝色背景环境中，你就已经晕头转向了。

虚拟现实

虚拟现实（virtual reality）由电脑生成的环境和模拟出来的真实事件组成。比如，你可以通过电脑生成的扭曲图形，将一名游客在一条日光充足的乡间小道上旅行的平静景象变成在龙卷风和乌云密布的背景下发生的恐怖事件。你还可以生成物体、动物甚至人，然后将它们置于虚拟的环境中或让它们在这个环境中移动。如果在看屏幕的时候带上三维眼镜，那么这些人造环境看上去就像立体的。

无论什么时候当你将嵌入背景幕布或虚拟现实与真实演员结合在一起时，你都必须特别注意照明，以便让人造环境中的阴影与其在实景中的表演相吻合。前景与后景的大小比例和动作关系也是值得注意的重大问题。除非你想获得某种特殊效果，否则人造背景应与被嵌入的人物的维度相同，并随着拍摄角度的变化而变化。

电脑控制环境

电脑辅助设计程序能从一幅场地平面图设计出一个实在的环境。一旦虚拟布景设计好，你可以尝试设计不同色彩和材质的墙壁、门、窗户及地板。例如，你可以尝试设计一个蓝色地毯，将它变成红色或者米黄色，再把它去掉——所有这些只需动动鼠标。你也可以往布景中放家具，根据你的选择来装饰道具。你可以用鼠标从一个菜单中挑选物件，并将其拖到你想要的位置上。如果你不喜欢你所选的，只须删掉这些图像再尝试新的。

其他这样的程序还能让你为布景设计灯光，在列出各种灯具的菜单中选出某种灯光并拖到布景中，使其对着虚拟现实中的元素进行照明。你可以测试不同的灯光布景，直到你满意为止。最后，你可以用一个虚拟摄像机在这一虚拟空间中扫过，来看看你可以从不同的角度和焦距设置获得什么样的镜头。一些高级的程序还能让你生成虚拟的演员，让“演员”在这个人造环境中移动。

> **重点提示**
> 人造环境可以部分或全部由电脑建构。

即使你不会在你的制作中使用这些虚拟设置来作为“真实的”环境，这种布景、颜色、摄像机和演员位置的互动展示是后期制作中珍贵的辅助手段。

如果与真人的活动相结合，虚拟现实更会产生惊人的效果。

主要知识点

▶ **现场拍摄**

所有在演播室外进行的拍摄都叫现场拍摄，包括电子新闻采集（ENG）、电子现场拍摄（EFP）和大型实况转播。

▶ 电子新闻采集

这一过程涉及对正在发生的新闻事件迅速作出反应的新闻从业人员和设备。这些事件要么被记录和编辑供常规节目播出，要么在非常重大的情况下进行现场直播。通常情况下，预制作活动只关注是否为出发做好了准备而非进行实景勘察。

▶ 电子现场拍摄

这些在演播室外进行的拍摄在前期策划中已经过周密的计划。电子现场拍摄包括纪录片、新闻杂志故事、调查报道、现场采访等。电子现场拍摄过程中最重要的一个步骤是对现场或场地的考察。在现场，你必须适应环境。

▶ 预制作

实景勘察对电子新闻采集以外的所有现场拍摄活动都非常必要。它能让拍摄人员了解诸如电容量、照明和音响要求；还能让导演了解应该在哪里安置摄像机。在预制作过程中，是否能找到一位可靠的联络人非常关键。

▶ 拍摄

无论是将设备送到现场还是带回来，都应该拿一张设备清单进行对照。如果是在户外拍摄，天气变化和意料之外的声音无论在什么时候都会对拍摄活动造成损害，一定要严格监控。对照明条件的改变应该做到了如指掌，因为照明条件的变化很有可能对编辑的一致性造成严重的影响。注意不要把灯具放置在靠近易燃物品的地方。爱护他人财物，牢记安全防备措施。仔细监听声音的拾取。

▶ 大型实况转播

大型实况转播主要用于计划内重大事件的直播和实况转播，诸如游行、体育赛事和重大国际事件。大型实况转播由转播车来协调调度。转播车上装备了完整的节目控制室，包括图像控制、音频控制、内部通信系统、录像视频控制单元以及各种其他技术设备和传输设备。

▶ 后期制作室

视频后期制作室通常是由包含有非线性编辑系统（NLE）的小型编辑台组成的。在很多情况下，NLE 连接到一个包含素材源的服务器。音频后期制作室包括一个混音器及其辅助设备、录音机、扩音器和由复杂音频软件驱动的数字音频工作台（DAW）。

▶ 人造环境

环境可以通过电子手段，借助嵌入程序或电脑生成的背景获得。互动虚拟程序可以生成完整的人造电脑生成环境。有些程序还可以模拟某些拍摄情况（如机位、场景颜色或灯光），用户可以随意改变这些拍摄环境，直到找到最好的效果为止。这种模拟无疑对预制作阶段大有助益。

第六部分

制作控制：演播人员和导演

SHI PIN JI CHU

现在大家应该已经掌握了视频制作的基本要领，下面就该更多地去了解在摄像机前工作的人——主持人——以及他们如何传达原本要表达的意思。毕竟他们是在镜头前与观众进行交流的人，而不是在幕后工作使这一切成为可能的人。即使你并没有成为一个出镜人员或者演员的打算，你还是要了解电视出镜的一切信息。当你在进行视频制作的时候，你有义务时不时地出现在镜头前，要么作为嘉宾，要么作为主持。作为一个导演，在你能指导演播人员做什么之前，你必须要对如何做一个好的出镜人员或者演员有一定的了解。最后这两章为大家准备了如下内容：在控制室里多机导演的终极经验以及电影拍摄式的单机导演经验。

关键术语

演员（actor）：出镜扮演戏剧角色的人。

舞台调度（blocking）：在一个场景中，预先详细制定好的艺人和移动摄像设备的走位、动作和活动。

指令卡（cue card）：写有提示语的大型卡片，通常由现场工作人员举起在镜头旁边。

粉底（foundation）：化妆的基础，通常与水溶性粉饼配合使用，用海绵扑于面部，有时还用于所有的裸露皮肤。粉底可以减少不需要的反光。

I. F. B.：全称为 interruptible foldback or feedback，指可中断回馈系统。这一系统使得与主持人的无线交流成为可能。通过佩戴在耳朵上的小型麦克风，主持人可以听到节目的声音（包括主持人自己的声音）以及制片人或导演发来的指令。

摩尔纹现象（moiré effect）：当高对比度的窄条纹与视频系统的扫描线相互干扰时导致的色彩振动。

出镜人员（performer）：在非戏剧表演中出现在镜头前的人员。出镜人员并不扮演角色。

演播人员（talent）：在电视中固定出现的所有出镜人员和演员的统称。

提词器（teleprompter）：一种提示手段，用投影仪将幻灯片在镜头上方移动，以便于演播人员可以读到内容，同时还能和观众保持眼神交流。

第16章 主持人、服装、化妆

即使只是相对简单的作品，比如某人出镜报道最新的企业新闻，也要投入数量惊人的设备，付出程度惊人的努力，这可能会让观众迷惑不解。观众们评价节目的标准就是屏幕上的人是否可爱或者他/她做的工作是否可信。很相似的是，观众们将一个脱口秀的成功主要归功于主持人，而不是现场的光是怎么打的，机器是怎么操作的，或者导演有没有在应该呈现观众反应的时候拍摄镜头。

电视演播人员指的是（但不完全是）所有在镜头前表演的人。我们将演播人员划分为两类：出镜人员和演员。出镜人员主要从事非戏剧类的表演，他们扮演的是自己而不是其他角色；他们十分关注观众，会通过镜头直接与观众对话交流。演员，从另一方面说，总是在扮演别人，他们假扮成某一个角色，即使这个角色与自己的个性很相近。他们通常不关注观众而是与其他演员互动。因为出镜和表演的需要在很多大的方面都有所不同，我们在这里也分别讲述。值得一提的是，这一章主要讲述出镜表现的技巧、怎样穿衣，以及怎样掌握电视出境的基本化妆术。

重点提示

演播人员指的是电视出镜人员和演员。出镜人员扮演的是自己，演员扮演的是别人。

- **出镜技巧**

  出镜人员和摄像机、音频和灯光、时间和提示

- **表演技巧**

  环境与观众、近景、重复动作

▶ **试镜**

如何准备

▶ **服装**

质地和细节、颜色

▶ **化妆**

技术要求、材料

出镜技巧

作为出镜人员，你必须关注观众。你的目的是尽可能多地与观众建立联系，让他们分享你所做的和所说的。由于电视节目主要是被不同个体或者了解彼此的一个小圈子观看，你的出镜技巧必须符合这种交流的亲密性。你要永远把自己想象成正在看着你熟悉的人并同他交流，这个人就坐在离你很近的地方。有些出镜人员更喜欢想象自己是与一个小圈子或是一家人在交流；在任何情况下都不要把自己想象成在出席一个大会，冲着“电视机前的百万听众”讲话。当观众在家里看你的节目时，你存在于“电视中”——而不是他们中。不是他们在拜访你，而是你在拜访他们。

要想建立与观众的亲密互动并在镜头前有效地表现节目，你要熟悉节目制作的很多方面：出镜人员和摄像机、音频和灯光、时间和提示。

出镜人员和摄像机

作为出镜人员你有一个合作伙伴——电视摄像机。是它将你呈现给观众。一开始你可能会觉得将摄像机当作伙伴很困难，尤其是当你讲话时真正看到的所有东西就只是镜头或者提词器的屏幕、闪到眼睛的灯光，还有可能是一些制作人员模糊的影响，而他们更关心机器操作，而不是你在说什么。

眼神交流 要与观众建立眼神交流，你要看镜头，而不是摄像师或者舞台总监。事实上好的出镜人员一直注视镜头，仿佛能看穿它而不只是盯着它。当假装看穿镜头时，你要更从容地将目光延伸再穿过屏幕——直到观众——而不是只盯着摄像机。同时，还要让目光与镜头直接并持续交流，这与平时人与人之间的谈话不同。即使只是在镜头前稍微走一下神，观众也会清楚地看到。这不会被认为是一种礼貌的眼神移动，而会被认为是一种不专注和丧失兴趣的不礼貌行为。

当你在展示一件产品时有两台或更多的摄像机拍摄，你需要知道哪一台会一直拍摄，哪一台用来切产品的近景。要一直看着拍摄你的机器的镜头（或者穿越镜头），即使导演的特写镜头切换到集中关注产品的机位上，这样当镜头切换回来的时候你才不会出错。

如果两台机器都在拍你并根据导演的指令切换机位，你必须适当地调整眼神。一个优秀的舞台总监会帮助你完成这项任务。他/她会在导演发出“准备”指令时指向你正在说话的方向的机位，然后在导演发出“开始”指令时移向你需要转向的机位以提示你即将到来的机位转换。当舞台总监发出指令时，请快速而平和地转移你的视线。除非另有告之，否则要听候舞台总监的指令（见图 16—1），而不是关注显示开机的信号灯。

如果发现自己对错了机位，那就低下头装作你在整理思路，然后再抬起头朝向正确的机位。当你在镜头前使用了卡片或者剧本时，这种转换方式尤其有用。你可以在转换方向时只是装作你在看指令卡就可以了。

近景　在电视上，近景的使用要比中景和远景多很多。镜头会将你的表情和一举一动详细记录并放大。挠耳朵和摸鼻子都是不礼貌的；当你忘词时，镜头会清晰地展现出你的紧张和适度恐惧。近景也无法给你太多演练的空间。在一个紧密的特写镜头中，一个小小的晃动物品的动作都会看起来像是地震爆发。近景还会使你的动作加速。如果你以正常的速度拿起一本书来展示封面，在近景镜头中看起来都会是猛地一拉。下面是拍摄近景镜头的一些重要原则：

■ 拍摄近景时，不要晃动——尽可能保持不动。

■ 不要用手碰脸，即使觉得鼻子痒或者额头流汗。

■ 放慢所有的动作。

■ 展示小物品的时候，尽可能使它保持稳定。放在展示台上是最好的。

■ 如果物品放在展示台上，不要拿起来。你可以指着它们或者稍微将它们倾斜一下，给摄像机一个好的角度。

最让摄像师、导演和观众抓狂的就是当摄像机正要拍一个近景时，出镜人员把物品从展示台上拿走了。快速看一下演播监视器，这样就能知道拿着或者倾斜物体时是不是能让观众尽可能看清。

还有，不要让摄像机走近一些去看你在展示的物品。你应该很清楚，摄像师拍摄近景的方式不只是向前推机器，更快更容易的方法是拉近焦距。如果节目已经在播出或者存在技术问题使导演无法得到想要的画面，你提出特别的拍摄要求会让导演很不高兴。演播人员，无论多么想拍出满意的播出效果，都不能反过来指挥导演。

> **重点提示**
>
> 与机器建立眼神交流就能与观众建立眼神交流。

> **重点提示**
>
> 当拍摄近景时，保持小幅度和缓慢的动作。

音频和灯光

作为一个优秀的出镜人员只有一副清晰洪亮的嗓音是不够的。除了说话并能清晰有力地表达之外，你还要关注音频上的技术要求。

麦克风使用技巧　你应该大致浏览一下第 7 章中讲过的麦克风使用方法。下面是作为出镜人员使用麦克风的简要总结：

■ 小心使用麦克风。它们不是小道具而是高度敏感的电子仪器，能反映出空气的微小振动。

■ 如果你用的是项挂式麦克风，别忘了开开关。如果没有舞台总监的指导，就把线藏在外套或者衬衫下面，将麦克风挂在衣服外侧。除非你用的是无线项挂式麦克风，否则一旦挂上活动范围就很有限了。走出场地前一定要将麦克风摘下来并轻轻放在椅子上。在使用无线麦克风时，检查发送带包装上的开关，开关在节目录制时要开着，休息时要关着。

■ 在使用手持麦克风时，看看麦克风线的长度以确定自己能走多远。通常情况下，手持麦克风放在与前胸同高的地方，说话时让声音从麦克风上面穿过，而不是正冲着麦克风说话。环境嘈杂时让麦克风离自己近一点。当用手持麦克风采访嘉宾时，自己说话时将麦克风离自己近一些，嘉宾回答问题时将麦克风离嘉宾近一些。如果需要腾出手做其他事情，用手臂夹住麦克风。无线麦克风可以使活动范围相对宽松，不过更有可能在传送过程中导致信号丢失。除非你在一个可以控制的环境中，比如电视或者录音演播室，否则少用无线麦克风。

■ 如果音频工程师已经将桌面麦克风固定好了，请不要移动它。如果你觉得需要离得再近一些或者再朝向自己一些，要与工程师确定。要冲着麦克风说话，不要远离它。

■ 在用台式麦克风时，调整麦克风高度使其低于下巴的高度，并让其冲着嘴的方向。

■ 在使用吊杆式或者长柄麦克风时，移动时要注意麦克风的位置，但不要看着麦克风。移动要缓慢，不要迅速转身。如果发现麦克风的操作者跟不上你，那就停下来，等问题解决了再移动。

试麦 在试麦时，不要吹气；用录制节目时的音量说你的开场词。快速数到10或者用较低的嗓音说话然后猛地说起开场白的人都不会令音频工程师满意。

> **重点提示**
>
> 在试麦时请用录制节目时的音量说你的开场词，说得要足够长以使调音台找到最理想的声音效果。

不要因为摄像机离你远了就大声说话。尽管你认为摄像机代表了观众，摄像机的位置却与拍摄画面的大小无关。更重要的是，摄像机的位置与麦克风的远近无关。如果你用的是项挂式麦克风，你的声音听起来都是一样的，在镜头前的样子也是一样的，不管摄像机离你是半米还是100米。

检查灯光 尽管出镜人员不用理会灯光，但在录制节目前检查一下也没什么损失。在室外时，不要在强光背景下站着，除非你想要的就是个剪影。在演播室中没有灯光照到你的眼睛时，你不在被照亮的区域。问问导演你要站在哪里，这样你才能得到合适的灯光。在一场戏中，当你恰好从彩排的调度场地进入一个黑暗的地方时，稍稍挪动一下直到你感到有光打在你身上。对灯光有所了解也不能使你替代导演的地位。如果你对技术设备或者你的表现有任何疑问都要与导演沟通。

时间和提示

作为出镜人员要对时间有敏锐的把握，不管是不是在录制节目。即使非实时播出的节目也是根据严格的时间范围包装的。因为观众不了解你的时间限制，所以如果你只剩下两秒时间或者要突然填补一个15秒的空白都要表现得放松而不慌张。有经验的出镜人员不看时钟或者秒表也能准确感知一个10秒或是30秒的时长。广播专家会在这方面教你很多。他们好像完全放松从不着急，即使已经到了节目的最后一秒钟。这样的时间感知力不是天生的，而是实践培养的。不要太相信你的本能，要用时钟或者秒表准确计时。在任何情况下，都要准确听从舞台总监的时间指令。

I. F. B. 系统 作为出镜人员，必须依靠——或者忍受——很多的提示设备。最具指导性的就是I. F. B.——可中断回送系统，也叫可中断反馈系统。你可能看过远程报道的出镜人员或者采访嘉宾摸耳朵上像助听器似的东西，这其实就是在操作这个系统。

在使用这个系统时，你会安装一个小的耳机传送所有的节目声音，包括你自己的评论，除非制片人或者导演（或者其他与I. F. B. 系统关联的人员）在有特殊指令时插进声音。例如，你在采访一个新型网络公司的CEO，制片人可能会切入告诉你你要问的问题，或者是要放慢语速，或者加快语速，或者是要告诉嘉宾还有 15 秒的时间去解释最近的多平台软件。但你要让观众以为你只是在听嘉宾讲话的样子。

如果你进行的是远程采访，嘉宾在远处，他/她也可能佩戴一个 I. F. B. 耳机将你的问题用另一个 I. F. B. 频道传送过去。你会发现很多嘉宾在使用这个 I. F. B. 系统时都会出现很多问题，特别是在采访地点比较吵闹时。尽量提前测试这个 I. F. B. 系统，以确保嘉宾使用方便。

舞台总监的指令　一般的时间性、指导性和音频性指令通常都由舞台总监发出。在节目中你很快就会发现舞台总监是出镜人员最好的朋友。你会发现舞台总监永远在你周围，告诉你你是说快了还是说慢了，在拍摄近景时拿东西的姿势对不对，做得好不好。与提示设备不同的是，舞台总监会对你的要求和不可预见的问题迅速作出回应。通常情况下，舞台总监用手势给你指令（见表 16—1）。

表 16—1　**舞台总监的指令**

在节目中麦克风是现场播送的，演播人员必须依赖舞台总监的视觉时间指令、指导性指令以及音频指令。

指令	信号	含义	信号描述
时间指令			
准备		节目即将开始	将手伸向头顶
指令		节目开始播出	将手指向出镜人员或者正在录像的机位
准时		按计划推进（摸鼻子）	用食指摸鼻子
加速	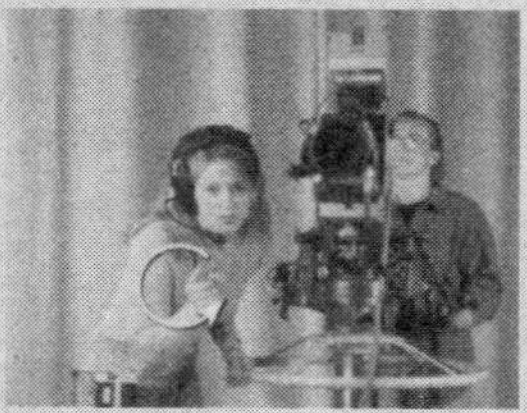	加快语速，进行太慢	顺时针方向用伸出的食指画圈。加速程度由画圈的速度而定

续前表

指令	信号	含义	信号描述
放松		放慢，还剩太多时间，添加内容	用双手做抻橡皮筋的样子
结束		结束，作总结	和加速的动作很像，但是通常是伸出手臂到头顶。有时将拳头举起，做再见的手势，或者双手交叉旋转就像在包装包裹
停		立刻停止播送或者所做动作	用食指放在脖子上像小刀一样抹一下
5（4，3，2，1）分钟		距离节目结束还有 5（4，3，2，1）分钟	用手指打出 5（4，3，2，1）或者用小卡片提示还剩几分钟
30 秒（半分钟）		距离节目结束还有 30 秒	用食指或者手臂做出交叉状或者用小卡片提示
15 秒		距离节目结束还有 15 秒	握拳（还能表示结束）或者用小卡片提示
准备视频或者背景（倒数）2，1		视频或者背景即将播放	伸出左手放在面前，右手做摇动状。伸出两个或者一个手指；握拳或者给出切断信号

续前表

指令	信号	含义	信号描述
指导指令			
拉近		出镜人员应走近摄像机或者将手中物品拉近	将双手向自己方向移动，手心向内
退回		出镜人员应远离摄像机或者将手中物品拉远	将双手向自己反方向移动，手心向外
走动		出镜人员应走向下一个区域	用食指和中指朝着需要的方向做走动的样子
停止		停在原地不动	将双手放在身体前面，手心向外
赞许		做得不错，就在原地不动，接着进行	用拇指和食指打出 O 型，其他手指张开，指向出镜人员

续前表

指令	信号	含义	信号描述
音频指令			
大声点		出镜人员此时的语音太轻柔	将双手做杯状放在耳后或者向上推，手心向上
小声点		出镜人员此时声音太大或者太高亢	将双手向地面方向移动，手心向下，或者伸出食指放在嘴边做“嘘”状
离麦克风近点		出镜人员离麦克风太远，采不到好的声音	将手向脸的方向移动
继续说		继续说，直到发出下一个指令	水平伸出拇指和食指，做出鸟的嘴巴的形状

作为出镜人员，一定要迅速回应舞台总监的指令，即使你认为指令不对。好的出镜人员不会只靠自己的力量完成节目，他们对舞台总监的指令迅速且自然地作出回应。

重点提示

一定要及时回应舞台总监的指令。

当你觉得自己已经接收到指令的时候不要四处寻找舞台总监，他/她会用自己的方式确保你收到指令，你无须移开视线。前面已经讲到了，即使是视线轻轻地离开镜头也会打断你和观众建立起来的联系。当你收到指令时，不要试图表示确认收到。舞台总监会从你的反应中判断你是否已经收到。

提词器 提词器使你目光不用离开镜头就能读到文本。提词器将文本投射在一个小的、通常置于镜头前的倾斜的玻璃板上（见图16—1）。当你在读玻璃

图 16—1　提词器

提词器是一个小型视频监视器，将文本投射在一个置于镜头前的倾斜的玻璃板上。演播人员可以清楚地看到文本，并且保证目光不离开镜头。

板上的文本时，镜头能穿过玻璃板看见场景，而看不见文字。所有具备新闻形式的节目的播报员或主持人都会使用提词器，就像在镜头前发表演讲一样。文本本身通常是由文字处理系统生成的，由台式电脑传送到对准你的机位上的提词器上。电脑使文本在提词器的屏幕上自下而上准确地依照你的语流速度滚动。如果你要按照既定时间调整语速，滚动的速度会由舞台总监和提词器的操作者调整。

当你使用提词器时，摄像机必须足够远，以使观众不会看到你的眼睛上下移动；当然也要够近，使你能够看清提词器的文本。有经验的出镜人员，即使在读文本时也会透过镜头与观众进行眼神交流。无论如何，这可不是件容易的事！

小型的提词器可以被应用到新闻节目中，从台式电脑中生成的文本也能控制滚动速度。简易的现场提词器，是用纸筒将手写的文本投射到镜头前的玻璃板上。有一些现场提词器的纸筒会在镜头的下面或是侧面。纸筒是电池供电的，能够以各种速度运作。如果什么提词设备都没有，那就直接读手中的脚本或者纸条。

指令卡　最简单也是最有效的提示设备之一是指令卡——几张纸或硬纸板，上面是手写的做了记号的文本。卡片的大小取决于你怎样才能读好，以及当你读文本时摄像机离你多远。场地中的人必须将卡片举在离镜头尽可能近的位置，这样你的目光就不会偏移太远，不会失去和观众的眼神交流。

你在注视镜头时必须用眼睛的余光读文本。确定一个最佳位置，确保卡片的顺序正确，确定举卡片的工作人员离镜头足够近，文本也不会被镜头遮挡（见图 16—2）。叫场面工作人员和你练习换卡。一个优秀的场面工作人员，会在你即将读完上一张的最后几个词时换卡，或者是在你仍读着前一张卡的内容时将下一张卡举起。他/她不会将用过的卡扔在场地上，而是迅速而安静地放在身边的椅子上。

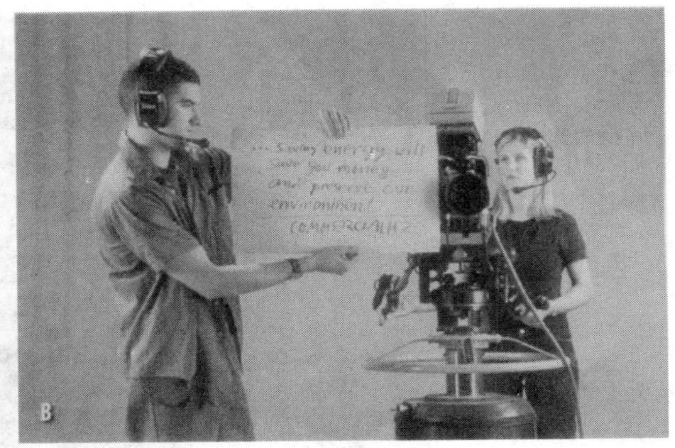

图 16—2　操作指令卡

A：这是错误的持卡方式。卡片离镜头太远。地勤工作人员还遮挡了一部分文本内容，没有随着演播人员的语速读，不能在适当的时候换卡。

B：这是正确的持卡方式。卡片离镜头尽可能近。地勤工作人员随着演播人员的语速读，这样可以流畅地换卡。

表演技巧

要想成为一个优秀的电视演员或者电影演员，首先要学习表演的艺术。不像出镜人员总是在呈现自己，演员演绎的是别人的角色和性格。即使是最好的舞台和最好的电影演员，也会调整自己的表演风格和方法以适应播放载体的要求。一些主要的要求在没有观众的技术环境下可以实现，适应节目播出的小屏幕和频繁的近景，并重复动作。

环境与观众

作为一个电视演员，你会比在舞台上的时候被更多的设备围绕。更糟糕的是，你没有可以使你看到、听到或者感受到反应的观众。除非演播室里有观众，否则你看到的只是灯光、摄像机以及不关心你的表现的拍摄人员。事实上，你甚至常常有被导演忽略的感觉。要明白，导演有太多的设备需要操作和太多的人物关系需要协调，有一些技术操作要比你的事情更需要导演的关注。

如果没有现场观众你更会觉得自己被抛弃。与在剧场里不同，电视观众坐在固定的位子上给你直接或者间接的反应，而摄像机不会对你的表现作任何反应，只会冷漠地盯着你或者静静地绕着你转。它会看着你的眼睛、你的背影、你的脚步、你的手或者任何导演挑中的要呈献给观众的部分。这有点像在立体剧场里表演，电视机前的所有观众离演员只有一臂之遥，他们甚至想冲到台上好好看看演员，而节目的一切都由摄像机来呈现。

由于观众如此真实而贴近，你不需要，也不应该，将你的动作和情感投射给最后一排的观众。摄像机会帮你做这项工作，它可以将小动作放大成大动作。在拍近景时，你也不需要演你的角色；相反，你要感受它。内化你的角色是电视表演的核心要素。

重点提示

在电视媒介中表演时，你要感受角色而不是只把角色演出来。

电视的亲近性也会影响你的说话方式。你必须减少习惯性的舞台朗诵和声音凸显，只要是清晰正常的语速即可。好的作者会帮助你。不要像俄狄浦斯一样戏剧性地说“谁策划了这场犯罪，是啊，还实施了这场犯罪?”在电视表演中你只要问“谁做的?”就可以了。去除夸张的声音是舞台演员转向电视媒体时的难关。准确清晰的发音比音量和凸显更为重要。

最重要的是，你必须快速、准确地记住台词。尽管可能会有各种各样的提词器（主要是指令卡），你若想演得让人信服就不能依赖这些东西。因为你的很多台词会作为重要的视频和音频指令引发各种拍摄活动，你不能即兴发挥。即兴发挥一定会引发混乱并导致画面重拍。

近景

频繁的近景镜头使你的活动空间受到限制。有时你需要离其他演员特别近或者以比平常慢很多的速度去移动，还要装作不是刻意这样做以保持在摄像范围内。近景还限制了你的姿势。如果你在坐着的时候突然向后倚靠或向前倾斜，你都可能出离镜头聚焦范围，只是侧面偏离了一点点都有可能让你出离监视器的范围。

近景镜头要求你必须严格按照彩排范围表演——彩排范围是精心策划出的舞台位置、走位及与其他演员和镜头相关的动作。如果你比彩排范围偏离了几厘米，你可能就会出离摄像范围或者被其他演员挡住。为了帮助你记住如此重要的场地走位，地面总监通常会用粉笔或者遮蔽胶带做出记号。

如果你或者其他演员在一场过肩戏中偏离了记号位置，你在镜头中看起来会被另一个演员遮挡。你只要去找镜头就会知道摄像机有没有把你拍进去。如果你看得到镜头，摄像机就拍到了你；如果你看不到镜头，你就没有被拍进去。如果你看不到镜头，向这边或那边挪几厘米，但不要有明显的寻找举动。尽管摄像机可以移动以顺利拍摄过肩戏，你的移动通常还是要比机器容易的。

为了记住舞台调度区域，你可能会在大脑中建立一张地图，有明显的路标，比如，“先停，桌子左角。下一个路标，长椅。移到长椅处，坐在右侧。第三个路标，电话。起身移到电话桌后面朝向中心机位。用左手拿起电话。”

尽管好的导演会尽可能地帮你限定区域，这样你的动作会很自然，但你可能还是会偶尔看起来像处于一个完全错误的位置。在询问导演前不要换你的位置。某种拍摄或者特效可以很好地保证这种区域限定。

重点提示

每一步都严格遵循彩排时的走位。如果你看不到镜头，你就没有被拍进去。

重复动作

在剧院表演时，你的表现是连续的，由剧情发展决定。电视表演则不同——就像为数字电影表演——通常是零碎完成的。你可能会在拍完一个欢乐的开场后立刻转向一个极度悲伤的尾声，只因为这两场戏都在朋友的起居室里发生。比如，如果你在中景镜头中用左手拿听筒，在拍摄近景时也不能替换成右手。

在单机拍摄时，经常会反复拍摄一个动作，这么做的原因则是为了获得不同的视觉角度或特写，也可能是为了解决大大小小的技术问题。在重复动作时，不仅每次拍摄的台词和动作都必须一样，表演的情绪也要相当，不能在第一次拍摄时神采奕奕，最后一次拍摄时却无精打采。

试镜

试镜是对出镜人员的能力以及自信的考核。没有拿到某个角色并不代表你的表现很差，而是有人比你更适合这个角色。要平等、认真地对待所有试镜，不管你争取的是一个大制作的主角还是为一个产品作介绍的不出镜配音演员；但也不要太过重视，否则在一开始没有得到角色时你会很沮丧。

尽管在事前你不会知道在试镜中会问什么样的问题，但你仍然能有所准备。打扮要得体、适度，妆面要上镜。准时到场，带好简历，不要被同来试镜的人数和他们的水平吓到。你们都有平等的机会，否则你也不会被叫来试镜。准备一段简单的独白以概括你的能力。即使在表演前要等上半天也要保持精力充沛。

如果事前拿到了剧本，请认真研读。如果剧本要求你谈谈或者描述一个特定的事物，例如新电脑，那就要提前熟悉这个事物。你越了解事物，你的表现越自信。问问试镜的摄像师会拍什么镜头。如果近景占主导，要放慢动作，避免多余动作。要记住你不是冲一大群观众做演讲，而是对着离你很近的某个人或者某个家庭表演。

作为演员，要确定你理解了你所扮演的人物。如果你对所读的段落或者所表现的人物不是很清楚，那就询问负责试镜的人（选角导演或者制片人）。作为职业演员，你应该激发自我。要有创造力但不要过头。在电视节目中，一些小小的细节，比如特别爱扶眼镜——因为怕它从鼻子上掉下来，玩钥匙，在很正式的谈话中用稍微有点生锈的指甲刀，都会很好地刻画你的人物形象，远比只是感情充沛好得多。

服装

你的服装不只由你的爱好和品位决定，还要看摄像机拍摄出来的效果。摄像机可以离你极近或较远，你必须考虑你的服装的整体线条以及质地、配饰。

电视拍摄有一个特点就是会把人拍胖。轮廓苗条的剪裁往往比宽松膨胀的衣服更适合。少穿横条纹衣服，因为它们会强调宽度而忽略高度，让你身体的中间部分很臃肿。

质地和细节

由于频繁的近景镜头的使用和高清摄像机极度清晰的呈现方式，你需要格外注意服装的质地与细节。有纹理的材料和领带会比平淡的材料更好，只要纹理不是特别花哨和冲突。即使最高级的摄像机也很难将太素或太花哨的衣物拍得好看，比如黑白人字斜纹或者细纹。电视画面的电子扫描无法满足太过频繁的高对比度条纹，因为它会使摄像机创造出新的、特别容易让人分神的频率，在画面上看起来就像是跳动的彩虹，这叫作摩尔纹现象。

突出的、高对比度的横条纹可能会从衣服本身的结构延伸出去，流入周围的环境和物体，仿佛叠加成了威尼斯风格百叶窗。另一方面，极度精美的小配饰一方面看起来会使画面拥挤，另一方面会在镜头中像污点一样，即使在高清画面中也是如此。

珠宝、领带、丝巾，你永远可以用这样的配饰让服装锦上添花。尽管你毫无疑问地会选择自己喜欢的珠宝，但一定要避免佩戴过大或者太零碎的款式。配件太多，在近景中会显得很俗艳，即使珠宝的品质极好。

颜色

同样，你选择的服装的颜色也不能完全取决于自己，而是要满足一定的技术需要。如果布景主要是米黄色，米黄色的裙子或者套装就会被背景淹没。要避免在使用蓝色背景的色阶效果的画面中穿蓝色服装。色阶过程会使所有蓝色变透明，从而使背景显现出来。如果你打了领带或者穿了套装，它们的蓝色与色阶效果背景很相近，你会看到背景显现在衣服上。当然，如果色阶颜色是绿色，你应该穿蓝色而不是绿色。

尽管你可能喜欢红色，但大部分摄像机——特别是家用摄像机——不喜欢。即使相当好的摄像机拍出的红色也是高度饱和，闪耀着像要流入其他部分的画面一样。这样的问题叫做“假缺陷”，在光线不足的情况下尤其明显。不过即使摄像机能够将你的裙子或者运动衫的红色拍好，你家的显示器还是会显现出那种闪耀着像要流入其他部分的画面一样的效果。

大部分高质量的摄像机，尤其是高清摄像机，可以接受相对高的亮度对比。不过，同样的道理，如果你能减少衣服的对比色，你会使得灯光师和电视摄像师的日子好过点。

因此，要避免穿高对比亮度颜色的衣服，比如深蓝和白，或者黑和白。如果你将一件黑色外套加在一件反光白衬衣外面，摄像师会不知道是要调整白色的高亮度值还是黑色的低亮度值。

如果摄像师将黑色部分调亮来看阴影的细节，白色就会曝光过度开始“闪亮”；如果摄像师试图控制过亮部分来展示画面更多的细节，阴影就会变得同样的浓重，你的肤色也会变暗。显然，如果你的皮肤黑，就不应该穿僵硬的白衬衣。如果你穿了黑色套装，那就穿一件颜色柔和的衬衫以减少光亮对比度，而不要穿白色衬衫。

当便携式摄像机处在自动光圈模式时这种色彩问题尤其明显。自动光圈会寻找图像中的最亮点，然后减小光圈，不让多余的光进来。结果就是照片中所有其他部分都相应变黑了。如果，举个例子，你穿一件很闪亮的白色外套站在一个相对有些暗的餐馆中，自动光圈就会关闭，将衣服颜色变深，所以很不幸的，本来黑色的背景就变得更黑了，你最终看到的很可能只是一件过度曝光的夹克放在一个无光的背景前。

化妆

所有化妆都是为了满足三个目的：突出外貌、修正面容、改变容貌。

重点提示

化妆是为了突出、修正、改变容貌特征。

大部分电视作品的拍摄都需要演员化妆，目的是突出其面容而不是改变面容。对于女演员来说，一般的化妆术就可以使她们上镜变得很漂亮；男演员需要化妆可能最主要的原因是为了减少前额和秃顶的反光以及遮盖一些皱纹和瑕疵。在两种情况下，化妆都要满足高清摄像机和近景拍摄的技术要求。

技术要求

相对于冷色系（泛蓝的）的妆容，摄像机更喜欢暖色系（泛红的）的妆容。特别是在高色温的灯光下（室外光或者日光灯，泛蓝），泛蓝的红色唇膏和眼影看起来都会蓝得不自然。暖色系的妆容，因为泛红的缘故，看起来更自然，尤其为暗肤色增添神采。

不考虑你的肤色深浅，你都需要用符合自己肤色的粉底来化妆。有很多款粉饼都含有这种粉底。如果容易出汗，你应该用一定量的粉底；尽管它不能阻止你出汗，但它会让你的汗在摄像机前看起来不那么明显。当然，如果使用过多粉底，会让你看起来很苍白，特别是当光很平的时候（缓慢衰减）。

因为会使用近景镜头，因此你的妆容需要显得光洁和自然。这与剧院的化妆正好相反，剧院的妆容要尽量夸张，只有这样后面的观众才能看清。好的电视化妆应该能突出你的特点，但又不是很明显，即使是高清画面里的近景镜头也是这样。

如果可能的话，检查一下你的上镜妆：让摄像机先来拍摄一下你的近景。你可能觉得这种方法就像照一面轻浮而昂贵的镜子，但却对你的上镜表现有好处。

重点提示

化妆和出镜的环境要有相等的色温。

上镜时一定要根据光线化妆。如果你在一个泛蓝荧光（高色温 5 600K）的屋子中化妆，然后去正常光线（较低色温 3 200K）的演播室出镜，你的妆容会特别泛红，你的脸会看起来是粉红的。反之，如果你在室内标准色温为 3 200K 的屋子里化妆然后去室外标准色温为 5 600K 的地方出镜，你的妆容看起来就是不自然的泛蓝。

如果你需要用化妆来改变面容，那就需要请一个专业的化妆师来为你服务。

材料

很好的上镜化妆品是很容易找到的。大部分商店都会有相应的基本物品。女性出镜人员通常在化妆品的使用和技巧上都很有经验，男性出镜人员则不然，至少首先需要一些建议。

最基本的化妆品是能够遮蔽肌肤的细小瑕疵以及减少油性肌肤光反射的粉底。水性的粉饼粉底要比油性的粉饼粉底更易使用。“歌剧魅影”的粉饼系列就差不多可以满足你所有的上镜需求了。色彩包括从为偏白肌肤准备的柔光象牙色到为黑色肌肤准备的暗色系。数字电影妆面比较有争议，可以使用“歌剧魅影”系列的高清微型粉底，它是喷雾型的，且用后令肌肤看起来十分光滑，即使是在用数字电影摄像机拍摄的近景镜头中也是如此。

女性可以使用自己的唇膏或者口红，只要红色中没有太多的蓝色成分。其他的化妆品如眼线笔、睫毛膏、眼影，几乎是每一个出镜人员化妆包里的必备品。其他的比如假发、乳液面膜，是专业化妆师的必备物品，在非戏剧性的作品中这些东西通常用不上。

不要去想你是要做一个出镜的记者、主持人还是演员，对电视节目制作基本技巧的一定了解会使你在台前幕后工作得更顺畅。事实上，了解过电视节目制作基本技巧的演播人员要比了解甚少或者完全不懂电视节目制作基本技巧的演播人员在镜头前更加放松，在直播过程中出现技术故障和突发情况时也能更有准备地从容应对。同样，了解如何在镜头前表演会使你的幕后工作更出色。作为导演，这些知识更是必备的。

主要知识点

▶ 演播人员

即在镜头前工作的人。包括主要从事非戏剧活动的出镜人员和扮演他人的演员。

▶ 出镜技巧

出镜人员必须将摄像机想象为他/她的交流伙伴，当直接向观众讲述事情时要与镜头有眼神交流，将麦克风调整到拾取声音的最佳效果，谨慎使用提示设备，不要让观众有所察觉。

▶ 近景

在拍摄近景镜头时，所有的动作要放缓、放慢。

▶ 提示设备

除了舞台总监的指令外，最主要的提示设备就是 I. F. B. 系统（可中断回馈系统）、演播室或场地提词器和指令卡。

▶ 指令

一定要迅速回应舞台总监的指令。

▶ 表演技巧

好的电视演员会学着在高度技术化的环境中工作，能适应频繁的近景镜头，能用同样的方式、同样的强度重复同一动作。

▶ 舞台调度

每一步都严格遵循彩排时的走位。如果你看不到镜头，你就没有被拍进去。

▶ 服装

上镜服装剪裁要苗条，质地和颜色不能太乱或者太冲突。摄像机不喜欢过素、高度对比的人字形条纹和斜纹，还有高度饱和的红色。

▶ 化妆

化妆是为了突出、修正、改变容貌特征。化妆和出镜的环境要有相等的色温。

关键术语

角度（angle）：一个故事或报道的特定切入方法——即其中心主题。

舞台调度（blocking）：在一个场景中，预先详细制定好的演员与移动摄像设备的走位、动作和活动。

带机彩排（camera rehearsal）：带摄像机和其他制作设备的全体彩排。常等同于带妆彩排。

排练（dry run）：演出人员只确定表演动作、不带设备的彩排。也被称作舞台排练。

内容说明书（fact sheet）：记录镜头中出现的物体以及物体特征的文本。也可能包括对于此物品应做的描述。也称核对清单。

多机导演（multicamera directing）：两台或多台摄像机瞬时协同编辑，亦称控制室导演。

新闻剧本（news script）：完整记录的稿件，视频信息在左侧，新闻内容在右侧。新闻内容也可和其他信息一起置于页面中部。

节目目标（program objective）：节目所预设的效果。

剧本（script）：讲述节目内容、人物及其台词、预设情景、观众观看的内容和方式的文字文件。

镜头（shot）：在视频或者电影中可方便操作的最小单元，通常指在两个过渡中的部分。在影院中它可能指一个特定的相机位置。

镜头单（shot sheet）：一个摄像机所要拍摄的所有镜头的提示单。通常附在摄像机上以帮助操作人员记住拍摄顺序。

单机导演（single-camera directing）：在演播室或者露天指挥一台摄像机，单独存储以便进行后期制作。

单栏戏剧剧本（single-camera drama script）：采用传统的电视节目剧本格式，所有的对话和动作提示都单栏书写。

镜头（take）：在录像和摄像过程中，任何相似的重复拍摄镜头。

时间线（time line）：指将时间块在制片当天根据不同活动分解成不同部分，例如召集工作人员、准备、镜头前排练等。

剪外边（time handles）：指在主要镜头内容前后留出多余的空白，以便保持剪辑的准确。也称为pads。

双栏A/V剧本（two-column A/V script）：传统的脚本模式，将视频信息（V）放在左页，而将声频信息（A）放在右页。此种模式适用于多种电视剧本，例如纪录片或商业广告。也称为双栏记录剧本。

想象法（visulization）：指对于一个镜头的心理意象。也可能包括对言辞或非言辞声音的想象。在脑海中将一幅场景转换为一系列图像，并排列程序。

摄像彩排（walk-through/camera rehearsal）：指演员和工作人员的集中训练，并随后加入所有道具进行排练。这种综合彩排通常在演播室里进行。

第17章 导演：综合一切

在你了解了所有前面的内容后就该了解什么是导演了。对这项工作的描述相对简单：你只需告诉镜头前后的人们做什么，怎么做。难点在于，你在指导别人做什么之前，必须清楚地知道自己要让他们做什么。

当然，读一读怎么做导演的书或者让别人解释给你听并无法让你在这条路上走太远。真正的考验是当你坐在控制室里逐字逐句地讲解镜头的时候。一旦你坐在控制室中进行多机导演能得心应手，你就可以相对容易地开始进行单机导演了——不管是在控制室还是在现场。

从准备机器、制作分镜表、写剧本直到跨入导演行列，你都首先要问自己节目到底是要做成什么形态。回顾一下我们在第1章探讨过的制作模式：从构想到预设节目效果，然后回到分析特定的媒介要求上，这样才能完成节目目标。幸运的是，大部分的剧本和节目策划都会将节目目标放在首页或是一项计划的简介中，以体现这个节目的目的。

大家还应该清楚一个故事或报道的切入方法。节目的角度——也就是主旨及主要的故事讲述手法或框架——通常会被剧本本身淹没。讲述的角度通常是由作者或者制片人提出的，但是有时候则取决于你——导演。

现在我们该学一学各种剧本格式，如何将剧本中的信息用视频实现视觉化，用音频让受众听懂，最后学习如何协调好你的团队，以使你们的实际制作步骤效率高、质量高。

▶ **剧本格式**

内容说明书、新闻剧本、双栏 A/V 剧本、单栏戏剧剧本

▶ **想象法**

对形象、声音、背景、镜头序列的想象

▶ **准备多机演播室拍摄**

读地面示意图、演播人员的调度、给摄像机定位、给剧本做标记

▶ **控制室导演**

术语、时间线、彩排、导演多机表演

▶ **单机导演**

演播室多机导演和单机导演的主要区别、单机演播室导演

剧本格式

剧本将节目的想法翻译成了观众在观看节目时实际看到和听到的事物。这与食谱很像，在这张单子中会列出节目的主要组成部分以及它们是怎么被结合到一起以达到想要的效果的。剧本帮助你将节目目标翻译成具体的媒介要求。也许你并没有立志做一名剧本作家，但作为一名导演，你还是要对视频制作的基本的剧本格式有所了解，这样你才能使这个翻译过程尽可能有效率，有效果。

尽管也会有各种不同情况，视频制作中还是有四个基本的格式：内容说明书、新闻剧本、双栏 A/V 剧本以及单栏戏剧剧本。

内容说明书

内容说明书是节目主持人话语的简单示范，也叫指令说明书，通常会将主持人在节目中提到的物体的主要特征列出来，尽管这个展示本身是即兴的。导演可以将拍摄使用的摄像机写进去，但是从一台摄像机到另一台摄像机的切换要看主持人的现场情况（见表 17—1）。

新闻剧本

各个不同的新闻编辑部的新闻剧本的唯一相同点是它们大致都分两栏。在新闻剧本格式中，新闻主播所说的每一个字都被完全记录下来。你会看到新闻剧本被分成大小相同的两栏：右面的一栏内容中有播报内容以及预录部分的语言提示；左面的一栏内容中有各种指令：谁说话、名字、数量、预录视频片段的时长、字符发生器文字、效果、一些镜头的指派，在插入预录视频片段时是否配上播报员的画外音以描述视频中发生的事件，或者播放视频本身的声音（SOS 或者 SOT）——在新闻节目中已经被录在音轨中的声音。在其他情况下，新闻文本是主体，会用单独一栏写，其他的非文本信息会在左边一栏的空白处窄窄地密密排开，或者嵌入中间一栏。在后一种情况下，非文本信息在排列和字形上都会和文本信息清楚地区分开（见表 17—2）。

表 17—1　　内容说明书

内容说明书，或者叫指令说明书，列出了演播人员要做的主要事情和要呈现的主要方面。演播人员会即兴地加入自己的说明，导演要跟进演播人员的动作。说明书中不会列出具体的音频或视频指令。

泽特尔的视频实验室 3.0 高密度只读光盘商业广告
说明：
时间：
道具：
台式电脑放映泽特尔的视频实验室 3.0
用唱片当作手持道具的视频实验室节目包
要强调的特色：
1. 瓦兹沃斯/圣智学习出版的多媒体产品。
2. 令人感动的成功事例。
3. 被颇有声望的科迪奖提名。
4. 为产品新手和视频专家量身定做。
5. 真正的互动。为您在家中提供视频工作室。使用方便。
6. 您可以根据自己的速度推进，并在任何时候检验您的进步。
7. 产品能在 Windows 和 Macontosh 两种操作平台上运行。
8. 有引导性提示。有效期到 10 月 20 日。欲购从速。所有大型软件店和书店都有出售。需要更多信息或寻找离您最近的售货商，登录www.academic.cengage.com。

表 17—2　　新闻剧本

在这个双栏新闻剧本中，左边空白包括的作品信息有，谁在出镜，插入视频的种类和长度，以及特效。右边或中间的栏目写出了主持人要说的每一个字，以及插入的视频片段的淡入及淡出音乐。

午间新闻 04/16 缓冲	
特写（出镜）	硅谷出问题了吗？昨天加州大学伯克利分校的约瑟夫·亚历山大教授在物理实验室向人们展示他的超级电脑。它的处理器不是硅片，而是全部用纳米做材料。亚历山大教授说，纳米可以使速度最快的电脑看起来像恐龙。
服务器 04 147 号文件（1：02） 配音	经过 10 年的周密实验，位于伯克利的亚历山大研究团队终于有所收获。他们的新型超级电脑差不多只有一个火柴盒大小，而速度却是硅谷所能提供的最快电脑的 1 000 倍。
新闻包 1 原带声音	插入："秘密就是，纳米……"
服务器 02 12 号文件（0：27）	淡出："……可以使硅片彻底成为废物。"

新闻包是一个由现场记者制作的、简洁的、预录好的、信息齐全的故事。在新闻主播播报引子之后再播出。在一个新闻节目中通常有几个新闻包。

通常新闻写作者不太容易统一意见的就是怎样建构音频栏。有些人会选择用大写字母表示新闻播报词，有些人会选择大写或者小写，还有人会二者兼用。如果打印出来的话，大小写兼用比较容易阅读。不过在使用提词设备时，全是大写字母要比大小写字母兼用的文本更易读。事实上，一些相对大型的新闻机构在使用提词设备时都会将所有的新闻剧本写成全是大写字母的形式。

双栏 A/V 剧本

双栏 A/V 剧本（音频/视频）剧本也叫双栏记录剧本，或者简单地说，叫记录形式，尽管它也会被用在各种各样的非戏剧类节目中，比如访谈、厨艺节目，或者商业广告。在双栏 A/V 剧本中，左面一栏的内容是所有的视频信息，右面一栏列出了所有的音频信息（见表 17—3）。回顾一下剧本的内容，它将是稍后学习本章关于指挥室导演任务的知识的基础。

所有音频栏中的音频指令的标记，包括在摄像机前讲话的演播人员的名字，是要用大写字母表示的。所有要说的台词都用大小写的方式呈现。视频栏中的指示既用大写也用小写。一些剧本作者坚持所有的词都用大写，因为这些词不用被讲出来。因为大小字母在一起使用时读起来要容易得多，你会发现大部分的视频剧本都用这种方式。

表 17—3　双栏 A/V 剧本

在这个双栏 A/V 剧本中，左边的一栏包括所有的视频信息，右边一栏包括所有的音频信息。所有的对话或独白都要写出来。

光和阴影系列
节目 NO.4：亮色调和暗色调照明

视频	音频
VR（视频录制）标准开场白	SOS（素材声音）
玛丽出镜	你好，我是玛丽，你们的灯光师。我将告诉你们亮色调和暗色调照明的区别。不，亮色调和暗色调与灯的悬挂高低没有关系，而是与场景中有多少灯有关。亮色调时场景中光很充足。暗色调时只用一些设备照在特别的区域。但是亮色调和暗色调会让我们对同一情境产生不同的感觉。我们来看一下。
苏珊坐在长凳上等公交车 主要标题 约翰走向电话	开启话筒（音效）：远处的车辆声音，偶尔有车经过。
定格	关闭话筒——玛丽（画外音） 这是一个亮色调场景，很明显是白天，场景中的光线要很充足，也要有比较突出的阴影。但是人物的面部要有足够的辅助光以减缓光线的变淡，使得阴影更加透明。下面看看约翰和苏珊要做什么。
约翰坐在电话边，看有什么不同 约翰接近长凳 苏珊站起来，然后走向路边	音效：远处的车辆声音，偶尔有车经过。 约翰：不好意思，你能帮我换一张五块钱的零钱吗？我需要打电话…… 苏珊：没有。
定格	玛丽（画外音）：哦。 他们看起来不太合。同时，注意亮色阶给了画面很大的景深。尽管约翰和苏珊在 Z 轴上离得较远，但他们都被定焦了。不好意思打断大家。我们来看情节的发展。
CU（近景）约翰 苏珊在看公交站牌，她翻看钱包 CU 约翰 苏珊走向灯柱，约翰跟了上来	约翰：我不是故意吓唬您的。我确实需要打电话。您可以借我电话用一下吗？ 苏珊：没有，不好意思。 约翰：你不会向我喷辣椒粉吧？
	音效：公交车驶来，停下；警车的笛声越来越近。 苏珊：我不确定……
苏珊上了车	音效：公交车驶远。 约翰：谢谢。

续前表

视频	音频
这个场景会在暗色调中反复出现。玛丽现在评论一下暗色调场景中对特定画面的定格。她强调了我们在亮色调与暗色调的情境中对变化的感觉。	
玛丽 O/C	玛丽：我会希望约翰朝我要零钱的场景发生在亮色调而不是暗色调的场景中。你呢？所有这些不祥的阴影投过来在这样一条清冷的街上。我不会给他任何机会的。可怜的约翰！
暗色调的定格 演职人员名单 淡出至黑场	音乐

部分双栏 A/V 剧本　如果演播人员有相当多的东西要现场即兴发挥，音频栏中只会指示谁在说话以及主要的话题，这样的剧本通常叫做部分双栏 A/V 剧本（见表 17—4）。这样的部分双栏 A/V 剧本结构通常被用在有指导性的节目中，即使这样的节目中有戏剧情境。

表 17—4　**部分双栏 A/V 剧本**

部分双栏 A/V 剧本左边会显示所有的信息，但右边只有一部分对话或是独白。通常问题都会写得很清楚，但是回答只写出主要意思。

视频	音频
CU 凯蒂	凯蒂：关于森林大火的争论还在继续。如果我们让大火自己烧着，我们会失去很多珍贵的原木，还会杀死数不尽的动物，更不要说对财产的损害和对生活在那里的人的威胁了。霍夫博士您觉得呢？
CU 霍夫博士	霍夫博士：这是对的，不过动物通常都会脱离危险，被烧过的矮木丛反而会生长得更快。
切换到两个机位 凯蒂和霍夫博士	凯蒂：可不可以控制一下火烧的范围？ 霍夫博士：可以的，不过会花费很多，而且还会有森林火灾需要控制。

单栏戏剧剧本

单栏戏剧剧本在一栏中包括完整的对话、视频的故事结构，以及所有主要的行动指令（见表 17—5）。你可以看到，所有人物的名字（艾伦以及维基）以及音频指令（主题＃2）都用大写字母。所有要说的对话（或者某一场景的故事结构）使用了大小写字母。一些特定的交代指令（惊讶地）以及指导（为艾伦新搬了一把椅子）也是使用了大小写字母，但是都会双倍空格或者以小括号、大括号的方式将其与对话清楚地分开。尽管如此，你还是能看到一些剧本里的所有指导内容都是用大写字母的。[①] 对于镜头的特别描述被省略，通常留给了导演，导演会在想象和剧本筹备阶段添加这一部分的内容。

重点提示

视频制作的剧本有四个基本的格式：内容说明书、新闻剧本、双栏 A/V 剧本，以及单栏戏剧剧本。

① 由于译为中文，英文大小写样式在表 17—5 中无法呈现，请读者见谅。——编者注

表 17—5 **单栏戏剧剧本**

单栏戏剧剧本写出了角色对话的对每一个字以及对每一个动作的描述。

场景 6

天空屋子，舞台旁的桌子。

主题 ＃2

我们听到舞蹈音乐的最后几小节。乐队休息一下。艾伦和尤兰达回到桌边找一直看他们演出的斯图尔特。在他们跳舞的时候，维基来找斯图尔特，现在正坐在艾伦的座位上。

艾伦：（惊讶地）你坐在了我的座位上。

维基：啊，你的座位？怪不得感觉这么棒。可是我没看到座位上贴着你名字啊。你知道——预留给……你叫什么来着？

艾伦：艾伦。

维基：艾伦什么？

艾伦：艾伦·弗兰克，坦率之人。

维基：艾伦·弗兰克预定的位子！

斯图尔特：艾伦·弗兰克博士。

维基：博士？你是什么博士？

斯图尔特：（为艾伦新搬了把椅子）他是哲学博士。

维基：（大笑）哲学博士？看起来确实像！

想象法

花一点时间，假装你在电视机里看到了你的母亲。你会怎么拍她？用近景还是中景？让她坐下来拍还是边走边拍？让她在室内拍还是在室外拍？她应该穿什么？她应该做什么？读书？准备去上班？做饭？清扫一下门前的台阶？现在想象一下你梦寐以求的一台车。什么颜色的？它是被停在停车场还是在乡间蜿蜒的公路上坏掉了？在这些场景中你能听到什么声音？

你刚刚做的事情就是想象法。在视频制作中，想象法就是要在头脑中形成一个镜头或者一串镜头的形象。一个镜头是一个视频或者一部电影中最小的、最便捷的操作单元，通常是两个过渡部分的间隙。在广义上，想象法也包括想象出与画面相匹配的声音。对于导演而言，想象法是导演不可或缺的前期准备的工具。

形象 如果一个剧本只给你提供了大概的想象指令，比如“一位女士在公交站等车”或者“城市中一个偏僻处的公交站”，你需要向里面填充细节，这样才能将“年轻的女人”和公交站塑造成一个具体的形象和图画（参考表 17—3 中的剧本）。如果这个场景是发生在正午的，那就会比发生在夜晚一条荒凉的街上让你有更多的想象方案。提供这样的细节就是导演工作的重要组成部分。

声音 尽管一开始你可能会觉得很难，但你还是要尝试着配合你想象着的图画同时“听”声音。举个例子，在一个阳光普照的公交站和一个光线暗淡的公交站你分别会想象出什么声音？在两种场景下你想象出的声音应该是不同的。假设你会选择用音频来铺垫光线的转换，我们在白天场景中能听到的交通声要比在夜晚场景中听到的多，不过在光线暗淡的场景中仅有的一点交通声应该更有穿透力。相似的，在夜晚场景中能听到的别人接近这个年轻女士的脚步声要比白天场景的更清楚（音量更高）。如果运用了音乐，晚上的场景应该用一些听起来不祥的音乐，另外，这中间还可以混杂着微弱的警笛声。通常用音轨会比用视频更容易建立起一个镜头或者一个场景的感情情境。

背景　除了节目目标和角度，你的想象最终是由某个情境中占主导地位的背景所决定的。举个例子，在夜晚场景中，你可能更应该用更多的近景镜头去拍那个年轻女士，并且让接近她的男人显得很有攻击性。但是即使你让两个镜头的灯光环境几近相同，音轨也会为这两个场景建立不同的背景环境。

镜头序列　你的想象中不仅要有主要镜头，还要包括镜头序列。除非你处理的是一个静态的场景，几乎没有镜头的移动，比如新闻访谈或者演播室访谈，否则你的想象必须包括如何从一个镜头切换到另一个镜头。这时候你的关于向量和在头脑中画地图的本事就派上用场了。一个好的分镜表也可以帮你准备镜头和连续镜头。你可以回忆一下第 12 章，分镜表可以显示出很多已经认真架构的镜头以及镜头序列（见图 12—17）。在为后期制作剪辑拍摄序列时，这样的一个序列说明对保证镜头的连续性尤为重要。

> **重点提示**
>
> 分镜表可以将导演想象的主旨翻译成有实际效果的镜头或镜头序列。

但是即使是完成看起来简单的导演任务，比如为校长做的每月校园报告拍摄视频，镜头的连续性都必须在脑海中预想出来。回想一下在第 13 章中提过的，如果有人在录制过程中误用了某个词汇，要怎样保证拍摄的连续性。这个建议很重要，因此在此我们还要强调一次。举个例子，如果校长说错了一个名字，将摄像机暂停，告诉校长这个问题。说错之前的视频不要重放；叫校长从之前某一个点——一个新的观点或者新的段落被引入的地方——开始讲。这时你可以换一个角度拍摄或者用更为紧张或者松弛的手法拍摄，或者让校长抬头别看本子，这样就会使得剪辑很自然，目的明确且恰到好处。

有一个很好的方法，就是让你的想象简单点。不要怕用传统的方法；它们是传统惯例说明它们已经被证明了很有效果。就像之前所指出的，用一个稳定的近景镜头拍一个“正在说话的人的头部”是没有问题的，只要说话的人说得很好而且说话内容有意义。使用传统的手法并不代表刻板印象，后者是在刻意寻找事件的细节以加深偏见。做导演的时候发挥创造力并不代表每一件事情都要和别的导演做得不一样，要注意的是添加细微的情节以强化你要传达的意思，并让你的想象有个性。

准备多机演播室拍摄

在理解了节目目标和角度之后，你现在必须将剧本内容按照装备要求进行翻译。这就意味着要想象具体镜头；要规划出主要演播人员和主要设备的位置以及走向，或者说舞台调度；要用指令卡标出演播人员和工作组的剧本内容。

除非你要立刻导演肥皂剧或者富有戏剧性的特殊事件，你一开始的大部分导演任务是不会包括太复杂的镜头或者复杂场景的舞台调度的。通常你更可能需要去做的是为了获得最好的光照确定采访棚的搭建地点，确定音频的使用是恰当的，确定摄像机的机位能取到最好的角度。尽管如此，让我们再重新看一遍公交站场景的照明剧本（见表 17—3）。这比准备一个采访要难一点，不过会帮助你学习如何读懂地面示意图，调度场地的演播人员和机器，以及标记剧本。

重点提示

地面示意图列举出工作室布景和道具，方便演播人员和摄像机的舞台调度，还能帮助设定基本的光照和音频条件。

读地面示意图 地面示意图对你想象主要镜头、选择照明及音频方式、调度演播人员和机位都大有帮助。我们简要地看一下公交站场景的地面示意图草稿（见图 17—1）。

这张地面示意图会使你的工作变得相对容易些。你有四个主要的工作区域：苏珊的长凳，约翰的电话，公交站标识和时间表以及路灯。两台摄像机都可以用 Z 轴拍摄长凳上的苏珊和路灯的区域。这四个区域为表现有选择性的暗光照明提供了一个好机会。最好用两个无线项挂式麦克风收音，这样可以避免在这样的暗光照明环境中产生不想看到的阴影。

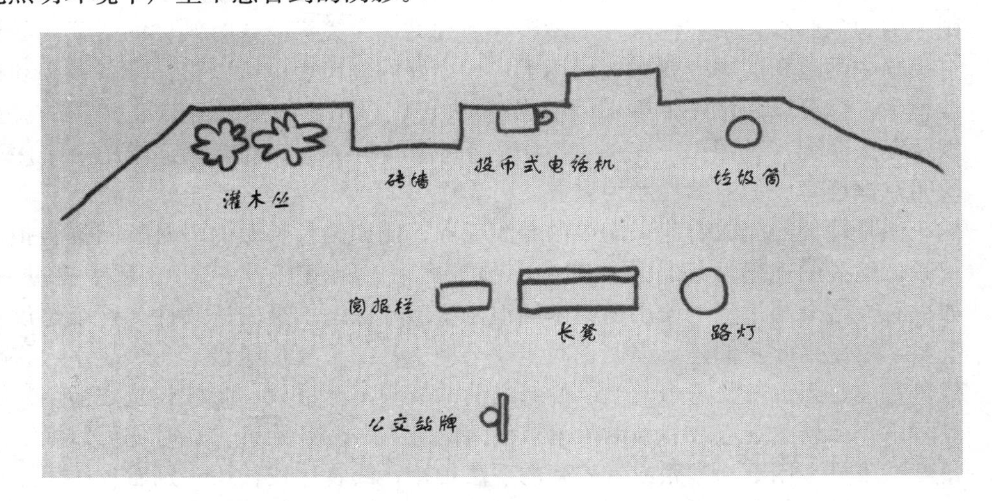

图 17—1 公交站地面示意图

这张地面示意图显示了构成一个公交站的重要场景与道具。

演播人员的调度 尽管剧本可以为你提供一个基本的想象和指令条，比如“苏珊坐在长凳上”和“约翰走向电话”，你还是得弄清楚苏珊到底坐在了长凳的哪儿，约翰站在投币式电话机的哪边。你很可能会有几个关于调度的想法，不过要尽量简单。按照节目目标来说，你不是在展示聪明的调度方式，而是在展示明亮光照和暗淡光照的不同之处（见图 17—2）。

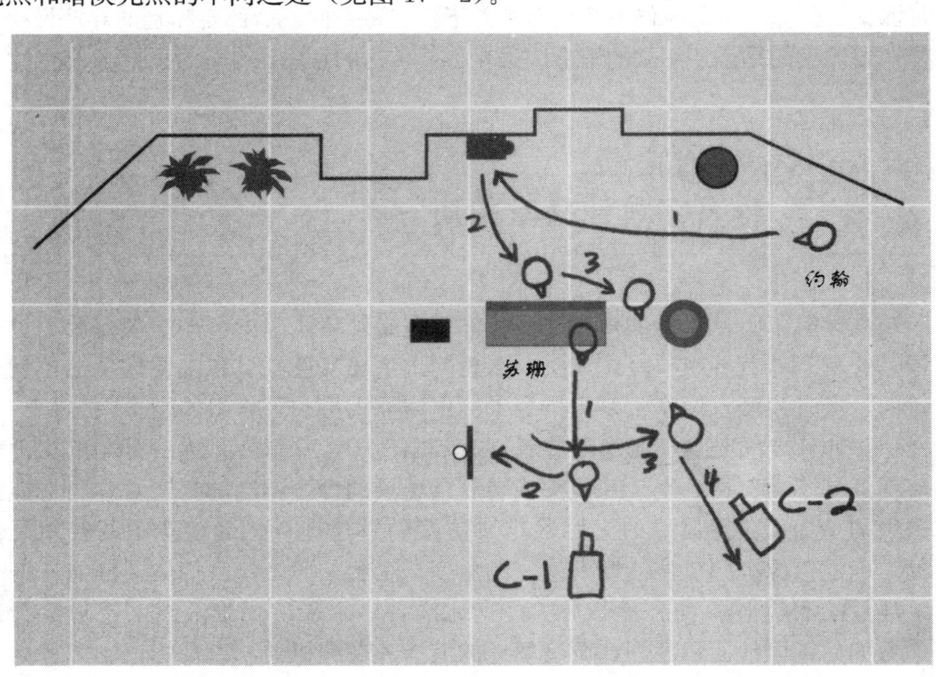

图 17—2 演播人员及摄像机位

有了地面示意图，导演可以调度演播人员和每台摄像机的走位。

给摄像机定位　要注意在任何情况下你都要先确定演播人员的位置，然后再选择最好的拍摄位置放置机器。这样的话拍摄起来就会很流畅，要比你让演播人员走动去适应机位好。当然也有很多时候你需要先确定机器的位置然后再进行演播人员的调度。不要忘了你在根本上还是在为摄像机而调度演播人员，而不是为了舞台表现。在你现在的导演任务中，两台摄像机就够了，两台都要能覆盖 Z 轴的调度范围以及有效的过肩镜头（见图 17—2）。如果只是稍作调度调整的话，一个摄像机也能应付。

给剧本做标记　除非你过目不忘，否则在进行多机导演时你必须给剧本做标记。尽管没有什么统一的标记标准，但还是会有一些被总结出来的规则，它们能让你的工作轻松点。好的剧本标记的关键在于要保持标记的一致性，能少用则少用。因为每一个命令都会由一条准备或者待命的指令条引出，这样你就不用给准备指令做标记了。一个②不只是指定了 2 号摄像机，而且也是在暗示“准备 2”指令条。最糟糕的也就是你的标记太多了，当你努力去读所有你写的乱七八糟的东西的时候，你就没办法看预检监视器或者听音频了。在你看清之前，演播人员已经在演后面的情节了。你会在下面的表格中发现，在剧本中有一些指令条被强化了，但是大部分其他的重要基本指令都是由导演标记的（见表 17—6）。

表 17—6　　**标记的剧本**

这份剧本被导演标记过了。注意到视野（一个镜头拍得多近）中的标记都由导演写出来了，而不是剧本写作者。很多的剧本标记符号已经被标准化了，但你还是可以选择自己的符号，只要前后一致就行。准备好的指令不写出来而是暗含着。

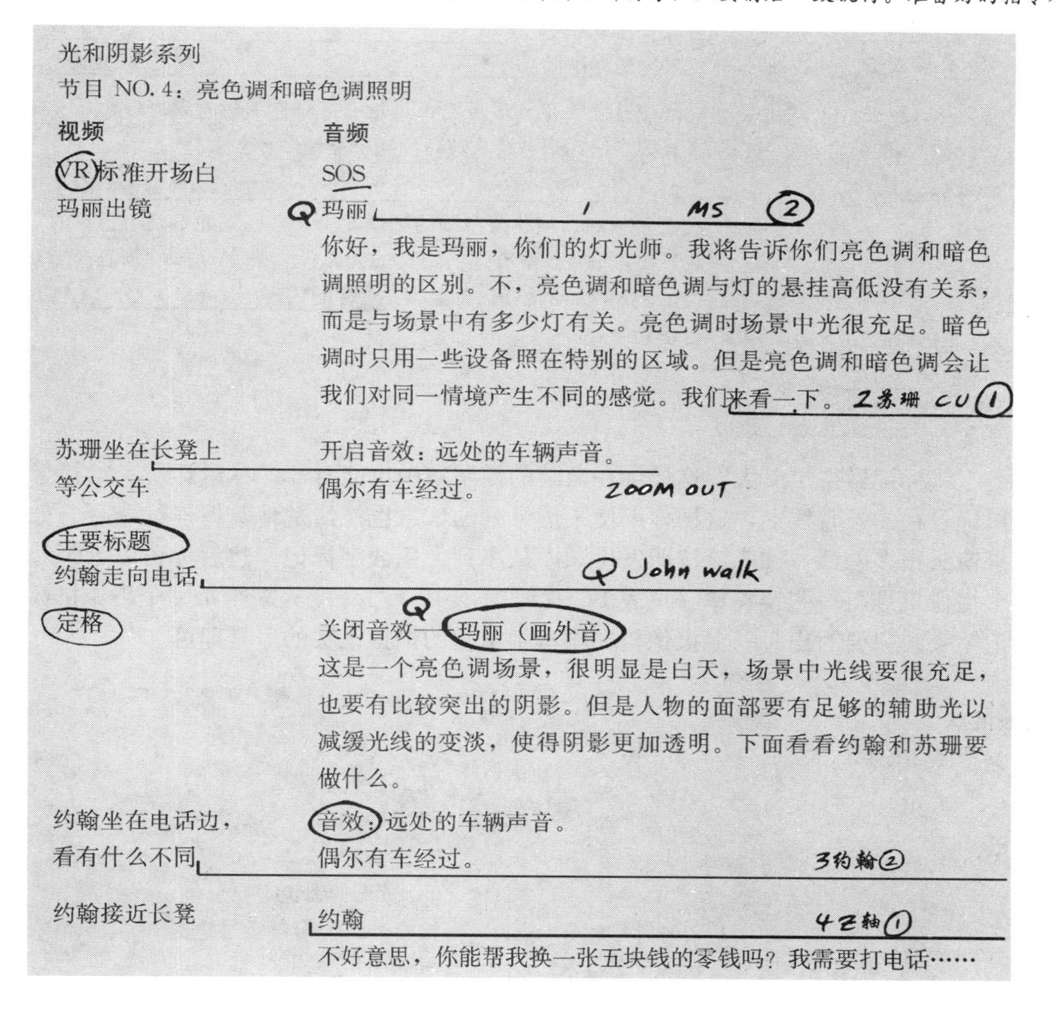

光和阴影系列

节目 NO. 4：亮色调和暗色调照明

视频	音频
VR 标准开场白	SOS
玛丽出镜	Q 玛丽　1　MS ②
	你好，我是玛丽，你们的灯光师。我将告诉你们亮色调和暗色调照明的区别。不，亮色调和暗色调与灯的悬挂高低没有关系，而是与场景中有多少灯有关。亮色调时场景中光很充足。暗色调时只用一些设备照在特别的区域。但是亮色调和暗色调会让我们对同一情境产生不同的感觉。我们来看一下。　2 苏珊 CU ①
苏珊坐在长凳上	开启音效：远处的车辆声音。
等公交车	偶尔有车经过。　ZOOM OUT
主要标题	
约翰走向电话	Q John walk
定格	关闭音效　Q 玛丽（画外音）
	这是一个亮色调场景，很明显是白天，场景中光线要很充足，也要有比较突出的阴影。但是人物的面部要有足够的辅助光以减缓光线的变淡，使得阴影更加透明。下面看看约翰和苏珊要做什么。
约翰坐在电话边，	音效：远处的车辆声音。
看有什么不同	偶尔有车经过。　3 约翰 ②
约翰接近长凳	约翰　4 Z 轴 ①
	不好意思，你能帮我换一张五块钱的零钱吗？我需要打电话……

续前表

视频	音频
苏珊站起来，然后走向路边	苏珊：没有。
定格	Q 玛丽（画外音） 哦。他们看起来不太合。同时，注意亮色阶给了画面很大的景深。尽管约翰和苏珊在 Z 轴上离得较远，但他们都被定焦了。不好意思打断大家。我们来看情节的发展。 5 约翰 CU ②
CU 约翰	约翰：我不是故意吓唬您的。我确实需要打电话。您可以借我电话用一下吗？ 6 跟进苏珊 ①
苏珊在看公交站牌，她翻看钱包	苏珊：没有，不好意思。 7 CU 钱包 ②
8 CU 约翰 ①	
CU 约翰	约翰：你不会向我喷辣椒粉吧？
苏珊走向灯柱，约翰跟了上来	
	音效：公交车驶来，停下；警车的笛声越来越近。
	苏珊：我不确定…… 9 ②
苏珊登上了车 走过 C-2	音效：公交车驶远。 10 ②
	约翰：谢谢 11 缩小，定格

这个场景会在暗色调中反复出现。玛丽现在评论一下暗色调场景中对特定画面的定格。她强调了我们在亮色调与暗色调的情境中对变化的感觉。

视频	音频
玛丽 O/C	Q 玛丽 12 玛丽 MS ② 我会希望约翰朝我要零钱的场景发生在亮色调而不是暗色调的场景中，你呢？所有这些不祥的阴影投过来在这样一条清冷的街上。我不会给他任何机会的。可怜的约翰！ 13 DISS ①
暗色调的定格 演职人员名单 淡出至黑场	音乐

重点提示

尽量少做剧本的标记，做出的标记尽量大些，方便识别。

将标记做得足够大，这样你在黑暗的控制室中也能看清。尽量让所有的摄像机记号在一条直线上，这样你即使不读纵列的信息也能清楚地掌握连续指令。如果镜头很多的话，你应该按照发生顺序从小到大用数字标记。然后你可以为每一个摄像机准备一张镜头单（见表 17—7）。不要用 1、2、3 等来给每一个摄像机标记镜头。只要写出每一台摄像机在剧本中承担的拍摄镜头的序号即可。

表 17—7 摄制清单

这张单子显示了 2 号机位的摄制顺序。

2 号机位	
拍摄编号	拍摄内容
1	MS（中景）玛丽
3	CU 约翰坐在电话机旁边
5	CU 约翰
7	CU 苏珊的钱包
9	拍摄第二次 苏珊走过镜头
12	MS 玛丽

控制室导演

现在，在走入控制室录制节目之前，你已经准备好在工作室中进行彩排了。为了使你和演播人员以及团队沟通有效，使你高效利用所分配的时间，你现在必须学习一下导演的术语、时间线、彩排导演、待机程序，以及播送程序。

重点提示

术语要前后一致。

术语

导演的命令和指令大部分都已经标准化了。下面这五个表格向你介绍一下导演的基本想象法、连续性、特效、音频、视频录制指令（见表 17—8～表 17—12）。

时间线

所有演播室录制的节目都是在一个紧凑的时间结构中完成的。标注节目最终提交日程的总体制作时间表，通常是由制片人准备的。

表 17—8　　导演的想象法指令

想象法指令是对摄像机完成拍摄的指导。有一些想象法可以通过后期制作完成（比如用数字放大法的电子变焦），但是如果适当的机位就能处理出同样的效果是最简单不过了。

动　　作	导演的指令
显示上面的画外音或者增加净空高度	摄像机上摇
显示下面的画外音或者减少净空高度	摄像机下摇
使主体处于画面中心	将主体定于画面中心
显示右面的画外音	向右摇镜头
显示左面的画外音	向左摇镜头
增加摄像机高度	给摄像机加座或者升高（用吊杆或吊车）
降低摄像机高度	给摄像机减座或者调低（用吊杆或吊车）
将摄像机推进物体	将摄像机前移
将摄像机拉远物体	将摄像机后移
将摄像机向左呈曲线微移	将摄像机向左画弧
将摄像机向右呈曲线微移	将摄像机向右画弧
变焦拍摄近拍	镜头放大或前推摄像机
变焦拍摄远拍	镜头缩小或后推摄像机
将摄像机移到左侧镜头继续拍摄主体	用手推车将摄像机推到左侧
将摄像机移到右侧镜头继续拍摄主体	用手推车将摄像机推到右侧
将摄像机向左侧倾斜	将摄像机向左侧倾斜
将摄像机向右侧倾斜	将摄像机向右侧倾斜

表 17—9　　导演的连续性指令

连续性指令帮助镜头过渡，包括主要的转场。

动　　作	导演的指令
从 1 号摄像机切换到 2 号摄像机	准备两个——拍摄两个
从 3 号摄像机淡出到 1 号摄像机	准备一个淡出——淡出
水平方向从 1 号摄像机扫到 3 号摄像机	准备三个水平扫拍——扫拍 准备效果编号 X （编号由转换节目确认）——效果
从黑场淡出至 1 号摄像机	准备一个淡出——淡出 或者准备一个进入——进入
从 2 号摄像机画面淡出至黑场	准备黑场——黑场
在 1 号摄像机和 2 号摄像机之间短暂淡出至黑场	准备交互淡出——交互淡出
在 1 号摄像机和服务器的 2 号视频间切换	播放 2 号视频（有时直接叫服务器的编号。例如，如果服务器是 6 号，你就说 6 号准备——6 号播放）
在 VR（录像机）和 C. G.（字符发生器）之间切换	C. G. 准备——C. G. 播放 或者准备 C. G. 效果——进效果
在 C. G. 题目间切换	准备换页——换页

表 17—10　　导演的特效指令

特效指令没有统一形式，指令取决于特效的复杂程度。导演可以创造自己的语言体系。不管用什么样的指令，都要在节目团队中统一标准。

动　　作	导演的指令
将 1 号摄像机的标题画面叠加到 2 号摄像机	准备将 1 号叠加到 2 号——叠加
回到 2 号摄像机画面	准备停止叠加——停止叠加 或者准备取出一个画面——取出
从叠加状态返回 1 号摄像机画面	准备切换到 1 号摄像机——切换
在 1 号摄像机画面基础上键入 C. G.	准备 C. G.（键入到 1 号画面上）——键入
将 1 号摄像机的标题画面叠加到 2 号摄像机的画面上	准备将 1 叠加到 2 上——叠加
在画面上呈现擦除的形式，例如先是 2 号摄像机画面，然后用 1 号摄像机画面取代	准备两个钻石擦除特效——擦除
许多复杂的特效都是预设的，并被储存在电脑程序中。检索是通过编号完成的。为了刺激整个特效序列，你所要做的事情就是查编号：准备效果 87——特效开始。	

表 17—11　　导演的音频指令

音频指令包含麦克风的指令，开始和停止音频素材，并且整合或者混合所有的素材。

动　　作	导演的指令
激活工作室中的一个麦克风。	准备给演播人员下指令（或者说得更具体，比如玛丽——给她指令。音频工程师会自动打开她的麦克风）或者准备给玛丽指令——打开麦克风，给她指令。
开始放音乐。	准备音乐——音乐走。

续前表

动 作	导演的指令
为播报员准备垫乐。	准备音乐淡出——音乐弱，播报员走。
撤掉音乐。	准备撤掉音乐——音乐停。或者音乐淡出。
关掉工作室中播报员的麦克风，转换到素材音轨上，在这种时候，从服务器进入一段视频。	准备 SOS（素材声音）——关掉麦克风，下一曲。或者准备 SOS——SOS。
播放音频录音（例如一段视频或 CD）。	准备视频录音，2 号视频（或者 CD2）。播放音频或者播放 2 号视频——走。
一段音频素材渐弱，停止，同时另一段渐强 。	准备两端音频素材交互淡出——交互淡出。
从一段素材到另一段素材没有停歇切换（通常两端）。	准备继续——继续。
根据导演指令增大节目播报员声音。	监视器。
用 CD 播放音效。	准备切入 CD——走。 或者准备音效——走。
将预定信息导入录制媒体（要么打开场地经理的麦克风，或者用 VR 补足）。	准备读信息——读信息。

表 17—12　　导演的视频录制指令

这些指令用来开始或停止录制程序（VR、光盘、硬盘，或者视频服务器），录制视频，转换到视频输出。

动 作	导演的指令
开始录制节目。	准备开始 VR1——走 VR1。（现在你要等待 VR 操作员的录入或者速度确认的指令）。
在 VR 之后录入节目要有一定的录入模式。识别板在 2 号摄像机或 C. G. 上，开场在 1 号摄像机上（我们假设颜色条和参考音调已经在录音媒体上了）。	准备两个（或者 C. G.），准备读识别板——准备。两个（或者 C. G.），读识别板。
将前 10 秒钟杂声放在音轨中，在 1 号摄像机上渐弱（别忘了用秒表计时）。	准备黑场，准备杂音——黑场，杂音。10—9—8—7—6—5—4—3—2—给玛丽指令—1。（秒表开始计时）。
停止录制，定格。	准备定格——定格。
继续录制。	准备走 VR3——VR3 走。
播放录制画面成慢动作效果。	准备 VR4，慢动作——播放 VR4， 或者准备 VR4，慢动作——慢动作 4。
当有节目插入时 2 号摄像机播放 VR。播放音频素材。设定两秒播放。	准备播放 VR3，SOS——播放 VR3。 2—1，播放 VR3，SOS。 如果开始太快你没有倒数，那么简单地说准备播放 VR3（开始计时）。
从 VR 回到摄像机和玛丽的 1 号摄像机。（停止计时，为下一段插入重置。）	还有 10 秒，5 秒。准备 1，准备给玛丽指令——玛丽走。

单独制作日的时间线是由导演负责的，它给每一项活动都规定了一段时间，并在这段时间中表述出需要完成的具体工作。最开始你会觉得分配的时间太短

了，根本完不成基本的彩排，或者你会给某项活动分配时间过长而给另一项分配时间过短。尽管如此，有了一定经验以后，你会很快地知道在一个单独节目中每项活动的持续时间以及在一段实践中可以完成哪些事情。下面这个表格中的时间线给照明任务足够的时间（见表 17—13）。

表 17—13　　时间线

时间线显示了节目制作当天主要的活动步骤。

6：45a. m.	全体例会
7：00—10：00a. m.	布景与照明；舞台排练
10：00—10：30a. m.	演播人员和全体例会；修整照明
10：30—11：30a. m.	演播人员和摄像机走位
11：30—11：45a. m.	记录和重设（改正小问题）
11：45a. m. —12：15p. m.	午餐
12：15—1：15p. m.	带机彩排
1：15—1：30p. m.	记录和重设
1：30—1：35p. m.	休息
1：35—3：00p. m.	记录
3：00—3：30p. m.	溢漏（修正美化）
3：30—4：00p. m.	开始

一旦有了实际的时间线，你就必须遵守它。新导演会花费相当多的时间修改第一遍，然后不得不在清理工作室之前匆匆看看更好的节目版本。在彩排时，好的导演会根据时间线跳到下一个活动，即使手头上的这个还没完全弄好。他们通常会掌握充足的时间在彩排的最后阶段挑出一个跳跃的部分。

彩排

对于大部分的非戏剧性节目而言，你通常只需要两个彩排方案：舞台排练和带机彩排。要理解这两种方案的最好的办法就是将其运用到照明任务中去。

舞台排练　用舞台排练或者说场地彩排来对演播人员的基本动作进行走位——站在哪里，往哪里走，做什么事。如果你在地面示意图中已经做出了这些调度计划，你只需要在实际操作中检验你的调度方案。在哪一个屋子里都行，因为你不需要真正的布景。你可以将胶带贴在地上以表示人行道，用椅子当工作台。在照明的舞台排练中，你可以用三把椅子表示公交站台，再用一把椅子表示投币式电话，一个垃圾箱表示路灯，再用一把椅子表示公交站的站牌。你的目光就是摄像机。

先从 1 号摄像机的角度看一看这个调度方案，再从 2 号摄像机的角度看一看。在比较复杂的场景中，你可能会想用导演的取景器（一个光学仪器，与单筒望远镜相似，你可以用它设定画面的宽高比和变焦镜头的位置）或者小的便携式摄像机来检查接近的镜头架构。有效的舞台排练通常满足以下要点的部分或全部：

■ 从更复杂的走位开始。不要纠结于细节。在灯光表演里，你可以先帮苏珊走位，接着是约翰，然后是两个人一起。如果时间有限，你可以让两个人同时走位。让苏珊坐在长凳上，等待着公交车。让约翰从摄像机右侧入场，让他走到电话亭旁找零钱。苏珊站起来，走向 1 号摄像机，诸如此类。尤其是要检查一下 Z 轴的位置，这样摄像机才能捕捉到精彩的过肩镜头。

■ 尽可能让你的指令精确。不要只是说：“苏珊，坐在长凳上”。而要说：“苏珊，坐在长凳左侧——对你而言长凳的左侧。”你对地面总监说的话应该是：“让苏珊坐在相对于摄像机是右边的长凳的一侧。”

■ 只要情况允许，按照录制时的顺序走一遍现场。这样可以帮助演员们保证连续性。通常，场景的连续性是由位置和相关的演员来体现的，而不是叙述的发展。

■ 喊出每一个指令，比如：准备 2，指示约翰——拍摄 2 等。这样可以帮你熟悉指令，也有助于演员们在心里对指令有所预设。

■ 如果时间很重要，为每一个场景都计算一个大概的时间。

初排/带机彩排　一种带妆的彩排形式，初排/带机彩排是在演播室里完成的，涉及剧组工作人员、演播人员、摄像机、音频以及其他必要的制作工具。

彩排一个惯例的场景，比如一个固定场景下的标准的采访，你可以直接进入控制室。在那里你可以指挥摄像机直线排列出它们的镜头，叫音频工程师检查主持人和嘉宾的音量，让视频录制员最后一次校正画面的连续性和名字拼写的正确与否。

如果节目内容是一个特殊事件，你要做一个初排和一个独立的带机彩排。如果时间充足（通常是不可能的），你可以一项一项来。在初排中让演播人员在实际场景中重复彩排的走位，让技术人员知道你希望他们在节目中做什么。然后你再去控制室指导摄像机的彩排，要使得彩排的水平和实际录制或播出的效果是一样的。

通常，你不会有时间做分开的初排和独立的带机彩排。因此你必须将它们在规定的彩排时间内结合起来。即使你没有时间去做整个节目的彩排，但要做最重要的部分，比如演播人员进出场和摄像机拍摄过肩和切换的机位。

下面是一些将初排和独立的带机彩排结合在一起时的建议：

■ 一定要在演播室里进行这样的彩排，不要在控制室里。在改动一些小的调度或者机位时，你可以直接告诉演播人员或者摄像他们应该在哪里。如果在对讲机里讲解这些改动会占用很多宝贵的彩排时间。用耳机或者无线项挂式麦克风与控制室交流。

■ 如果可能的话让技术导演（TD）展示所有机位的分路（你可以在彩排之前就和 TD 讲分路镜头的事情）。这样你就能在演播室里看到摄像机位。如果不行的话，让 TD 像往常一样切换信号到监视器上。

■ 让所有热情参与到彩排中的演播人员和工作人员找到自己的位置。在演播室中，这包括地面总监和所有地勤工作人员，所有的摄像师，所有的吊杆麦克风操作员。在控制室中，你要让音频工程师，如果必要的话，还有灯光师待命调试照明。

■ 给出所有你在控制室要给出的命令。TD 会执行你的指令并把它们反馈在监视器上（假设你没有分镜设置）。

■ 让地面总监转述所有的指令，尽管你会在控制室里给出指导。你让地面总监在这场初排/带机彩排中参与得越多，你在实际录制时在控制室给出命令时他/她会表现得越好。

■ 如果演播人员已到了一个新的位置或者你对某一个机位特别满意的话，那就跳入下一阶段。不要在小细节上纠结太多而忘记了彩排的重要部分。例如，在照明展示中，不要在约翰站在电话亭边找零钱的细节彩排上花太多时间。应该多花心思的是苏珊站起来走向路边时约翰从电话亭走向长凳。

■ 如果你遇到一些小问题，不要停止彩排。让副导演（AD）或者制片助理来记录。时间线要有记录并且要为这次彩排至少重新设定两次时间（见第 2 章）。

■ 给自己留些时间去控制室来演练最为重要的部分。至少也要走完节目的开场和演播人员的开场指令。

■ 要对每一个人保持冷静和礼貌，即使事情没有想象的那么顺利。让演播人员和工作人员在正式录制前有一个短暂的休息，刚刚才拍完就正式录制很少会有好的效果。

重点提示

除了例行的多机表演，所有的节目都需要初排和带机彩排的结合。

导演多机表演

你终于可以开始进行多机表演的导演了，多机导演也叫控制室导演和现场切换导演。也就是说，在控制室中用转换机制协调两台或者更多的机位来指导一个实际的录制。实际录制并不意味着你一定要在一个镜头里完成整个表演，而是说视频的录制会持续很久，不被打断的话则不能有任何或者只能有小的后期的剪辑。正常情况下，这样的剪辑就是将录好的视频按照正确的顺序排列起来。

一旦进入控制室，你的导演工作就会大体变成协调和指导团队成员立刻执行分配任务的一项工作。下面的清单指出了主要的待命和录制步骤。当然，这样的清单不能代替在控制室的实际指挥经验，但是可以帮你避免常规错误，加速你的学习进程。

待命的步骤 用这些步骤快速推进你的现场录制过程。我们在这里假设节目被录制成视频带而不再采用其他的录制媒体。

■ 用 S. A. （演播室播音系统）让每一个成员都有一个 P. L. （专用线路）耳机。向每一个成员询问他或者她是否准备好了。包括 TD、音频工程师、VR 操作员、C. G. 操作员、提词器操作员（有必要的话）、地面总监、摄像师、音频吊杆或者渔竿操作员、灯光师（如果光在这时有变化）。

■ 问地面总监演播人员和其他的地勤工作人员是否准备好了。告诉地面总监谁说开场白，哪台机器先拍。地面总监是控制室和演播室的重要纽带。

■ 让 TD 和 VR 操作员准备引导片可以帮你节省时间。让 VR 操作员检测录制，包括主持人开场白的简短的声音反馈。

■ 每过一段时间要提醒大家距离节目播出或录制还有多久。

■ 让每个人都注意第一条指令和拍摄的连续性。让 VR 操作员准备好带子，让 C. G. 操作员准备好片头字幕，让音频工程师准备淡出片头音乐，让 TD 准备淡出开场画面。

■ 让地面总监保证演播人员各就各位。

录制步骤 你现在需要用导演的专业术语，就像我们在表 17—8～表 17—12 中展示的那样。在给出待命和录制指令时，要说得清晰准确。不要在对讲系统里聊天以显示你很放松；你唯一要做的就是鼓励大家和你一样。不要吼，即使事情很糟糕。保持冷静，特别要注意的是：

■ 让 VTR（磁带录像机）转动起来，等待速度稳定和录入稳定。

■ 只有助理导演（AD）和 TD 可以发出开始录制的指令信息。

■ 淡出开场画面，键入节目名称。

■ 喊演播人员的名字并给出明确指令。不要只说：“给她指令”。要说：“给苏珊指令。”

■ 在画面淡出之前给演播人员指令。要保证地面总监将你的指令转述给演播人员，演播人员开始说话的时候，TD 正好将画面淡出结束。

■ 讲出摄像机的编号以给指令，不要说摄像师的名字。

■ 在给出指令前先喊出摄像机编号：“3 号，推进。1 号，保持近景。”

■ 你的准备命令和最终命令不要间隔太长。TD 可能在你发出指令的时候还没有准备好。

■ 在喊出摄像机编号和给出最终命令之间不要停顿。不要说：“走！（停顿）1 号。”因为 TD 可能会与你的指令打架。

■ 如果发出准备命令后你想改主意，这样来取消指令：“不要！”或者“取消！”或者“改变一下！”然后再给出正确指令。

■ 尽可能一边看剧本一边多看监视器。如果剧本字大、清楚、标记明确，这个转换要顺畅得多。

■ 不要一个接一个地发指令，否则工作人员和演播人员会对你的指令失去注意力和兴趣。

■ 如果因为技术问题要停止录制，叫地面总监通知演播室工作人员和演播人员出了什么问题。如果要用好几分钟来解决这个问题，叫演播室工作人员和演播人员放松，直到你解决了这个问题。

■ 如果时间很重要，那么要一直盯着钟或者秒表。

■ 在节目结束淡出至黑场时，喊出“停止 VTR”，然后给出清晰的信号。让 VR 操作员在遣散演播人员之前去现场检查一下带子。

但是这样还是不够。是时候进入控制室做这个节目了。我们再次假设节目是录制在了 VTR 中。

> 准备。距离 VTR 开始还有 10 秒。VTR 播出（等待录入确认）。彩条。开始。读识别盘（由 AD 或者音频技师完成，这会再使用一个音频识别盘）。黑场。倒数（由 AD 或者音响师完成）；10 到 2 每个数字依次闪过。1 号机器拍摄苏珊。2 号准备。给玛丽指令。VTR 转动，3 号，开始。1 号准备，1 号开始。给苏珊指令（这个是一个严格的指令）。车辆行驶的声音。打开麦克风。字幕准备。字幕上。换页（从 C.G. 那里传来的新标题）。标题消失。给约翰指令（约翰走路的指令）。准备定格。准备玛丽的画外音……

你已经开始了。别埋头看剧本。你已经很熟悉剧本了。尽可能抬头看着监视器。认真听正在发生什么，特别是指令条。除非出了什么差错，只有当白天的部分拍完后再停止拍摄。你可以利用这个间歇做一下调整，灯光师也可以用这个机会调整一下晚上的照明。在拍晚上的部分之前让所有人都歇一会，但是要告诉他们开始拍摄的准确时间。

现在不需要一个新的引导片了，但是你要有一个新的识别盘让你明白你该做晚上的场景了。在再次转动 VTR 之前，保证玛丽的画外音基本包括了暗色调部分的评论。1 号机淡出（苏珊坐在长凳上），上晚上场景的字幕，给约翰指令走向电话，定格这个远景，给玛丽指令开始画外音。

当你还有一分钟的时候，准备近景（2 号摄像机上的两个镜头）。

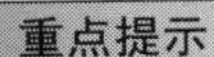

重点提示

当在控制室时，所有的指令都要清晰准确。

> 还有 30 秒。准备车的效果（音效，车驶近）。准备苏珊指令。车的音效 1。给苏珊指令（她说完最后一句，转身，走过 2 号摄像机）。警笛声变小。公车效果 2（车子关门和驶远的音效）。1 号摄像机准备拍约翰。开始。给约翰指令。放大。放慢。定格。2 号摄像机准备拍玛丽。给玛丽指令。开始。淡出切换到 1 号摄像机。C.G. 和音乐准备。溶解。音乐。开始。上字幕。字幕下。淡出至黑场。带子停转。拿好所有东西。检查带子。可以了。谢谢。做得不错。

如果一切进行顺利，你确实做得不错。但是如果你需要停下来重新拍一部分画面或者重新调度一个镜头，不要沮丧。只要不要在某一个镜头上花费过多的时间使得下一场很赶就可以了。

单机导演

在单机导演过程中，你需要观察所有的多机导演的连续性原则，不同的是，你要录制的视频是零碎的，而且没有必要按照剧本的叙事顺序拍摄。首先来看一看单机（电影式）导演和多机导演的不同，然后再通过照明展示的例子分析一下这些不同。

单机导演和多机导演的主要区别

从多机导演向单机导演转换，要从彩排、怎样和什么时候使用出镜人员和演员这几个方面来寻找主要的不同。当然，从一个镜头到另一个镜头转换时的连续性也是一个很重要的区别。

彩排 单机场景比多机场景更容易彩排，因为你在实际录制之前可以在演播人员和工作人员彩排的场地上走来走去。演员很快地浏览台词，你还可以给工作人员很细节性的指导，并根据拍摄、照明和音频来及时调整。由于在彩排和正式录制之间只有很短的时间，演播人员和工作人员会把你的指令记得很清楚。

单机场景也可能很难。因为你需要重新构架接下来的每一个镜头以保证拍摄镜头、感情、美感的连续性。这就是为什么很多的电影导演喜欢从已经制作好的分镜表认真开始。这些分镜表帮助他们记忆每一个镜头之前和之后彩排的场景。

呈现和表演 单机拍摄会给演员更大的压力，因为视频的拍摄不是以剧本中的叙事顺序为顺序的，因此演员无法保证情感的一致，经常需要从一个极端跨越到另一个极端。而且，很多时候一个镜头要从多个角度重复拍摄或者拍摄近景，这就要求演员每次的表演都要保持一致。作为导演你需要确保演员的走位是不变的，而且情绪水平与节奏变化也都要保持不变。

连续性 对于单机导演来说最大的挑战之一就是从一个镜头到另一个镜头转

换时的连续性。由于所有的镜头几乎都不是按照播出顺序拍的，因此你在脑海中必须有一幅剪辑地图，知道怎样剪辑才能保证故事的顺畅。在细节密布的分镜表中，用主要的向量标志将场地记录标记出来可以极大地帮助你保证同一线上镜头的适当连续性。例如，在照明展示中，你想要暗示一个 CU（近景）表示苏珊看到约翰走向电话，苏珊的指引向量必须与约翰的屏幕左侧情感向量一致。场地的记录就是 i→（苏珊的 CU）以及→m（约翰走过来）。这样的标记会使你记得约翰的镜头，即使镜头已经拍过很久了。

一个图像经验丰富的导演也可能会进行拍摄，AD 可以帮助你保证镜头的流畅性。比如运用向量、声音、主要的美学能量的连续性。如果你不确定下一个镜头这样拍是否能保持连续性，那一定要询问他们。为了让剪辑工作变得轻松一些，在你发出指令之前让摄像师开始拍摄并在拍摄结束后让机器运行几秒钟。这些修剪处理方式（充满头和尾）会给视频编辑（后简称编辑）一些空间将每一个动作和对话都精确地剪切出来。这时候，你再去读一读第 15 章的内容也会觉得挺有用的。

重点提示

单机导演时镜头的拍摄是不符合播出顺序的，因此要注意向量、动作、声音、美学能量的连续性。

单机演播室导演

大部分导演进行单机导演都是从演播室到初排/带机彩排。如果你在演播室里进行单机节目制作，你可以让 AD（助理导演）待在控制室，处理所有的执行活动。比如播 VR，装上片头，装识别盘，键入字幕。AD 或者 PA（制片助理）也会进行场地记录。你作为导演，可以看着演播室的台词监视器，发出指令看第一个镜头是怎么被记录的。

作为练习，我们来导演一下照明展示的前三场。严格定义的话，它们只是一些镜头，但是为了记录，就把它们看做场景。你的第一个场景就是玛丽的自我介绍“你好，我是玛丽……”

AD 播放了 VR 并开始了识别盘：场景 1，镜头 1（玛丽）。当玛丽说完“我们来看一下”之后，在喊停之前，让她在原地静静站一会儿——以停止她的动作。这会使得做出准确的剪辑打出点更方便。在这种情况下喊“停”等于让动作和摄像机都停止。

因为玛丽做得不错，你可以进行下一个场景了：约翰走到电话亭。识别盘现在显示：场景 2，镜头 1（约翰走过来）。你喊出“开始”时，约翰冲电话走去，摄像机跟着他摇过去。约翰停在电话处等你喊“停”。约翰和摄像师都做得不错，但是你还是得再拍一次。为什么？因为你停下时约翰找零钱的镜头会使得编辑不好剪辑——后期制作时要使得剪辑工作流畅是基本的要求。约翰必须开始将手伸进口袋，依然用远景或者中景拍摄，然后用近景的方式重复这个动作。这样编辑就能从 LS（远景）切换到 CU 了，而不是在前后找点切入。这样的话这个剪辑点就清晰地呈现在观众眼前。第二次拍约翰走路时，识别盘应该显示：场景 2，镜头 2（约翰走过来）。

下面你可以将摄像机直线排放在 Z 轴上，使苏珊处于前景，约翰接近长凳进行彩排。现在识别盘应该显示：场景 3，镜头 1（约翰和苏珊）。镜头的开始应该是约翰在走近苏珊之前找硬币，这样可以给编辑留出剪辑的余地。当约翰走向路边时，苏珊走约翰的位，所以你要再拍一次。现在识别盘应该显示：场景 3，镜头 2（约翰和苏珊）。

尽管剧本中没写，但还是应该拍一个苏珊看见约翰走向电话亭的特写。你来决定是不是拍这个镜头，识别板上应该显示：场景 3，镜头 3（约翰和苏珊）。

那车辆声、警笛声怎么办呢？AD 是否应该已经发给音频工程师指令让其混合约翰的脚步声、苏珊与约翰的短暂对话以及车辆的声音？不是的，音频是在后期合成中加进去的，这样你就能保证背景声中约翰的脚步、找硬币的声音与苏珊讲话的声音一致了。

单机演播室拍摄

如果你会在室外——一个真正的公交站拍这个照明展示的戏，那么你的这个单机作品就会有根本上的改变。事实上，你现在是在导演一个单机电子现场拍摄作品（EFP）。在剧本分镜中的主要区别在于，这些场景是怎样为视频录制而安排的。

拍摄的剧本不是由叙事顺序决定的，而是由地点决定的（苏珊在等公交车，约翰走向电话）。这里的地点指的就是公交站的事件发生区域。所有的镜头都是在外面拍摄的——在这种情况下，也就是一个真正的公交站。剧本就应该这样写：

白天的拍摄单

1. **位置**：公交站。汽车驶近，苏珊上车，汽车驶远。这个镜头最先列出来，因为你需要根据公交站牌取得很多角度的镜头。其他所有的镜头的时间都由你来掌控。

2. **位置**：电话亭和长凳。约翰走向电话和长凳。镜头要从多个角度展示出约翰走向电话然后走向长凳。他找零钱和看苏珊的镜头要用近景。通常，你在拍摄了很多中景和远景之后都会拍很多的近景。当然在这时候，光照的连续统一很重要。因此拍摄近景一定要迅速。

3. **位置**：长凳。苏珊坐在长凳上。苏珊的脚步从 1 到 4 与约翰的走位配合。同时也要注意没有约翰在画面中时的角度。（坐在长椅上，寻找汽车，看着约翰；走向路边，回头看约翰；看公交站牌，翻钱包，走向路灯，和约翰讲话；走向路边，上车。）

4. **切换镜头**：汽车进站，离站，站牌，电话亭，报刊架，长凳。拍摄其他任何事件细节的切换镜头可以作为转场和增强剂。

5. **音频**：要有丰富的交通与汽车的背景声，不管你喜不喜欢。但这也可能成为缺点，特别是马路背景声盖过演员台词的时候。风声也常常是噪音之一。记得确保完成在实际拍摄后已经收录了充足的这样的背景声。这样可以帮助编辑在后期制作时保证环境声的连续性。警车声可以由音频的特效库提供。

真正的问题是，所有这些镜头在晚上都要几乎一模一样地反复。因为对光源的要求高，晚上拍摄总是会更困难。同时就像我们在前面指出的，对音频的要求也改变了（更少的交通背景声），这样后期声音操作就会变得更困难。

你可以发现，光照展示的单机电子现场拍摄越来越复杂。相比较多机演播室拍摄，在一开始看起来很轻松的任务到后来都会变成令人生畏的工作。

照明展示的外景拍摄是不是一项更笨拙的工作？尤其是当多机演播室拍摄可

以使其变得简单的时候？是的，在某些方面是的。但是这也要取决于制片人的判断。一个相对简单的制作，比如照明展示，用多机演播室拍摄的方式要比单机电子现场拍摄更有效率。但是大的项目用单机电影手法拍摄会更简单更有效。幸运的是，视频制作和电影拍摄都会被一种或另一种方法牵绊。

许多数字电影用了很多台摄像机同时拍摄，不仅是为了一次镜头的效果壮观——就像炸掉一栋楼——也是为了普通的画面效果。视频制作也会用两种方式，这取决于作品的属性。有两种电子现场拍摄形式几乎都是用单机拍摄完成的：采访一位嘉宾以及纪录片的多种形式。

采访　在一个主持人和一个嘉宾组成的标准的采访场景中，摄像机应该靠近主持人（记者），指向嘉宾（被采访者），嘉宾会坐在主持人的对面（见图 17—3），除非当时的情境环境需要更紧密的镜头，否则就让摄像师在整场采访中给嘉宾一样的近景，即使采访被不时地打断也一样。采访结束时，将摄像机置于嘉宾的椅子旁边，或者看嘉宾会站在哪里，然后拍一拍主持人的活动和反应。

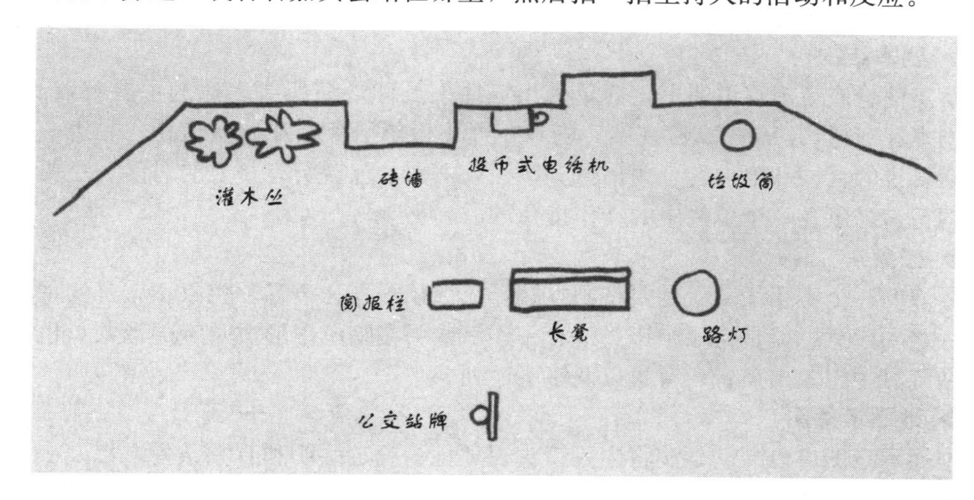

图 17—3　标准的单机采访布景

在这个标准的单机采访布景中，采访者与被采访者面对面坐着。摄像机放在主持人旁边。

在拍摄主持人的反应时，你不要越过新布景当中以摄像机为基准的向量线。如果主持人在出镜时自然地笑了，要注意他/她不是在所有的反应镜头中都是微笑的，特别是当采访中有一些严肃的话题的时候。要表现出主持人在问一些问题，你可以让主持人多重复几次。尽量让主持人和嘉宾的近景镜头匹配——不要让某一个人看起来特别近。编辑会插入主持人的反应以及你分配出的问问题的镜头。

纪录片　拍摄纪录片时，你不能也不该导演这件事本身，而只能导演它的覆盖面。尽管在节目录制前你在脑海中通常会有一个基本的目标或者角度，但不要在真正看到事件前就预先决定了镜头。那些至少在拍摄前看了一部分事件情况而做出了详细的剧本和分镜表的导演通常会看不到事件的实质，他们只能根据自己预设的情景去寻找拍摄的角度。最后，他们拍出的只是自己的偏见，而不是事件的本来面貌。

一个比较好的基本方法是在做实际的电子现场拍摄之前就用摄像机进行记录。如果你思维宽广，对发生的事情够敏感，你不仅可以实现最开始的目标，而且还能为实现更好的拍摄角度想出更好的点子。

在任何情况下，要找出一些能最好地诠释事件内涵的镜头。除了获得足够的切换镜头，还要拍摄一些环境镜头以表现场景和气氛。要提醒摄像师或者 DP

（图像师）跟进画面。各种近景串联的引人入胜的连续画面要比一连串的中景或远景更能抓住人心。

在后期制作与视频和音频编辑一起工作的时候，你的真正的导演技能可能才会显现出来。如果你对某一个画面有独特的想法，用一支笔、一张纸为编辑画一个粗剪的脉络，这样可以使交流效率大大提高。

主要知识点

▶ 节目目标及角度

一个导演的成功与失败在很大程度上取决于其准备的程度。对于导演来说，对节目目标及角度有清晰的理解是最重要的出发点。

▶ 剧本结构

事实信息或者内容说明书，简单列出演播人员和导演所要表达的主要观点。新闻剧本和双栏 A/V（音频/视频）剧本左边一栏包括视频和导演信息，右边一栏包括要说的台词和附加的音频信息。单栏戏剧剧本包括所有要说的对话、主要角色的行为，以及一个单栏中的动作指令。

▶ 想象法

导演的一个主要任务就是要将剧本翻译成视频图画和声音。想象法就是实现的方法之一，意思就是对一个镜头或者一连串镜头在脑海中形成一定的形象，也包括在脑海中想象出声音、背景以及镜头序列。

▶ 地面示意图

地面示意图可以帮助导演将主要镜头视觉化，确定照明和音频条件，以及决定演播人员和摄像机的场地位置。

▶ 剧本标记、导演术语、时间线

方便阅读的剧本标记，前后一致的专业术语，以及有实际意义的时间线都是多机导演成功的必备条件。

▶ 彩排

排练或者叫舞台排练，是用来确定演播人员的动作范围——站在哪里，往哪里走，做什么事。在初排/带机彩排的结合中，导演会在所有设备到位之前的串联中向演播人员和团队成员解释背景中发生的事情。最开始的带机彩排应该在演播室的场地中进行。

▶ 多机导演

在控制室中导演时，导演通过专用（P. L.）耳机与团队成员交流所有的主要指令。导演的指令和步骤必须是前后一致的。

▶ 单机导演

在单机导演中，节目效果决定镜头顺序而不是剧本的叙述流程决定镜头顺序。最需要注意的问题是，本来没有固定顺序的镜头会使得后期制作的剪辑有无缝结合的流畅效果。一定要将可用的剪切画面提供给编辑。

后记

我说教得够多了！现在你要自己去有效地应用这些技巧和原则了。我帮不上什么忙了，只能再给你一条小建议：你现在已经掌握了有力的传播和说服方法。要明智而负责地运用它们，要对你的观众充满尊敬和热情，不管他们是三年级的小学生、当地的大学校友联合会会员、企业职员，甚或是全世界的观众。不管你在节目的制作过程中处于什么角色——扯电线或者指导一个很复杂的表演——只管尽你最大的努力。最后，你的视频技巧，不管看起来有多么不熟练，都会有所不同，都会帮助我们用更高的眼光和更愉悦的心情去观察世界。

译后记

从1996年开始，我在中国人民大学新闻学院教授电视摄像、电视制作、电视新闻制作等相关课程。回顾这十几年的职业生涯，可以清晰地观察到：电视制作是一门以实践为主导的课程，偏重具体的技能训练。然而，这门课的教学效果，除了跟任课教师的水平、教学方法、教学设备等有关之外，更为重要的，还与学生的主观能动性有关。作为一门实践课，学生如果缺少日常的训练，或者说缺少创作的热情，那么无论老师讲课水平如何高、设备如何先进，学生的实际制作水平都是难以真正提高的。

如果从专业水准的角度去衡量国内新闻传媒院校的电视制作及电视新闻制作的相关课程，我认为都存在教学效果差强人意的问题，很多学过这门课的学生到毕业的时候，仍迈不过专业水准的门槛。在一个学期的课程中，学生能够动手做的作业量有限，在课堂中的讲授无法弥补动手不足所造成的局限。这一问题，我相信也存在于其他实践类课程中。

中国人民大学出版社在2011年跟我商谈《视频基础》和《电视现场制作与报道》两本教材的引进和翻译工作，经过慎重考虑，我决定承接这项任务。最主要的考量正如前文所述：国内的电视制作课程需要加强对于实践环节的开拓。而国外的这一类教材跟国内教材的最大区别在于：国外教材大都注重对细节和实际操作的展示，很多时候达到了不厌其烦的程度。可以说，国外的这一类教材，更像是一款电子产品的使用说明书，图解、案例、补充等等，完全把读者当作零基础的新手。回看国内教材，包括我自己的几本相关著作，还都比较侧重理论讲述，大部分的案例和展示，都把读者预设为“一点即通”的聪明人，所以看上去国内教材较为简洁。正是基于这一差异，引进国外教材的最大价值大概就在于——事无巨细的讲解，可以为读者阅读之后的动手实践提供周到的服务。无论在哪个环节上有迷惑，一查这些教材，都能找到案例和细节的展示。

当然，这两本教材也有其他的优势。比如，在讲授制作技巧和理念的同时，这些教材注意将偏理工科的技术知识融入进来；还有，在现场制作和新闻报道等方面，国外的实践观念还是有很多值得国内学习的地方，读者们可以在阅读学习中仔细加以体会。

这两本教材的翻译，要特别感谢以下人员的初译工作：马平、毕晓洋、薛艳雯、崔洁涵和贾明锐。他们每人都承担了两本书当中2～3章的初译工作。

贾明锐参与了校译环节的工作。石昊、丁步亭对两本书的翻译工作亦有贡献。

这两本教材，比较适用于电视制作相关课程，作为配套参考书籍，这两本教材对于弥补国内电视制作相关的短板有着明显的益处。

由于水平所限，加上国内外关于技术、设备等名词难免存在不对等、不匹配的现象，在翻译中如果出现差错，还请各方读者不吝赐教，我们将虚心接受，不断完善。

雷蔚真

中国人民大学明德新闻楼

2012年10月

Video Basics, 6th edition
Herbert Zettl

Cengage Learning Asia Pte. Ltd.
5 Shenton Way, # 01-01 UIC Building, Singapore 068808

北京市版权局著作权合同登记号 图字：01-2011-3693

图书在版编目（CIP）数据

视频基础：第6版/（美）泽特尔著；雷蔚真主译．—北京：中国人民大学出版社，2012.1
（新闻与传播学译丛·国外经典教材系列）
ISBN 978-7-300-15021-5

Ⅰ.①视… Ⅱ.①泽…②雷… Ⅲ.①视频系统—教材 Ⅳ.①TN94

中国版本图书馆CIP数据核字（2012）第024888号

新闻与传播学译丛·国外经典教材系列
视频基础（第六版）
［美］赫伯特·泽特尔 著
雷蔚真 主译
贾明锐 校译
Shipin Jichu

出版发行	中国人民大学出版社		
社　　址	北京中关村大街31号	邮政编码	100080
电　　话	010－62511242（总编室）		010－62511398（质管部）
	010－82501766（邮购部）		010－62514148（门市部）
	010－62515195（发行公司）		010－62515275（盗版举报）
网　　址	http://www.crup.com.cn		
	http://www.ttrnet.com(人大教研网)		
经　　销	新华书店		
印　　刷	涿州市星河印刷有限公司		
规　　格	215 mm×275 mm　16开本	版　　次	2013年1月第1版
印　　张	22 插页2	印　　次	2013年1月第1次印刷
字　　数	500 000	定　　价	49.80元

Supplements Request Form (教辅材料申请表)

Lecturer's Details (教师信息)			
Name: (姓名)		Title: (职务)	
Department: (系科)		School/University: (学院/大学)	
Official E-mail: (学校邮箱)		Lecturer's Address / Post Code: (教师通讯地址/邮编)	
Tel: (电话)			
Mobile: (手机)			
Adoption Details (教材信息)　原版□　翻译版□　影印版 □			
Title: (英文书名) Edition: (版次) Author: (作者)			
Local Publisher: (中国出版社)			
Enrolment: (学生人数)		Semester: (学期起止时间)	
Contact Person & Phone/E-Mail/Subject: (系科/学院教学负责人电话/邮件/研究方向) (我公司要求在此处标明系科/学院教学负责人电话/传真及电话和传真号码并在此加盖公章。) 教材购买由　我□　我作为委员会的一部分□　其他人□ [姓名:　　　] 决定。			

Please fax or post the complete form to (请将此表格传真至):

CENGAGE LEARNING BEIJING
ATTN : Higher Education Division
TEL: (86) 10-82862096/ 95 / 97
FAX : (86) 10 82862089
ADD: 北京市海淀区科学院南路 2 号
融科资讯中心 C 座南楼 12 层 1201 室　100080

Note: Thomson Learning has changed its name to CENGAGE Learning

VERIFICATION FORM/CENGAGE LEARNING

出教材学术精品　育人文社科英才

中国人民大学出版社读者信息反馈表

尊敬的读者：

感谢您购买和使用中国人民大学出版社的＿＿＿＿＿＿＿＿＿一书，我们希望通过这张小小的反馈卡来获得您更多的建议和意见，以改进我们的工作，加强我们双方的沟通和联系。我们期待着能为更多的读者提供更多的好书。

请您填妥下表后，寄回或传真回复我们，对您的支持我们不胜感激！

1. 您是从何种途径得知本书的：

❑ 书店　❑ 网上　❑ 报刊　❑ 朋友推荐

2. 您为什么决定购买本书：

❑ 工作需要　❑ 学习参考　❑ 对本书主题感兴趣

❑ 随便翻翻

3. 您对本书内容的评价是：

❑ 很好　❑ 好　❑ 一般　❑ 差　❑ 很差

4. 您在阅读本书的过程中有没有发现明显的专业及编校错误，如果有，它们是：＿＿＿＿＿＿＿＿

＿＿＿＿＿＿＿＿＿＿＿＿＿＿＿＿＿＿＿＿＿＿＿＿＿＿＿＿＿＿

＿＿＿＿＿＿＿＿＿＿＿＿＿＿＿＿＿＿＿＿＿＿＿＿＿＿＿＿＿＿

＿＿＿＿＿＿＿＿＿＿＿＿＿＿＿＿＿＿＿＿＿＿＿＿＿＿＿＿＿＿

5. 您对哪些专业的图书信息比较感兴趣：＿＿＿＿＿＿＿＿＿＿＿＿＿＿＿＿

＿＿＿＿＿＿＿＿＿＿＿＿＿＿＿＿＿＿＿＿＿＿＿＿＿＿＿＿＿＿

＿＿＿＿＿＿＿＿＿＿＿＿＿＿＿＿＿＿＿＿＿＿＿＿＿＿＿＿＿＿

6. 如果方便，请提供您的个人信息，以便于我们和您联系（您的个人资料我们将严格保密）：

您供职的单位：＿＿＿＿＿＿＿＿＿＿＿＿＿＿＿＿＿＿＿＿＿＿＿

您教授的课程（教师填写）：＿＿＿＿＿＿＿＿＿＿＿＿＿＿＿＿＿

您的通信地址：＿＿＿＿＿＿＿＿＿＿＿＿＿＿＿＿＿＿＿＿＿＿＿

您的电子邮箱：＿＿＿＿＿＿＿＿＿＿＿＿＿＿＿＿＿＿＿＿＿＿＿

请联系我们：

电话：62515637

传真：62510454

E-mail：gonghx@crup. com. cn

通讯地址：北京市海淀区中关村大街 31 号　100080

中国人民大学出版社人文出版分社